普通高等教育"十一五"国家级规划教材

高等院校非计算机专业信息技术基础教材

计算机应用基础

（第 5 版）

主　编

郭永青　李祥生　胡加立

编　委

（以姓氏笔画为序）

王　静　　北京大学
王爱环　　山西省心血管病医院
王路漫　　北京大学
兰顺碧　　华中科技大学
齐惠颖　　北京大学
李祥生　　山西医科大学
郑　凤　　北京大学
胡　彬　　华中科技大学
胡加立　　北京大学
秦立轩　　华中科技大学
郭永青　　北京大学
郭建光　　北京大学
温厚津　　北京大学

北京大学医学出版社

图书在版编目（CIP）数据

计算机应用基础 / 郭永青，李祥生，胡加立主编.—5 版.
—北京：北京大学医学出版社，2009.2
ISBN 978-7-81116-713-9

Ⅰ. 计… Ⅱ.①郭… ②李… ③胡… Ⅲ. 电子计算机－医学院校－教材
Ⅳ.TP3

中国版本图书馆 CIP 数据核字（2009）第 009667 号

计算机应用基础（第 5 版）

主　　编：郭永青　李祥生　胡加立
出版发行：北京大学医学出版社（电话：010-82802230）
地　　址：（100191）北京市海淀区学院路 38 号 北京大学医学部院内
网　　址：http://www.pumpress.com.cn
E－mail：booksale@bjmu.edu.cn
印　　刷：北京瑞达方舟印务有限公司
经　　销：新华书店
责任编辑：罗德刚　张其鹏　　责任校对：齐欣　　　责任印制：郭桂兰
开　　本：787mm×1092mm　1/16　印张：19　字数：475 千字
版　　次：2009 年 2 月第 5 版　　2009 年 2 月第 1 次印刷　　印数：1 - 3000 册
书　　号：**ISBN 978-7-81116-713-9**
定　　价：34.50 元

前　言

　　《计算机应用基础》是普通高等教育"十一五"国家级规划教材，面向医药类院校等非计算机专业的学生。《计算机应用基础》从 1994 年第 1 版到这次的第 5 版的出版发行，每次再版都凝聚了致力于计算机基础教育教师们的辛勤汗水。在这里首先要感谢北京大学医学部及北京大学医学出版社为计算机基础教学的教材建设所提供的大力支持，还要感谢参加教材编写的华中科技大学网络与计算中心教研室、山西医科大学计算中心、北京大学医学部公共教学部计算机教研室的各位老师。

　　随着社会的信息化、数字化的进程快速推进，为贯彻科学发展观，切实落实教育部《关于进一步深化本科教学改革全面提高教学质量的若干意见》（教高[2007] 2 号）的精神，结合教育部高等学校计算机基础课程教学指导委员会提出的 1+X 模式，我们重新调整了教学内容，将第 4 版《微机应用基础》的上下两册合并成为一册，更改名为《计算机应用基础》，将它作为医药类学生进入大学的第一门计算机基础课程教材，以适应医药类学生的医学课程任务重而学习信息技术课时少的特点，以及近年来入校学生计算机知识和素养有所提高的现实情况。

　　我们总结了医药学校多年来的教学经验，将网络基础应用这部分内容并入第一章介绍给学生；将数据库与程序设计（如数据库采用 Access 和程序设计采用 VBA）作为最后一章编写，便于授课的教师根据课时来进行内容扩展或缩减。

　　本书共分为七章，第一章计算机与网络（郭永青、胡彬、李祥生编写），第二章计算机硬件系统（郭建光编写），第三章软件系统（王静、郭永青编写），第四章常用应用软件（郑凤、温厚津、李祥生、王爱环、齐惠颖编写），第五章多媒体技术应用（兰顺碧、秦立轩、王路漫编写），第六章网页制作软件（齐惠颖编写），第七章数据库基础与应用（胡加立、齐惠颖编写）。在每一章节后面，我们都精心编写了习题和上机练习题，便于读者自测练习和有目的的上机操作练习。全书由郭永青、胡加立统稿，郑凤负责排版。

　　由于水平有限，书中如有错误之处，敬请读者批评指正。

编者

2008 年 12 月 31 日

目 录

第一章 计算机与网络

电子计算机（Electronic Computer）是一种用电来进行各种信息加工的机器，它可以按照预先编好的程序自动执行各种操作，以完成信息的输入、存取、加工处理及输出。在当今信息化时代，计算机是信息自动化处理的最基本、最有效的工具。计算机技术与通信技术的结合促使计算机网络产生，计算机网络迅速发展，给世界带来了很大的变化，已成为人们生活和工作不可或缺的部分。在以网络为基础的信息社会里，人们的行为方式、思想方式甚至社会形态都发生了显著的变化。

1.1 电子计算机的发展、特点和应用

回顾计算机发展历史，自 1946 年世界第一台电子计算机问世，经历了电子管、半导体、集成电路、大规模集成电路、超大规模集成电路等几代的发展，其性能提高程度以指数形式增长。超级计算机、光计算机、生物计算机等的研制开发取得了显著成果。计算机技术的发展，使人类利用"0"和"1"编码技术，来实现对一切声音、文字、图像和数据的编码和解码，使各类信息的采集、处理、储存和传输实现了标准化和高速处理。

1.1.1 计算机发展简史

人类的计算技术有着悠久的历史，我国的祖先发明的算盘至今在某些领域还在使用。在 19 世纪，由于西方国家生产力的发展，使普通的计算工具难以完成计算的需要，因此，人类一直在寻求新的计算技术。19 世纪 50 年代，英国数学家乔治·布尔（George Boole）创立了逻辑代数，用二进制进行运算，是当前电子计算机的数学基础。1936 年英国科学家图灵（Alan Mathison Turing）首次提出逻辑机的通用模型，即"图灵机"，建立了算法理论，为计算机的出现提供了重要的理论依据，被称为计算机之父。1946 年 2 月世界上第一台电子计算机在美国宾夕法尼亚大学诞生，被命名为 ENIAC（Electronic Numerical Integrator and Calculator）即"电子数字积分计算器"。它共使用了 18 000 只电子管，耗电 150 千瓦，重约 30 吨，占地约 170 平方米，每秒能进行 5000 次加法运算。ENIAC 的问世表明了电子计算机时代的到来，它的出现具有划时代的意义。鉴于 ENIAC 的缺点，美籍匈牙利数学家冯·诺依曼（John Von Neumann）于 1946 年 6 月发表了"电子计算机装置逻辑结构初探"的论文，提出三个要点：其一是计算机所有数据和程序都采用二进制；其二是将程序和指令顺序存放在内存储器，且能自动依次执行指令；其三是计算机由输入设备、输出设备、内存储器、运算器和控制器五大部分组成。采用以上结构的计算机，被称为冯·诺依曼结构计算机。

英国剑桥大学威尔克斯（M.V. Wilkes）教授在 1946 年接受了冯·诺依曼的存储程序计算机结构原理后，在剑桥大学设计了 EDSAC（The Electronic Delay Storage Automatic Computer）计算机，于 1949 年 5 月研制成功并投入运行。它是世界上首台"存储程序"

电子计算机。

1951 年 6 月 14 日，第一台计算机作为商品交付使用，从此计算机从实验室走向社会，标志着人类进入计算机时代。

至今，所有的计算机仍然没有摆脱冯·诺依曼的理论，目前使用的仍是冯·诺依曼结构计算机。

1.1.2 计算机的分类

按用途分类，计算机分为专用计算机和通用计算机。专用计算机一般用于对其他设备的控制，比如工业自动生产流水线、医疗设备的控制分析等。通用计算机就是我们日常所用的可以对各种数据进行加工处理的计算机。

按其规模分类，计算机分为巨型机、大型机、小巨型机、小型机、工作站以及微型计算机（微机）。巨型机和大型机一般用于尖端科学，它的功能是最强的，速度和精度也最高。小型机一般用于大中型企业以及比较大的科研单位，功能仅次于巨型机和大型机。工作站一般用于计算机辅助设计。在这些机种中，微机的功能是最弱的，但应用领域最为广泛，大到企、事业单位，小到普通家庭，渗透于各领域。微机又分为台式机、便携机（笔记本电脑），近年来又出现了手持计算机（掌上电脑），总之，这一类计算机越来越小，而功能也越来越多。

由于微型计算机的发展，使过去由一台大型计算机带若干终端的集中化使用模式向人手一机、独立使用的分散化模式转变。近年计算机网络快速发展，就是由于微机的出现才使得家庭上网得以实现，另外它也促进了多媒体技术的发展。

我国的计算机发展起步较晚，但发展极为迅速，1956 年国家制定 12 年科学规划时，把发展计算机、半导体等技术定为重点学科。1958 年我国组装调试成第一台电子管计算机（103 机），1959 年研制成大型通用电子管计算机（104 机），其运算速度为 10 000 次/秒。1964 年我国推出了第一批晶体管计算机，其运算速度为 10 万～20 万次/秒。1971 年我国研制成功第三代集成电路计算机。1982 年采用大、中规模集成电路研制成功 16 位计算机 DJS-150。

1983 年长沙国防科技大学推出向量运算速度达 1 亿次的银河 I 巨型计算机。目前世界上只有很少几个国家能生产巨型机，我国是其中之一。目前，我国已形成了相当规模的计算机产业。

当前，计算机正在向巨型化、微型化、网络化和智能化的方向发展，许多人正在探索新一代计算机的研究。对新一代计算机有各种各样的设想方案：有的研究非冯·诺依曼结构的计算机；有的研究具有高度智能的计算机，可以模仿人的大脑处理各种事务。除此之外，神经网络计算机、生物计算机、光子计算机也是许多人研究的热门课题。相信不久的将来各种类型的新一代计算机会出现在我们的工作、学习和生活当中。

1.1.3 计算机的应用

按应用领域进行划分，主要包括以下几个方面：

1. 科学计算 科学计算也称为数值计算，是指用于完成科学研究和工程技术中提出的数学问题的计算，如航天、气象分析等会产生大量的数值数据，都需要用计算机进行运算处理。

2. 数据处理 数据处理也称为非数值计算，它可以对大量的数据进行加工处理。与科学计算不同，数据处理涉及的数据范围非常广泛，文字、图形图像、声音等都是计算机可处理的非数值数据。典型的应用是办公自动化和多媒体。

3. 过程控制 过程控制也称实时控制，又称自动控制，利用计算机及时采集数据，将数据处理后按最佳值迅速准确地对控制对象进行控制，代替人的手进行操作。典型的应用是工业生产流水线的自动化生产。

4. 计算机辅助系统 计算机辅助系统也是计算机应用方面的一大分支，它所包含的内容主要有 CAD、CAM 和 CBE。

计算机辅助设计 CAD（Computer Aided Design）就是利用计算机帮助各类设计人员进行设计，例如飞机设计、船舶设计、建筑设计、机械设计、大规模集成电路设计等。

计算机辅助制造 CAM（Computer Aided Manufacturing）是指计算机进行生产设备的管理、控制和操作的技术。在产品的制造工程，利用计算机对生产的各个环节进行监测，始终让生产工艺处于最佳状态，可以提高产品质量，缩短生产周期，减轻工人的劳动强度。

计算机辅助教育 CBE（Computer Based Education）：包括计算机辅助教学 CAI（Computer Assisted Instruction）、计算机辅助测试 CAT（Computer Aided Test）和计算机管理教学 CMI（Computer Management Instruction）。近年由于多媒体和网络技术的发展，推动了 CBE 的发展，打破了过去的传统教学手段，某些学科抽象的理论可以用计算机直观地模拟出来，另外远程教育也得到很快发展。

1.1.4 计算机技术在医药卫生领域的应用

在医药卫生领域，计算机的应用已渗透到医药学各学科，其主要应用包括以下几个方面：

1. 远程诊断 由于近年来网络日益成熟，许多医院都开通了远程诊断，使得许多专家不用到现场就可以通过网络的传输看到病人的所有病历资料，其中包括病人的即时动态医学影像（比如彩超动态图像），据此可以对疑难病例进行会诊，迅速作出诊断，及时采取措施，为抢救病人赢得宝贵的时间。

2. 医学图像处理 现代医学离不开影像信息的支持，如病理切片图像、X 射线透视图像、CT 和 MRI 扫描图像、核医学图像、超声影像、红外线热成像图像及窥镜图像等。功能各异的医学影像可分为结构影像技术与功能影像技术两大类，前者主要用于获取人体各器官解剖结构图像，借助此类结构透视图像，不经解剖检查，医务人员就可以诊断出人体器官的器质性病变，如 CT 和 MRI 扫描图像。然而在人体器官发生早期病变，但器官的外形结构仍表现为正常时，器官的某些生理功能，如新陈代谢等却已开始发生异常变化，此时采用结构解剖基于 SPECT 及 PET 的功能影像技术。功能影像能够检测到人体器官的生化活动状况，并将其以功能影像的方式呈现出来。

3. 人工脏器方面 以人工脏器替换病变或损伤的器官已经是很成熟的技术，其实是计算机技术才使人工脏器得以实现。以人工肾即血液透析机为例，血液透析机的体外循环系统包括血泵、肝素泵、血流量表、动静脉压表和空气探测器由计算机控制；透析液系统包括比例泵、透析流量计，超滤系统等也是由计算机控制；透析机的监测控制装置还要由计算机统一管理。没有计算机，人工肾是不可能正常工作的。

4．流行病学数据处理　流行病学涉及的范围极其广泛，大量调查资料的分析，利用计算机进行处理不仅能提高运算效率，也可以提高运算的准确性，大样本的数据资料都是用计算机处理，目前，SAS、SPSS 等都是很优秀的统计软件，尤其在科研上，它是医药卫生人员进行科学研究强有力的助手。

5．医院信息管理　数字化医院是我国现代医疗发展的新趋势，数字化医院系统是由医院业务软件、数字化医疗设备、计算机网络平台所组成的三位一体的综合信息系统，数字化医院工程有助于医院实现资源整合、流程优化，降低运行成本，提高服务质量、工作效率和管理水平。

数字化医院的业务软件通常由以下几部分组成：

（1）HIS（Hospital Information System）医院信息系统

（2）PACS（Picture Archiving and Communication Systems）医学图像档案管理和通信系统

（3）LIS（Laboratory Information System）检验信息系统

（4）CIS（Clinic Information System）临床管理信息系统

（5）RIS（Radiology Information System）放射科信息系统

（6）GMIS（Globe Medical Information Service）区域医疗卫生服务

此外还有：CAE（计算机辅助教学系统）、CAD（计算机辅助诊断系统）、CAT（计算机辅助治疗系统）、CAS（计算机辅助外科系统）、RTIS（放射治疗系统）等。

6．生物信息学（Bioinformatics）　生物信息学是在生命科学的研究中采用计算机技术和信息论方法对蛋白质及其核酸序列等多种生物信息采集、加工、储存、传递、检索、分析和解读的一门科学，是现代生命科学与信息科学、计算机科学、数学、统计学、物理学和化学等学科相互渗透而形成的交叉学科。它是当今生命科学和自然科学的重大前沿领域之一，同时也将是 21 世纪自然科学的核心领域之一。生物信息学研究的内容包括了序列和结构比对、蛋白质结构预测、基因识别、分子进化、比较基因组学、序列重叠群、药物设计、基因芯片、基因表达谱等方面。

1.2　计算机中采用的计数制

在日常生活中我们习惯使用十进制，对于十进制可以用 0，1，2，……，9 这十个数码表示，把这些数码的个数称为基数，即十进制的基数为十。采用逢基数进一的规则，则称为进位计数制。

除了十进制，人们也使用其他进制，有时还采用十六进制、六十进制，比如在很早以前使用过十六两为一斤的秤。

由于计算机内部使用的是数字电路，即用电脉冲表示信号，而脉冲信号只有两种状态，电压的有无（即高电平和低电平）、灯光的亮与暗（灯泡加没加电），两种状态都可以用数码 0、1 来表示。两种状态的电路最容易实现，而且稳定、可靠，用开关的开启和关闭即可实现，只不过开关是由电子开关完成，如果出现三种以上的稳定状态，电路上实现起来就复杂了。所以计算机中处理的各种信息都是用二进制代码来表示的，现在对这些计数制作一简单介绍。

1.2.1 十进制数制（Decimal Number System）

十进制使用 0～9 这十个数码表示，它的基数是十，它的计数规律为逢十进一。

十进制数的书写规则是将该数后面加 D 或在括号外加数字下标，例如 237.68D 或 $(237.68)_{10}$ 都是表示十进制的 237.68。通常都省略。

在十进制中，数值的大小不仅和其所用的代码有关，还与其所在的位置有关，比如 262.84 这个数，六个代码中出现了两个 2，但它的大小是不一样的，小数点左边的 2 代表 2，最左位上的 2 代表 200，同样是数码 2，但在不同的位置它具有不同的值，我们称之为位权，也称权重（Weight）。为便于观察，我们可以把该数展开，即：

$262.84 = 2 \times 10^2 + 6 \times 10^1 + 2 \times 10^0 + 8 \times 10^{-1} + 4 \times 10^{-2}$

10^n、10^{n-1}……10^0……10^{-m+1}、10^{-m} 就是我们所说的位权。可见，位权是数码在该位置所具有的值。

1.2.2 二进制数制（Binary Number System）

二进制使用 0、1 两个数码，基数为 2，计数规则为逢二进一。

二进制数的书写规则是将该数后面加 B 或在括号外加数字下标，例如 $(1011.101)_2$ 或 1011.101B 都表示该数为二进制数。

与十进制相仿，它的位权为 2 的整数幂。所以一个二进制数也可以将它展开，展开后各项值的和是十进制表示的值。例如：

$101101.11B = 1 \times 2^5 + 0 \times 2^4 + 1 \times 2^3 + 1 \times 2^2 + 0 \times 2^1 + 1 \times 2^0 + 1 \times 2^{-1} + 1 \times 2^{-2}$

二进制相加，遵照逢二进一的规则，如：1011B+101B＝10000B

二进制数书写长，不好读，不好记。计算机中常用十六进制来对二进制进行"缩写"。

1.2.3 十六进制（Hexadecimal Number System）

十六进制数基数为十六，使用 0，1，2，3……9，A，B，C，D，E，F 这十六个数码，其规则为逢十六进一。

十六进制的书写方法为将该数后面加 H 或在括号外加数字下标，例如 13D2H 或 $(13D2)_{16}$ 都表示该数为十六进制。

与十进制相仿，它的位权为 16 的整数幂。一个十六进制数也可以将它展开，展开后各项值之和是十进制表示的值。例如：$(13D8)_{16} = 1 \times 16^3 + 3 \times 16^2 + 13 \times 16^1 + 8 \times 16^0$

1.2.4 各种进制数之间的转换

1. 将二进制数转换为十进制数　将二进制数展开，然后用十进制运算规则计算每一项的值再相加，即可转换为十进制数，例如：

$(1011.101)_2 = 1 \times 2^3 + 0 \times 2^2 + 1 \times 2^1 + 1 \times 2^0 + 1 \times 2^{-1} + 0 \times 2^{-2} + 1 \times 2^{-3}$
$= 8 + 0 + 2 + 1 + 0.5 + 0 + 0.125 = (11.625)_{10}$

2. 将十进制数转换为二进制数　可以将整数部分和小数部分分开，整数部分采用除 2 取余逆排法；小数部分采用乘 2 取整顺排法。例如：将 $(13.375)_{10}$ 转换为二进制，方法为：

整数部分：

小数部分：

即：$(13.375)_{10} = (1101.011)_2$

3. 将二进制数转换为十六进制数　通过表 1.1 可以找出规律：一位十六进制数可以用四位二进制数表示，因此二进制的整数部分转换为十六进制时，只需从二进制数的小数点往左，每四位为一组，与一位十六进制数相对应，最后若不够四位，可以在其左端用 0 补齐。二进制小数部分转换为十六进制数时，则以小数点开始往右，每四位一组，最后若不够四位，在其右端用 0 补足。

例如：将二进制数$(10110101101.10101)_2$转换为十六进制数，方法为：

0101　1010　1101 . 1010　1000

 5　　A　　D　.　A　　8

因此，$(10110101101.10101)_2 = (5AD.A8)_{16}$

表 1.1　十进制、二进制和十六进制关系对照表

十进制	二进制	十六进制
0	0000	0
1	0001	1
2	0010	2
3	0011	3
4	0100	4
5	0101	5
6	0110	6
7	0111	7
8	1000	8
9	1001	9
10	1010	A
11	1011	B
12	1100	C
13	1101	D
14	1110	E
15	1111	F

4. 将十六进制数转换为二进制　将十六进制数的每位用四位二进制表示，转换方法是：对整数部分，小数点以左，每一位十六进制数用相应的四位二进制数表示，不足四位时，在其左端添"0"补足。小数部分则是从小数点开始往右，用四位二进制数表示一个十六进制数。例如：将$(5A3B.AF)_{16}$转换为二进制数，其方法如下：

  5　　　A　　　3　　　B　·　　A　　　F

0101　1010　0011　1011　·　1010　1111

因此：$(5A3B.AF)_{16} = (101101000111011.10101111)_2$

5．十六进制和十进制数之间的转换：整数部分可以采用除十六取余法，小数部分采用乘 16 取整法，但较为复杂，建议通过二进制作为一个桥梁进行转换。

1.3　计算机中的数据信息的表示

1.3.1　符号数据的表示

计算机不仅可以处理数值数据，还可以处理字符、图形符号、汉字等，它们都是非数值数据。在计算机中，它们都有自己的代码，只不过用二进制代码表示，比如英文字母"A"的代码为 01000001，"B"的代码为 01000010，就像学生有学号一样。通常用 8 位二进制代码表示一个英文字符或控制符，我们把 8 位二进制代码称为一个字节，用 Byte 表示，也就是说，一个英文字符占一个字节，它就是我们以后要讲到的计算机存储器容量的单位，8 位二进制代码其中的某一位，不管它是 0 或是 1，我们把它记作 1 个信息单位，称为 1 个比特，用英文 Bit 表示。

在 8 位二进制代码中，最高位为 0 作为校验位，后 7 位用于字符编码，即 $b_7b_6b_5b_4b_3b_2b_1b_0$，其中 $b_7=0$，这样一共有 $2^7=128$ 种组合，用这 128 种不同状态的组合分别表示英文的 128 个字符，美国标准信息交换码就是采用的这种 7 位编码方案，简称 ASCII 码（American Standard Code for Information Interchange），表示每个字符的二进制代码称为该字符的 ASCII 值。英文字符的 ASCII 值见表 1.2。

表 1.2 英文字符 ASCII 表

b_3 b_2 b_1 b_0 \ b_6 b_5 b_4	000	001	010	011	100	101	110	111
0 0 0 0	NUL	DLE	SP	0	@	P	`	p
0 0 0 1	SOH	DC1	!	1	A	Q	a	q
0 0 1 0	STX	DC2	〃	2	B	R	b	r
0 0 1 1	ETX	DC3	#	3	C	S	c	s
0 1 0 0	EOT	DC4	$	4	D	T	d	t
0 1 0 1	ENQ	NAK	%	5	E	U	e	u
0 1 1 0	ACK	SYN	&	6	F	V	f	v
0 1 1 1	BEL	ETB	'	7	G	W	g	w
1 0 0 0	BS	CAN	(	8	H	X	h	x
1 0 0 1	HT	EM	)	9	I	Y	i	y
1 0 1 0	LF	SUB	*	:	J	Z	j	z
1 0 1 1	VT	ESC	+	;	K	[	k	{
1 1 0 0	FF	FS	,	<	L	\	l	|
1 1 0 1	CR	GS	-	=	M	]	m	}
1 1 1 0	SO	RS	.	>	N	↑	n	~
1 1 1 1	SI	US	/	?	O	_	o	DEL

在表 1.2 中上横栏为 ASCII 码的高四位，由于 b_7 为校验位，所以未标出，左面竖栏为低四位，ASCII 码可以用十或十六进制表示。比如：数字 0，从表中可以得到其 $b_6b_5b_4$ 为 011，而 $b_3b_2b_1b_0$ 为 0000，所以它的 ASCII 码为 0110000，它的机内码是在 ASCII 码最高位前加校验位 0 构成一个字节，即为 00110000，其十进制表示为 48。

1.3.2 汉字编码

英文字符数量相对较少而且它们本身有序,所以对它们进行数字化编码是较为容易的。而对汉字字符进行数字化编码难度要大得多,因为汉字既多又复杂,几千个汉字要对应几千个编码,除了这些,汉字的字形比起其他国家的文字要复杂得多,不同的汉字有不同的形状,即便是同一汉字,又有宋体、楷体等多种字体,每个汉字之间又缺乏联在性,所以对汉字进行编码要考虑很多因素,比如汉字的排列顺序、汉字如何输入以及汉字字形如何在计算机中表示等。

1. 常用的汉字信息编码标准　在汉字信息编码标准中,常用的是简体中文 GB2312、GB18030 等,繁体中文 Big5 码等。

GB2312 码是中华人民共和国国家汉字信息交换用编码,全称《信息交换用汉字编码字符集基本集》,由国家标准总局发布,1981 年 5 月 1 日实施,简称国标码。通行于中国内地,新加坡等地也使用此编码。GB2312 收录简化汉字及符号、字母、日文假名等共 7445 个图形字符,其中汉字占 6763 个。GB2312 规定"对任意一个图形字符都采用两个字节表示,每个字节均采用七位编码表示",习惯上称第一个字节为"高字节",第二个字节为"低字节"。该字符集是几乎所有的中文系统和国际化的软件都支持的中文字符集,这也是最基本的中文字符集。

由于 GB2312-80 仅收汉字 6763 个,这大大少于现有汉字。随着计算机的广泛应用,国标 GB2312-80 已不能适应发展需要,为了解决这些问题,以及配合电脑业界组织的 UNICODE 的实施,全国信息技术化技术委员会于 1995 年 12 月 1 日发布了《汉字内码扩展规范》,之后信息产业部和国家质量技术监督局于 2000 年 3 月 17 日发布了两项新的国家标准:GB18030-2000 和 GB18031-2000。GB18030-2000《信息技术信息交换用汉字编码字符集基本集的扩充》(简称 GBK),共收录了 27 484 个汉字,具体规定了图形字符的单字节编码和双字节编码,并对四字节编码体系结构做出了规定。该标准是一个强制性标准。与现有的绝大多数操作系统、中文平台在计算机内码一级兼容,能够支持现有的应用系统。

Big5 是台湾地区的 IIIT1984 年发明的,CNS 11643-1992(Chinese National Standard)是其扩展版本。

Hong Kong GCCS(Government Chinese Character Set)是香港政府在 Big5 基础上增加了 3049 个字符;之后又制定了 HKSCS 标准,它包括了 Big5 和 ISO10646 的编码,也可以说 HKSCS 是 GCCS 的增强版。

一般来讲,计算机内汉字编码中包括机内码、输入码和汉字输出码。

2. 机内码　以国标码 GB2312 码为例,说明汉字信息编码与实际存储在机器中的机内码之间的关系。

在计算机内,如果直接采用国标码,势必会造成与 ASCII 码混淆,例如:

汉字"大"的国标码为 00110100 01110011,而数字"4"和"s"的 ASCII 码分别为 00110100、01110011,如果不加以指定,计算机会把 0011010001110011 当成两个英文字符 4s 来处理。鉴于以上情况,必须把国标码变成机内码才可以让计算机处理,方法是将每个字节的最高位置 1,只要每个字节的最高位为 1 即为汉字,这样就构成了汉字机内码。无论是国标码还是机内码，书写时都可用 16 进制。还是以汉字的"大"为例，它的国标码、机内码和 ASCII 码有如下对应关系：

名称	编码（十六进制）	编码（二进制）
国标码	3473	00110100　01110011
机内码	B4F3	10110100　11110011
ASCII 码	3473	00110100　01110011　代表英文"4s"

由此可见，如果用十六进制表示，将国标码转为机内码的方法只需将国标码加 8080 即可。即：

```
    3473    国标码
  ＋8080
    B4F3    机内码
```

3．输入码　由于汉字的独立性，使汉字的输入变得较为复杂，常用的汉字输入法基本分为两大类：

（1）编码汉字输入：编码汉字输入现基本分三类，以音为主的拼音输入和以形为主的笔形输入以及音形结合的输入方法。它们各有特色，拼音易学好记，但相同读音的汉字太多，即重码率高，检字困难，典型的拼音输入法有全拼输入法和微软拼音输入法。由于相同形状的汉字很少，所以笔形输入重码率低，但掌握困难，典型的笔形输入是五笔输入编码。无论采用哪一种，它们都称为输入码，也称外码。当向计算机输入外码时，一般都要转换成机内码后才能进行存储和处理，当然这是各种汉字操作系统所要解决的问题，使用者只需输入汉字的外码，剩下的由计算机自己处理。

（2）非编码汉字输入：近年人们发明了不少用于汉字输入的设备，如手写板输入和语音输入。手写板输入需要一特定的硬件（手写板），用户可以将汉字手工写在手写板上，计算机自动将手写体识别成可编辑的文本，这种方法只要会写汉字就可以向计算机输入汉字，如果所写汉字不是很草，识别率还是很高的。语音输入是指用麦克风按正常的说话速度朗读，计算机通过声卡和识别软件，将语音自动识别成可编辑的文本，但这种方法存在个体差异，即由于每个人的声调、发音均不同，会造成识别错误，因此要对计算机进行训练，让计算机逐渐能够适应你的发音，才能有较高的识别率。除上述两种非编码输入之外，用扫描仪将书报上的文稿以图像的形式扫到计算机中，再通过识别软件（OCR）进行识别，还原成可编辑的文本，如果原稿比较清楚，其识别率可达 90%以上。

4．汉字输出码　汉字输出码是地址码、字形存储码和字形码的统称。

地址码：是指汉字字形信息在汉字字模库中存放的首地址。每个汉字在字库中占有一个固定大小的连续区域，其中首地址即是该汉字的地址码。

字形存储码：是指存放在字库中的汉字字形点阵码。不同的字体有不同的字库，如黑体、仿宋体等，点阵的点数越多字的质量越高，越美观。

由于汉字都是方块字，每个汉字看作是一个有 M 行 N 列点组成的矩阵，称为汉字的点阵字模，简称点阵。如果用二进制数 1 代表点阵中的黑点，用 0 表示无黑点。一个汉字若用 16×16 点阵表示，则共有 256 个点，如图 1.1 所示：

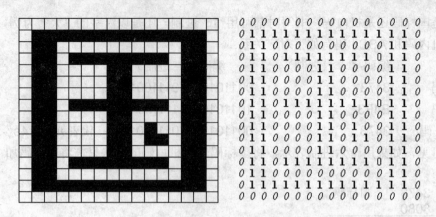

图 1.1　汉字字形码示意图

由图 1.1 可以看出，一个汉字可以用 16 行二进制代码表示，一行为 16 位，正好为 2 个字节，所以一个 16 点阵字库要占 16×2=32 个字节。对于 16 点阵字库要用于打印，其质量可见而知，所以 16 点阵字库主要用于显示，真正用于打印，应采用 24 点阵以上的字库，而 24 点阵字库每个汉字要占 24×3=72 个字节。

汉字字形库直接存储点阵码时占用的存储空间大，为了减少字库所占的容量，采用了数据压缩技术。使用较多的字库压缩方法有哈夫曼树法、矢量法和字根压缩法。近年来开发的新的汉字操作系统中常使用矢量汉字。所谓矢量汉字就是经过矢量法把基本点阵字模进行压缩后得到的汉字。这些汉字信息存在矢量字库中，显示和打印时要经过相应的转换程序进行还原和变换，得到不同的字体。

字形码：指在输出设备上输出汉字时所要送出的汉字字形点阵码。点阵数据的组织是按照输出设备的特性及输出字体的一些特点（如倾斜角度，放大倍数）进行的，是对基本字库中数据进行变换得到的。

以上所介绍的各种汉字编码之间的关系为：

```
              其他系统代码
                ↑ ↓
             交换码（国标码）
                ↑ ↓
输入码（外码）→机内码 →  输出码（字库）
   ↑键盘输入              ↓显示/打印输出
  汉字信息              汉字信息
```

1.4　计算机的组成

一个完整的计算机系统是由硬件系统和软件系统两大部分组成。所谓硬件就是构成计算机实体的所有器件，而软件是指那些看不到、摸不着却又实实在在存在的那些计算机中存储的数据、程序等等。软件系统是计算机的灵魂，以硬件系统为依托，对硬件设备进行控制和管理。只有硬件、软件系统相互结合，才能发挥计算机系统的强大功能。

1.4.1 计算机硬件

从原理上讲，计算机是由输入设备、输出设备、存储器、控制器和运算器五大部分组成，如图 1.2 所示。下面简单地讲述各部分的功能。

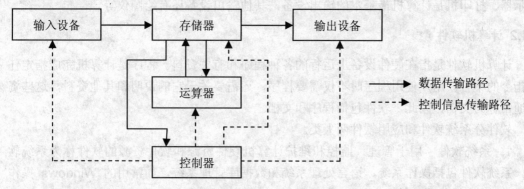

图 1.2 计算机硬件的基本组成

1. 运算器（Calculator） 运算器也称为算术逻辑运算单元（Arithmetic and Logic Unit，ALU），计算机中所有的算术运算、逻辑运算和信息传送都在这里进行，它由加法器、移位电路、逻辑部件、信息传送部件以及寄存器等电路组成。由于任何数学运算最终可以用加法和移位这两种基本操作来完成，因而加法器是 ALU 的核心部件。寄存器则用来暂时存放参与运算的操作数和运算结果。

2．控制器（Controller） 控制器也称控制电路（Control Circuit），它就像一个部队的指挥部，是整个计算机的控制中心，其任务是按预定的顺序不断取出指令进行分析，然后根据指令的要求向运算器、存储器等各部分发出控制信号让其完成指令所规定的操作，指令是一条命令，就是让计算机做什么，是由一串二进制代码组成，不同的代码表示不同的命令，是给计算机约定好的。控制电路由指令计数器、指令寄存器、指令译码器和操作控制部件等组成。指令计数器用于提供指令的存放地址。指令寄存器可以把从存储器取出的指令暂存起来。指令译码器是把取到的指令译成操作控制部分所能识别的信号，使其完成指令所规定的操作。

3．存储器（Memory） 存储器是计算机存放数据的地方，它由一片片连续的存储单元组成，每个单元都赋有编号，称为地址，就像楼房的房间号一样，每个单元都可以存放一组二进制代码，就像房间里住的是谁。信息存入内存的过程称为写入，取出的过程称为读出。存储器的基本指标是容量和读写速度。存储器分内部存储器和外部存储器，内部存储器可以由 CPU 直接访问，内存的读写速度快但其存储空间是有限的，外部存储器作为内部存储器的扩展存储，存储容量大但读写速度相对较慢。存储器的计量单位是字节（Byte），由于计算机存储器容量很大，所以用字节很不方便，一般用千字节（KB）、兆字节（MB）等表示，其换算如下：

1KB=1024Byte（2^{10}）

1MB=1024KB（2^{20}）

1GB=1024MB（2^{30}）

1TB=1024GB（2^{40}）

4．输入设备（Input Device）　用于将数据和信息输入到计算机的设备称为输入设备，键盘和鼠标是最基本的输入设备，此外还有扫描仪、数码相机、磁卡读入机等。

5．输出设备（Output Device）　用于将计算机内的数据输出的设备称为输出设备，显示器、打印机是计算机最基本的输出设备，其他输出设备还有绘图仪等。

1.4.2　计算机软件

计算机软件是指在硬件设备上运行的各种程序和有关资料。程序是计算机完成指定任务指令的集合。用户使用程序时不仅需要程序，还需要关于它的说明和其他资料，这些资料通常称为文档，因此，软件包括程序和文档。

软件分系统软件和应用软件两大类。

1．系统软件　用于管理、监控和维护计算机硬件资源和软件资源的软件称为系统软件。系统软件包括操作系统、语言处理系统和数据库管理系统，如常用的 Windows 操作系统、Linux 操作系统等。

2．应用软件　应用软件是针对某一个专门目的而开发的软件，如文字处理软件、表格处理软件、图形处理软件、财务管理系统、辅助教学软件、用于各种科学计算的软件包等。

目前广泛使用的应用软件有：文字处理软件 Word、电子表格软件 Lotus1-2-3 和 Excel、图形处理软件 Photoshop、计算机辅助设计软件 AutoCAD、动画处理软件 3DS MAX 和 Flash5、多媒体制作软件 Authorware、卫生统计分析软件包 SAS 和 SPSS 等。

此外，还有一些常用的工具软件，使用起来很方便，如图 1.3 所示的是某网站提供的可以下载的常见的工具软件。

即时聊天	压缩工具	下载工具	中文输入
腾讯QQ	WinRAR	迅雷(Thunder)	紫光拼音
MSN Messenger	WinZIP	网际快车	极品五笔
Skype		BitComet	搜狗输入法
新浪UC		eMule(电驴)	
		Vagaa哇嘎	
		POCO	
MP3工具	视频播放	网络电视	证券股票
千千静听	暴风影音	PPLive	大智慧
Winamp	RealPlayer	PPStream	同花顺
酷狗	Media Player		
酷我音乐盒	Flash Player		
插件清理	网络安全	系统工具	浏览器/邮件工具
卡卡安全助手	天网防火墙	优化大师	IE
360安全卫士	瑞星专杀工具	超级兔子	傲游(Maxthon)
木马克星	金山在线杀毒	DirectX	Foxmail
		Windows 升级	Dreammail
游戏软件	阅读/看图工具	刻录软件	手机软件
QQ游戏中心	Adobe Reader	Nero	UCWEB手机浏览器
联众世界游戏大厅	ACDSee	Daemon Tools	天天动听
浩方对战平台			GGLIVE

1.3　常见的工具软件

1.5 信息技术与信息数字化

信息同能源、材料并列为当今世界三大资源。信息资源广泛存在于经济、社会各个领域和部门。它是各种事物形态、内在规律和其他事物联系等各种条件、关系的反映。随着社会的不断发展，信息资源对国家和民族的发展，对人们工作、生活至关重要，成为国民经济和社会发展的重要战略资源。计算机、通信和网络等现代信息技术的综合应用，使人类有了大量存储、高速传输、普遍共享信息的手段。计算机技术的发展，使人类第一次可以利用极为简洁的"0"和"1"编码技术，来实现对一切声音、文字、图像和数据的编码、解码，使各类信息的采集、处理、储存和传输实现了标准化和高速处理。

1.5.1 信息技术

信息技术是指有关信息的收集、识别、提取、变换、存储、传递、处理、检索、检测、分析和利用等的技术。信息技术能够延长或扩展人的信息功能。信息技术主要包括传感技术、通信技术、计算机技术和缩微技术等。通过信息技术，将信息数字化，将许多复杂多变的信息转变为可以度量的数字、数据，再以这些数字、数据建立起适当的数字化模型，把它们转变为一系列二进制代码，引入计算机内部，进行统一处理，这就是数字化的基本过程。

1.5.2 信息的数字化

信息的数字化，一般包含三个阶段：采样、量化和编码。

1. 采样　采样的作用，是把连续的模拟信号按照一定的频率进行采样，得到一系列有限的离散值。采样频率越高，得到的离散值越多，越逼近原来的模拟信号。比如，声音是模拟信号，人耳可听到的频率是从 20Hz～20kHz，计算机处理的是数字信号，所以，计算机要处理声音，必须将模拟信号转换成数字信号进行加工处理，而后再转换成模拟信号推动音箱发出悦耳的声音。转换的过程就需要对信号进行采样，单位时间采样的次数称为采样频率。每次采样点需要用一组二进制编码记录，平常所说的 16 位声卡就是指用 16 位二进制编码记录一个采样点。

2. 量化　量化的作用，是把采样后的样本值的范围分为有限多个段，把落入某段中的所有样本值用同一个值表示，是用有限的离散数值量来代替无限的连续模拟量的一种映射操作。量化位数越高，样本值量的确定越精细。仍以声音采样为例，对于 16 位声卡，采用 44.1kHz 采样频率。1 秒的声音要占 44.1×1000（Hz）$\times 2$（Byte）=88.2KB 存储空间，采样频率、声卡位数越高，声音的保真度也越高，但所占存储空间也越大。

3. 编码　编码的作用，是把离散的数值量按照一定的规则，转换为二进制码，像声音文件的保存就有不同的编码格式，如 wav 格式、mp3 格式等。

4. 数字化过程有时候也包括数据压缩　由于多媒体的信息量太大，给存储和传输带来了很大的困难，图片、动态图像、立体声音乐等都是信息量很大的媒体，因此，对它们进行实时压缩和解压缩是多媒体的关键技术。20 世纪 80 年代中期由国际标准化组织(ISO)和国际电报电话咨询委员会(CCITT)联合组建了专家组，提出了 JPEG 和 MPEG 两种图像压缩标准。

（1）JPEG 标准：JPEG（Joint Photographic Experts Group）用于静态图像压缩的国际标准，广泛用于彩色图像传真、图文档案管理等方面。JPEG 对于单色和彩色图像的压缩比通常为 10:1 和 20:1。

（2）MPEG 标准：MPEG（Moving Pictures Experts Group）即活动图像专家组，始建于 1988 年，专门负责为 CD 建立视频和音频标准，其成员均为视频、音频及系统领域的技术专家。目前 MPEG 已完成 MPEG-1、MPEG-2、MPEG-4 、MPEG-7 和 MPEG-21 等版本的制订，适用于不同带宽和数字影像质量的要求。比如，MPEG-1 使得 VCD 取代了传统的录像带。由于一路 MPEG-2 码流中可以同时传输多套电视节目，用户可以根据喜好收看其中某一套节目，即视频点播（VOD）业务。数字机顶盒的推出是成功运用 MPEG-2 标准的典型。

另外在可视电信业务中，活动图像的压缩标准是 H.261 标准，它是 CCITT 所属专家组倾向于为可视电话和电视会议而制定的标准，这个标准支持通讯的双向传输，该标准是以 64Kbps 的整数倍作为传输速率，其压缩比可以从 100:1 到 200:1。

1.6　网络应用基础

21 世纪的重要特征是数字化、网络化和信息化，它是一个以网络为核心的信息时代。这里所指的网络是电信网络、有线电视网络和计算机网络。这三种网络通常简称为"三网"。进入 20 世纪 90 年代以来，以因特网（Internet）为代表的计算机网络的发展速度十分迅速，已成为仅次于全球电话网的世界第二大网络。Internet 的发展对推动世界经济、社会、科学、文化的发展将产生不可估量的作用。因此，学习网络的基本知识，掌握 Internet 网络的基本应用是十分必要的。

1.6.1　计算机网络概述

计算机网络是指将具有独立功能的计算机，通过通信手段连接起来，在网络软件和网络协议管理下，以资源共享为目的组成的计算机集合。计算机间可以借助通信线路传递信息，共享软件、硬件和数据等资源。图 1.4 为计算机网络的示意图。

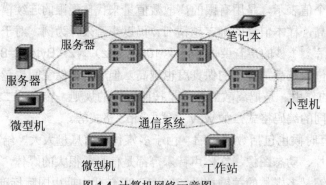

图 1.4　计算机网络示意图

1.6.1.1 计算机网络的发展历程

一般来讲，计算机网络的发展可分为四个阶段：

第一阶段：以单个计算机为中心的远程联机系统，构成面向终端的计算机网络。它由多台终端设备通过通信线路连接到一台中央计算机上而构成，称为面向终端的计算机网络。20 世纪 60 年代初美国航空公司建成的由一台计算机与分布在全美国的 2000 多个终端组成的航空订票系统 SABRE-1 就是这种计算机通信网络。

第二阶段：多个主机互联，各主机相互独立，无主从关系的计算机网络。随着计算机应用的发展，人们需要将多台具有独立处理功能的计算机通过网络互联在一起，即计算机通过通信线路互联成为计算机-计算机网络，以达到计算机资源共享的目的。真正成为计算机网络里程碑的是建于 1969 年的美国国防部高级研究计划局（Advanced Research Projects Agency，ARPA）的首创有线、无线与卫星通信线路连接美国本土到欧洲与夏威夷等广阔地域的 ARPAnet（通常称为 ARPA 网）。

第三阶段：具有统一的网络体系结构，遵循国际标准化协议的计算机网络。在解决计算机连网与网络互联标准化问题的背景下，提出开放系统互联参考模型与协议，促进了符合国际标准的计算机网络技术的发展；计算机网络发展的第三阶段是加速体系结构与协议国际标准化的研究与应用。国际标准化组织 ISO（International Standards Organization）公布开放式系统互联标准，即 OSI（Open System Interconnection）标准，经过多年卓有成效的工作，ISO 正式制订、颁布了"开放系统互联参考模型" OSI RM（Open System Interconnection Reference Model），即 ISO/IEC 7498 国际标准。1989 年我国在《国家经济系统设计与应用标准化规范》中也明确规定选定 OSI 标准作为我国网络建设标准。

第四阶段：网络互联与高速网络。计算机网络向互联、高速、智能化方向发展，并获得广泛的应用。

1.6.1.2 计算机网络的组成和分类

1．计算机网络的组成　完整的计算机网络系统是由网络硬件系统和网络软件系统组成。

网络硬件是计算机网络系统的物质基础。要构成一个计算机网络系统，首先要将计算机及其附属硬件设备与网络中的其他计算机系统连接起来。网络硬件主要包括网络节点与通信链路，网络节点又分为端节点如计算机、服务器等和中间节点如交换机、集中器、复用器、路由器、中继器等。通信链路是信息传输的介质，比如铜线、光纤、无线媒介等。

网络软件是网络的组织者和管理者。网络软件包括：网络协议、网络服务软件、网络管理与通信软件、网络工具软件等。网络操作系统（如 Novell 公司的 Netware，微软公司的 Windows 2003 Server，中文版本的 Linux，如 REDHAT、红旗 Linux 等）也属于网络软件的范畴。网络软件研究的重点是如何实现网络通信、资源管理、网络服务和交互式操作的功能。

2．计算机网络的分类　计算机网络有多种分类方法。不同的分类原则，可以定义不同类型的计算机网络。下面介绍常用的按网络覆盖的地理范围分类的方法。根据计算机网络覆盖范围不同，可将计算机网络分为广域网、城域网和局域网。

（1）局域网（Local Area Network，LAN）：局域网是一个通信系统，允许一些彼此独立的计算机在一定的范围内，通常为几公里内，以较快的传输速率和低误码率直接进行传输的数据通信系统。

根据采用的技术和协议标准的不同，局域网分为共享式局域网与交换式局域网。局域网技术的应用十分广泛，是计算机网络中最活跃的领域之一。

（2）城域网（Metropolitan Area Network，MAN）：城域网的技术与局域网类似，一般指覆盖范围为一个城市的网络。

城域网的设计目的是满足几十公里范围内的大型企业、机关、公司共享资源的需要，从而可以使大量用户之间进行高效的数据、语音、图形图像以及视频等多种信息的传输。城域网可视为数个局域网相连而成。

（3）广域网（Wide Area Network，WAN）：广域网又称远程网，由结点交换机以及连接这些交换机的链路组成。它可跨越城市和地区，甚至全国、全世界。广域网常常借用现有的公共传输网络进行计算机之间的信息传递。网络上的计算机称为主机，主机通过通信子网连接。通信子网的功能是把信息从一台主机传输到另一台主机。常用的通信网络有：电报电话网、公共分组交换网、卫星通信、无线分组交换网和有线电视网。

由于广域网传输距离远，而且又是依靠公共传输网传递信息，所以广域网上数据传输速率较低，误码率较高。

1.6.1.3 计算机网络的拓扑结构

计算机网络的拓扑结构是指网络中通信线路和站点（计算机或设备）的几何排列形式。拓扑设计是建设计算机网络的第一步，也是实现各种网络协议的基础。它对网络的性能、系统可靠性以及通信费用都有着重大的影响。

网络的拓扑结构主要有以下几种：

1. 总线拓扑　将各个计算机或其他设备均接到一条公用的总线上，各个结点共用这一总线，这就形成了总线型的计算机网络结构。图 1.5 表示总线网络拓扑。

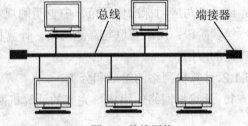

图 1.5 总线网络

在总线结构中，所有网上计算机都通过相应的硬件接口直接连在总线上，任何一个结点的信息都可以沿着总线向两个方向传输扩散，并且能被总线中任何一个结点所接收。由于其信息向四周传播，类似于广播电台，故总线网络也被称为广播式网络。

2. 环型拓扑　环型网络是将各个计算机与公共的缆线连接，缆线的两端连接起来形成一个封闭的环，数据包在环路上以固定的方向传送。图 1.6 表示环型网络结构。

3. 星型拓扑　由各站点通过点到点链路连接到中央节点上而形成的网络结构。中央节点控制全网的通信，任何两点之间的通信都要经过中央节点。图 1.7 表示星型网络结构。

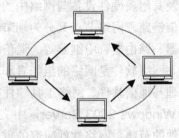

图 1.6 环型网络

4. 网状拓扑　使用单独的电缆将网络上的站点两两相连，从而提供了直接的通信途径，图 1.8 表示网状拓扑网络结构。

应该指出，在实际组网中，拓扑结构不一定是单一的，通常是几种结构的混用构造。

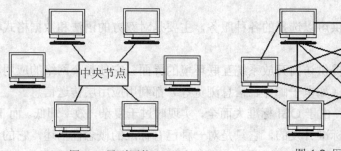

图 1.7 星型网络　　　　　　　图 1.8 网状网络

1.6.1.4 网络体系结构与网络协议

1. 网络体系结构　计算机网络的最大特点之一是网络通信，网络通信的层次标准和协议规定，就构成计算机网络体系结构。

体系结构包括三个内容：分层结构与每层的功能、服务与层间接口、协议。

2. 网络协议　在计算机网络分层结构体系中，把每一层在通信中用到的规则与约定称为协议。网络协议主要有三个组成部分：

语义：语义规定通信双方彼此"讲什么"，即确定协议元素的类型。如规定通信双方要发出什么控制信息、执行的动作和返回的应答。

语法：语法规定通信双方彼此"如何讲"，即确定协议元素的格式，如数据和控制信息的格式。

时序：规定了信息交流的次序。

由此可以看出，协议（Protocol）实质上是网络通信时所使用的一种语言。

3. ISO/OSI 参考模型　国际标准化组织 ISO 于 1979 年提出了著名的开放系统互联参考模型，即：ISO/OSI model（Open Systems Interconnection）。在这一系统标准中规定了 OSI 系统的整个体系结构框架，定义了一个描述网络通信所需要的全部功能的总模型。OSI 共分七层，又称七层协议，图 1.9 表示 OSI 参考模型。

开放系统参考模型 OSI RM 各层的主要功能：

物理层：在物理信道上传输比特流，处理与物理传输介质有关的机械、电气、功能和过程特性的接口。物理层协议主要解决的是主机、工作站等数据终端设备与通信线路上的通信设备之间的接口问题。

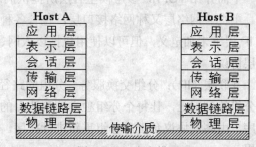

图 1.9 OSI 参考模型

数据链路层：在相邻两节点间提供无差错地传输数据帧的功能和过程，提供数据链路的流量控制、检测校正物理链路产生的差错。

网络层：根据传输层要求选择服务质量，将数据从物理连接的一端传到另一端，实现点到点的通信。主要功能是路径选择及与之相关的流量控制和拥挤控制。

传输层：负责数据在传送过程中错误信息的确认和恢复，以确保信息的可靠传递。

会话层：为两个主机上的用户进程建立会话链接，并使用这个链接进行通信，使双方操作相互协调。

表示层：为应用层提供可以选择的各种服务，主要是对双方的语法和数据格式等提供转换和协调服务。

应用层：为用户进程提供访问开放系统互联环境的界面。它使整个网络的应用程序能够很好地工作。应用程序（如电子邮件、信息浏览等）都利用应用层传送信息。

4．TCP/IP 参考模型 由于 OSI 标准大而全，实现时过于复杂，效率却低。而 TCP/IP 参考模型并不是作为国际标准开发的，它只是对一种已有标准的概念性描述，它的设计目的单一，协议简单高效，可操作性强。因此，在信息爆炸、网络迅速发展的近 10 多年里 TCP/IP 成为"既成事实"的国际标准。

TCP/IP 协议一共出现了 6 个版本。目前使用较多的是版本 4，它的网络层 IP 协议一般记作 IPv4，版本 6 的网络层 IP 协议一般记作 IPv6（或 IPng，IP next generation），IPv6 也称为下一代的 IP 协议。

TCP/IP 参考模型共分为四层，分别为应用层、传输层、互联层和主机—网络层。图 1.10 给出了 TCP/IP 参考模型与 OSI 参考模型的层次对应关系。

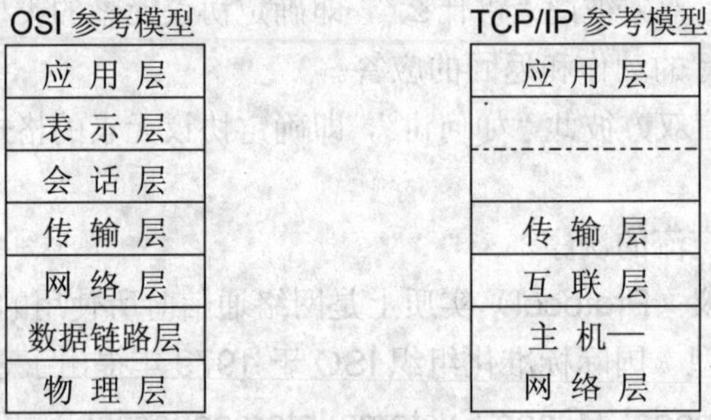

图 1.10 TCP/IP 参考模型与 OSI 参考模型的层次对应关系

下面介绍 TCP/IP 参考模型各层所提供的服务：

主机—网络层又称网络接口层，包含各种链路层协议，支持多种传输介质。TCP/IP 对 IP 层下未加定义，但可以使用包括以太网、令牌环网、FDDI 网、ISDN 等多种数据链路层协议。

互联层（IP）：分组交换服务、分组的路径选择是本层的主要工作。其任务是允许主机将分组放到网上，让每个分组独立地到达目的地。分组到达的顺序可能不同于分组发送的顺序，由高层协议负责对分组重新进行排序。IP 层提供数据报服务，报文分组也称 IP 数据报。

传输层（TCP）：传输层定义了两个端对端协议，对应两种不同的传输机制：

TCP：可靠的面向连接的协议，保障某一机器的字节流准确无误地投递到互联网上的另一个机器。UDP（User Data Protocol）提供无连接服务、无重发和纠错功能，不保证数据的可靠传输，特别适用于快速交付重于准确交付的应用中。

应用层：常用的应用程序，主要有网络终端协议 Telnet、电子邮件协议 SMTP、文件传送协议 FTP、简单网络管理协议 SNMP、简单文件传输协议 TFTP 和域名服务 DNS 等。

1.6.1.5 网络传输媒介

网络上数据的传输需要有"传输媒体"，这好比是车辆必须在公路上行驶一样，道路质量的好坏会影响到行车的安全舒适。同样，网络传输媒介的质量好坏也会影响数据传输的质量，包括速率、数据丢失等。

常用的网络传输媒介可分为两类：一类是有线的，一类是无线的。有线传输媒介主要有同轴电缆（图 1.11）、双绞线（图 1.12）及光缆（图 1.13）；无线媒介有微波、无线电、激光和红外线等。

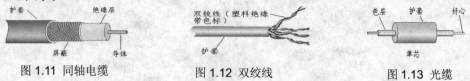

图 1.11 同轴电缆　　　　　图 1.12 双绞线　　　　　图 1.13 光缆

目前组网在室内主要使用非屏蔽双绞线，室外主要使用光缆。无线媒介作为一些特殊场合的补充。

1.6.1.6 网络设备

计算机网络由各种不同功能的网络设备构成。应用这些基本的网络设备我们可以灵活地组成各种结构的网络。这里介绍局域网和部分广域网的网络设备。

1．网卡（Network Adapter）　网卡又称网络适配器。它是计算机与物理传输介质之间的连接设备，每块网卡都有一个唯一的编号来标识它在网络中的位置。该编号称作网卡地址，又称为 MAC（Media Access Control）地址，用 12 位 16 进制数表示，比如 00-20-Ed-1D-74-35。由生产厂家设定，一般不可更改。

2．集线器（HUB）　集线器是一种用于星形网络中的信息传输设备。网络上的各个计算机之间由双绞线经过集线器互相连接在一起。该设备生产成本低，连接性能也较同轴电缆的高。

从 HUB 的作用来看，它不属于网间连接设备，而应叫做网络连接设备。HUB 分配频宽，例如使用一台 N 个接口的 HUB 组建 10BASE-T Ethernet 网，每个接口所分配的频带宽度是 10Mbps/N。

3．交换机（Switch）　交换机是 1993 年以来开发的一种新型网络设备。它将传统的网络"共享"介质技术发展成交换式"独享"介质技术，因而大大地提高了网络通信带宽。例如使用一台 N 个接口的交换机组建 100BASE-T Ethernet 网，每个接口所分配的频带宽度均是 100Mbps。目前最常用的交换机有以太网交换机（Ethernet Switch）、异步传输模式交换机（ATM Switch）和 IP 交换机。

4．路由器（Router）　用路由器连接局域网和广域网，或广域网和广域网。它支持 OSI 网络参考模型中网络层传输协议，即支持具有不同物理介质的网络互联。

路由器是在网络层将数据存储转发，具有路由选择功能。

路由器与交换机的区别在于：交换机独立于高层协议，它把几个物理网络互联之后，提供给用户的仍然是一个逻辑网络，路由器则利用互联网协议将网络分成几个逻辑子网。

1.6.2 Internet 基础

利用互联设备（路由器）将两个或多个物理网络相互联接而形成的单一大网就称为互联网络（internetwork），简称为互联网（internet），如图 1.14 所示。在互联网上的所有设备只要遵循相同协议，就能相互通信，共享互联网上的全部资源。国际互联网 Internet 就是由几千万个计算机网络通过路由器互联起来的、全世界最大的、覆盖面积最广的计算机互联网。

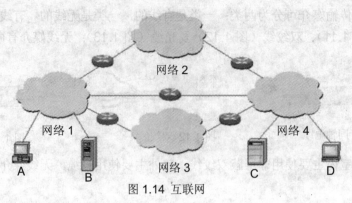

图 1.14 互联网

1.6.2.1 IP 地址与域名

1. IP 地址　在网络中，对主机的识别要依靠地址，而保证地址全网唯一性是需要解决的问题。在任何一个物理网络中，各个节点的设备必须都有一个可以识别的地址，才能使信息进行交换，这个地址称为"物理地址"（Physical Address）。单纯使用网络的物理地址寻址会有一些问题，物理地址是物理网络技术的一种体现，不同的物理网络，其物理地址可能各不相同；物理地址常常被固化在网络设备（网络适配器）中，通常不能被修改；物理地址属于非层次化的地址，它只能标识出单个的设备，标识不出该设备连接的是哪一个网络。

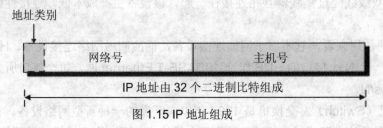

图 1.15 IP 地址组成

针对物理网络地址的问题，Internet 采用一种全局通用的地址格式，为每一个网络和每一台主机分配一个 IP 地址，以此屏蔽物理网络地址的差异。通过 IP 协议，把主机原来的物理地址隐藏起来，在网络层中使用统一的 IP 地址。

IP 地址由 32 比特组成，包括三个部分：地址类别、网络号和主机号。如图 1.15 所示。将 32 位二进制形式的 IP 地址分为 4 个 8 位区域，通常用点分十进制数表示，比如202.114.18.9 就是一个合法的 IP 地址表示方法。

为了区分网络规模，IP 设计者将 IP 地址分为 A 类（Class A）、B 类（Class B）、C类（Class C）3 类。以 IP 地址最高位字节的前几位来区分各类，其分类标识如图1.16 所示。

A 类地址网络地址占 8 位，主机地址占 24 位，B 类地址网络地址与主机地址各占 16 位，C 类地址网络地址占 24 位，

地址类	第一字节二进制值	第一字节十进制值
Class A	0 x x x x x x x	1 … 127
Class B	1 0 x x x x x x	128 … 191
Class C	1 1 0 x x x x x	192 … 223

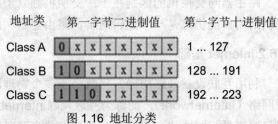

图 1.16 地址分类

主机地址占 8 位。图 1.17 以图形方式说明了 IP 地址中各类网络与主机之间的关系。A 类网络能支持大约 1700 万台主机，但仅能有 126 个网络互联。C 类网络仅能支持 254 台主机，但是可能有 200 万个唯一的网络 ID。B 类地址提供了折中方案。

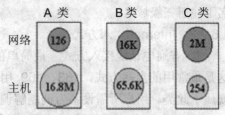

图 1.17 网络与主机的关系

2.子网掩码　子网掩码也是一个 32 位的模式，它的作用是识别子网和判别主机属于哪一个网络。当主机之间通信时，通过子网掩码与主机的 IP 地址进行逻辑与运算，可分离出网络地址。子网掩码设置的规律是，对应网络地址的部分，子网掩码设置成 1，对应于主机地址的部分，子网掩码设置为 0。

表 1.3 列出了各类地址中缺省的子网掩码。

表 1.3 缺省子网掩码

地址类	缺省子网掩码（二进制）	缺省子网掩码（二进制）
A	11111111.00000000.00000000.00000000	255.0.0.0
B	11111111.11111111.00000000.00000000	255.255.0.0
C	11111111.11111111.11111111.00000000	255.255.255.0

3. 域名及域名系统　在遵循 TCP/IP 协议的网络中，IP 地址完全由数字序列的形式来表示，其"易记性"很差。因此，人们构造了域名（Domain Name）和域名系统（Domain Name System，DNS）。

域名是对一个 Internet 站点（site）的完整描述。它包括主机名（Host Name），子域（Sub domain）和域（Domain），它们之间用圆点来分隔。

例如：www.bjmu.edu.cn，表示中国（cn）教育机构（edu）里北京大学医学部（bjmu）校园内以 www 为主机名的域名地址。

在 TCP/IP 中实现层次型管理的机制叫做域名系统。它维护域名地址（Domain Name Address）与数字的 IP 地址（IP address）之间的关联。

域名系统将整个 Internet 解析为一系列域，而域又可进一步解析为子域，这种结构类似于树，如图 1.18 所示。

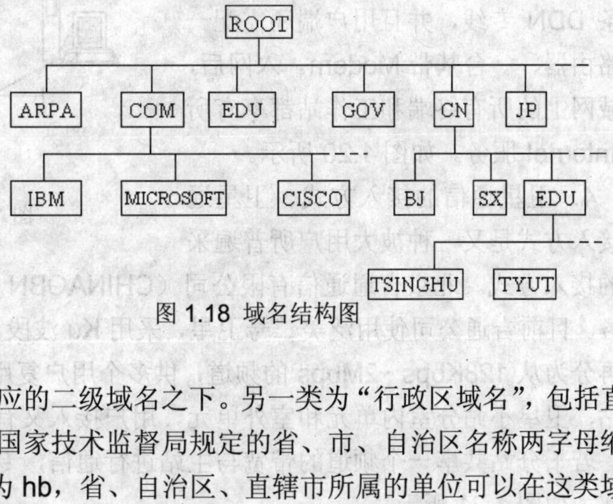

在我国，域名体系的最高级为 cn。二级域名分为两类。一类为"类别域名"，包括 ac（科研院所及科技管理部门）、com（工、商、金融等企业）、edu（教育机构）、gov（政府部门）、net（互联网络、接入网络的信息中心和运行中心）、org（各种非赢利性组织），全国任

图 1.18 域名结构图

何单位都可以作为三级域名登记在相应的二级域名之下。另一类为"行政区域名"，包括直辖市和省、自治区的名称缩写（采用国家技术监督局规定的省、市、自治区名称两字母缩写），如北京为 bj，山西为 sx，湖北为 hb，省、自治区、直辖市所属的单位可以在这类域

名下注册三级域名。

1.6.2.2 Internet 接入方式

1. 普通电话线接入方式　最简单的接入方式就是通过电话线接入，如图 1.19 所示。这是最常用的上网方式，163、169 用户就属于此类。用户所需设备为调制解调器（Modem），调制解调器分为内置调制解调器和外置调制解调器。内置调制解调器价格较外置调制解调器低，速率一般也比外置调制解调器稍慢。用户购买调制解调器之后，应该到电信局申请一个账号，把调制解调器和电脑接好，装好驱动程序，通过电话线就可以上网。

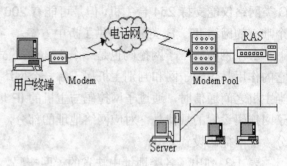

图 1.19 电话入网

2. ADSL 上网方式　ADSL 是中国电信力推的接入方式，是一种不对称数字用户实现宽带接入互联网的技术。采用目前电话的双绞线入户，免去了重新布线的问题，ADSL 作为一种传输层的技术，充分利用现有的铜线资源，在一对双绞线上提供上行 640Kbps 下行 8Mbps 的带宽，从而克服了传统用户在"最后一公里"的"瓶颈"，实现了真正意义上的宽带接入。

ADSL 采用星型结构，保密性好，安全系数高，可提供 512K 到 2M 的接入速率。其劣势是出线率低，不能传输模拟电视信号，这种模式还受制于用户端和电话局端的线路长度，应小于 5000 米，否则无法享用服务。

3. DDN 专线　China DDN 也叫中国公用数字数据网，主要为用户提供永久或半永久租用电路服务，传输带宽 2.4~2048Kbps，可提供点对点专用电路、点到多点广播、数据轮询和多点桥接电路业务。到 1996 年 10 月，DDN 已通达全国地、市以上的城市及光纤通达的县以上城市 2148 个，建成数据端口 18.4 万个，用户超过 12 万。采用 DDN 专线方式接入 Internet 具有通信效率高、误码率低等优点，比较适合大业务量的网络用户使用。用户需向当地电信部门申请一条 DDN 专线，并且用户端还需配一台路由器、一台基带 Modem。入网后，局域网上的所有终端和工作站都享有所有 Internet 服务。如图 1.20 所示。

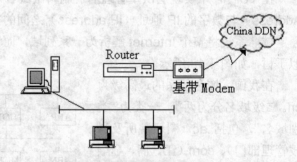

图 1.20 通过 DDN 接入 Internet

4. 卫星通信的接入方式　卫星通信接入方式是又一种被大用户所普遍采用的接入方式。北京吉通通信有限公司（CHINAGBN 的经营者）就提供卫星通信的接入服务。目前吉通公司使用泛美二号卫星，采用 Ku 波段，提供 54MHz 转发器带宽，该带宽可再分为从 128Kbps ~2Mbps 的频道，供多个用户复用。用户端除路由器外，需建立卫星小站，卫星小站分室内单元和室外单元，用户接入又有共享和专线两种方式。在共享方式下，若干分站共享一个频道的带宽与主站进行通信，专线方式下，一个分站独占一个频道带宽。如图 1.21 所示。

5. 有线电视电缆作为接入介质　利用有线电视电缆接入 Internet 是 Internet 接入方式的最新发展。有线电视电缆有很好的带宽，可提供很好的通信质量，通信速率可达到 10Mbps 以上。在这种接入方式中，关键设备是 Cable Modem（线缆调制解调器），该设备已有多家著名厂商供货，国内也有企业投资从事这方面的工作。

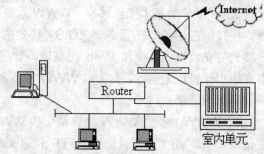

图 1.21　建立卫星小站接入 Internet

6．LAN 上网方式　LAN 接入主要是针对小区或集团用户提供的一种宽带接入方式，该接入方式首先需要在各个房间内布置好网线插头，汇总到小区或集团交换机后通过光纤接入宽带互联网，与 ADSL 上网方式相比，LAN 用户无需添置 Modem 和分离器，准备一台带有网卡的普通电脑，申请开通该服务就可以了，具有稳定性好、速度快的优点。

1.6.3　Internet 基本服务功能

Internet 中蕴藏了丰富的资源，通过各种服务方式提供给用户，应用于各领域和社会生活的各个方面。Internet 信息服务功能分三类：信息获取、通信和资源共享。每种服务都有相应的工具软件和网络协议支撑。

下面介绍 Internet 的基本服务功能。

1.6.3.1 WWW

WWW 是 Internet 上一个获取信息和建立信息资源的工具，是英文 World Wide Web 的缩写，简称为 3W、W3 或 Web，中文名字叫做万维网。它是基于超文本技术，方便用户在 Internet 上搜索和浏览信息的超媒体信息服务系统。

WWW 提供信息的基本单位是网页，每一个网页可包含文字、声音、图像、动画、三维（3D）世界等多种信息。以网页形式储存信息的计算机叫 WWW 服务器，亦称 Web 站点。WWW 就是通过 WWW 服务器来提供服务的。目前 Internet 上有分布于世界各地的成百上千万个 WWW 服务器，因此，我们可以从全球任何地方的 WWW 服务上去浏览、查询和获取信息。

1．超文本与超媒体　含有超链接的文本叫超文本。超文本是在普通的菜单基础上作了重大的改进，它将菜单集成于文本信息之中，可以看作是集成化的超链接菜单系统。

超媒体是指超文本中链接的信息不仅有文本信息，还有声音、图像等多媒体信息，这种超文本称之为超媒体。通常所指的超文本一般也包含超媒体的概念。

超链接是指在网页中具有特殊格式的文字或图像，这些文字和图像是其他信息资源的指针。通过"超链接"可以将浏览器的浏览内容跳转到另外一个网页或当前网页中某些有特殊格式的文字或图像，而这些用超链接连接的网页文档，可以位于同一个 Web 站点上，也可以位于相距万里的不同的站点上。要激活一个超链接，只需要用鼠标单击它即可。

2．Web 页面与主页　具有超文本链接的文本，称为 Web 页面。主页（Home Page）即若干 Web 页面的起始页，是用户使用 WWW 浏览器访问 Internet 上 Web 站点所看到的第一个页面，通常被看作是 Web 站点的入口。它包含了到同一站点上其他网页和其他站点的链接，用户可以通过主页访问有关的信息资源。

3. WWW 的基本工作过程　WWW 系统采用浏览器/服务器（Browser/Server，B/S）网络模式，它是客户机/服务器（C/S）模式的深化和发展。在 Browser/Server 模式中，客户端只需安装操作系统和 Web 浏览器，数据的查询、处理和表示都由服务器完成。浏览器在用户计算机上运行，负责向 WWW 服务器发出请求，并将服务器传来的信息显示在用户计算机的屏幕上。

4. WWW 协议　WWW 协议是实现 WWW 服务不可缺少的通信协议，包括统一资源定位器 URL、超文本传输协议 HTTP 和超文本标记语言 HTML。

（1）URL 地址：在 WWW 上，任何一个信息资源都有统一的并且在网上唯一的地址，这个地址就叫做 URL（Uniform Resource Locators），称为统一资源定位器，用来表示 Internet 节点的地址。Web 使用 URL 确定 Internet 上不同的服务器和服务器中文件的地址，它是标准的编址机制，可用来检索 Web 上任何地方的文件。

URL 的地址区分大小写，由三部分组成：资源类型、存放资源的主机域名和资源文件名。其格式为：

应用协议类型：//信息资源所在的主机名（域名或 IP 地址）/ 路径名 / … / 文件名
如表 1.4 所示。

例如：http://www.tjmu.edu.cn/homepage/main.html

tjmu.edu.cn 代表同济医学院的域名，homepage/main.html 表示 Web 服务器 homepage 目录下一个名为 main.html 的文件。

（2）HTTP 协议：HTTP（Hyper Text Transport Protocol），称为超文本传输协议，是 Web 用作进行点到点数据传输的系统。使用 HTTP 传输时，需要 URL 代码来识别每一台与 Internet 相连的 Web 服务器中的每一个文件的位置。HTTP 属于 TCP 上的应用层协议，缺省端口号为 80。

表 1.4　URL 地址表示的资源类型

URL 资源名	功能
http	多媒体资源，由 Web 访问
ftp	与 anonymous 文件服务器连接
telnet	与主机建立远程登录连接
mailto	提供 E-mail 功能
wais	广域信息服务
News	新闻阅读与专题讨论
Gopher	通过 Gopher 访问

与其他协议相比，HTTP 协议简单，通信速度快，而且允许传输任意类型的数据，包括多媒体文件，因而在 WWW 上可方便地实现多媒体浏览。

（3）HTML 超文本标记语言：HTML（Hyper Text Markup Language）是编写 Web 网页最基本的文本格式语言。

1.6.3.2　信息浏览

浏览器是查询和浏览 Web 上的信息的客户端工具软件。通过它才能方便地看到 Internet 上提供的远程登录（Telnet）、电子邮件（E-mail）、文件传输（FTP）、网络新闻组（NetNews）。常用的网页浏览器有 Microsoft 的 Internet Explorer（IE）、Mozilla 的 Firefox、Opera、Maxthon 和 Safari（苹果机操作系统 Mac OS X 中的缺省网页浏览器）等。下面以 IE 浏览器为例介绍一些浏览器的基本使用方法。

1. IE 启动　双击桌面上的 Internet Explorer 图标或单击"开始"按钮，选择【所有程序】→【Internet Explorer】图标，即可进入 IE 浏览器窗口。窗口的组成如图 1.22 所示。

标题栏：在标题栏中，可以看到当前正在查看的主页的名称。

菜单栏：利用菜单栏中不同菜单中的命令，可以完成浏览器中几乎所有的操作。

工具栏：浏览器工具栏有用户浏览 Web 页面时常用的工具按钮。

URL 地址栏：用来显示当前打开的 Web 页的地址，也可以在此处直接输入要访问的主页的 URL 地址。用户还可通过下拉列表框选择曾经访问过的 Web 页。

链接栏：给出了 IE 浏览器自带的三个 Web 页面的链接：Windows、免费的 Hotmail 和自定义链接。用户也可添加链接，建立访问 Web 页的快捷方式。

图 1.22 IE 浏览器窗口

工作区：这里是窗口的主体，用来显示当前主页或当前文档的内容。

状态栏：位于窗口底部，显示了 Internet Explorer 当前的活动状态。当用户在主页上移动光标经过链接时，光标变成手型图标，同时在状态栏中显示所链接的 URL。当计算机中传送链接的文档时，状态栏中显示了传送的百分率。

滚动条：与通常的 Windows 滚动条相似，出现在页面显示区的右侧与底部，用来显示较大的页面。

任何时候都可以退出 IE。但是，如果 Internet Explorer 图标处于活动状态，建议在退出 IE 前，首先单击工具栏上的"停止"按钮，以停止 IE 的所有活动。

2．IE 的基本操作

（1）Web 页面的保存

① 保存主页，操作步骤如下：

选择菜单【文件】→【另存为】命令，弹出"保存 HTML 文档"对话框，如图 1.23

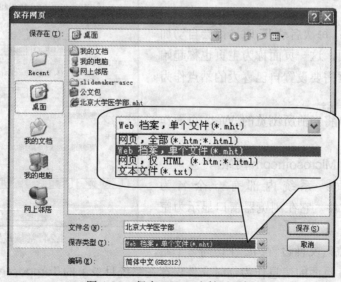

图 1.23　保存 HTML 文档对话框

所示。

在"文件名"框中，输入要保存的路径和文件名，在"保存类型"框中输入文件类型或单击"保存类型"，在弹出的下拉菜单选择保存类型。保存类型有几种选择：

Web 页全部（*.htm；*.html）：保存页面的全部信息，包括链接、图片（系统默认的保存类型为 HTML 文件）。

Web 档案，单个文件（*.mht）：将页面中包含的图片、CSS 及 HTML 文件全部放到一个 MHT 文件中。

网页，仅 HTML（*.htm；*.html）：保存页面，但不包括链接、图片等。

文本文件（*.txt）：保存页面中的文本部分。

② 保存图片，操作步骤如下：

在浏览器主窗口，用鼠标右键单击某个要保存的图片，弹出一个快捷菜单，在快捷菜单中选择复制命令，就将图片复制到剪贴板。若选择【图片另存为】命令，就会出现一个"保存图片"对话框，输入文件名，并选择文件类型后将图片作为文件保存起来。

③ 保存超链，操作步骤如下：

用鼠标右键单击要保存的超链，弹出一个快捷菜单；

在快捷菜单中选择【目标另存为】命令，出现"另存为"对话框；

在该对话框中，输入要保存超链的文件名与选择文件类型后，单击"保存"按钮，即完成保存"超链"的任务。

④ 保存部分页面，操作步骤如下：

打开要保存的页面，将鼠标置于要保存文件的开头，按下鼠标左键拖动鼠标到保存文件的最后一个字符，被选择的内容变成蓝色，选择菜单【编辑】→【复制】命令，即可将选择的文本送到剪贴板。

（2）IE 基本设置操作

单击【工具】→【Internet 选项】，在"Internet 选项"对话框，可对浏览器进行设置，如图 1.24 所示。

① 设置主页：每次启动 IE 时，都会自动加载和显示一个页面，这一页面称为主页也称起始页。用户可以根据需要设置自己喜爱的站点作为起始页。

使用当前页：将当前所浏览的 Web 页面作为起始页面。

使用默认值：Microsoft.com 网站

使用空白页：系统内部有一个名为 about:blank 的文件，它在浏览器窗口显示为空白。

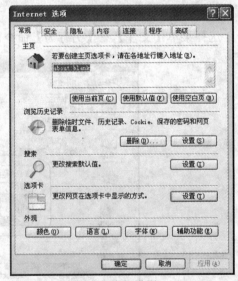

图 1.24 常规设置

② Internet 临时文件设置：IE 在访问一个站点时，会将该 Web 页面的信息作为临时文件保存在系统目录下的 Temporary Internet Files 文件夹中，当用户再次访问该站点时，IE 就可直接从硬盘读取相关的内容，从而加快浏览

的速度。此文件夹可存放临时文件的数目与设置有关，用户可通过 Internet 自定义画面来对临时文件进行设置与管理。

③ 历史记录的设置：用户浏览的网页地址信息将保存在文件夹 History 下，在历史记录设置中，系统默认的保存天数为 20 天，用户可以调整"网页保存在历史记录中的天数"，单击标准工具栏上的"历史"按钮，可查看用户的历史记录。

④ 高级设置：在【Internet 选项】对话框中，选择"高级"，这里面的许多设置将直接影响 Internet Explorer 的性能，如多媒体、浏览设置、安全等。

⑤ 设置安全级别：IE 浏览器提供了分级审查机制，可以用于控制显示的内容。其步骤为选择"Internet 选项"对话框的"内容"选项，单击"分级审查"中的"启用"按钮，打开"内容审查程序"对话框，对其需要设置的项目进行修改，如通过常规选项卡设置监护人的密码，以防止使用人更改其分级审查中的限制，当浏览器链接超出所设定等级页面时，将屏蔽其页面。

1.6.3.3 信息搜索

1. 搜索引擎　搜索引擎是用户在 Internet 上查询信息的站点，搜索引擎通过采用分类查询方式或主题查询方式获取所需的信息。搜索引擎并不是真正搜索 Internet，而是搜索预先整理的网页索引数据库，当用户查找某个关键字时，包含该关键字的页面都将按照特定排序算法以与查询的关键字相关度高低依次排列出来。

著名的中文搜索站点，有百度（www.baidu.com）、新浪（www.sina.com.cn）、中文谷歌 http://www.google.cn、中文 yahoo（www.yahoo.com.cn）等。其中百度的索引数据库有 1.24 亿中文网页，中文 yahoo 有 10 亿网页。

使用搜索引擎查找信息时，应该尽可能缩小搜索范围。正确地设置关键字，是搜索顺利而正确进行的最重要的一步。

2. 文献检索　目前我国已建立了中国高等教育文献保障系统（www.calis.edu.cn），以满足用户文献资料查询的需求。中国高等教育文献保障系统（China Academic Library & Information System，CALIS）的宗旨是在教育部的领导下，把国家的投资、现代图书馆理念、先进的技术手段、高校丰富的文献资源和人力资源整合起来，建设以中国高等教育数字图书馆为核心的教育文献联合保障体系，实现信息资源共建、共知、共享，以发挥最大的社会效益和经济效益，为中国的高等教育服务，图 1.25 所示为中国高等教育文献保障系统主页。

此外，各高校图书馆也陆续引进了一些大型全文数据库，如万方资源数据库、超星数字图书馆等电子资源，这些资源通常可在校园网方便地使用。

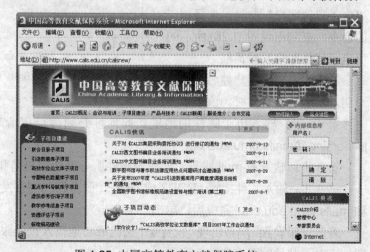

图 1.25 中国高等教育文献保障系统

1.6.3.4 电子邮件

Internet 的 E-mail 服务采用的是客户机/服务器模式，发信用户计算机相当于一个客户机，连接到收信人的 E-mail 服务器上，发信程序和收信程序双方合作，完成从发信者计算机向收信者 E-mail 服务器的邮箱中传送信件的过程。

1. 电子邮件的地址格式　电子邮箱的邮箱号也称 E-mail 地址。为了确保这种全球范围内的消息交换能够正常进行，每位用户都必须使用统一的地址格式。在 Internet 上每个用户的 E-mail 地址是唯一的，它是由用户名、分隔符和邮件服务器域名三部分构成，其标准格式为：

用户名@电子邮件服务器域名

例如：User1@mails.tjmu.edu.cn 就是一个正确的 E-mail 地址。

E-mail 地址中不区分大小写，用户名与域名的联合必须是唯一的。在 Internet 上 user1 可能不止一个，但在名为 mails.tjmu.edu.cn 的主机上却只能有一个。

与 E-mail 地址密切相关的概念还有 E-mail 账号，E-mail 账号是为了使用 E-mail 地址接收或者发送 E-mail 所需的用来登录到邮件服务器上的用户名和密码。

2. 邮件客户端软件　使用 E-mail 不仅需要邮件地址，还应有支持收发电子邮件的软件。收发邮件有两种方式，一种是 Webmail 方式，既利用浏览器软件收发邮件，比如使用 IE 浏览器访问 mail.163.com 网站，通过浏览器界面，登录到已经申请到的邮箱地址，查看自己的邮件；另一种查看邮件的方式是使用邮件客户端软件，下面以常用的邮件客户端软件 Outlook Express 为例，介绍一下它的使用方法。

（1）设置 Internet 账号：使用 Outlook Express 进行电子邮件的收发，首先要设置接收和发送电子邮件的服务器，该操作可通过添加 Internet 账号完成，其操作步骤是：

在 Outlook Express 的菜单中，选择【工具】→【账户】，根据"电子邮件账户"向导，选择相应的命令，直到出现图 1.26 所示的"电子邮件账户"对话框。

第 1 步：输入用户姓名，如李小明，发送电子邮件时，该名字会出现在"发件人"域中；

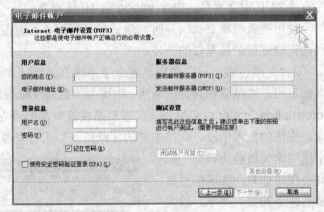

图 1.26 电子邮件账户

第 2 步：输入电子邮件的地址；此地址必须为已申请的正确的 E-mail 地址，如 lixiaoming@mails.tjmu.edu.cn；

第 3 步：输入 E-mail 账号，即登录邮件服务器的用户名和密码；

第 4 步：输入邮件接收（POP3 或 IMAP）服务器和邮件发送（SMTP）服务器的名字，如 mails.tjmu.edu.cn，完成后，单击"下一步"；

若已正确设置，屏幕出现"祝贺您！您已成功地输入设置账号所需信息"。单击"完成"，即结束电子邮件的账户参数的配置。

（2）撰写与发送电子邮件：在 Outlook Express 窗口的用户区中，单击【文件】菜单下的"新邮件"按钮，出现如图 1.27 所示"新邮件"窗口，在此窗口中即可撰写自己的新邮件。注意，窗口的标题随主题内容而改变。

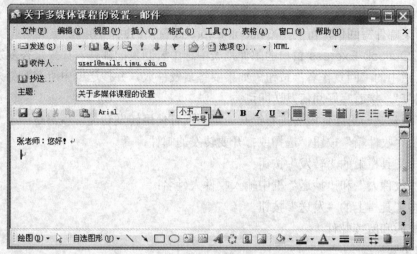

图 1.27 创建新邮件

撰写邮件时，按邮件格式输入有关内容。一封电子邮件由邮件头和邮件体两部分组成。

邮件头类似于写信的信封，包括以下几个部分：

【收件人】此处输入收件人的电子邮件地址或者是地址簿中代表该邮件地址的人名。如果有多个，中间用逗号或分号隔开。

【抄送】需要将该邮件抄送其他人的邮件地址或代表该地址的人名。若有多个，中间用逗号或分号隔开。

【主题】反映邮件内容或性质的邮件标题。

邮件体即邮件的正文，包括对对方的称呼、信的内容、落款、写信日期等。在邮件体窗口正上方有一行工具按钮，使用这些按钮可设置邮件内容的格式。

电子邮件不仅传送文本信息，还能以附件的形式传送声音文件、图像文件等其他类型信息。

单击"插入文件"按钮，如图 1.28 所示。在"插入文件"对话框，选择要插入邮件中的文件，然后单击"插入"按钮，即将该文件插入到当前编辑的电子邮件中。

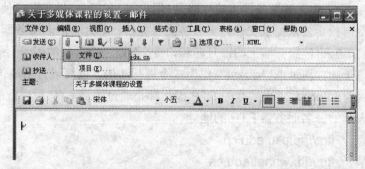

图 1.28 插入附件

插入附件后，在创建新邮件窗口的邮件头中将会增加一行"附件"文本框，该文本框中列出了当前电子邮件附件的名称和大小。

编辑好一封邮件后，在"新邮件"窗口的工具栏中单击"发送"快捷按钮，Outlook Express 自动连接邮件服务器，将其立即发送。

若要给某邮件写回信，可利用 Outlook Express 窗口的回信功能，步骤是：

首先在 Outlook Express 窗口的邮件列表中选中要回复的邮件，如果仅答复发件人，则单击工具栏中的"回复作者"按钮。如果要答复发件人，并抄送框中所有发件人，则单击"全部回复"。接着写好回信发送即可。

用户若想将某一封邮件内容推荐给其他用户，可使用转发功能，步骤是：

① 单击"收件箱"按钮，选择或打开要转发的邮件；

② 单击工具栏上的"转发"按钮；

③ 在"收件人"和"抄送"框中输入收件人姓名；

④ 单击工具栏上的"发送"按钮。

（3）接收和阅读邮件

其操作步骤为：

① 每次启动 Outlook Express 时会自动连接到邮件服务器，并将用户的邮件取回。如果正在使用时想看邮件服务器上有否新邮件，则单击【工具】菜单的【发送与接收】级联菜单中的【接收全部邮件】菜单，可立即从邮件服务器上下载所有邮件。

② 单击 Outlook Express 窗口中的"收件箱"文件夹或者用户区中的"阅读邮件"图标，在邮件列表格中单击想要阅读的邮件，就可以在预览窗格中阅读邮件。双击想要阅读的邮件，即打开另一窗口，打开该邮件。

3. 免费邮箱的申请　除了收费的电子邮箱账号，现在可以方便地从很多网站上免费获得 E-mail 账号，例如 mail.cn.yahoo.com、www.sina.com.cn、mail.163.com、263.net、china.com 等。

1.6.3.5　FTP、Telnet

1. 文件传输　FTP（File Transfer Protocol，FTP）是一种文件传输协议，通过网络可以将文件从一台计算机传送到网络上的另一台计算机。通常我们将从远程计算机上的文件拷贝到本地用户计算机上的过程叫"下载"，把本地的文件传输到远程计算机上叫"上传"。

FTP 是基于"客户/服务器"模型而设计的，客户和服务器之间利用 TCP 建立连接。使用 FTP 服务器必须事先在该服务器上建立账号（用户名）和口令，以备登录使用。Internet 网上还有许多免费向社会公众提供文件拷贝服务的服务器，称之为匿名服务器。使用匿名 FTP，用户不需要知道 FTP 服务器上的账号名和口令，而以一个公共的账号（anonymous）登录，以用户的电子邮件地址或"guest"作为口令进行注册，就可以自由地传输 FTP 服务器上的文件。目前 Internet 上大多数的 FTP 操作都是通过匿名 FTP 来进行的。

下面是一些大学的匿名服务器 FTP 的地址。

北京大学　　　　　ftp://ftp.pku.edu.cn

华中科技大学　　　ftp://ftp.whnet.edu.cn

北京邮电大学　　　ftp://ftp.buptnet.edu.cn

下载文件的方法有很多种：可用 FTP 命令下载，也可用浏览器下载，或者用专门的

FTP 客户软件和用电子邮件方式下载。命令方式已不多用。下面介绍用 IE 浏览器下载文件的操作步骤：

（1）启动 Internet Explorer 浏览器，在 URL 地址栏中输入 FTP 服务器地址（例如 ftp://ftp.pku.edu.cn）并按回车键，将会登录到相应的 FTP 服务器（图 1.29）。

图 1.29 FTP 服务器

（2）在 FTP 服务器中，所有文件是以目录结构显示的，其中包括文件名称与大小等信息。要下载某个目录下的某个文件，只需找到并双击该文件，这时会弹出"下载"对话框。在该对话框中，显示了下载速度与大小等状态。

（3）下载完毕后，会弹出"另存为"对话框；在该对话框中，选择要下载到的目录，输入要保存的文件名并选择文件类型，再单击"保存"按钮。

完成上述操作后，就可以在计算机指定的目录中找到下载的文件。

2．远程登录　Telnet 是 Telecommunication Network Protocol 的缩写，表示远程通讯网络协议。

在 Telnet 的术语中，用户的计算机称为本地（Local）计算机，Telnet 程序所连接的计算机称为远程（Remote）计算机，本地与远程的概念是相对而言的，与距离无关。

Telnet 的服务程序要求运行在多用户、多进程的系统环境中，本地计算机可以是单用户或者多用户系统，但本地计算机和远程计算机都必须支持 TCP/IP 协议。

为了与远程主机建立 Telnet 连接，需要知道所连接的 Internet 主机域名或者 IP 地址。此外，用户在要登录的远程主机上必须有一个合法的账号（即用户名和口令），用户一旦登录成功就可以在该账号的访问权限内，使用远程主机的资源。

不同的平台使用不同的登录客户程序，UNIX 系统直接使用 Telnet 命令，Windows 使用 Telnet 客户程序。

Windows 平台的 Telnet 客户程序介绍：

Windows 环境中主要有 Trumpet 公司的 trumpet 程序，Microsoft 公司的 Telnet 登录程序以及 Windows98 下的超级终端，这里主要介绍 Microsoft 公司的 Telnet。

在联网状态下，直接在【开始】菜单中选择【运行】菜单项，如图 1.30 所示。在出现对话框内输入命令 Telnet www.wuhan.net.cn。

图 1.31 中 www.wuhan.net.cn 是远程主机的域名，登录成功后，系统将登录命令记录在该窗口中，以后再登录该主机时，可单击文本框右边的"↓"按钮弹出列表，直接选择。

单击图中的"连接"按钮，如果和远程主机连接不成功，显示连接出错的信息。如果连接成功，用户需在 login 处输入合法的用户名，并在 Password 处输入口令，经远程主机确认，就登录成功。

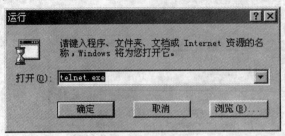

图 1.30 Telnet 运行窗口

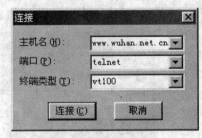

图 1.31 Telnet 连接界面

1.6.3.6　电子公告板 BBS 与即时通信

1. BBS　电子公告牌（Bulletin Board Service，BBS）是 Internet 上的一种电子信息服务系统。它提供一块公共电子白板，用户可以在上面书写、发布信息或提出看法。一般的 BBS 站点都提供两种浏览方式：WWW 和 Telnet。WWW 方式浏览是指通过浏览器（如 IE）直接看 BBS 上的文章，参与讨论，其优点是使用起来比较简单方便，入门很容易。而 Telnet 的方式是通过各种终端软件，直接远程登录到 BBS 服务器去浏览、发表文章，还可以进入聊天室和网友聊天，或者发信息给别的 Telnet 在站上的用户。

WWW 登录到 BBS 的方法是：启动浏览器，然后在浏览器地址栏输入站点地址，比如 http://bbs.whnet.edu.cn。

除专门的 BBS 站点提供 BBS 服务之外，目前还有许多著名的 WWW 站点提供 BBS 服务，将 BBS 内嵌在 WWW 中，即 BBS 属于其站点的一个链接，例如："新浪"（http://www.sina.com）、"网易"（http://www.netease.com）等。

2. QQ 聊天　中国的 QQ（OICQ）是从 ICQ 演变而来的。ICQ 是一种聊天软件，它是以色列 Mirabilis 公司 1996 年开发的一种即时讯息传输软件，可以即时传送文字信息、语音信息、聊天和发送文件，并让使用者侦测出他朋友的联网状态。它还具有很强的"一体化"功能，可以将寻呼机、手机、电子邮件等多种通信方式集于一身。

腾讯 QQ（www.qq.com）是由深圳市腾讯计算机系统有限公司开发的一款基于 Internet 的即时通信（IM）软件，软件界面如图 1.32 所示。

我们可以使用 QQ 和好友进行交流，信息即时发送和接收，语音视频面对面聊天，功能非常全面。此外 QQ 还具有与手机聊天、BP 机网上寻呼、聊天室、点对点断点续传传输文件、共享文件、QQ 邮箱、备忘录、网络收藏夹、发送贺卡等功能。QQ 不仅仅是简单的即时通信软件，它与全国多家寻呼台、移动通信公司合作，实现传统的无线寻呼网、GSM 移动电话的短消息互联，是国内最为流行、功能最强的即时通信（IM）软件。

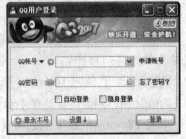

图 1.32 QQ 登录界面

使用腾讯 QQ 需要接入 Internet，下载一个腾讯 QQ 软件（腾讯 QQ 软件是完全免费的），安装程序装上即可使用。局域网用户是否能够使用腾讯 QQ 还取决于局域网的代理服务器软件类型和网络管理员的设置。如果要全功能使用 QQ，还要求有多媒体设备，包括声卡、音箱、话筒和摄像头，以便于语音和视频聊天。

腾讯 QQ 目前有简体中文版、繁体中文版和英文版三种，可在所有的 Windows 操作系统平台下使用。

1.6.3.7　IP 电话

IP 电话是 IP 网上可通过 TCP/IP 协议实现的一种电话应用。这种应用包括 PC 对 PC 连接、PC 对话机连接、话机对话机连接，还包括 Internet 或 Intranet 上的语音业务、传真业务（实时和存储/转发）、Web 上实现的 IVR（交互式语音应答）、经由 Web 的统一消息转发（Unified Messaging）等等。

IP 电话始于 1995 年，最初它只用于计算机之间的话音传输。通话双方需联入互联网，还需配备相应软件和多媒体设备才能通话。真正意义的 IP 电话出现于 1996 年 3 月，它通过网关将互联网与电话网结合起来，使用户能实现普通电话机间的通话。

IP 电话是通过互联网进行传输，所以占用资源小，成本较普通的长途电话更低，尤其在打国际长途电话时更为显著。目前 IP 电话的通话质量还不尽如人意，会出现语音不清晰、掉话、延时、回音等情况。但随着互联网连接速率的提高和技术上的改进，其语音质量会得到进一步的改善。

IP 电话的使用方法与目前的 200、300 电话卡相似，即用户购买了 IP 电话卡后，就可得到一个私人账号和密码。使用时，在任何一部双音频电话上拨打该公司的 IP 接入号码，然后根据语音提示，输入私人账号及密码，再拨入被叫号码即可。IP 电话是技术进步的产物，它在目前通信领域中极具发展潜力。

1.7　计算机与网络安全

当前，计算机和通信网络已被广泛应用于社会的各个领域，高速计算机、高速网络逐步民用化、商用化、家用化，这为我们的工作和生活提供了越来越丰富的信息资源。现代信息社会的飞速发展正是以计算机及网络的普及应用为标志的。由于网络具有共享性、开放性和互联性等特征，使得网络易受计算机病毒、黑客、恶意软件和其他不轨行为的攻击，计算机和网络系统的安全性和抵抗攻击的能力不断受到挑战。所以，了解计算机与网络安全的概念，学习加强其安全的常见方法、掌握常用杀毒软件的使用成为当务之急。

1.7.1　信息安全基本概念

1. 信息安全　信息安全是向合法的服务对象提供准确、正确、及时和可靠的信息服务，而对其他任何人员和组织都要保持最大限度的信息不透明性、不可获取性、不可接触性、不可干扰性和不可破坏性，而且不论信息是处在静态的存储状态，还是动态的传输过程中。

2. 计算机安全　国际标准化组织（ISO）对计算机安全的定义为：所谓计算机安全，是指为数据处理系统建立和采取技术和管理的安全保护，保护计算机硬件、软件和数据不因偶然和恶意的原因而遭到破坏、更改和泄密。

这里包含了两个方面的内容：物理安全和逻辑安全。物理安全指计算机系统设备及相关设备受到保护，免于被破坏、丢失等；逻辑安全则指保障计算机中处理的信息的完整性、保密性和可用性。

3. 网络安全　计算机网络系统是由网络硬件、软件及网络系统中的共享数据组成的，显然，网络系统包含了计算机系统和信息数据。因此，网络安全问题从本质上讲是网络上的信息安全，是指网络系统的硬件、软件及其系统中的数据受到保护，不受偶然的或者恶意的原因而遭到破坏、更改、泄露，系统连续可靠正常地运行，网络服务不中断。

网络安全具有五个特性：即保密性、完整性、可用性、可控性和不可否认性。保密性是指信息不泄露给非授权用户、实体或过程，或供其利用的特性；完整性是指数据未经授权不能进行改变的特性；可用性是指可被授权用户、实体或过程访问并按需要使用的特性；可控性指对信息的传播及内容具有控制能力的特性；不可否认性是指用户对自己的信息行为负责，不能抵赖的特性。

4. 信息安全、计算机安全和网络安全的关系　在网络化、数字化的信息时代，信息、计算机和网络已经是三位一体的不可分割的整体。信息的采集、加工、存储是以计算机为载体的，而信息的共享、传输发布则依赖于网络系统。如果能够保障并实现网络信息的安全，就可以保障和实现计算机系统的安全和信息安全。因此，网络信息安全的内容也就包含了计算机安全和信息安全的内容。

5. 计算机信息安全的三个层次

（1）安全立法：法律是规范人们一般社会行为的准则。它从形式上分有宪法、法律、法规、法令、条令、条例和实施办法、实施细则等多种形式。有关计算机系统的法律、法规和条例在内容上大体可以分成两类，即社会规范和技术规范。

（2）安全管理：安全管理是安全对策的第二个层次，主要指一般的行政管理措施，即介于社会和技术措施之间的组织单位所属范围内的措施。建立信息安全管理体系要求全面地考虑各种因素，人为的、技术的、制度的和操作规范的，并将这些因素综合进行考虑。

（3）安全技术：安全技术措施是信息系统安全的重要保障，也是整个系统安全的物理技术基础。实施安全技术，不仅涉及计算机和网络系统实体，还涉及数据安全、软件安全、网络安全、数据库安全、运行安全、防病毒技术、站点的安全及系统结构、工艺和保密、压缩技术等。

1.7.2 计算机安全技术

由计算机安全的定义可以看出，一切影响计算机安全的因素和保障计算机安全的措施都是计算机安全技术的研究内容。

1. 计算机系统面临的不安全因素　计算机信息系统面临的威胁主要来自自然灾害构成的威胁、人为和偶然事故构成的威胁、计算机犯罪的威胁、计算机病毒的威胁和信息战的威胁等。

（1）对实体的威胁和攻击：对实体的威胁和攻击是对计算机本身和外部设备以及网络和通信线路而言的。这些威胁主要有：各种自然灾害、人为的破坏、设备故障、操作失误、场地和环境的影响、电磁干扰、电磁泄漏、各种媒体的被盗及数据资料的损失等。

（2）对信息的威胁和攻击：由于计算机信息有共享和易于扩散等特性，使得它在处理、存储、传输和使用上有着严重的脆弱性，很容易被干扰、滥用、遗漏和丢失，甚至被泄漏、窃取、篡改、冒充和破坏，还有可能受到计算机病毒的感染。

（3）计算机病毒：计算机病毒是由破坏者精心设计和编写的一组程序或指令集合。它可以攻击系统数据区、文件和内存、磁盘、CMOS，也可以扰乱屏幕显示等，以至于使计算机硬件失灵、软件瘫痪、数据损坏、系统崩溃，造成无法挽回的巨大损失。

（4）计算机犯罪：计算机犯罪是指行为人运用所掌握的计算机专业知识，以计算机为工具或以计算机资产为攻击对象，给社会造成严重危害的行为。其中，计算机资产包括硬件，软件，计算机系统中存储、处理或传输的数据及通信线路。目前比较普遍的计算机犯罪，归纳起来主要有以下一些类型：一是黑客非法入侵，破坏计算机信息系统；二是网上制作、复制、传播和查阅有害信息；三是利用计算机实施金融诈骗、盗窃、挪用公款；四是非法盗用计算机资源，如盗用账号、窃取国家秘密或企业商业机密等；五是利用互联网进行恐吓、敲诈等其他犯罪。

2．实体硬件安全技术　实体硬件安全是指保护计算机设备、设施（含网络）以及其他媒体免遭地震、水灾、火灾、雷击、有害气体和其他环境事故（包括电磁污染等）破坏的实施和过程的技术，其内容有如下几方面：

（1）计算机机房的场地环境，各种因素对计算机设备影响的技术；

（2）计算机机房的安全技术；

（3）计算机的实体访问控制技术；

（4）计算机设备及场地的防火与防水技术；

（5）计算机系统的静电防护技术；

（6）计算机设备及软件、数据的防盗防破坏措施；

（7）计算机中重要信息的介质处理、存储和处理手续的技术；

（8）计算机在遭受灾害时的应急措施。

3．数据加密技术　所谓数据加密就是将被传输的数据转换成表面上杂乱无章的数据，只有合法的接收者才能恢复数据的本来面目，而对于非法窃取者来说，转换后的数据是读不懂的毫无意义的数据。没有加密的原始数据称为明文，加密后的数据称为密文，把明文变换成密文的过程叫加密，而把密文还原成明文的过程叫解密。加密和解密都需要有密钥和相应的算法，密钥一般是一串数字，而加解密算法是作用于明文或密文以及对应密钥的一个数学函数。

（1）对称密钥密码体系：对称密钥密码体系也叫密钥密码体系，要求加密和解密双方使用相同的密钥。对称密钥密码体系最著名的算法有 DES（美国数据加密标准）、AES（高级加密标准）和 IDEA（欧洲数据加密标准）。

（2）非对称密钥密码体系：非对称密钥密码体系又叫公钥密码体系，非对称加密使用两个密钥：一个公共密钥 PK 和一个私有密钥 SK。这两个密钥在数学上是相关的，并且不能由公钥计算出对应的私钥，同样也不能由私钥计算出公钥。最著名、应用最广泛的非对称加密算法是 RSA 算法，由美国 MIT 大学的 Ron Rivest、Adi Shamir 和 Leonard Adleman 三人于 1978 年设计发布，它的安全性是基于大整数因子分解的困难性，而大整数因子分解问题是数学上的著名难题，因此可以确保 RSA 算法的安全性。

在实际应用中可采用对称加密方式来加密文件的内容，而采用非对称加密方式来加密密钥，这就是混合加密系统，它较好地解决了运算速度问题和密钥分配管理问题。

4. 数字签名技术 数字签名是指对网上传输的电子报文进行签名确认的一种方式。这种签名方式不同于传统的手写签名，手写签名只需把名字写在纸上就行了，而数字签名却不能简单地在报文或文件里写个名字了事，因为在计算机里可以很容易地修改你的名字而不留任何痕迹，这样的签名很容易被盗用。那么计算机通信中传送的报文又是如何得到确认的呢？这就是数字签名所要解决的问题，数字签名必须满足以下三个条件：

（1）接收方能够核实发送方对报文的签名；

（2）发送方不能抵赖对报文的签名；

（3）接收方不能伪造对报文的签名。

假设 A 要发送一个电子报文给 B，A、B 双方只需经过下面三个步骤即可：

（1）A 用其私钥加密报文，这便是签字过程；

（2）A 将加密的报文送达 B；

（3）B 用 A 的公钥解开 A 送来的报文。

以上三个步骤可以满足数字签名的三个要求：首先签字是可以被确认的，因为 B 是用 A 的公钥解开加密报文的，这说明原报文只能被 A 的私钥加密而只有 A 才知道自己的私钥；其次发送方对 A 的数字签名是无法抵赖的，因为除 A 以外无人能用 A 的私钥加密一个报文；最后签字无法被伪造，只有 A 能用自己的私钥加密一个报文，签字也无法重复使用，签字在这里是一个加密过程，报文被签字以后是无法被篡改的，因为加密后的报文被改动后是无法被 A 的公钥解开的。

目前数字签名已经广泛应用于网上安全支付系统、电子银行系统、电子证券系统、安全邮件系统、电子订票系统、网上购物系统、网上报税等一系列电子商务应用的签名认证服务。

5. 数字证书技术 数字证书相当于网上的身份证，它以数字签名的方式通过第三方权威认证中心 CA（Certificate Authority）有效地进行网上身份认证。数字身份认证是基于国际 PKI（Public Key Infrastructure，公钥基础结构）标准的网上身份认证系统，可帮助网上各终端用户识别对方身份和表明自身的身份，具有真实性和防抵赖的功能。与物理身份不同的是，数字证书还具有安全、保密、防篡改的特性，可对网上传输的信息进行有效保护和安全的传递。

数字证书一般包含用户的身份信息、公钥信息以及身份验证机构（CA）的数字签名数据。身份验证机构的数字签名可以确保证书的真实性，用户公钥信息可以保证数字信息传输的完整性，用户的数字签名可以保证信息的不可否认性。

随着 Internet 的日益普及，以网上银行、网上购物为代表的电子商务已越来越受到人们的重视，并开始深入到普通百姓的生活中。在网上做交易时，由于交易双方并不在现场交易，无法确认双方的合法身份，同时交易信息是交易双方的商业秘密，在网上传输时必须既安全又保密，交易双方一旦发生纠纷，还必须能提供仲裁，所以在网上交易之前必须先去申领一个数字证书，那么到何处去申请？目前，国内已有几十家提供数字证书的 CA 中心，如中国人民银行认证中心（CFCA）、中国电信认证中心（CTCA）、各省市的商务认证中心等，可以申请的证书一般有个人数字证书、单位数字证书、安全电子邮件证书、代码签名数字证书等，用户只需携带有关证件到当地的证书受理点，或者直接到证书发放机构即 CA 中心填写申请表并进行身份审核，审核通过后交纳一定费用就可以得到装有证书的相关介质（软盘、IC 卡或 Key）和一个写有密码口令的密码信封。用户还需登录指定的相关网站下载证书私钥，然后就可以在网上使用数字证书了。

1.7.3 网络安全技术

网络信息系统是由硬件设备、系统软件、数据资源、服务功能和用户等基本元素组成。分析这些基本元素不难得出这样的结论：网络信息系统的安全风险来自四个方面，即自然灾害威胁、系统故障、操作失误和人为蓄意破坏。网络安全技术就是针对这些风险而采取的技术手段。

1.7.3.1 网络信息系统的不安全因素

网络信息系统的不安全因素可能来自以下几个方面：

1. 网络信息系统的脆弱性　　网络信息系统的脆弱性主要有以下三个方面的原因：

（1）网络的开放性：由于开放性，网络系统的协议、核心模块实现技术是公开的，其中的设计缺陷很可能被熟悉它们的别有用心的人所利用；在网络环境中，可以不到现场就能实施对网络的攻击；基于网络的各成员之间的信任关系可能被假冒。因此，网络的开放性决定了网络信息系统的脆弱性是先天的。

（2）系统软件的自身缺陷：由于系统设计人员的认识能力和实践能力的局限性，在系统的设计、开发过程中会产生许多缺陷、错误，形成安全隐患，而且系统越大、越复杂，这种安全隐患就越多。

（3）黑客攻击：黑客是指专门从事网络信息系统破坏活动的攻击者。由于网络技术的发展，在网上存在大量公开的黑客站点，使得获得黑客工具、掌握黑客技术越来越容易，从而导致网络信息系统所面临的威胁也越来越大。

2. 对安全的攻击　　对网络信息系统的攻击有许多种类。美国国家安全局在 2000 年公布的《信息保障技术框架 IATF》3.0 版本中把攻击划分为以下五种类型。

（1）被动攻击：被动攻击是指在未经用户同意和认可的情况下将信息泄露给系统攻击者，但不对数据信息作任何修改。这种攻击方式一般不会干扰信息在网络中的正常传输，因而也不容易被检测出来。被动攻击通常包括监听未受保护的通信、流量分析、获得认证信息等。被动攻击常用的有搭线监听、无线截获和其他截获等几种手段，抗击被动攻击的重点在于预防。

（2）主动攻击：主动攻击通常具有更大的破坏性。攻击者不仅要截获系统中的数据，还要对系统中的数据进行修改，或者制造虚假数据。主动攻击的特点与被动攻击正好相反。被动攻击虽然难以检测，但是可采取措施有效地防止，而要绝对防止主动攻击却是十分困难的，因为这需要随时随地对所有的通信设备和通信活动进行物理和逻辑保护，这在实际中是做不到的。因此，防止主动攻击的主要途径是检测，以及能从攻击造成的破坏中及时地恢复出来。

（3）物理临近攻击：这种攻击是指非授权个人以更改或拒绝访问为目的，物理接近网络、系统或设备实施攻击活动。这种接近可能是秘密进入或是公开接近或者是两种方式同时使用。

（4）内部人员攻击：这种攻击包括恶意攻击和非恶意攻击。恶意攻击是指内部人员有计划地窃听、偷窃或损坏信息，或拒绝其他授权用户的正常访问；非恶意攻击则通常是由于某种原因粗心、工作失职或无意间的误操作，对系统产生了破坏行为而造成的。

（5）软、硬件装配攻击：这种攻击是采用非法手段在软、硬件的生产过程中将一些"病毒"植入到系统中，以备日后待机攻击，进行破坏。

3. 有害程序的威胁　有害程序主要有如下几种类型：

（1）程序后门：后门是指信息系统中未公开的通道。系统设计者或其他用户可以通过这些通道出入系统而不被用户发觉。比如，监测或窃听用户的敏感信息，控制系统的运行状态等。

后门形成的可能途径包括黑客设置和非法预留。黑客设置是指黑客通过非法入侵一个信息系统而在其中设置后门，伺机进行破坏活动；非法预留是指一些不道德的公司或程序员在编写程序时故意留下的后门。这两种后门的设置显然都是恶意的。

（2）特洛伊木马程序：这种称谓是借用古希腊传说中的著名计策——木马计。它是冒充正常程序的有害程序，它将自身程序代码隐藏在正常程序中，在预定时间或特定事件中被激活起破坏作用。

（3）"细菌"程序："细菌"程序是不明显危害系统或数据的程序，其唯一目的就是复制自己。它本身没有破坏性，但通过不停地自我复制，能耗尽系统资源，造成系统死机或拒绝服务。

（4）蠕虫程序：也称超载式病毒，它不需要载体，不修改其他程序，利用系统中的漏洞直接发起攻击，通过大量繁殖和传播造成网络数据过载，最终使整个网络瘫痪。

（5）逻辑炸弹程序：这类程序与特洛伊木马程序有相通之处，它将一段程序（炸弹）蓄意植入系统内部，在一定条件下发作（爆炸），并大量吞噬数据，造成整个网络爆炸性混乱，乃至瘫痪。

1.7.3.2 黑客及其攻防技术

1. 网络黑客　网络黑客一般指的是计算机网络的非法入侵者，他们对计算机技术和网络技术非常精通，了解系统的漏洞及其原因所在，喜欢非法闯入并以此作为一种智力挑战而沉醉其中。有些黑客仅仅是为了验证自己的能力而非法闯入，并不会对信息系统或网络系统产生破坏，但也有很多黑客非法闯入是为了窃取机密的信息、盗用系统资源或出于报复心理而恶意毁坏某个信息系统等。

2. 黑客的攻击方式　黑客攻击通常采用以下几种典型的攻击方式：

（1）密码破解：通常采用的攻击方式有字典攻击、假登录程序、密码探测程序等，主要是获取系统或用户的口令文件。

字典攻击：是一种被动攻击，黑客先获取系统的口令文件，然后用黑客字典中的单词一个一个地进行匹配比较，由于计算机速度的显著提高，这种匹配的速度也很快，而且由于大多数用户的口令采用的是人名、常见的单词或数字的组合等，所以字典攻击成功率比较高。

假登录程序：设计一个与系统登录界面一模一样的程序并嵌入到相关的网页上，以骗取他人的账号和密码。当用户在这个假的登录程序上输入账号和密码后，该程序就会记录下所输入的账号和密码。

密码探测：在Windows系统内保存的密码都经过单向散列函数（Hash）的编码处理，并存放到数据库中。于是网上出现了一种专门用来探测Windows密码的程序，它能利用各种可能的密码反复模拟编码过程，并将所编出来的密码与数据库中的密码进行比较，如果两者相同就得到了正确的密码。

（2）IP 嗅探与欺骗：嗅探是一种被动式的攻击，又叫网络监听，就是通过改变网卡操作模式让它接受流经该计算机的所有信息包，这样就可以截获其他计算机的数据报文或口令。监听只能针对同一物理网段上的主机，对于不在同一网段的数据包会被网关过滤掉。

欺骗是一种主动式的攻击，即将网络上的某台计算机伪装成另一台不同的主机，目的是欺骗网络中的其他计算机误将冒名顶替者当作原始的计算机而向其发送数据或允许它修改数据。常用的欺骗方式有 IP 欺骗、路由欺骗、DNS 欺骗、ARP（地址转换协议）欺骗以及 Web 欺骗等。

3. 系统漏洞 漏洞是指程序在设计和实现上存在错误。由于程序或软件的功能一般都较为复杂，程序员在设计和调试过程中总有考虑欠缺的地方，绝大部分软件在使用过程中都需要不断地改进和完善。被黑客利用最多的系统漏洞是缓冲区溢出，因为缓冲区的大小有限，一旦往缓冲区放入超过其大小的数据，就会产生溢出，多出来的数据可能会覆盖其他变量的值，正常情况下程序会因此出错而结束，但黑客却可以利用这样的溢出来改变程序的执行流向，而执行事先编好的黑客程序。

4. 端口扫描 由于计算机与外界通信都必须通过某个端口才能进行，黑客可以利用一些端口扫描软件对被攻击的目标计算机进行端口扫描，查看该机器的哪些端口是开放的，由此可以知道与目标计算机能进行哪些通信服务。例如，邮件服务器的 25 号端口是接收用户发送的邮件，而接收邮件则与邮件服务器的 110 端口通信，访问 Web 服务器一般是通过其 80 端口等等。了解了目标计算机开放的端口服务以后，黑客一般会通过这些开放的端口发送特洛伊木马程序到目标计算机上，利用木马来控制被攻击的目标。

1.7.3.3 防止黑客攻击的策略

1. 数据加密 加密的目的是保护系统内的数据、文件、口令和控制信息等，同时也可以提高网上传输数据的可靠性，这样即使黑客截获了网上传输的信息包，一般也无法得到正确的信息。

2. 身份认证 通过密码或特征信息等来确认用户身份的真实性，只对确认了的用户给予相应的访问权限。

3. 建立完善的访问控制策略 系统应当设置入网访问权限、网络共享资源的访问权限、目录安全等级控制、网络端口和节点的安全控制、防火墙的安全控制等，通过各种安全控制机制的相互配合，才能最大限度地保护系统免受黑客的攻击。

4. 审计 把系统中和安全有关的事件记录下来，保存在相应的日志文件中，例如记录网络上用户的注册信息，如注册来源、注册失败的次数等；记录用户访问的网络资源等各种相关信息，当遭到黑客攻击时，这些数据可以用来帮助调查黑客的来源，并作为证据来追踪黑客，也可以通过对这些数据的分析来了解黑客攻击的手段以找出应对的策略。

5. 其他安全防护措施 首先不随便从 Internet 上下载软件，不运行来历不明的软件，不随便打开陌生人发来的邮件中的附件。其次要经常运行专门的反黑客软件，可以在系统中安装具有实时检测、拦截和查找黑客攻击程序用的工具软件，经常检查用户的系统注册表和系统启动文件中的自启动程序项是否有异常，做好系统的数据备份工作，及时安装系统的补丁程序等等。

1.7.3.4 防火墙技术

防火墙（Firewall）是设置在被保护的内部网络和外部网络之间的软件和硬件设备的组合，对内部网络和外部网络之间的通信进行控制，通过监测和限制跨越防火墙的数据流，尽可能地对外部屏蔽网络内部的结构、信息和运行情况，用于防止发生不可预测的、潜在破坏性的入侵或攻击，这是一种行之有效的网络安全技术。

1. 防火墙的主要类型 按照防火墙实现技术的不同，可以将防火墙分为以下3种主要类型：

（1）包过滤防火墙：数据包过滤是指在网络层对数据进行分析、选择的依据是系统内设置的访问控制表（又叫规则表），规则表指定允许哪些类型的数据包可以流入或流出内部网络。通过检查数据流中每一个IP数据包的源地址、目的地址、所用端口号、协议状态等因素或它们的组合来确定是否允许该数据包通过。包过滤防火墙一般可以直接集成在路由器上，在进行路由选择的同时完成数据包的选择与过滤，也可以由一台单独的计算机来完成数据包的过滤。

数据包过滤防火墙的优点是速度快、逻辑简单、成本低、易于安装和使用，网络性能和透明度好。缺点是配置困难，容易出现漏洞，而且为特定服务器开放的端口存在着潜在的危险。

（2）应用代理防火墙：应用代理防火墙能够将所有跨越防火墙的网络通信链路分为两段，使得网络内部的客户不直接与外部的服务器通信。防火墙内外计算机系统间应用层的连接由两个代理服务器之间的连接来实现。优点是外部计算机的网络链路只能到达代理服务器，从而起到隔离防火墙内外计算机系统的作用；缺点是执行速度慢，操作系统容易遭到攻击。

代理服务在实际应用中比较普遍，如学校校园网的代理服务器一端接入Internet，另一端接入内部网，在代理服务器上安装一个实现代理服务的软件，如Microsoft Proxy Server就能起到防火墙的作用。

（3）状态检测防火墙：状态检测防火墙又叫动态包过滤防火墙。状态检测防火墙在网络层由一个检查引擎截获数据包并抽取出与应用层状态有关的信息，以此作为依据来决定对该数据包是接受还是拒绝。检查引擎维护一个动态的状态信息表并对后续的数据包进行检查，一旦发现任何连接的参数有意外变化，该连接就被中止。

状态检测防火墙克服了包过滤防火墙和应用代理防火墙的局限性，能够根据协议、端口及IP数据包的源地址、目的地址的具体情况来决定数据包是否可以通过。

在实际使用中，一般综合采用以上几种技术，使防火墙产品能够满足对安全性、高效性、适应性和易于管理性的要求，再集成防毒软件的功能来提高系统的防病毒能力和抗攻击能力。

2. 防火墙的局限性 防火墙设计时的安全策略一般有两种方式：一种是没有被允许的就是禁止；另一种是没有被禁止的就是允许。在实际应用中一般需要综合考虑以上两种策略，尽可能做到既安全又灵活。防火墙是网络安全技术中非常重要的一个因素，但不等于装了防火墙就可以保证系统百分之百的安全，从此高枕无忧，防火墙仍存在许多的局限性。

（1）防火墙防外不防内：防火墙一般只能对外屏蔽内部网络的拓扑结构，封锁外部网上的用户连接内部网上的重要站点或某些端口，对内也可屏蔽外部的一些危险站点，但是防火墙很难解决内部网络人员的安全问题，例如，内部网络管理人员蓄意破坏网络的物理设备，将内部网络的敏感数据拷贝到软盘等，防火墙将无能为力。

（2）防火墙难以管理和配置，容易造成安全漏洞：由于防火墙的管理和配置相当复杂，对防火墙管理人员的要求比较高，除非管理人员对系统的各个设备（如路由器、代理服务器、网关等）都有相当深刻的了解，否则在管理上有所疏忽是在所难免的。

大部分防火墙软件都可以与防病毒软件搭配实现扫毒功能，有的防火墙则直接集成了扫毒功能。对于个人计算机可以用防病毒软件建立病毒防火墙。例如，金山公司提供的病毒防火墙以及瑞星公司提供的病毒防火墙都可以在线检测病毒，只要发现病毒的症状即可告警并提示处理方法。

1.7.4 计算机病毒

什么是计算机病毒？在《中华人民共和国计算机信息系统安全保护条例》中的定义是："计算机病毒是指编制或者在计算机程序中插入的破坏计算机功能或者数据，影响计算机使用并且能够自我复制的一组计算机指令或者程序代码。"

1.7.4.1 计算机病毒的分类

计算机病毒的种类很多，其分类的方法也不尽相同，下面从不同的分类方法对计算机病毒的种类进行归纳和简要的介绍。

1. 按病毒攻击的操作系统来分类

（1）攻击 DOS 系统的病毒：这类病毒出现最早、最多，变种也多，杀毒软件能够查杀的病毒中一半以上都是 DOS 病毒，可见 DOS 时代 DOS 病毒的泛滥程度。

（2）攻击 Windows 系统的病毒：目前 Windows 操作系统已取代 DOS 操作系统，从而成为计算机病毒攻击的主要对象。

（3）攻击 UNIX 系统的病毒：由于 UNIX 操作系统应用非常广泛，且许多大型的系统均采用 UNIX 作为其主要的操作系统，所以 UNIX 病毒的破坏性是很大的。

（4）攻击 OS/2 系统的病毒：该类病毒比较少见。

2. 按病毒攻击的机型来分类

（1）攻击微型计算机的病毒，这是世界上传播最为广泛的一种病毒。

（2）攻击小型机的计算机病毒。

（3）攻击工作站的计算机病毒。

3. 按病毒的破坏情况分类

（1）良性计算机病毒：是指其不包含有立即对计算机系统产生直接破坏作用的代码，这类病毒主要是为了表现其存在，而不停地进行扩散，但它不破坏计算机内的程序和数据。

（2）恶性计算机病毒：是指在其代码中包含有损伤和破坏计算机系统的操作，在其传染或发作时会对系统产生直接的破坏作用。

4. 按病毒的寄生方式和传染对象来分类

（1）引导型病毒：是一种在系统引导时出现的病毒，磁盘引导区传染的病毒主要是用病毒的全部或部分取代正常的引导记录，而将正常的引导记录隐藏在磁盘的其他地方，所以系统一启动其就获得控制权。

（2）文件型病毒：该类病毒一般感染可执行文件（.exe 和.com），病毒寄生在可执行程序中，只要程序被执行，病毒也就被激活，病毒程序会首先被执行，并将自身驻留在内存，然后设置触发条件，进行传染。

（3）混合型病毒：综合了引导型和文件型病毒的特性，此种病毒通过这两种方式来感染，更增加了病毒的传染性，不管以哪种方式传染，只要中毒就会经开机或执行程序感染其他的磁盘或文件。

（4）宏病毒：是一种寄生于文档或模板宏中的计算机病毒，一旦打开这样的文档，宏病毒就会被激活，如果其他用户打开了感染病毒的文档，宏病毒又会转移到他的计算机上。

（5）网络病毒：随着计算机网络的发展和应用，尤其是 Internet 的广泛应用，通过网络来传播病毒已经是当前病毒发展的主要趋势，影响最大的病毒当属计算机蠕虫。计算机蠕虫是通过网络的通信功能将自身从一个结点发送到另一个结点并自动启动的程序，往往导致网络堵塞、网络服务拒绝，最终造成整个系统瘫痪。

1.7.4.2 计算机病毒的防治

计算机病毒已经泛滥成灾，几乎无孔不入，随着 Internet 的广泛应用，病毒在网络中的传播速度越来越快，其破坏性也越来越强，所以我们必须了解必要的病毒防治方法和技术手段，尽可能做到防患于未然。

1. 计算机病毒的预防　计算机病毒防治的关键是做好预防工作，首先在思想上给予足够的重视，采取"预防为主，防治结合"的方针；其次是尽可能地切断病毒的传播途径，经常做病毒检测工作，最好在计算机中装入具有动态检测病毒入侵功能的软件。一般当计算机感染了病毒以后，系统会表现出一些异常的症状，如系统运行速度变慢、文件的大小或日期发生改变、文件莫名其妙的丢失、屏幕上出现异常的提示或图形等等，计算机用户平时就应该留意这些现象并及时做出反应，尽早发现，尽早清除，这样既可以减少病毒继续传染的可能性，还可以将病毒的危害降低到最低限度。

2. 计算机病毒的检测　计算机病毒给广大计算机用户造成严重的甚至是无法弥补的损失，要有效地阻止病毒的危害，关键在于及早发现病毒，并将其清除。计算机病毒的检测技术是指通过一定的技术手段判断出计算机病毒的一种技术。病毒检测技术主要有两种：一种是根据计算机病毒程序中的关键字、特征程序段内容、病毒特征及传染方式、文件长度的变化，在特征分类的基础上建立的病毒检测技术；另一种是不针对具体病毒程序的自身检验技术，即对某个文件或数据段进行检验和计算并保存其结果，以后定期或不定期地根据保存的结果对该文件或数据段进行检验，若出现差异，即表示该文件或数据段的完整性已遭到破坏，从而检测到病毒的存在。

计算机病毒的检测技术从早期的人工观察发展到自动检测某一类病毒，今天又发展到能自动对多个驱动器、上千种病毒自动扫描检测。目前，有些病毒检测软件还具有在不扩展由压缩软件生成的压缩文件内进行病毒检测的能力。大多数商品化的病毒检测软件不仅能检查隐藏在磁盘文件和引导扇区内的病毒，还能检测内存中驻留的计算机病毒。

3. 计算机病毒的清除　一旦检测到计算机病毒，就应该想办法将病毒立即清除，由于病毒的防治技术总是滞后于病毒的制作，所以并不是所有病毒都能马上得以清除。目前市场上的查杀毒软件有许多种，可以根据需要选购适当的杀毒软件。下面简要介绍常用的几个查杀毒软件：

（1）金山毒霸：由金山公司设计开发的金山毒霸杀毒软件有多种版本。具备完善的实时监控（病毒防火墙）功能，它能对多种压缩格式文件进行病毒查杀，能进行在线查毒，具有功能强大的定时自动查杀功能。详情请浏览：http://www.duba.net。

（2）瑞星杀毒软件：瑞星杀毒软件是专门针对目前流行的网络病毒研制开发的，采用多项最新技术，有效提升了对未知病毒、变种病毒、黑客木马和恶意网页等新型病毒的查杀能力，在降低系统资源消耗、提升查杀速度、快速智能升级等多方面进行了改进，是保护计算机系统安全的工具软件。瑞星公司提供免费在线查毒和在线杀毒服务，瑞星网站为 http://www.rising.com.cn。

（3）诺顿防毒软件：诺顿防毒软件（Norton AntiVirus）是 Symantec 公司设计开发的软件，可侦测上万种已知和未知的病毒。每当开机时，诺顿自动防护系统会常驻在 System Tray，当用户从磁盘、网络上或 E-mail 附件中打开文档时便会自动检测文档的安全性，若文档内含有病毒，便会立即警告，并作适当的处理。 Symantec 公司网站为 http://www.symantec.com。

（4）江民杀毒软件：江民杀毒软件由江民科技公司设计开发。具有实时内存、注册表、文件和邮件监视功能，实时监控软硬盘、移动盘等设备，实时监测各种网络活动，遇到病毒即报警并隔离，在 http://www.jiangmin.com 站点上提供在线杀毒功能和病毒库升级。

由于现在的杀毒软件都具有在线监视功能，一般在操作系统启动后即自动装载并运行，时刻监视打开的磁盘文件、从网络上下载的文件以及收发的邮件等。

对用户来说选择一个合适的防杀毒软件主要应该考虑的因素有：查杀的病毒种类的多少、有无对病毒的免疫能力，即能否预防未知病毒、有无在线检测和即时查杀病毒的能力和可否不断对杀毒软件进行升级服务等。

1.7.5 防计算机犯罪

防计算机犯罪是指通过一定的社会规范、法律、技术方法等，杜绝计算机犯罪的发生，并在计算机犯罪发生后，能够根据犯罪的有关活动信息，跟踪或侦察犯罪行为，及时制裁和打击犯罪分子。

1. 我国有关计算机安全的法律法规　为了加强计算机信息系统的安全保护和国际互联网的安全管理，依法打击计算机违法犯罪活动，我国先后制定了一系列有关计算机安全管理方面的法律法规和部门规章制度等，经过多年的探索与实践，已经形成了比较完整的行政法规和法律体系，但是随着计算机技术和计算机网络的不断发展与进步，这些法律法规也必须在实践中不断地加以完善和改进。关于计算机信息安全管理的主要法律法规有：

1994 年 2 月 18 日出台的《中华人民共和国计算机信息系统安全保护条例》。

1996 年 1 月 29 日公安部制定的《关于对与国际联网的计算机信息系统进行备案工作的通知》。

1996 年 2 月 1 日出台的《中华人民共和国计算机信息网络国际互联网管理暂行办法》，并于 1997 年 5 月 20 日作了修订。

1997 年 12 月 30 日，公安部颁发了经国务院批准的《计算机信息网络国际互联网安全保护管理办法》。

《刑法》第 285 条规定："违反国家规定，侵入国家事务、国防建设、尖端技术领域的计算机信息系统，处三年以下有期徒刑或拘役。"

《刑法》第 286 条规定三种罪，即破坏计算机信息系统功能罪、破坏计算机信息系统数据和应用程序罪和制作、传播计算机破坏性程序罪。

《刑法》第 287 条规定："利用计算机实施金融诈骗、盗窃、贪污、挪用公款、窃取国家秘密或者其他犯罪的，依照本法有关规定定罪处罚。"

2. 软件知识产权

（1）什么叫软件知识产权：知识产权是指人类通过创造性的智力劳动而获得的一项智力性的财产权。知识产权不同于动产和不动产等有形物，它是在生产力发展到一定阶段后，才在法律中作为一种财产权利出现的，知识产权是经济和科技发展到一定阶段后出现的一种新型的财产权。计算机软件是人类知识、经验、智慧和创造性劳动的结晶，是一种典型的由人的智力创造性劳动产生的"知识产品"，一般软件知识产权指的是计算机软件的版权。

（2）我国有关软件知识产权保护的条例：目前，我国已经初步建立了保护知识产权的法律体系，为激励人类智力创造、保护自有知识产权技术成果和产品提供了必要的法律依据。

1991 年 10 月 1 日开始实施《计算机软件保护条例》。该条例对计算机软件的定义、软件著作权、计算机软件的登记管理及其法律责任作了较为详细的阐述。

2002 年 1 月 1 日开始实施新的《计算机软件保护条例》，在原有条例的基础上作了一些修订和补充。

习 题 一

选择题

1. 计算机能够自动工作，主要是采用了（ ）
   A. 二进制数值　　　 B. 存储程序控制　　　 C. 高度电子元件　　　 D. 程序设计语言
2. 十六进制数 FF 相对应的十进制数是（ ）
   A. 255　　　 B. 256　　　 C. 512　　　 D. 1616
3. 中央处理器是由（ ）构成的（多选）
   A. 运算器　　　 B. 存储器　　　 C. 控制器　　　 D. 输入/输出设备
4. 国内流行的汉字系统中，一个汉字的机内码一般需占（ ）
   A. 2 个字节　　　 B. 4 个字节　　　 C. 8 个字节　　　 D. 16 个字节
5. 办公自动化是计算机的一项应用，按计算机的应用分类，它属于（ ）
   A. 科学计算　　　 B. 实时控制　　　 C. 数据处理　　　 D. 辅助设计
6. 在使用一块以太网卡时，我们主要关心的网卡参数是（ ）（多选）
   A. 传输速率　　　 B. 网络协议　　　 C. 接口类型　　　 D. 总线类型
7. 计算机网络中，（ ）主要用来将不同类型的网络连接起来
   A. 集线器　　　 B. 路由器　　　 C. 中继器　　　 D. 网卡
8. 为与 Internet 相连，（ ）是必要条件
   A. 安装有网卡
   B. 安装了 TCP/IP 协议
   C. 具有一个固定的 IP 地址
   D. 安装有调制解调器

9. Internet 采用（　）网络结构模式

    A. 文件服务   B. 数据库服务   C. 浏览器/服务器   D. 打印服务

10. 统一资源定位器（URL）的基本格式由三部分组成，如 http://www.sina.com，其中第一部分 http 表示（　）

    A. 传输协议与资源类型   B. 主机的 IP 地址或域名

    C. 资源在主机上的存放路径   D. 用户名

11. 配置 IP 地址的界面上可以配置的 IP 地址的类型有（　）（多选）

    A. 静态 IP 地址   B. 动态 IP 地址

    C. 组播 IP 地址   D. 广播 IP 地址

12. 下列叙述中正确的是（　）

    A. 计算机病毒是一段错误的程序

    B. 计算机病毒是一段被破坏的计算机程序

    C. 计算机病毒对系统没有危害

    D. 计算机病毒最本质的特征是具有传染性

13. 计算机安全包括（　）

    A. 操作安全   B. 物理安全   C. 病毒防护   D. 以上皆是

14. 保障信息安全最基本、最核心的技术措施是（　）

    A. 信息加密技术   B. 信息确认技术

    C. 网络控制技术   D. 反病毒技术

15. 知识产权包括（　）

    A. 著作权和专利权   B. 专利权和商标权

    C. 著作权和工业产权   D. 商标权和著作权

第二章 计算机硬件系统

硬件系统是指计算机系统的物质基础，由多个具有独立的功能部件组合在一起，本章主要介绍微型计算机硬件的构成。

2.1 计算机硬件系统结构

从计算机硬件结构和工作原理上看，计算机硬件系统采用的还是计算机的经典结构：冯·诺依曼结构，即计算机硬件系统是由运算器（Calculator）、控制器（Controller）、存储器（Memory）、输入设备（Input Device）和输出设备（Output Device）五大部件组成，如图 2.1 所示，其中实线箭头为数据的传输路径，虚线箭头为控制信息的传输路径。

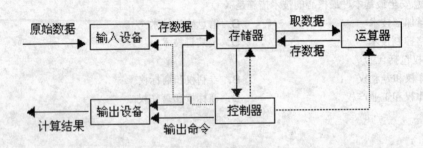

图 2.1 计算机硬件系统

随着计算机功能的不断增强，应用范围不断扩展，计算机硬件系统也越来越复杂，但是其基本组成和工作原理还是大致相同的，接下来我们介绍一下具体的微型计算机硬件。

2.2 微型计算机的核心组件

从一般计算机用户的角度来说，计算机硬件是指计算机系统中可以"看得见、摸得着"的物理装置、机械器件、电子线路等设备，如主板、硬盘、鼠标、键盘、功能卡、连接线等。图 2.2 所示的是一台微型计算机主机箱中内部硬件结构部分。

2.2.1 主板

计算机主板也称作母板（Motherboard）或系统板（Systemboard），是微型计算机中最大的一块集成电路板，它安装在主机箱内，是微型计算机最基本的、也是最重要的部件之一，通常计算机主板的性能决定了整个主机的性能。它的作用是连接各个硬件，并为它们提供统一的时钟频率，给其他计算机硬件提供各种计算机接口，通过总线进行连接，是计算机各硬件设备互相交换数据信息的平台。

计算机的主板通常包括 CPU 插槽、内存槽、高速缓存、控制芯片组、总线扩展（ISA、

PCI、AGP)、外设接口(键盘口、鼠标口、COM 口、LPT 口、GAME 口)、CMOS 和 BIOS
控制芯片等组成。

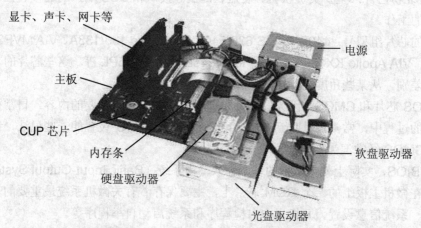

图 2.2 微型计算机主机箱内部结构示意图

1. 主板结构规范的发展　根据主板上各元器件的布局排列方式、尺寸大小、形状、所
使用的电源规格等,业界对主板及其使用的电源、机箱等制定了相应的工业标准,也就是
"结构规范"。例如目前使用的 ATX 架构主板(图 2.3),ATX 就是一种结构规范。

主板曾经出现了 AT、Baby
AT、ATX、Micro ATX、LPX、
NLX、Flex ATX 等多种类型的结
构规范,其中又以 AT、ATX 两
种结构最为普及。AT 结构是最原
始的板型,一般用于早期的 586
机型中,早已被淘汰。取而代之
的 ATX 结构则是目前的主流规
范标准,ATX 结构是 Intel 公司
提出的,和 AT 结构相比,优化
了主板上元件布局;配合 ATX 电
源;增加实现软件关机,远程唤
醒等功能。ATX 之后的结构规范
都是在 ATX 基础上进行了一些
个性化的改进。

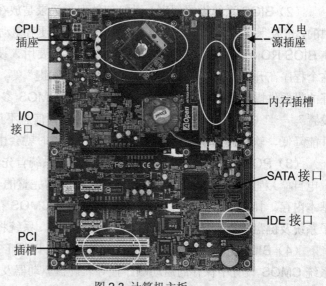

图 2.3 计算机主板

随着微型计算机的进一步发展,ATX 规范逐渐显现出一些不足之处,特别是随着 Serial
ATA 和 PCI Express 等新技术、新型总线的出现,ATX 结构在散热性能、抗信号干扰、噪
声控制等方面的表现已经很难让人满意,于是出现了 BTX 结构,它的全称是"Balance
Technology Extended"。主板的安装更加简便,机械性能也经过最优化设计,正在逐步取
代 ATX 的长期统治地位。

2. 芯片组　芯片组是主板的核心部件,一般由南桥芯片和北桥芯片两块组成。

（1）南桥芯片：主要负责 CPU、内存、64 位总线、PCI、AGP 等的接口及其连接控制等工作。

（2）北桥芯片：主要负责软驱、硬盘、键盘等接口和 USB 端口的连接、控制，以及管理总线的工作。

常见的芯片组型号：440BX、SIS 630/540、Apollo Pro 133/133A、VIA MVP3/MVP4、AMD750、VIA Apollo KX133/KT133、I845/845E、Intel 945PL 等。这些芯片的功能参数有明显的差别，从某些角度上，决定了计算机主板的性能特点。

3. BIOS 芯片和 CMOS　因为二者都是计算机主板上比较重要的内容，日常操作和维护计算机的过程中，常常可以听到有关 BIOS 设置和 CMOS 设置的一些说法，许多人对 BIOS 和 CMOS 经常混为一谈。

所谓 BIOS，实际上就是微机的基本输入输出系统（Basic Input-Output System），其内容集成在微机主板上的一个 ROM 芯片上，主要保存着有关微机系统最重要的基本输入输出程序、系统信息设置、开机上电自检程序和系统启动自举程序等。

BIOS ROM 芯片不但可以在主板上看到，而且 BIOS 管理功能如何在很大程度上决定了主板性能是否优越。BIOS 管理功能主要包括：

（1）BIOS 中断服务程序：BIOS 中断服务程序实质上是微机系统中软件与硬件之间的一个可编程接口，主要用来在程序软件与微机硬件之间实现衔接。例如，DOS 和 Windows 操作系统中对软盘、硬盘、光驱、键盘、显示器等外围设备的管理。

（2）BIOS 系统设置程序：微机部件配置记录是放在一块可读写的 CMOS RAM 芯片中的，主要保存着系统基本情况、CPU 特性、软硬盘驱动器、显示器、键盘等部件的信息。在 BIOS ROM 芯片中装有"系统设置程序"，主要用来设置 CMOS RAM 中的各项参数。这个程序在开机时按下某个特定键，如"Delete 键"等，即可进入设置状态，并提供了良好的界面供操作人员使用。事实上，这个设置 CMOS 参数的过程，习惯上也称为"BIOS 设置"。一旦 CMOS RAM 芯片中关于微机的配置信息不正确时，轻则会使得系统整体运行性能降低、软硬盘驱动器等部件不能识别，严重时就会由此引发一系列的软硬件故障。

（3）POST 上电自检：微机打开电源后，系统首先由 POST（Power On Self Test，上电自检）程序来对内部各个设备进行检查。通常完整的 POST 自检将包括对 CPU、640K 基本内存、1M 以上的扩展内存、ROM、主板、CMOS 存储器、串并口、显示卡、软硬盘子系统及键盘进行测试，一旦在自检中发现问题，系统将给出提示信息或鸣笛警告。

（4）BIOS 系统启动自举程序：系统在完成 POST 自检后，ROM BIOS 就首先按照系统 CMOS 设置中保存的启动顺序搜寻软硬盘驱动器及 CD-ROM、网络服务器等有效地启动驱动器，读入操作系统引导记录，然后将系统控制权交给引导记录，并由引导记录来完成系统的顺利启动。

CMOS 是指互补金属氧化物半导体存储器（Complementary Metal Oxidation Semiconductor），是一种大规模应用于集成电路芯片制造的原料，是微机主板上的一块可读写的 RAM 芯片，主要用来保存当前系统的硬件配置和操作人员对某些参数的设定。CMOS RAM 芯片由系统通过一块后备电池供电，因此无论是在关机状态中，还是遇到系统掉电情况，CMOS 信息都不会丢失。

4. BIOS 设置和 CMOS 设置的区别与联系　BIOS，主板上有一块 Flash Memory（快速电擦除可编程只读存储器，也称为"闪存"）集成电路芯片，其中存放着一段启动计算机的程序，微机开机后自动引导系统。

CMOS，主板上有一片 CMOS 集成芯片，它有两大功能：一是实时时钟控制，二是由 SRAM 构成的系统配置信息存放单元。CMOS 采用电池和主板电源供电，当开机时，由主板电源供电，断电后由电池供电。系统引导时，一般可通过 Delete 键，进入 BIOS 系统配置分析程序修改 CMOS 中的参数。

对于新出厂的微型计算机，BIOS 的设置对系统而言并不一定就是最优的，此时往往需要经过自主设置，才能找到系统优化的方案。值得一提的是，不同的芯片厂商生产的产品，设置方法存在很大差异。现今，一些主板上存放 BIOS 信息的 Flash EPROM 或 Flash Memory，可以用专门的软件刷新内容，更新 BIOS 版本以增强主板的性能。值得注意的是，刷新过程具有一定的风险性，应该谨慎操作。

另外，各类总线也是评价主板性能的重要指标，为了能够提高整个系统的运行速度，FSB（Front Side Bus）系统前端总线和 HT（Hyper Transport Bus）超传输总线，也是评价主板性能的重要参数指标，但这些参数也并非越高越好，我们还应根据整个系统的其他部件进行匹配，如 CPU、内存、硬盘等，才能提高主板的整体性能。

2.2.2 中央处理器

把控制器和运算器集成在一块集成电路上，合称中央处理器（Central Processing Unit），简称 CPU，用来执行程序指令，完成各种运算和控制功能，是速度最快的硬件设备，亦是硬件系统的核心部件。

图 2.4 CPU

图 2.4 所示的是微型计算机的 Intel Pentium 4 CPU 芯片。研究计算机历史的人们将计算机的发展过程，视其主要是 CPU 从低级向高级、从简单向复杂发展的过程。CPU 的设计、制造和处理技术的不断更新换代以及处理能力的不断增强，使微型计算机系统的应用领域越来越广泛。CPU 发展到今天，已使微型计算机在整体性能、处理速度、3D 图形图像处理、多媒体信息处理及通信等诸多方面达到甚至超过了传统的小型机，而且正加速向功能更强大、计算速度更快的方向发展。下面我们具体介绍一下与 CPU 性能相关的一些知识。

1. 主频　主频是衡量 CPU 性能的主要技术指标，主频是指脉冲信号发生器每秒发出的电脉冲次数，频率越高，同样结构的计算机运算速度也就越快。主频也叫时钟频率，单位是 MHz，用来表示 CPU 的运算速度。CPU 的主频＝外频×倍频系数。

2. 外频　CPU 必须与主板的总线相连，才能与其他设备传送数据。与 CPU 相连的总线的工作频率即 CPU 的外频。早期 486 以前的 CPU 还没有"倍频"这个概念，那时主频和系统总线的速度是一样的，CPU 的主频一般都等于外频，而现在的 CPU 外频一般远远低于 CPU 的主频。

3. 倍频　倍频是指 CPU 主频与外频之间的相对比例关系。在相同的外频下，倍频越高 CPU 的频率也越高。但实际上，在相同外频的前提下，高倍频的 CPU 本身意义并不大。这是因为 CPU 与系统之间数据传输速度是有限的。此外，为了一味追求倍频，使 CPU 电路电压增大，对 CPU 的性能和寿命都会有影响。

4．字长　字长是指 CPU 在单位时间内能一次处理的二进制数的位数。它是由 CPU 对外的数据总线的位数决定的。根据字长的不同 CPU 也分为 4 位、8 位、16 位、32 位及 64 位 CPU。目前 PC 机中使用的 CPU 多为 32 位 CPU，也有部分 PC 机使用 64 位 CPU。在性能较好的服务器中通常使用处理 64 位的 CPU。

5．缓存　缓存的配置也是 CPU 的重要指标之一，缓存的结构和大小对 CPU 速度的影响非常大。CPU 内的缓存的运行频率极高，一般是和处理器同频运作，工作效率远远大于系统内存和硬盘。实际工作时，CPU 往往需要重复读取同样的数据块，而缓存容量的增大，可以大幅度提升 CPU 内部读取数据的速率，而不用再到内存或者硬盘上寻找，以此提高系统性能。根据 CPU 读取顺序和容量大小，缓存可分为一级缓存、二级缓存和三级缓存。其中，一级缓存和 CPU 集成在一块电路板上。二级缓存是 CPU 性能表现的关键之一，在 CPU 核心不变化的情况下，增加二级缓存容量能使性能大幅度提高，一般只有一些高端计算机的 CPU 采用三级缓存技术。

随着人们对计算机的需求越来越多，为了满足人们在各方面的应用需求，CPU 的性能也在不断提高，采用的新技术层出不穷。提到 CPU 的新技术，我们应该认识一下，世界著名的两大 CPU 厂商 Inter 和 AMD，几乎覆盖了整个计算机 CPU 市场，他们的产品各自有独特的技术，如何进行选择，要根据微机的整体设计。

6．CPU 支持的无线上网技术　2003 年 3 月英特尔正式发布了迅驰移动计算技术，即我们常说的无线上网功能，迅驰（Centrino）是：Centre（中心）与 Neutrino（中微子）两个单词的缩写。Centrino 就是迅驰平台，迅驰平台包括 CPU、芯片组、无线模块三个组成部分。同样，AMD 携手 NVIDIA、Broadcom 公司，全面展示了其新一代移动平台在 3D 图形显示及无线技术方面的优势。现在，无线技术被广泛地应用在笔记本电脑中。

7．双核技术　随着 CPU 集成度的不断提高，集成电路中传输线路宽度越来越窄，已经接近纳米级，一旦传输线路宽度达到纳米数量级，每次能够通过的电子个数只有几十个甚至只有几个，这时电路将产生量子效应，造成集成电路无法正常工作。因而一味降低传输电路宽度并不能一直提高 CPU 的集成度进而提高 CPU 的速度。另一方面，当集成电路的集成不断升高时，单位面积的功耗和发热量也在不断升高，这是 CPU 向更高频率迈进的一大障碍。

为了能够继续提高 CPU 的速度，一些硬件厂商提出了在一个处理器上集成两个运算核心的方案，这就是所谓的双核技术。最早这一技术是由支持 RISC 的一些服务器生产商提出的，但是直到最近 Intel 和 AMD 发布了基于 X86 构架的双核 CPU 新品后才逐步被大多数人所了解。在实际实现时 Intel 公司和 AMD 公司采用了两种不同的形式：AMD 采用将两个处理器核心连接到同一个内核的连接方式，通过芯片通信降低 CPU 内部的延迟；Intel 则采用的是将两个独立的内核封装在一起的连接方式，通过共享前端总线与外部设备通信，因而也被称为"双芯"技术。

8．超线程技术　超线程技术最早应用于 2002 年初 Intel 公司发布的为服务器提供的 Xeon 志强处理器中，在这之后的 Intel 奔腾四代 CPU 中也应用了该技术。

超线程技术的原理是通过在硬件上的微小改变，使得单处理器在操作系统及应用软件层面上表现为两个或更多的逻辑 CPU。增加的硬件投入包括独立的一套指令指针、寄存器别名表、返回栈指针、高级编程中断控制器等，这些增加的硬件使得两个逻辑 CPU 间能以最少的冲突和耦合的方式工作。超线程技术的重点在于对共享资源的利用，共享资源包括 Cache、总线等。

9．CPU 制造工艺　在评价一款处理器时，最先考虑的往往是它的工作频率、前端总线、缓存容量等性能指标，而对处理器背后的生产技术往往视而不见。其实，半导体技术的发展，特别是半导体制造工艺的发展，对 CPU 和显示芯片的性能起相当重要的作用。

从 1995 年以来，芯片制造工艺的发展十分迅速，先后从 0.5 微米、0.35 微米、0.25 微米、0.18 微米、0.09 微米、一直发展到目前应用的 0.065 微米，称为 65 纳米技术，仅仅经历十几年时间，而且每次新制造工艺的引入，都对处理器技术发展动态、处理器性能、处理器功耗有着至关重要的影响。

2.2.3 存储器

存储器是计算机系统中用来存储信息的部件，它是计算机中的重要硬件资源。从存储程序式的冯·诺依曼经典结构而言，没有存储器，就无法构成现代计算机。按存取速度和在计算机系统中的地位分为两大类：内存（主存）和外存（辅存）。

1．内部存储器　内存储器又称主存，是由半导体器件构成的、计算机用来临时存放数据的部件，它由连续的存储单元组成，每个单元都赋有编号，称为地址。每个单元都可以存放一组二进制代码，CPU 可以直接访问。信息存入内存的过程称为写入，取出的过程称为读出。存储器的基本指标是容量和读写速度。

在计算机中，内部存储器按其功能特征可分两种，一种叫只读存储器（Read Only Memory，缩写为 ROM），另一种叫随机读取存储器（Random Access Memory，缩写为 RAM）。

（1）只读存储器：只读存储器简称 ROM。CPU 对它的数据只能读取，不允许擦写，它里面存放的信息一般由计算机制造厂写入并经固化处理，一般用户是无法修改的。即使关机，ROM 中的数据也不会丢失。比如，主板上的 BIOS 芯片就是 ROM，它存储有开机时检测、设置及启动系统的程序。

只读存储器有多种，可擦写的只读存储器称为 EPROM，可以用紫外线照射来清除其中的信息，然后可以重新写入；还有一种可擦写的只读存储器，称为 Flash Memory，它是在擦除控制端加上电压即可清除和重新写入信息，完成后撤掉电压就不能再改写，近些年来微机常用这种"电可擦写 ROM"的存储元件存储 BIOS 信息。在一般情况下，它的功能与普通的 ROM 相同，运行专门的程序，可以通过微机内专设的电子线路，改写其中的内容。用此方法很容易对 BIOS 进行升级，CIH 种类病毒就是利用这个性能破坏计算机的 BIOS，如果一个计算机的 BIOS 被破坏，整个计算机就无法启动，连自检都无法通过，造成计算机瘫痪。

（2）随机存取存储器：RAM 主要用来存放各种设备的输入输出数据、指令和中间计算结果，它的存储单元根据具体需要可以读出，也可以写入或刷新。把用于存储的元件都焊接在一小条电路板上，称为内存条，如图 2.5 所示。内存条插在计算机主板的内存插槽上。

图 2.5 内存（RAM）

RAM 分为静态和动态两种，静态 RAM（SRAM）速度快，成本高，主要用于高速缓存（Cache）。动态 RAM（DRAM）速度比静态低，其特点是功耗低，集成度高，成本低。但是为了保持存储器的数据不丢失，必须对 RAM 进行周期性的刷新。微机中的主存就是动态 RAM，也就是常说的内存。

另外，RAM 是一个临时的存储单元，机器断电后，里面存储的数据将全部丢失，如果要进行长期保存，数据必须保存在外存（硬盘、光盘等）中。

（3）高速缓冲存储器 Cache：高速缓存是计算机中读写速率最快的存储设备。由于 CPU 的主频越来越高，而内存的读写速率达不到 CPU 的要求，所以在内存和 CPU 之间引入高速缓存，用于暂存 CPU 和内存之间交换的数据。CPU 首先访问 Cache 中的信息，Cache 可以充分利用 CPU 忙于运算的时间和 RAM 交换信息，这样避免了时间上的浪费，起到了缓冲作用，以此来充分利用 CPU 资源，提高运算速度。

Cache 一般采用静态存储器（SRAM），它是由双稳态电路来保存信息的，因此不用进行周期性的刷新，只要不断电，信息就不会丢失。SRAM 的优点是与微处理器接口简单，使用方便，速度快。缺点是功耗大，集成度低，成本高。

（4）SDRAM 和 DDR 技术：SDRAM 是 "Synchronous Dynamic Random Access Memory" 的缩写，意思是 "同步动态随机存储器"，就是我们平时所说的 "同步内存"，这种内存采用 168 线结构。从理论上说，SDRAM 与 CPU 频率同步，共享一个时钟周期。SDRAM 内含两个交错的存储阵列，当 CPU 从一个存储阵列访问数据的同时，另一个已准备好读写数据，通过两个存储阵列的紧密切换，读取效率得到成倍提高。DDR 原意为 "Double Data Rate SDRAM"，顾名思义就是双倍速的 SDRAM，是一种继 SDRAM 后产生的内存技术，通常使用的 SDRAM 都是 "单数据传输模式"。这种内存的特性是在一个内存时钟周期中，在一个方波上升沿时进行一次操作（读或写），而 DDR 则引用了一种新的设计，其在一个内存时钟周期中，在方波上升沿时进行一次操作，在方波的下降沿时也做一次操作。在一个时钟周期中，DDR 则可以完成 SDRAM 两个周期才能完成的任务，所以理论上同速率的 DDR 内存与 SDRAM 内存相比，性能要超出一倍。

由于前端总线（FSB）对内存带宽的要求是越来越高，出现了拥有更高更稳定运行频率的 DDR2 内存，拥有两倍于 DDR 内存预读取能力。

为了获得更高的外部数据传输率、更大的存储容量，很快从 DDR2 发展到 DDR3，最高数据传输速度标准达到 1600Mbps。不过，就具体的设计来看，DDR3 与 DDR2 的基础架构并没有本质的不同。从某种角度讲，DDR3 是为了解决 DDR2 发展所面临的限制而催生的产物。目前已经在势所趋，并广泛应用。

2. 外部存储器　外部存储器简称外存，也称辅存，通常以磁介质和光介质的形式来保存数据，不受断电的限制，可以长期保存数据。常见的外存有软盘、硬盘、光盘等。它们存储容量的计量单位也是字节。其中软盘、光盘要配合软盘驱动器和光盘驱动器使用。软盘容量太小，软驱读写速度太慢，稳定性差，现在已逐步被淘汰。

（1）硬盘存储器：硬盘又称 HD（Hard Disk）。微机中使用的硬盘是温氏盘（Winchester 盘），多个涂有磁性材料的盘面被密封在金属外壳中，又被固定在计算机机箱内部，所以称为固定盘，按盘片尺寸有 5.25 英寸和 3.5 英寸以及 2.5 英寸三种。目前很少再用 5.25 英寸硬盘，3.5 英寸硬盘通常用于台式电脑，而 2.5 英寸硬盘用于笔记本电脑和一些移动存储设备中。

硬盘至今仍是最重要的外存储器。硬盘的特点是容量大、存取速度快、可靠性高。近年来硬盘技术发展速度非常快，现在的微机几乎都采用可以容纳海量数据以上的硬盘。1997年推出了 Ultra DMA 协议，使硬盘最大外部数据传输率从每秒 16.6MB 增加到 33.3MB 甚至 66.6MB。硬盘在出厂时厂家都要进行低级格式化，用户必须对硬盘进行分区后才可使用，硬盘盘符从 C：开始标识，如果是多个分区，每个分区可以作为一个逻辑盘，盘符分别为 C：、D：、E：、……Z。

转速也是硬盘主要技术指标，现在常见的有 7200 RPM（转/分）。

硬盘内多个盘面中，每个盘面对应一个磁头来读写数据，每个盘面被划分为若干磁道，而每一盘面的同一磁道形成一个圆柱面，称为柱面，它是硬盘的一个常用指标。硬盘容量的计算：存储容量＝磁头数×磁道数（柱面数）×扇区数×每扇区字节数（512Byte）。

硬盘接口是硬盘与主机系统间的连接部件，作用是在硬盘缓存和主机内存之间传输数据。不同的硬盘接口决定着硬盘与计算机之间的连接速度，在整个系统中，硬盘接口的优劣直接影响着程序运行快慢和系统性能好坏。从整体的角度上，硬盘接口分为 IDE、SATA、SCSI 和光纤通道四种，IDE 接口硬盘多用于微型 PC 中，也部分应用于服务器，SCSI 接口的硬盘则主要应用于服务器，而光纤通道只在高端服务器上，价格昂贵。SATA（Serial ATA）接口的硬盘又叫串口硬盘，SATA 以连续串行方式传送数据，使连接电缆数目减少，效率提高，同时还能降低系统能耗，减小系统复杂性，是未来微型计算机硬盘的趋势。

值得指出的是，近年来出现了移动硬盘，人们可以携带大量的信息外出。因为硬盘的存取容量和存取速率远远高于光盘，因此活动硬盘发展很快。

（2）光盘存储器：光盘是 20 世纪 70 年代重大的科技发明，光盘的出现给数据的存储带来很大的方便。光盘放入到计算机上的光盘驱动器中，利用激光为介质记录和传输数据。根据物理存储容量大小和激光波长的长短可以分为 CD 光盘和 DVD 光盘，根据光碟的读写性，有只读光盘和可写入光盘。

对于 CD 光盘存储来说，一种是只读光盘 CD-ROM（Compact Disk Read Only Memory），另外还有一次性写入型光盘 CD-R（Compact Recordable）以及可擦写光盘 CD-RW（Compact Disk ReWritable）。

CD-ROM 驱动器最重要的一个指标是传输速率，用倍速来衡量，一倍速（1X）为 150Kbps，即每秒可以传送 150KB 的信息量，一个 40 倍速（40X）CD-ROM 驱动器，它的传输速率为 40×150Kbps＝6MB/s。

一次写入型光盘：用特制的驱动器（常称刻录机）可以写入信息，写入的过程也是用强激光进行烧灼，光盘一旦写入就不能再更改。最大容量为 650~700MB 左右。

可擦写光盘：这种光盘可以反复擦写，一般可以重复使用 10 000 次左右。CD-R 驱动器只能够写入 CD-R 光盘；CD-RW 驱动器可以在两种类型的光盘中写入。值得一提的是，在对光盘写入数据前，可以自己定义光盘的写入速度，速度过快可能会影响写入的质量。

对于 DVD 光盘存储来说，一种是 DVD-ROM（DVD Read Only Memory），另外一种是 DVD-R（全称为 DVD-Recordable）及 DVD-RW（全称为 DVD-ReWritable，可重写式 DVD）。

由于制作工艺和读写原理的不同，DVD 的读写速率是 1.3MB/s，倍速为 8X，比 CD 要低。DVD 光驱兼容 CD，可读 CD 和 CD-ROM。

DVD 的存储容量为 4.7~17GB 左右。一张 DVD 光盘的容量相当于几张，甚至几十张 CD 光盘的容量，所以前者更有优势，是发展的主流。

无论是 CD-R/RW、DVD-R/RW，光盘的写入、擦写，都需要使用专门的刻录软件，进行写入或擦写。在 Windows 操作系统下，也可以直接进行拷贝、写入。

（3）可移动外存储器：除以上各种外存储设备外，还有 USB 闪存（优盘）、存储棒（Memory Stick）、MO 磁光盘（Magneto Optical Disk）等等，它们是近年来迅速发展起来的性能很好又具有可移动性的存储产品。

例如，USB 闪存（Flash Memory），也称 U 盘，体积仅大拇指大小，但容量不小，现有 64MB~2GB 等多种规格。使用 USB 接口，即插即用，使用极其方便，甚至可以直接引导系统启动。

U 盘的构造非常简单，其关键元件就是 IC 控制芯片、U 盘芯片、PCB 板及 USB 接口。IC 芯片是设备的核心，是 U 盘是否能够当作驱动盘使用的关键。U 盘具有掉电后仍可以保留信息、在线写入等优点，并且其读写速度比较快。不过 U 盘设备在工作时是通过二氧化硅形状的变化来记忆数据的，如果芯片本身质量不好，很可能出现使用一段时间后容量变小的情况，造成数据的丢失。目前的 U 盘绝大多数是采用 USB 接口，使用时只要插到计算机的 USB 接口上即可。

U 盘的读写速度最初只有几百 KB/s，通过不断改良芯片和 USB 接口的带宽，一些高速型 U 盘的读写速度可高达几十 MB/s。它有写保护装置，可以预防病毒，数据可以保存 10 年，可读取 100 万次以上，由于特殊的结构（其没有磁头等怕震动的器件），U 盘还具备抗震、防潮等诸多优点。

另外，目前还出现一种 USB 硬盘盒和一个小巧的笔记本电脑专用移动式硬盘，再加上一根 USB 接口线，用户可以自制一块即插即用的 USB 硬盘，称为移动硬盘，容量从 10~200GB，相比 U 盘要大得多，而且这类 USB 硬盘的使用方法与 U 盘相同，在当今的大多数操作系统中即插即用。移动硬盘的数据传输速度比硬盘速度低，但与软盘相比还是要快得多。

相关 USB 接口的有关内容，在后面接口的章节进行介绍。

2.2.4 显示卡

微型计算机显示系统包括显示器和显示适配器（显示卡）两部分，它的性能也由这两部分的性能决定。

显示器可以显示用户输入的原始数据、命令、程序以及运行结果等等，所以它是计算机必不可少的输出设备。

显示器与主机连接，要有通过相应的控制电路亦称作显示卡，一起构成完整的显示系统。显示卡插在系统主板上的某个扩展槽中或者集成在主板上。插在 PCI 总线插槽的称为 PCI 显卡，插在 AGP 总线插槽的称为 AGP 显卡。因为 AGP 显卡的传送速率远远高于 PCI 显卡，所以 PCI 显卡已逐渐被 AGP 显卡取代。然而，计算机发展总是能超出人们的想象，传输速率更快的 PCI-Express 串行传输出现，使风靡一时的 AGP 也难免被淘汰的命运。

显示卡按显示方式又分 VGA、SVGA、AVGA 等。VGA 显示分辨率为 640×480，SVGA 分辨率为 1024×768，而 AVGA 显示分辨率为 1600×1200。

在显示卡上也有随机存储器，它们称作显存，用 VRAM（VideoRAM）表示，其容量有 32M、64M、256M、512M 等。显存的大小直接影响被显示图像的分辨率和色彩等。

显存的作用是以数字信号的方式存储屏幕上的图形图像，一幅完整的图像称为一帧，屏幕上的图像在一秒中要更新 50 帧以上，人的眼睛才不会有闪烁感，所以显存中的信息也要反复被存取 50 次以上为佳，我们称为刷新频率，一般刷新频率为 60～85Hz。

有些微机将显卡集成在主板上，称为集成显卡，而显存由系统内存 RAM 承担，这种结构从整体上影响了计算机的性能。

近年来由于多媒体技术的普及，要求显卡的档次越来越高，选用高质量的显卡可以使计算机的整体性能得以提高。如果从事图形影像处理的工作，显卡的要求更高一些，需要根据自身的需要，进行合理的配置选择。显卡性能主要取决于显存大小和总线传输速度，后面总线的章节还要着重介绍关于总线的一些知识。

2.2.5 声卡

计算机音频一直都不是计算机发展的重点，可是声音却是微型计算机，特别是家用电脑不可缺少的部分。音响、耳麦等外设要通过相应的控制电路卡亦称作声卡，一起构成完整的音频系统。大多数声卡都集成在计算机的主板上，可以满足一般的数据处理。对于声音数据处理比较复杂的系统，可以装配专业级别的独立声卡。

声卡可以处理多种音频信息。它可以把话筒、唱机（包括激光唱机）、录音机、电子乐器等输入的声音信息进行模数转换、压缩处理，也可以把经过计算机处理的数字化的声音信号通过还原（解压缩）、数模转换后用扬声器放出或记录下来。声卡和多媒体计算机中所处理的数字化声音信息通常有多种不同的采样频率和量化精度可以选择，以适应不同应用场合的质量要求。采样频率越高，量化位数越多，质量越高。目前，相当于激光唱片质量那样的高质量要求的场合，采样频率为 44kHz，量化精度为 16 位，数据速率为 88.2KB/s。

2.3 微型计算机总线

在计算机中，CPU、内存、输入输出设备之间要进行信息交换，但如果将各部件和每一种外围设备都分别用一组线路与 CPU 直接连接，那么连线将会错综复杂，甚至难以实现。为了简化硬件电路设计、简化系统结构，常用一组线路，配置以适当的接口电路，与各部件和外围设备连接，这组共用的连接线路被称为总线。采用总线结构便于部件和设备的扩充，尤其制定了统一的总线标准则容易使不同设备间实现互连。

各部分间要用线路连接在一起构成信息传送的通道，由于一组二进制代码是作为一个整体进行传送的，一位二进制位就要占一条线，所以，信息通道由多条线路组成，我们称为总线。二进制代码的位数和总线的条数是对应的，所以，也有人把总线的宽度定为计算机的字长。总线不仅有多股导线，还包括相应的控制和驱动电路，总线在计算机的主机板上。

计算机中有三种数据流，一种是传输数据信息的线路，我们叫做数据总线，用 DB（Data Bus）表示。第二种是传送控制器发出控制信号的路线，叫做控制总线，用 CB（Control Bus）

表示，还有一种是传送内存地址信息的路线，称为地址总线，用 AB（Address Bus）表示。

微机中总线一般有内部总线、系统总线和外部总线。内部总线是微机内部各外围芯片与处理器之间的总线，用于芯片一级的互连；而系统总线是微机中各插件板与系统板之间的总线，用于插件板一级的互连；外部总线则是微机和外部设备之间的总线，微机作为一种设备，通过该总线和其他设备进行信息与数据交换，它用于设备一级的互连。比如显卡、声卡、网卡等，无论哪种接口卡插在主板上与总线相连的扩展槽中就可以和 CPU 交换信息，微型计算机的这种开放的体系结构为用户可选设备提供了方便。在微机上常见的扩展槽总线结构有 ISA 总线结构、PCI 总线结构和 AGP 总线结构。

另外，从广义上说，计算机通信方式可以分为并行通信和串行通信，相应的通信总线被称为并行总线和串行总线。并行通信速度快、实时性好，但由于占用的口线多，不适于小型化产品；而串行通信速率虽低，但在数据通信吞吐量不是很大的微处理电路中则显得更加简易、方便、灵活。串行通信一般可分为异步模式和同步模式。

随着微电子技术和计算机技术的发展，总线技术也在不断发展和完善，而计算机总线技术种类繁多，各具特色。下面仅对微机各类总线中目前比较流行的总线技术分别介绍。

1. ISA 总线　ISA（Industrial Standard Architecture）总线标准是 IBM 公司 1984 年为推出 PC/AT 机而建立的系统总线标准，所以也叫 AT 总线。它是对 XT 总线的扩展，以适应 8/16 位数据总线要求。它在 80286 至 80486 时代应用非常广泛，以至于现在奔腾机中还保留有 ISA 总线插槽。ISA 总线有 98 只引脚。

2. EISA 总线　EISA 总线是 1988 年由 Compaq 等 9 家公司联合推出的总线标准。它是在 ISA 总线的基础上使用双层插座，在原来 ISA 总线的 98 条信号线上又增加了 98 条信号线，也就是在两条 ISA 信号线之间添加一条 EISA 信号线。在实用中，EISA 总线完全兼容 ISA 总线信号。

3. VESA 总线　VESA（Video Electronics Standard Association）总线是 1992 年由 60 家附件卡制造商联合推出的一种局部总线，简称为 VL（VESA Local Bus）总线。它的推出为微机系统总线体系结构的革新奠定了基础。该总线系统考虑到 CPU 与主存和 Cache 的直接相连，通常把这部分总线称为 CPU 总线或主总线，其他设备通过 VL 总线与 CPU 总线相连，所以 VL 总线被称为局部总线。它定义了 32 位数据线，且可通过扩展槽扩展到 64 位，使用 33MHz 时钟频率，最大传输率达 132MB/s，可与 CPU 同步工作，是一种高速、高效的局部总线，可支持 386SX、386DX、486SX、486DX 及奔腾微处理器。

4. PCI 总线　PCI（Peripheral Component Interconnect）总线是当前最流行的总线之一，它是由 Intel 公司推出的一种局部总线。它定义了 32 位数据总线，且可扩展为 64 位。PCI 总线主板插槽的体积比原 ISA 总线插槽还小，其功能比 VESA、ISA 有极大的改善，支持突发读写操作，最大传输速率可达 132MB/s，可同时支持多组外围设备。PCI 局部总线不能兼容现有的 ISA、EISA、MCA（Micro Channel Architecture）总线，但它不受制于处理器，是基于奔腾等新一代微处理器而发展的总线。

5. USB 总线　通用串行总线 USB（Universal Serial Bus）是由 Intel、Compaq、Digital、IBM、Microsoft、NEC、Northern Telecom 等 7 家世界著名的计算机和通信公司共同推出的一种新型接口标准。它基于通用连接技术，实现外设的简单快速连接，达到方便用户、降低成本、扩展 PC 连接外设范围的目的。它可以为外设提供电源，而不像普通的使用串、并口的设备需要单独的供电系统。另外，快速是 USB 技术的突出特点之一，USB 的最高传输率可达 12Mbps，比串口快 100 倍，比并口快近 10 倍，而且 USB 还能支持多媒体。

6. AGP 总线　图形加速端口（Accelerated Graphics Port），是 Intel 公司推出的新一代图形显示卡专用总线，它将显示卡同主板芯片组直接相连，进行点对点传输，大幅提高了电脑对 3D 图形的显示能力，也将原先占用的大量 PCI 带宽资源留给了其他 PCI 插卡。在 AGP 插槽上的 AGP 显示卡，其视频信号的传送速率可从 PCI 总线的 133MB/s 提高到 533MB/s。AGP 的工作频率为 66.6MHz，是现行 PCI 总线的一倍，最高可以提高到 133MHz 或更高，传送速率则会达到 1GB/s 以上。

AGP 的实现依赖两个方面，一是支持 AGP 的芯片组/主板，二是 AGP 显示卡。

AGP 接口经历了 AGP 1.0（AGP 1X/2X）、AGP 2.0（AGP 4X）、AGP 3.0（AGP 8X）这个三个版本的更新换代。

AGP 8X 作为 AGP 并行接口总线的一个代表，在数据传输频宽上和它的前辈 AGP 4X 一样都是 32bit，但总线速度达到了史无前例的 66MHz×8=533MHz，在数据传输带宽上也达到了 2.1GB/s 的高度，这些都是前几代 AGP 并行接口无法企及的。它的推出正好顺应了现今 CPU 和 GPU（图形工作站）的飞速发展，也可以说是 CPU 和 GPU 的发展导致了这一新技术的应用和推广。随着 CPU 主频的逐步提升以及 GPU 性能的日新月异，系统单位时间内所要处理的 3D 图形和纹理越来越多，大量的数据要在极短的时间内频繁地在 CPU 和 GPU 之间进行交换，这使原来传输带宽为 1.6G/s 的 AGP 4X 接口已越来越跟不上它们交换的速度，正像当年 AGP 取代 PCI 总线一样，AGP 8X 终于走上了时代的舞台，传输带宽为 2.1G/s，当然这绝对不是终点。

7. PCI-E 总线　PCI-Express，简称 PCI-E，同 AGP 一样，也是显卡专用的总线。曾经，AGP 就是高效率、高性能的象征，可是在计算机的世界里面，永远是不断推新的竞争规则，自从 PCI-Express 接口的发布起，就意味着 AGP 慢慢地走向了没落。目前新的微型计算机上的显卡，普遍采用的 PCI-E，而且 PCI-Express 16X 传输速度是 4GB/s，双向数据传输带宽有 8GB/s，从理论上远远大于 AGP 8X，PCI-Express 16X 的高带宽对高档显卡来说，性能提升会有质的飞跃。尽管现在的显卡市场是以 PCI-E 为主流，众多显卡厂商已经停产 AGP 显卡。值得注意的是，因为大多支持 AGP 显卡的主板并不兼容 PCI-E 显卡，也就是说，一旦现有的 AGP 显卡损坏，又没有新的 AGP 显卡替换，整个微型计算机的显示系统将无法工作。

2.4　输入输出设备接口

1. 软盘驱动器接口　软盘驱动器接口电路通过 34 芯信号线连接到软盘驱动器上，信号线有两个端口，最末端的端口为 A 驱，中间端口为 B 驱，由于活动硬盘的出现，目前多数微机已不配软盘驱动器了。

2. 硬盘驱动器接口　常见的硬盘驱动器接口类型有 IDE（Intelligent Device Electronics）和 SCSI（Small Computer System Interface）、SATA（Serial ATA）等。

IDE 称为设备电子端口，一般计算机主板都配有两个 IDE 接口，用 IDE1、IDE2 标出。

每个 IDE 口可以带两个硬盘，用 40 芯信号线连接到硬盘，信号线上有两个插排，没有主次之分，因此如果两个硬盘接在同一 IDE 端口，计算机就无法识别哪一硬盘为主，哪一硬盘为从，因此要对硬盘进行跳线设置，以便让计算机分出两个硬盘的主从关系。如果计算机带有两个物理硬盘而分别接在 IDE1/IDE2，这时，IDE1 所接硬盘为主，IDE2 所接硬盘为从，无需进行跳线设置。IDE 是目前微机使用最多的一种接口，它不仅可以连接硬盘，也可连接光驱、内置刻录机等，它的数据传输速率达到 15MB/s。

SCSI 是 Small Computer System Interface（小型计算机系统接口）的缩写，使用 50 针接口，外观和普通硬盘接口有些相似。SCSI 硬盘和普通 IDE 硬盘相比有很多优点：接口速度快，并且由于主要用于服务器，因此硬盘本身的性能也比较高，硬盘转速快，它的数据传输速率达到 80MB/s。缓存容量大，CPU 占用率低，扩展性远优于 IDE 硬盘，并且支持热插拔。

SATA（Serial ATA）接口的硬盘又叫串口硬盘，是未来 PC 机硬盘的趋势。2001 年，由 Intel、APT、Dell、IBM、希捷、迈拓这几大厂商组成的 Serial ATA 委员会正式确立了 Serial ATA 1.0 规范。Serial ATA 采用串行连接方式，串行 ATA 总线使用嵌入式时钟信号，具备了更强的纠错能力，与以往相比其最大的区别在于能对传输指令（不仅仅是数据）进行检查，如果发现错误会自动矫正，这在很大程度上提高了数据传输的可靠性。串行接口还具有结构简单、支持热插拔的优点。

3．并行接口　在计算机中用 LPT 表示并行接口，也称并行打印口，在主机箱的后面通过一个 DB-25 的孔型插座和打印电缆相连，打印电缆的另一端可以接打印机，也可以接 EPP 接口的扫描仪，还可用于微机之间的通讯。值得一提的是，近来生产的打印机采用连接简单的 USB 接口连接，数据传输速度快，将成为主流接口。

4．串行通讯接口　串行通讯接口包括两个独立的 RS-232C 串行接口电路，各自用 DB-9、DB-25 针型插座引出，分别用 COM1、COM2 命名，它们可以连接调制解调器、鼠标、绘图仪，还可用于通过电缆将两台微机直接相连进行相互通讯。

现在许多台式微机和笔记本电脑配备有红外串口，省去了连线，可进行无线通信。

并行口和串行口的根本区别是：并口可以同时传出 8 路信号，即一次并行传送完整的一个字节的信息，而串口在一个方向上只能传送一路信号，即每次只能发送 1bit，并口就像宽广的公路一次可并排驶过 8 辆汽车，串口就像较窄的公路每次只能驶过一辆汽车一样。

5．USB 接口　USB（Universal Serial Bus）即"通用串行总线"，它是一种新型通用串行总线接口标准，现已规范成主流并广泛在微机中使用。USB 可以接多种外设，比如 U 盘、移动硬盘、键盘、鼠标、扫描仪、光笔、数字化仪、数码相机等。该接口的最大优点是支持即插即用，并支持热插拔。因为 USB 接口本身提供电源，对于小功率的外设可以不再另提供电源。USB 以树状结构可以连接 127 个外设。USB 接口类型主要分为 USB1.0/1.1、USB2.0。USB2.0 在不改变 USB1.0/1.1 标准的插头和传输导线的前提下，将目前普遍应用 USB 接口的实际性能提升了 6~10 倍，其接口的数据传输速度峰值高达 480Mb/s。

6．IEEE1394 接口　IEEE1394 是一种连接外部设备的机外总线标准，按串行方式通信，它的带宽可以达到 400MB/s。该接口技术由苹果公司率先创立，苹果公司称之为 Firewire（火线），所以很多人也将它称为火线。1995 年 IEEE 把它作为正式标准，编号

1394，这就是 IEEE 1394 名字的由来。

相比 USB 接口，两者的主要区别在于各自面向的应用上。USB 2.0 主要用于外设的连接，而 IEEE 1394 主要定位在声音/视频领域，如数字 VCR、DVD 和数码电视等视频、音频信号的采集等。

随着软、硬件技术的发展，USB 和 IEEE 1394 在许多类功能系统上，正在互相扩充，特别是 USB 2.0 已经向视频、音频领域迅速发展。当然，IEEE 1394 在不断提高传输速度的同时，也尝试开发了一些外设，如扫描设备、CD-ROM 等。

2.5 输入输出设备

2.5.1 基本输入输出设备

最基本的输入设备是键盘和鼠标，输出设备是显示器和打印机。

1. 键盘　键盘是最常用也是最主要的输入设备之一，通过键盘，可以将英文字母、数字、标点符号等输入到计算机中，从而向计算机发出命令、输入数据等。许多键盘根据不同的需求，都进行了人性化的改进，比如增加上网、杀毒的功能键。

键盘的接口有 AT 接口、PS/2 接口和最新的 USB 接口，大多数主板都提供 PS/2 键盘接口。而较老的主板常常提供 AT 接口也被称为"大口"，现在已经被淘汰了。由于 USB 接口支持热插拔，因此 USB 接口键盘在使用中可能略方便一些，对性能的提高收效甚微。

2. 鼠标　鼠标是最常用也是最主要的输入设备之一，鼠标的使用是为了使计算机的操作更加简便，来代替键盘那繁琐的指令。早期的计算机只能用键盘控制操作。

（1）鼠标的接口类型：鼠标按接口类型可分为串行鼠标、PS/2 鼠标、USB 接口鼠标三种。串行鼠标是通过串行口与计算机相连，有 9 针接口和 25 针接口两种，如今基本上被淘汰了。PS/2 鼠标通过一个六针微型 DIN 接口与计算机相连，它与键盘的接口非常相似，使用时可以从颜色上区分，通常鼠标接口为绿色，键盘接口为红色。USB 鼠标的接口在总线接口卡上。

（2）鼠标的工作原理：鼠标按其工作原理的不同可以分为机械鼠标和光电鼠标。机械鼠标主要由滚球、辊柱和光栅信号传感器组成。当拖动鼠标时，带动滚球转动，滚球又带动辊柱转动，装在辊柱端部的光栅信号传感器产生的光电脉冲信号反映出鼠标器在垂直和水平方向的位移变化，再通过电脑程序的处理和转换来控制屏幕上光标箭头的移动。光电鼠标器是通过检测鼠标器的位移，将位移信号转换为电脉冲信号，再通过程序的处理和转换来控制屏幕上的光标箭头的移动。光电鼠标用光电传感器代替了滚球。这类传感器需要特制的、带有条纹或点状图案的垫板配合使用。

3. 显示器　显示器分两种，一种是阴极射线管（CRT）显示器，它的工作原理基本同于电视机；另外一种是液晶显示屏（LCD）。

阴极射线显像管（CRT）的彩色监视器和液晶显示屏（LCD）的彩色监视器在图像重现原理上是有区别的，前者采用磁偏转驱动实现行场扫描的方式（也称模拟驱动方式），而后者采用点阵驱动的方式（也称数字驱动方式）。因而前者往往使用电视线来定义其清晰度，而后者则通过像素数来定义其分辨率。CRT 监视器的清晰度主要有监视器的通道带宽和显像管的点距和会聚误差决定，而后者则由所使用 LCD 屏的像素数决定。CRT 监视器具有价格低廉、亮度高、视角宽、使用寿命较高的优点，而 LCD 监视器则有体积小（平板形）、重量轻、图像无闪动无辐射的优点，但是 LCD 监视器的主要缺点是造价高、视角窄（侧面观看时图像变暗、彩色飘移甚至出现反色）、使用寿命短（通常 LCD 屏幕在烧机 5000 小时之后其亮度下降为正常亮度的 60%以下，但 CRT 的平均寿命可达 3 万小时以上）等缺点。LCD 作为平板显示器的一项最为成熟的前沿产品，已越来越受到国内外有关厂家的重视，其技术正在不断地进步。目前新型采用面内切换技术的薄膜晶体（TFT）工艺的 LCD 屏的水平视角已可达到 160°、垂直视角已可达到 140°；与此同时，LCD 屏的价格将随着产品的逐步普及和产量的逐步上升而逐渐下降；LCD 的使用寿命也将随着 LCD 背光源及液晶材料技术的不断进步而提高。因此现在 LCD 显示器已经取代 CRT 显示器成为监视器市场的主流产品。

  4．打印机 打印机分击打式和非击打式两大类，也称为点阵式和非点阵式。常用的点阵式打印机有 9 针和 24 针两种；常用的非点阵式打印机有喷墨打印机和激光打印机（图 2.6）。

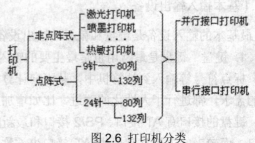

图 2.6　打印机分类

  针式机印机属于点阵式打印机，优点是打印色带价格低，对纸张要求低。其缺点是打印时噪声大，打印质量差。

  喷墨打印机整机价格便宜，其优点是打印质量高而且支持彩色，噪声小。缺点是墨水消耗大，价格高，尽管可以使用普通纸，但打印高质量的图像必须采用专用纸，专用纸的价格非常高，另外打印速度较慢。

  激光打印机整机价格较贵，其优点是打印质量高，打印速度快而且没噪音。缺点是对纸张要求高，必须使用复印纸。

  打印机的打印质量用打印分辨率表示，单位为 dpi，即在一平方英寸打印多少点，针式打印机的打印分辨率一般为 180×180dpi，激光打印机和喷墨打印机的打印分辨率一般都超过 600×600dpi。Epson-photo-ex3 型号打印机的分辨率达 1440×720dpi，在专用照片纸上可以打印出与照片媲美的效果。

2.5.2 其他输入输出设备

  用于将数据和信息输入到计算机的设备称为输入设备。键盘和鼠标是最基本的输入设备，此外还有扫描仪、光笔、触摸屏、摄像头、数字化仪、数码相机、磁卡读入机、游戏操纵杆等。显示器和打印机是最基本的输出设备，其他输出设备有绘图仪、投影仪等。

2.6 多媒体计算机技术

  多媒体技术的应用是 20 世纪 90 年代计算机的时代特征，是电脑和信息世界一个新的应用领域。多媒体计算机技术是集电子技术、计算机技术、工程技术于一体，能够完成数据计算、信息以及图像、声音处理及控制的一项新技术。应用多媒体计算机可以表现一些在普通条件下无法完成或无法观察到的科学实验过程；可以利用人们丰富的想象力把抽象的思维与现实存在的画面有机地结合在一起；可以制作或完成一些能反映物质结构的三维动画；可以进行工业、商业等方面新产品的设计；还可以实现人与机器的对话。

一个多媒体计算机系统最基本的硬件是声卡（Audio Card）、CD-ROM 光盘机（CD-ROM）和显卡（Video Card）。然而，在实际应用中，根据不同工作的需要，时常配置一些不同功用的外部硬件设备（如摄像机、扫描仪、触摸屏、打印机、影碟机、音响设备等）以及相应的软件，构成一个多媒体计算机系统，该系统能对文本、声音、图形、图像、动画、视频图像等多种媒体资源进行编辑和处理。在第五章对多媒体计算机基础应用有详细的介绍。

习 题 二

2.1 选择题

1. 微型计算机的性能主要取决于（ ）
   - A. 内存的大小
   - B. 硬盘的大小
   - C. 软件的好坏
   - D. CPU 的性能
2. 用来表示存储容量"1GB"中的"G"为（ ）
   - A. 1000×1000
   - B. 1000×1000×1000
   - C. 1024×1024
   - D. 1024×1024×1024
3. 在 P4 2.5GHz 型微机中，2.5GHz 是指（ ）
   - A. 中央处理器型号
   - B. 产品型号
   - C. 主频速度
   - D. 微机系统名称
4. 用 24X24 点阵存储 1000 个汉字字模，约需要用的存储空间为（ ）
   - A. 32KB
   - B. 64KB
   - C. 72KB
   - D. 128KB
5. 按照总线上传输信息类型的不同，总线可分为多种类型，以下不属于总线类型的是（ ）
   - A. 交换总线
   - B. 数据总线
   - C. 地址总线
   - D. 控制总线
6. ISA、AGP、PCI 是微机中（ ）的标准
   - A. 显示器
   - B. 主板
   - C. 总线
   - D. 存储器
7. 计算机的硬件系统包括（ ）
   - A. 内存和外设
   - B. 显示器和主机箱
   - C. 主机和打印机
   - D. 主机和外部设备
8. 一个完整的计算机系统应由（ ）组成
   - A. 系统软件和应用软件
   - B. 输入设备和显示器
   - C. 硬件系统和软件系统
   - D. 输入设备、输出设备、主机
9. 微机断电后，（ ）中所存储的数据全部丢失
   - A. RAM
   - B. ROM
   - C. 硬盘
   - D. 软盘
10. 以下设备中，属于输出设备的是（ ）
    - A. 打印机
    - B. 鼠标
    - C. 光笔
    - D. 扫描仪

2.2 上机实验题

1. 认识一台已经组装好的多媒体微型计算机，重点了解它们的配置与连接方式。
2. 认识以下硬件：机箱、电源、CPU、主板、内存、硬盘、软盘、光驱、显示卡、声卡、网卡、内置解调器等部件，描述各部件的工作原理与性能指标。
3. 分组完成计算机的组装和硬件测试，若有故障，描述其现象并简述故障原因及排除方法。

第三章　软件系统

我们可以把整个计算机系统比喻为人，计算机的硬件就类似于人的躯体。躯体是人得以生存的物质基础，没有躯体的人就无从存在；而软件类似于支配人们活动的各种思想。没有软件的计算机被称为裸机，即使硬件性能再好，也不能发挥其作用。正是功能丰富、种类齐全的各种各样的软件，才使得计算机在人们的生产生活中发挥着举足轻重的作用，使得人类社会真正进入到信息时代。

3.1 计算机软件概述

计算机软件是指在硬件设备上运行的各种程序。程序是计算机完成指定任务的指令集合，计算机就是在指令的支配下，完成特定任务的。计算机软件是由软件开发人员通过编写程序制作的，除了程序，软件一般还包括相应的文档，即描述程序的内容、组成、设计、功能规格、测试结果及使用方法的文字资料和图表等，如程序设计说明书、流程图、用户手册等。设计说明书和流程图是为了软件的开发和维护，用户手册是为了帮助软件用户学习使用软件。

软件分系统软件和应用软件两大类。

1. 系统软件　用于管理、监控和维护计算机硬件资源和软件资源的软件称为系统软件，系统软件包括操作系统、语言处理系统和数据库管理系统等等。

（1）操作系统 OS（Operating System）：操作系统是最基本最不可缺少的系统软件，用于协调和控制计算机各部分和谐工作，是计算机所有软、硬件的组织者和管理者。操作系统使得计算机系统所有资源最大限度地发挥作用，为用户提供方便、有效和友善的服务界面。有了操作系统，用户不必关心硬件细节也可以容易地使用计算机。

（2）语言处理系统：计算机语言就是人与计算机之间交流的工具。计算机语言分为机器语言、汇编语言和高级语言等等。计算机唯一能接受和执行的语言是由二进制组成的机器语言。汇编语言和高级语言要想被计算机识别并执行，就必须通过语言处理系统将汇编语言或高级语言"翻译"为机器语言。因此，可以把语言处理系统比喻成人与计算机之间的"翻译官"。

语言处理系统一般包括预处理器、编译器、连接器和调试器。预处理器用来对源程序文件进行预先处理，把源代码程序中用预处理指令写的程序语句翻译成真正的源代码程序。编译器用来把源代码程序编译成目标机器的二进制代码。连接器用来将若干个目标代码文件连接生成一个可执行文件。调试器用于动态地跟踪程序的执行，查找错误，帮助修复软件。

（3）数据库管理系统：数据库是按照一定方式组织起来的数据的集合。数据库管理系统是管理数据库的软件，主要解决数据处理中的非数值计算问题，如：数据库的定义、查询、更新及各种控制等，常用于事务管理信息系统，如财务管理、仓库管理、人事管理等。常用的数据库管理系统有 DB2、SQL Server、ORACLE、DBASE、FOXBASE、FOXPRO 等等。

2．应用软件　应用软件是针对某一个专门目的而开发的软件，如文字处理软件、表格处理软件、图形图像处理软件、数据库应用软件、财务管理系统、辅助教学软件、用于各种科学计算的软件包等。

目前广泛使用的应用软件有：文字处理软件 Word、电子表格软件 Excel、数据库应用软件 Access、图形图像处理软件 PhotoShop、计算机辅助设计软件 AutoCAD、动画处理软件 Flash、多媒体制作软件 AuthorWare、卫生统计分析软件包 SAS 和 SPSS 等。

此外，还有一些非常优秀的工具软件，如文件压缩软件 WinRAR、WinZip；杀毒软件瑞星、诺顿、金山毒霸等；网络下载工具 NetAnts（网络蚂蚁）、FlashGet 等；聊天工具 QQ、MSN、雅虎通等等。应用软件内容非常广泛，涉及社会的许多领域。

3.2 操作系统概述

操作系统是配置在硬件上的第一层软件，在计算机系统中占据了特殊重要的地位，其他所有软件，包括如汇编程序、编译程序、数据库管理系统等系统软件以及大量的应用软件，都将依赖于操作系统的支持。操作系统是最重要、最不可缺少的一种系统软件。有了操作系统，用户才能方便地使用计算机，合理地组织计算机的工作流程，有效地管理和利用计算机的资源。操作系统的出现为计算机的飞速发展和普及创造了条件。

3.2.1 操作系统功能

从用户角度来看，操作系统是用户与计算机硬件系统的接口。用户在操作系统的帮助下能够方便、快捷、安全、可靠地操纵计算机硬件工作，运行自己的程序。从资源管理的角度来看，操作系统的主要任务是管理和控制计算机的各种软硬件资源，使计算机系统中所有软硬件资源协调一致，有条不紊地工作。下面主要就资源管理方面，来讨论一下操作系统的功能。

计算机中的资源归纳起来有四类：处理机、存储器、I/O 设备和文件。相应地，操作系统的功能包括：处理器管理、存储器管理、I/O 设备管理和文件管理。

1．处理器管理　处理器管理主要任务是合理、有效地把 CPU 的时间分配给正在申请使用 CPU 的各个程序。为了提高资源利用率，在许多操作系统中，将程序分成一个或多个进程，以进程（processes）为单位进行资源（包括 CPU）分配。因此处理器管理可归结为进程管理。当一个作业要运行时，必须先为它创建一个或几个进程，并为其分配必要的资源，当进程运行结束时，要立即撤销该进程。在许多操作系统中可以查看所有已经创建的进程。比如，在 Windows XP 操作系统下，按 Ctrl+Alt+Del 键，打开"Windows 任务管理器"窗口（图 3.1），从中可以看到各个进程对 CPU 的占用情况。

2．存储器管理　存储器是计算机的关键资源之一。如何对存储器进行管理，不仅直接影响到存储器的使用效率，而且还影响整个系统的性能。操作系统存储器管理的主要功能有 4 个方面：内存分配、内存保护、地址映射和内存扩充。

（1）内存分配：内存分配的任务是为了解决内存空间的分配问题，为程序和数据分配内存空间，使它们所占用的存储区不发生冲突，提高存储器的利用率。

（2）内存保护：内存保护的主要任务是，确保每道用户程序都在自己的内存空间中运行，互不干扰。

（3）地址映射：一个应用程序经过编译后通常形成若干目标程序，这些目标程序再经过连接后，便形成可执行程序，可执行程序中的地址是从 0 开始的，程序中其他地址都是相对于起始地址计算的，这样的地址我们称为"逻辑地址"（或"相对地址"）。当程序运行时，被调入内存，操作系统要将程序中的逻辑地址变换为存储空间的真实物理地址。

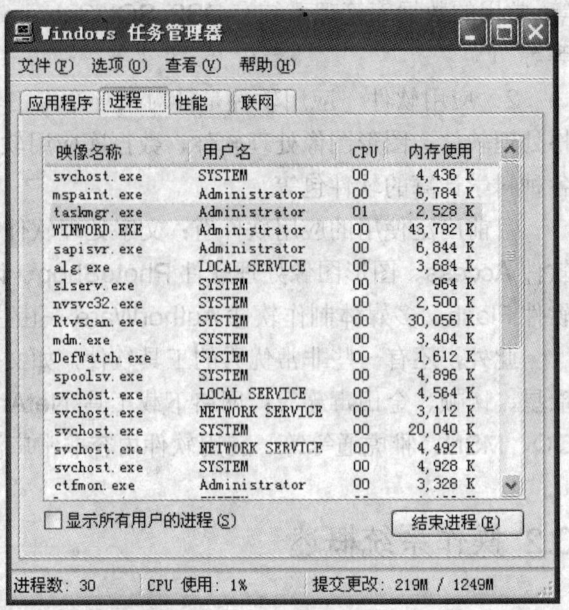

图 3.1 "Windows 任务管理器"窗口

（4）内存扩充：计算机的内存是 CPU 可以直接存取的存储器，其特点是速度快，但价格较贵。因此一般内存容量有限，这势必会影响系统的整体性能。操作系统进行内存扩充并非是增加物理内存的容量，而是借助虚拟存储技术，使用硬盘空间模拟内存，使用户感觉内存比实际内存容量大得多，从而提高系统的整体性能。

虚拟内存的最大容量与 CPU 的寻址能力有关。如果 CPU 的地址线是 20 位，虚拟内存最多是 1MB。Pentium 芯片的地址线是 32 位，所以虚拟内存可以达到 4GB。

虚拟内存在 Windows 系统中又称为页面文件。在 Windows 系统安装时就创建了虚拟内存页面文件（pagefile.sys），默认容量大于计算机上 RAM 的 1.5 倍，允许根据实际情况调整。右击【我的电脑】→【属性】，在"系统属性"对话框中选择"高级"选项卡，单击"性能"框的"设置"按钮，在打开的"性能选项"对话框中，单击"高级"选项卡，设置虚拟内存，如图 3.2 所示。

3. I/O 设备管理　操作系统可谓是计算机中所有 I/O 设备的管理员，任何程序要想使用任何 I/O 设备，都要向操作系统提出 I/O 请求，操作系统根据设备使用情况合理地为用户进行设备分配，并且在使用中能处理各种中断情况，从而提高了 CPU 和 I/O 设备的使用率，提高了 I/O 速度，方便了用户使用 I/O 设备。常见的设备如键盘、鼠标、显示器、打印机等等。

例如，打印机是经常要用到的输出设备，可以把一台打印机设置共享为网络打印机，供局域网络中多个用户使用，从而提高其利用率。当一个用户申请打印时，操作系统根据打印机是否空闲来做出不同的反应。若打印机空闲，操作系统就会将打印机分配给该用户使用，完成打印任务；若打印机正在进行其他打印任务，多个用户都在申请使用打印机，操作系统就会按照一定策略分配打印机，比如"先申请先打印"的原则，根据不同用户申请时间的先后顺序来分配打印机。打印过程中可能会出现用户暂停、取消打印或纸张不足等情况，此时操作系统可以根据不同情况处理该中断。

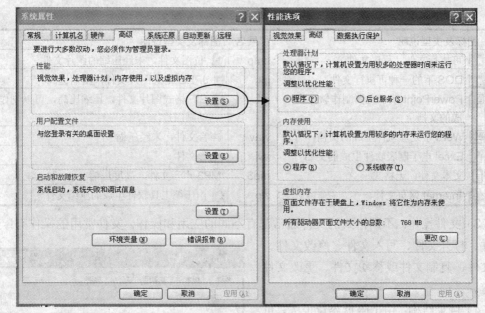

图 3.2 设置虚拟内存对话框

4．文件管理 "文件"是计算机中较为重要的概念之一，它是指被赋予了名称并存储于磁盘上的信息的集合，计算机中文件的含义已经远远超出了日常工作中纸张文件的范畴，任何需要计算机完成的工作，都要围绕文件展开。

文件管理的主要任务是管理文件目录，为文件分配存储空间，执行用户提出的使用文件的各种命令。在操作系统中，负责管理和存取文件信息的那部分称为文件系统或者信息管理系统。在文件系统的管理下，用户可以按照文件名访问文件，而不必考虑文件具体存放在外存储器中的具体物理位置及它们是如何存放的。文件系统为用户提供了一个简单、统一访问文件的方法。

（1）文件名：文件是存在存储介质上具有名字的一组相关信息的集合，任何程序和数据都是以文件的形式存储在磁盘上。常将数据文件又称为"文档"，是泛指存储文字、图片、声音、影像等数据的文件。程序文件是许多指令的集合，由这些指令构成具有一定功能的应用程序。

文件的命名有一定的规则，只有按规则命名的文件才能被操作系统所识别。文件名是存取文件的依据。文件名通常是由文件主名和扩展名两部分组成。例如：安装文件的名字一般为 setup.exe，其中 setup 为文件主名，exe 为扩展名。一般文件主名应该用有意义的词汇或数字来命名，以便用户识别；扩展名表示文件类型，跟在文件名后面，用圆点"."分隔。表 3.1 列出了系统常用的约定的文件扩展名。

不同操作系统文件命名规则有所不同，如 Windows 下文件名不区分大小写，而 LINUX 则区分大小写。

（2）文件属性：文件除文件名外，还有文件的大小、存放的位置、占用的空间、创建和修改的时间以及所有者信息等，这些信息为文件属性（图 3.3）。

只读：设置为只读属性的文件表明只允许读，不能改写文件内容。

隐藏：隐藏属性设置文件在正常情况下是否可见。

表 3.1 系统常用的约定的文件扩展名

扩展名	图标及类型说明	扩展名	图标及类型说明
exe	可执行文件（程序文件）	bmp	位图文件，未经压缩的图片文件
com	DOS 下的一种可执行文件	jpg	JPEG 格式图片文件，压缩比高
ppt	PowerPoint 演示文稿制作软件生成的文档	gif	GIF 格式图片文件，压缩比高，可以制作动画图片
doc	Word 字处理软件生成的文档	wav	声音文件，未经压缩
xls	Excel 电子制表软件生成的文档	avi	电影文件
txt	文本文件，无格式	mp3	MP3 声音文件，高度压缩
htm	Internet 网页文件	zip	由压缩工具软件生成的压缩文件

（3）文件操作：不同格式的文件通常都有不同的应用和操作。文件常用的操作有：建立文件、打开文件、写入文件、修改文件、删除文件、复制文件或移动文件、更改文件属性等。

（4）目录结构：由于磁盘容量很大，可以存放很多文件，为了便于查找和使用，必须有一个文件管理系统对文件实行分门别类的存放、管理。大多数文件管理系统允许用户在根目录下建立子目录和文件，子目录下可再建立子目录和文件。在树状结构中，用户可以将相关文件放在同一子目录中，同一目录下不允许有相同文件名。Windows 的文件系统是一个基于文件夹的管理系统。"文件夹"（即文件目录）可以包含文档文件、应用程序文件和其他文件夹。图 3.4 所示是 Windows 下一个典型文件结构。

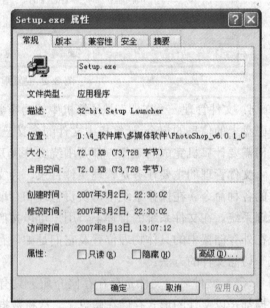

图 3.3 文件属性

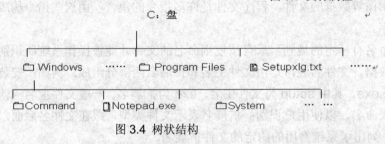

图 3.4 树状结构

（5）路径：路径是计算机或网络中描述文件位置的一条通路，这些文件可以是文档或程序。路径通常包含文档所在驱动器，如硬盘驱动器、软盘驱动器、CD-ROM 驱动器或网络上共享文件夹，以及找到此文档应打开的所有文件夹名。

完整的路径是由下述两个部分依序组成的：

① 驱动器代码（例如：A：，B：，C：或 D：……等）

② 反斜线加子文件夹名（例如：\windows）

例如，图 3.4 所示的结构图中 Notepad.exe 的路径为：

    C:\Windows\Notepad.exe

（6）常见的文件系统：文件系统是指文件在硬盘上存储的格式。不同的操作系统采用的文件系统也不尽相同，它们各有特点。

在运行 Windows XP 的计算机上，可以有三种磁盘分区文件系统供选择，分别是 FAT、FAT32 和 NTFS。

FAT 的全称是 File Allocation Table，即文件分配表，它是 16 位的文件系统，又叫做 FAT16。FAT 是比较简单的文件系统，它的特点是应用广泛，但最大只能使用 2GB 空间。

FAT32 是从 FAT 改进而来的文件系统，可以兼容 FAT 格式。它更适合大容量硬盘的使用，突破了 FAT 文件系统 2GB 使用空间的限制，最大支持 2TB 的使用空间。此外，FAT32 采用更小的磁盘簇单位，即每个簇的扇区数比 FAT 少，磁盘空间使用率提高，减少了磁盘空间的浪费。

NTFS 的全称是 New Technology File System，即新技术文件系统，它最大支持 2TB 使用空间，并增加了对文件的访问限制，磁盘使用率也很高。

只有使用 NTFS 文件系统，才能发挥 Windows XP 的更多作用，例如压缩硬件、编制索引功能，以及支持文件加密、设置专用文件夹等安全功能。

3.2.2 操作系统的分类

1．按照用户数目分类　按照用户数目分类，操作系统分为：单用户操作系统和多用户操作系统。

（1）单用户操作系统：单用户操作系统是在一个计算机系统内，一次只能有一个用户作业运行，用户占用全部软、硬件资源。单用户操作系统按同时管理的作业数可分为单用户单任务操作系统和单用户多任务操作系统。单用户单任务操作系统同时只能管理一个作业运行，CPU 运行效率低。常用的单用户单任务操作系统有 Microsoft 公司的 DOS。单用户多任务操作系统允许一个用户的多个程序或多个作业同时存在和运行。常见的单用户多任务操作系统有 Microsoft 公司的 Windows3.X、Windows95/98。

（2）多用户操作系统：多用户操作系统允许多个用户通过各自终端使用同一台主机，共享主机中的各类资源。常见多用户操作系统有 Windows 2000 Sever、Windows XP、Windows 2003、VISTA、LINUX、UNIX。

2．按照结构和功能分类　按照结构和功能，操作系统可分为以下几类：批处理操作系统、实时操作系统、分时操作系统、网络操作系统和分布式操作系统等。

（1）批处理操作系统：批处理操作系统是用户每次把一批经过合理搭配的作业（程序、数据、命令的集合），通过输入设备提交给系统，一旦提交给系统之后，就完全脱离他的作业，直到运行完毕，才能根据输出结果分析作业运行状况。批处理系统的优点是，系统吞吐量大，资源利用率高，但不便于程序的调试和人机对话。

（2）实时操作系统：实时操作系统是一种时间性强、响应快的操作系统，能够对特定的输入在限定的时间范围内做出准确的响应，也就是系统能在规定的时间内完成对产生输入的事件处理。常用的实时操作系统有 RDOS。

（3）分时操作系统：分时操作系统的基本思想是基于人的操作和思考速度远比计算

机处理速度慢这一事实。如果把处理机时间分成若干时间片（time-slice），并且规定每个作业在运行了一个时间片暂停运行，而把处理器让给其他作业，那么经过短暂的时间后，所有的作业都轮流运行一个时间片，当处理器被重新分配给第一个作业时，它的用户感觉不到机器内部发生的变化，感觉不到其他作业的存在，就像它独占整个系统一样。整个系统就这样周而复始运行，对每个用户的请求均能给予及时响应，直至作业运行结束。分时系统的这种运行方式使多个用户共享一台计算机成为可能。一个分时系统往往通过许多终端设备与主机相连。每个用户都是通过自己的终端向系统发命令，请求完成某项任务，所以分时系统又称为多用户交互式系统。常用的分时操作系统有 UNIX、XENIX、LINUX 等。

（4）网络操作系统：提供网络通信和网络资源共享功能的操作系统称为网络操作系统，它是负责管理整个网络资源和方便网络用户的软件的集合。在局域网上，常用的网络操作系统有 Novell 公司的 Netware、Microsoft 公司 Windows NT， Windows Server 版本系列。

（5）分布式操作系统：分布式系统是由多台计算机通过网络连接在一起而组成的系统，系统中任意两台计算机可交换信息，且无主次之分。一个程序可分布在几台计算机上并行运行，互相协调完成一个共同的任务。分布式操作系统的引入可增加系统的处理能力、节约投资、提高系统的可靠性。用于管理分布式系统资源的操作系统称为分布式操作系统。

3.2.3 常见的操作系统简介

1．DOS 操作系统 DOS 操作系统是一种单用户单任务的计算机操作系统。DOS 采用字符界面，必须通过键盘输入各种命令来操作计算机。1981 年起至 20 世纪 90 年代初，绝大多数 PC 机上运行的就是这个字符界面的操作系统。DOS 的字符界面使用户对计算机的操作很不方便。随着计算机的发展，单用户单任务的特性限制了计算机整体效率的提高。20 世纪 90 年代后期，DOS 逐步被图形界面的操作系统所代替。

2．Windows 操作系统 从 Microsoft 公司 1985 年推出 Windows 1.0 以来，Windows 系统经历了十多年风风雨雨。从最初运行在 DOS 下的 Windows 3.X，到风靡全球的 Windows 9X/200X/XP 操作系统，直至微软公司于 2006 年 11 月正式全球发布的最新版本的操作系统 Windows Vista。Windows 操作系统发展历程，如表 3.2 所示。在 3.3 节将以 Windows XP 为例对操作系统的使用进行介绍。

3．UNIX 操作系统 1969 年，UNIX 系统在贝尔实验室诞生，是一个交互式分时操作系统。从用户角度来说，UNIX 系统是一个多用户多任务的操作系统，可以在微型机、工作站、大型机及巨型机上安装运行。由于 UNIX 系统稳定可靠，因此在金融、保险等行业得到广泛应用。

4．LINUX 操作系统 LINUX 是由芬兰赫尔辛基大学的一个大学生 Linux B. Torvolds 在 1991 年首次编写的，由于其源代码免费开放，许多人对这个系统进行改进、扩充、完善，一步一步地发展为完整的 LINUX 操作系统。LINUX 操作系统继承了 UNIX 的优点，并进一步改进，紧跟技术发展潮流。目前，LINUX 在很多高级应用中占有很大的市场。

表 3.2 Windows 操作系统发展历程

Windows 版本	推出时间	特点
Windows 3.X	1990 年	图形化用户界面，支持 OLE 技术和多媒体技术
Windows 95	1995 年 8 月	脱离 DOS 环境，独立运行，采用 32 位处理技术，引入"即插即用"等许多先进技术，支持 Internet
Windows 98	1998 年 6 月	支持 FAT32，增强 Internet 支持，增强多媒体功能
Windows 2000	2000 年	网络操作系统，稳定、安全、易于管理
Windows XP	2001 年 10 月	纯 32 位操作系统，更加安全、稳定、更好的可操作性
Windows 2003	2003 年 4 月	服务器操作系统，易于构建各种服务器
Windows Vista	2006 年 11 月	作为微软的最新操作系统，Windows Vista 第一次在操作系统中引入了"Life Immersion"概念，即在系统中集成许多人性的因素，一切以人为本，使得操作系统尽最大可能贴近用户，了解用户的感受，从而方便用户。另外，Vista 更安全，并有 64 位的版本。

3.3　Windows XP 操作系统

Windows XP 是 Microsoft 公司于 2001 年推出的基于 Windows NT 内核的纯 32 位桌面操作系统，它还是目前微型计算机常用的桌面操作系统，在本节中将以它为例，简单扼要地介绍 Windows XP 操作系统的常用操作。

3.3.1 文件管理

文件管理是操作系统的主要功能之一，在 3.2.1 节中已经提到文件系统为用户提供了一个简单、统一访问文件的方法。在 Windows XP 中，用户可以按照文件名访问文件，不仅可用文件管理工具来管理文件和文件夹，还可进行文件和文件夹的查找、文件类型的注册以及备份和还原等操作。

3.3.1.1 文件和文件夹

在 Windows XP 中，文件命名规则是：在文件名或文件夹名中，最多可以有 255 个字符，其中包含驱动器和路径名。不能出现以下字符：

　　　\　/　：　*　?　"　<　>　|

文件名可以是用中文文字，也可以用英文字母，键盘上其他英文、数字、空格、句点及特殊符号与汉字皆可使用。

例如：社会实践汇报_1.医疗 07-5 班 3 组.李红.doc

在使用英文时保留英文字母的大小写，但在确认文件时并不区分它们，例如：My report 与 MY REPORT 被认为是同一文件。文件除了拥有名字外，每一文件都可以有三个字符的文件扩展名，扩展名跟在文件名后面，用圆点"."分隔。上例的文件名中用了多个"."圆点符号时，系统会辨认最后一个圆点后为扩展名。扩展名用以标识文件类型和创建此文件的程序。Windows 系统在默认状态下不显示其扩展名，而是用文件图标来标识其类型。显示扩展名的设置方法：在打开的"我的电脑"窗口，选择菜单【工具】→【文件夹选项】，在"文件夹选项对话框"中，取消"隐藏已知文件类型的扩展名"前的多选项即可（图 3.5）。

Windows 的文件系统是一个基于文件夹的管理系统。"文件夹"可以包含文档文件、应用程序文件以及其他文件夹。文件夹的命名规则与文件名相同,只是文件夹没有扩展名。

3.3.1.2 "我的电脑"和"资源管理器"

"我的电脑"和"资源管理器"是两个强大的文件管理工具,它们的使用方法十分相似,功能也基本相同,下面我们对这两个文件管理工具进行介绍。

1. "我的电脑" "我的电脑"可以管理硬盘、映射的网络驱动器、文件及文件夹,还可方便地连接到网络中的其他计算机上或浏览 Web 页面。

单击任务栏的"开始"按钮,选择【我的电脑】命令,即可打开"我的电脑"窗口(图 3.6)。通过窗口查看和管理几乎所有的计算机资源。

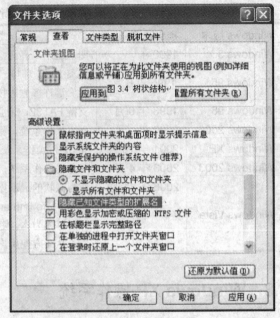

图 3.5 文件夹选项

在"我的电脑"窗口中,可以看到计算机中所有的磁盘列表,左边有三大功能块:"系统任务"、"其他位置"和"详细信息",这些功能内容会根据所选的对象有所变化。单击工具栏的"查看"图标,右窗口中的对象可按不同显示方式查看列表,图 3.7 所显示的是按缩略图的方式查看。

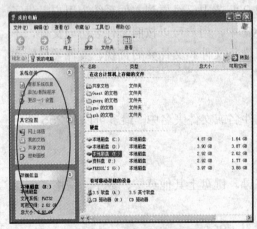

图 3.6 "我的电脑"窗口

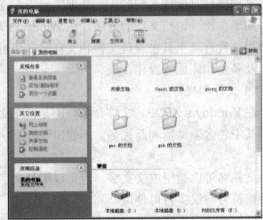

图 3.7 以缩略图的方式查看

单击磁盘驱动器,左侧的窗口"详细信息"中将显示选中驱动器的容量大小、已用的空间、可用的空间等相关信息。当双击任意驱动器图标时,屏幕上就会弹出一个显示该驱动器内容的窗口,以便查看该驱动器中的文件或文件夹。双击某文件夹就会又打开该文件夹的窗口,再在打开的文件夹窗口中双击下一级文件夹图标,又会打开下一级文件夹窗口,以此类推,直至找到要找的目标文件或文件夹。单击文件或文件夹时,左侧的窗口中将显示文件或文件夹的修改时间及属性等信息。

单击"我的电脑"的地址栏下拉列表框,可以选择其中的某项内容进行查看,也可以输入网址，可以直接访问 Internet。

在左侧窗口中还有"我的文档"、"网上邻居"、"共享文档"和"控制面板"等链接，可以方便地在不同窗口之间进行切换。

2. 资源管理器 "资源管理器"的功能和"我的电脑"十分相似，区别在于"资源管理器"窗口中显示了两个不同的信息窗格（图 3.8）。

资源管理器窗口分为左、右两个部分，也称左、右窗口。左窗口中以一种树状结构显示系统中磁盘驱动器和文件夹列表，右窗口显示活动文件夹中包含的子文件夹或文件。

包含有文件夹的驱动器或文件夹的旁边有一个"+"号，单击"+"号会用一种阶梯形式展示包含的子文件夹。当驱动器或文件夹全部展开时，"+"号就会变成"-"号，单击"-"号可再次把内容折叠起来。

将鼠标指针移到资源管理器窗口中间的分隔条上，移动分隔条就可以改变左、右窗口的大小。

图 3.8 "资源管理器"窗口

要启动资源管理器，可以使用以下几种方法之一：

单击"开始"按钮 ，将鼠标指针指向【所有程序】→【附件】→【Windows 资源管理器】命令项。

用鼠标右键单击"我的电脑"图标，从快捷菜单中选择【资源管理器】命令。

用鼠标右键单击"开始"按钮，从快捷菜单中选择【资源管理器】命令。

其实，在"我的电脑"窗口，单击工具栏上的"文件夹"图标，就会将"我的电脑"转换为"Windows 资源管理器"窗口。

3.3.1.3 选定文件或文件夹

在对文件或文件夹进行操作之前，首先选定要操作的文件或文件夹。可以通过鼠标来选定这些操作对象。被选定的对象呈蓝色显示。

1. 要选定单一的文件、文件夹或磁盘，直接单击要选定的对象。

2. 要选定连续的文件或文件夹，单击第一个文件或文件夹的图标，按住 Shift 键，单击最后一个文件或文件夹。这时，它们中间的文件或文件夹都会被选定。

3. 要选定多个不连续的文件或文件夹，单击第一个文件或文件夹的图标，按住 Ctrl 键，再依次单击要选定的对象。

在"资源管理器"窗口和"我的电脑"窗口中，选择【编辑】→【全部选定】命令将选定"资源管理器"右窗格和"我的电脑"窗口中所有文件和文件夹。或者按 Ctrl+A 组合键将全部选定当前窗口中的文件及文件夹。

3.3.1.4 复制或移动文件和文件夹

1. 使用鼠标拖动方式来复制或移动文件及文件夹　选定要复制的文件或文件夹，然后按住 Ctrl 键不放，用鼠标将选定的文件或文件夹拖动到目标盘或目标文件夹中，就完成了复制操作；如果按住 Shift 键拖动，则完成移动操作。

如果在不同驱动器上复制，只要用鼠标拖动文件或文件夹，可以不使用 Ctrl 键。如果在同一驱动器上，直接拖动对象则是移动操作。

注意：Ctrl +拖动是复制，Shift +拖动是移动。拖动方式使复制和移动更为灵活，但要注意鼠标指针必须指在被选中的文件或文件夹上，才可以开始拖动，当同时选中多个文件时，只要鼠标指针位于任何一个被选中文件上，即可开始拖动。

如果文件被复制在同一文件夹下，新复制的文件被自动改名为"复件"+源文件名。

另外还可以使用鼠标右键来复制或移动文件和文件夹，用鼠标右键拖动所选中的文件及文件夹到目标盘或目标文件夹中，松开鼠标右键，这时弹出菜单（图 3.9），可选择是复制还是移动。

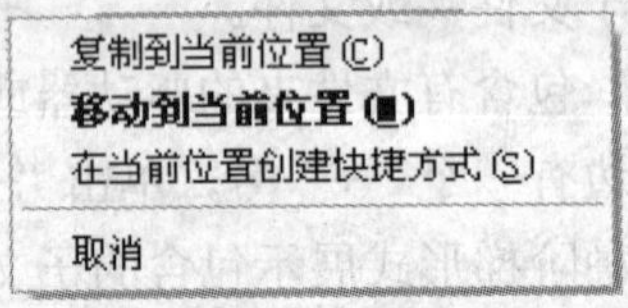

复制到当前位置(C)
移动到当前位置(M)
在当前位置创建快捷方式(S)

取消

图 3.9 右键拖动快捷菜单

2. 使用剪贴板来复制或移动文件及文件夹　剪贴板是一个特殊的共享内存结构，所有的 Windows 应用程序可以访问剪贴板以实现数据共享和交换，也可以说是 Windows 系统中信息交换的重要工具。实际上它是使用内存上一些存储空间，临时保存被复制或被剪切操作的对象内容，粘贴时直接从剪贴板取出内容。

以使用"编辑"菜单为例，用剪贴板复制文件及文件夹：选定要复制的文件或文件夹（可以是多个对象），单击【编辑】→【复制】命令，然后再选定目标盘或目标文件夹，单击【编辑】→【粘贴】命令，复制就完成了。

用剪贴板移动文件及文件夹的步骤同复制的步骤一样，只是在操作时用【剪切】取代【复制】。

注意：使用剪贴板的时候，先【复制】后【粘贴】是复制操作；先【剪切】后【粘贴】是移动操作。

复制文件时，执行完粘贴操作后，剪贴板中的内容并没有清除，依然保留，下一次粘贴时，只需从剪贴板取数据就可以了，不必再执行复制过程。因此，如果需要复制多个副本时，只需按【复制】→【粘贴】→【粘贴】……即可。

移动文件时，在执行剪切命令时，剪贴板同样保留对象的内容，一旦执行【粘贴】命令后，即清空剪贴板。因此，剪切后，【粘贴】命令只能执行一次。

另外，系统还为"剪切"、"复制"、"粘贴"功能设置了快捷键，"剪切"是 Ctrl+X、"复制"是 Ctrl+C、"粘贴"是 Ctrl+V，使用这些快捷键，操作起来能更迅速。

剪贴板不仅可以把所选中的信息复制到剪贴板中，还可以捕捉屏幕或窗口到剪贴板。

复制整个屏幕：按下 Print Screen 键，整个屏幕被复制到剪贴板上。

复制当前活动窗口：先将窗口选择为活动窗口，然后按 Alt + Print Screen 键。

3. 发送文件　Windows 可以使用【发送】命令，把文件或文件夹直接复制到软盘、移动硬盘、"我的文档"、"邮件接收者"或"压缩文件夹"等。操作是选定要复制的文件或文件夹。单击【文件】→【发送到】命令，在其子菜单上选中发送目标。如选中发送目标为"可移动硬盘",此时,系统开始向可移动硬盘根目录复制文件或文件夹。

3.3.1.5 文件或文件夹的重命名

要更改文件或文件夹的名称,可先选定要更改文件或文件夹,选择【文件】→【重命名】命令或用右键快捷菜单上的【重命名】或对已选定的文件或文件夹,再直接单击该文件或文件夹的名字,该名字会突出显示并有框围起来。键入新名字,按回车键。

要注意的是不要轻易修改文件的扩展名,否则系统可能无法打开改名后的文件。

3.3.1.6 删除文件或文件夹

当某些文件或文件夹不再需要时,可以从磁盘中删除它们。当删除一个文件夹时,其所包含的子文件夹和文件也一并删除。删除方法如下:

1. 选定要删除的文件或文件夹,选择【文件】→【删除】菜单命令。
2. 选定要删除的文件或文件夹,按"Delete"键。
3. 选定要删除的文件或文件夹,单击工具栏上的"删除"按钮。
4. 选定要删除的文件或文件夹,并单击鼠标右键,在弹出的快捷菜单上选择删除命令。
5. 选定要删除的文件或文件夹,直接用鼠标将其拖到"回收站"而实现删除。

在上述删除操作,被删除的文件被放入回收站。若想将文件或文件夹将从计算机中彻底删除,而不保存到回收站中,在上述操作同时按下 Shift。

3.3.1.7 使用"回收站"

在 Windows XP 默认设置下,删除文件被暂时存放在"回收站"中。用户以后如果要重新使用已删除的文件,可以从回收站中恢复。只有在回收站中被删除或清空回收站时,这些文件才从硬盘中删除。

1. 恢复被删除的文件 在桌面上双击"回收站"图标,打开"回收站"窗口,选定想恢复的文件,单击【文件】→【还原】命令,这些文件就会恢复到原来的位置。

2. 清理回收站

(1)删除回收站中的某个文件:在"回收站"窗口中选定要删除的某个文件,单击【文件】→【删除】命令,屏幕出现一个"确认文件删除"对话框,单击"是"按钮,即可删除所选定的文件。

(2)清空回收站:在"回收站"窗口中单击【文件】→【清空回收站】命令,屏幕弹出一个确认删除多个文件的对话框,单击"是"按钮即可删除所有的文件。

3.3.1.8 创建新文件夹

选定要建立的新文件夹所在的窗口或文件夹,单击菜单栏上的【文件】→【新建】命令,弹出如图 3.10 所示的【新建】子菜单;单击【文件夹】,窗口出现一个名为"新建文件夹"的文件夹图标,可以在新文件夹图标下方的文本框中输入新文件夹名;或者在当前窗口的空白处右击,在弹出的快捷菜单上选择【新建文件夹】命令。

3.3.1.9 快捷方式

对经常使用的某些应用程序或文件、文件夹,用户可以把它设置成快捷方式的图标

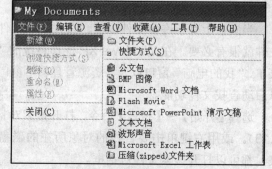

图 3.10 创建"新建文件夹"

（图 3.11）放在屏幕上最容易看到的地方，每次启动系统时，这些快捷方式图标就会呈现在用户面前，只要双击该快捷方式图标即可启动。一般可以把快捷方式创建到桌面、开始菜单及其级联菜单、任务栏中的工具栏。

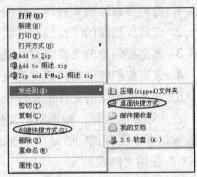

图 3.11 快捷图标

有些程序在安装时能够自动创建快捷方式，用户也可以按照自己的需要创建快捷方式。

1．用鼠标右键拖动的方法建立快捷方式图标　在"我的电脑"或"资源管理器"窗口中找到要建立快捷方式的应用程序或文件及文件夹，用鼠标右键拖动到桌面上，放开右键时会弹出一个菜单，选择"在当前位置创建快捷方式"，在当前位置上建立该程序、文件或文件夹的快捷方式图标。

2．用菜单建立应用程序的快捷方式

（1）在"我的电脑"或"资源管理器"窗口中，右键单击要建立快捷方式的应用程序或文件及文件夹，弹出快捷菜单（图 3.12），鼠标指向"发送"选项，选择"桌面快捷方式"，即在桌面上创建了该应用程序或文件的快捷方式图标。或者选择"创建快捷方式"便在当前位置创建了快捷方式。

对可执行文件（扩展名为 EXE）单击右键弹出的快捷菜单中，有一项命令【附到「开始」菜单】，可以方便地将可执行命令文件的快捷方式添加到【开始】菜单中。

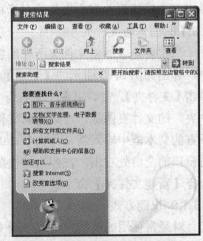

图 3.12 右键快捷菜单

（2）右键单击桌面空白处，弹出桌面快捷菜单，使用【新建】命令建立快捷方式图标，即可创建图标。例如，为记事本应用程序 Notepad.exe 建立快捷图标，右键单击桌面的空白区域，将鼠标指向"新建"，单击"快捷方式"，弹出"创建快捷方式"对话框，在对话框命令行中输入要创建图标的应用程序路径和文件名（c:\windows\notepad.exe），也可单击"浏览"按钮，选择所需的应用程序名。单击"下一步"按钮，在弹出的"选择程序的标题"对话框中给应用程序图标命名，最后单击"完成"按钮，便在桌面上创建记事本程序的快捷方式。

3．删除快捷方式　为了有效利用桌面空间或保持桌面整洁美观，通常需要删除某些不常用的快捷方式图标。删除快捷图标的方法与前面所讲的删除文件的方法一样，注意这里删除的仅仅是快捷方式，而不是快捷方式所指向的文件。

3.3.1.10 搜索文件

当磁盘上有了许多文件以后，查找某个文件或某些文件就很有必要。在 Windows XP 操作系统的"开始"菜单、"我的电脑"窗口以及"资源管理器"窗口中都可以启动查找文件功能。

选择【开始】→【搜索】命令，打开搜索对话框（图 3.13）。或用右键单击要查找的对象所在的磁盘或文件夹，都可以打开搜索文件对话框。

根据"搜索助理"提示，查找文件。例如单击要查

图 3.13 "搜索结果"对话框

找"所有文件和文件夹"，会给出进一步提示，如图 3.14 所示。

1．常用搜索方法 在查找或使用文件名时，可以使用通配符？和*表示一批文件。其中"？"代表在问号的位置上所有可能的字符，一个"？"只能代表一个字符位置；"*"则代表它所在位置上可以是任意个任何字符。

例如，在"全部或部分文件名(O)："文本栏中输入要查找的文件或文件夹名：

输入"txt"后，开始搜索，可找出所有文件名中包含"txt"的文件。

输入"txt*"后，开始搜索，可找出所有文件名以"txt"开头的文件。

输入"*txt"后，开始搜索，可找出所有文件名以"txt"结尾的文件。

输入"txt？"后，开始搜索，可找出所有以"txt"开头，后跟一个任意字符的文件名的文件。

输入"???txt*"后，开始搜索，可找出文件名以三个任意字符后加"txt"开头，后跟任意字符的文件。

输入"*.txt"后，开始搜索，可找出所有扩展名为"txt"的文件。

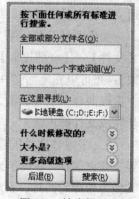

图 3.14 搜索提示

在"全部或部分文件名（O）"栏中输入内容，表示查找所有文件或文件夹的名字和输入的内容匹配的所有文件或文件夹。

在"文件中一个字或词组（W）"中输入一个字或词组，表示查找文件内容中包含该字或词组的所有文件。

例如：在"全部或部分文件名（O）"栏中输入"*.doc"，在"文件中一个字或词组（W）"中输入"图像处理"，则可以找出所有文件内容中包含"图像处理"一词的所有 Word 文档。

在"在这里寻找（L）"栏中，指定要进行查找的范围，单击"搜索"按钮，开始查找。

在查找的过程中，可以随时单击"停止"按钮来结束查找操作。查找到的文件在右边显示出来。

2．高级搜索方法 如果知道更多的信息，如日期、类型、大小等，可以分别单击"上次修改时间"、"大小是"、"更多高级选项"等折叠按钮，设置相关的搜索信息，可以快速找到文件。

3.3.1.11 特殊文件夹的管理

1．使用压缩文件夹功能 使用"压缩文件夹"功能进行压缩的文件夹可以占用较少的驱动器空间，而且可以更快地向其他计算机传输。压缩文件夹可以移动到计算机上的任何驱动器或文件夹中，也可以与其他用户共享文件夹。Windows XP 提供了 Zip 格式压缩功能。

（1）创建压缩（zipped）文件夹：选定文件或文件夹，单击鼠标右键，在弹出的菜单中单击【发送】→【压缩（zipped）文件夹】，则生成一个以该文件或文件夹名字命名的压缩文件夹。

也可以单击窗口菜单【文件】或单击右键弹出快捷菜单【新建】→【压缩（zipped）文件夹】，生成一个以"新建压缩（zipped）文件夹.zip"为默认名字的空压缩文件夹，如图 3.15 所示。

（2）向压缩文件夹中添加文件或文件夹：只需将要压缩的文件或文件夹用鼠标拖动

到压缩文件夹后放开，该文件或文件夹就被添加到压缩文件夹中。被添加到压缩文件夹中的文件或文件夹自动压缩。

（3）查看压缩文件夹中的内容：双击压缩文件夹图标，可以像未被压缩的文件夹一样查看文件夹中的内容。

（4）解压缩文件或文件夹：如果要解开被压缩的单个文件或文件夹，先双击压缩文件夹将该文件夹打开。然后从压缩文件将要解压缩的文件或文件夹拖动到其他新的位置即可，类似于普通文件夹间的文件移动或拷贝操作。

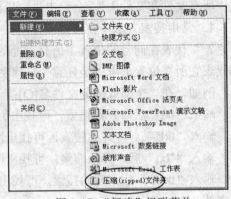

图 3.15 "新建"级联菜单

如果要解开被压缩文件夹下的所有文件或文件夹，选中该压缩文件夹，单击菜单栏中【文件】→【全部提取】，或者右键单击该压缩文件夹，在弹出的快捷菜单中单击【全部提取】；还可以在压缩文件夹下，单击"文件夹任务"中的"提取所有文件"；此时系统弹出"提取向导"欢迎界面，用来帮助从压缩文件中提取文件，根据向导提示的步骤，一步一步完成文件解压缩。

2. 多媒体文件的管理　对于专门存放图片、音乐和视频文件的文件夹，可以通过设置文件夹属性，右键单击选定的文件夹，在弹出的快捷菜单中选择"属性"，自定义文件夹类型为相应的图片、音乐和视频类型。例如当打开一个专门存放 WMA、MP3 等歌曲的文件夹时，资源管理器会自动显示出歌曲的名称、演唱者以及下载歌曲的站点等相关信息，同时左边的控制栏下部还显示了歌曲的大小、文件格式、播放长度等更为详细的信息（图3.16），这可以帮助管理自己的多媒体文件。按照功能栏上的"全部播放"操作向导，很轻松地就可以播放选中的文件。

图 3.16 存放音频文件夹窗口

3. 设置专用文件夹　如果将安装 Windows XP 的驱动器格式化为 NTFS 格式，则可以制定文件夹为某个用户专用，其他用户无权访问。当制定一个文件夹专用时，则该文件夹中的所有子文件夹也是专用的。

下面以 D 驱动器上（安装 Windows XP 的磁盘）的某个文件夹为例说明具体步骤：

（1）打开"我的电脑"。

（2）双击安装 Windows 的驱动器 D 盘，如果该驱动器的内容是隐藏的，可以在"系统任务"下，单击"显示此驱动器的内容"。

（3）双击"Documents and Settings"文件夹。在"Documents and Settings"文件夹下，选择制定的用户文件夹，即登录用户账号所生成的文件夹，在本例中登录用户为 JSJ。

（4）右键单击 JSJ 文件夹，然后在弹出的快捷菜单中执行【属性】命令。

（5）在"共享"选项卡上，选择"将这个文件夹设为专用"复选框（图 3.17）。

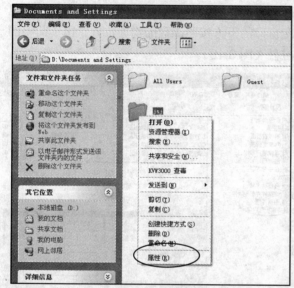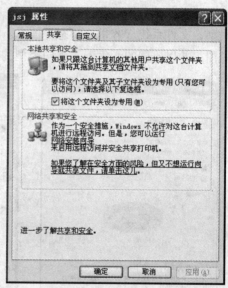

图 3.17 设置专用文件夹

注意：该选项仅可用于包含在用户配置文件中的文件夹，即该盘上的"Documents and Settings"下的文件夹。用户配置文件中的文件夹包括了"My Documents"及其子文件夹、桌面、【开始】菜单、Cookies 和收藏夹。如果没有使这些文件夹专用，则任何使用该计算机的人都可使用这些文件夹。

当使一个文件夹专用时，则该文件夹中的所有子文件夹也是专用的。例如，如果使"我的文档"专用，则也会使"我的音乐"和"图片收藏"专用。

3.3.2 磁盘管理

一台计算机可以连接多个磁盘驱动器，如软盘、硬盘驱动器和光驱等。每一个硬盘又可分为多个分区，每一个分区代表一个逻辑磁盘。因此，在"我的电脑"窗口中，可以看到多个磁盘驱动器。可以对磁盘驱动器进行格式化、复制和修改卷标等操作。如果磁盘驱动器的文件格式为 NTFS，则还可以对磁盘驱动器进行压缩。

1. 查看磁盘属性　每个磁盘都有它的属性，通过查看磁盘属性，可以了解磁盘的总容量、可用空间大小、已用空间大小以及磁盘的卷标等。另外，还有文件系统的信息。

查看磁盘的相关信息，必须先选中磁盘，单击【文件】菜单，或者右键单击要查看的磁盘→【属性】，在弹出的属性对话框的"常规"选项卡上，可以查看磁盘的总容量、可用空间、已用空间、磁盘的卷标和文件系统，对话框上部的输入框中，可以修改磁盘的卷标，它是磁盘的名字（图 3.18）。

对话框的下方"压缩驱动器以节约磁盘空间"等选项，只在文件系统为 NTFS 时才会出现，也就是说当磁盘为 NTFS 格式时，才具有可压缩性。

2. 磁盘管理工具 磁盘管理工具可以对计算机上的所有磁盘进行综合管理，可以对磁盘进行打开、管理磁盘资源、更改驱动器名和路径、格式化或删除磁盘分区以及设置磁盘属性等操作。

右键单击"我的电脑"图标，选择【管理】命令，打开"计算机管理"窗口。

在左边窗口中单击"磁盘管理"项，在右边窗口的上方列出所有磁盘的基本信息，包括类型、文件系统、容量、状态等信息。在窗口的下方按照磁盘的物理位置给出了简略的示意图，并以不同的颜色表示不同类型的磁盘（图 3.19）。

图 3.18 磁盘属性对话框

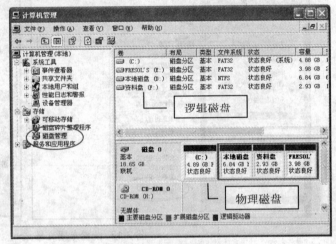

图 3.19 "计算机管理"窗口

（1）物理磁盘的管理：物理磁盘是计算机系统中物理存在的磁盘，在计算机系统中可以有多块物理磁盘。在 Windows XP 中分别以"磁盘 0"、"磁盘 1"等标注出来。右键单击需要进行管理的物理磁盘，在快捷菜单中选择【属性】命令，打开物理磁盘属性对话框。

在"常规"标签中可看到该磁盘的一般信息，包括设备类型、制造商、安装位置和设备状态等信息（图 3.20）。在"设备状态"列表中可以显示该设备是否处于正常工作状态，如果该设备出现异常，可以单击"疑难解答"按钮来加以解决。在"设备用法"下拉列表框中可以禁用或启用此设备，需要注意的是操作系统所在磁盘不能被禁用。

在"策略"标签中选中"启用写入缓存"复选

图 3.20 物理硬盘属性

项，将允许磁盘写入高速缓存，这样可以提高写入的性能。

在"卷"标签中列出了该磁盘的卷信息，在下面的"卷"列表框中选择卷，单击"属性"按钮，可以对卷进行设置。

在"驱动程序"标签中，用户可以单击"驱动程序详细信息"按钮，查看驱动程序的文件信息。如果需要更改驱动程序，单击"更新驱动程序"按钮，将打开升级驱动程序向导。当新的驱动程序出现异常时，可以单击"返回驱动程序"按钮，恢复原来的驱动程序。单击"卸载"按钮可以将设备从系统中删除。

（2）逻辑磁盘属性设置：逻辑磁盘往往是我们在安装系统时，对物理磁盘按存储容量大小进行逻辑分区，用 C:、D:、E: 等盘符来表示。通过 Windows XP 的磁盘管理工具，用户可以分别设置单个逻辑磁盘的属性。右键单击需要管理的逻辑磁盘，在快捷菜单中选择【属性】命令，打开逻辑磁盘属性对话框。如图 3.21 所示。

在"常规"标签中列出了该磁盘的一些常规信息，如类型、文件系统、打开方式、可用和已用空间等。最上方的磁盘图标右边的框中用于设置逻辑驱动器的卷标。

在"工具"标签中，给出了磁盘检测工具、磁盘碎片整理工具和备份工具按钮，单击这些按钮，可以直接对当前磁盘进行相应的操作（图 3.22）。

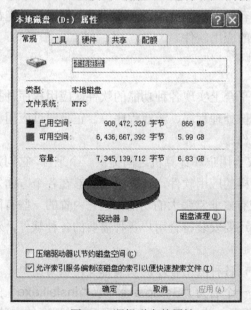

图 3.21 逻辑磁盘的属性

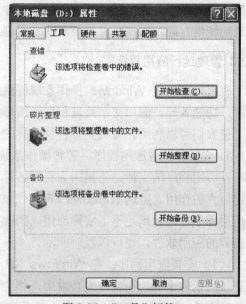

图 3.22 "工具"标签

在"硬件"标签中列出了所有有关的硬件，选定某个选项后单击"疑难解答"按钮可以进行磁盘故障的排除。

"共享"标签用于设置共享属性。如果选择"不共享该文件夹"选项，此逻辑磁盘上的资源将不能被其他计算机上的用户使用。选择"共享该文件夹"项后，可以对共享进一步设置。

（3）更改驱动器和路径：以 E 盘驱动器为例，用鼠标右键单击逻辑驱动器，在弹出的菜单中单击【更改驱动器名和路径】，打开"更改 E:（FRESOL'S）的驱动器号和路径"对话框（图 3.23）。单击"更改"按钮，打开"更改驱动器和路径"对话框，单击"指派以下驱动器号"单选按钮后，选择一个驱动器号。

或者单击"添加"按钮，可以用 NTFS 文件系统分区的磁盘上的空文件夹为当前卷添加驱动器路径。

"磁盘管理"可以对硬盘分区进行一些很基础的低级操作，例如划分磁盘分区、格式化驱动器等。只有系统管理员才有权利进行此操作，对于计算机硬盘分区不精通的用户请谨慎使用这些功能。

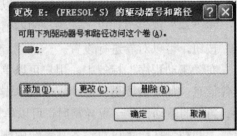

图 3.23 更改驱动器号和路径

3. 刻录光盘　Windows XP 系统支持刻录光盘的功能，可以对可刻录光盘直接写入数据，当然需要光盘驱动器具有刻录功能。当把空白光盘放入具有刻录功能的光盘驱动器时，资源管理器会识别磁盘类型并把它加入到文件夹树中。刻录过程也非常简单，用常用的拖拽方式把文件拖到光盘驱动器的盘符上，等拷贝结束。选中该光盘驱动器的盘符，在右键快捷菜单中选择"将这些文件写入 CD"，按向导即可完成刻录。其实把文件保存到光盘上之前，Windows XP 会在硬盘上提供一个刻录区域，它的大小与写入光盘的文件大小相同。当把文件移入光盘驱动器图标时，文件并不是真的写入光盘，而是复制到了刻录区域中，之后，用写命令向导才真正将整理好的文件内容写入到光盘中。Windows XP 提供的光盘刻录功能很有限，如需要可安装一些专用刻录的应用软件。

3.3.3 管理运行应用程序

应用程序是在 Windows 操作系统提供的平台上实现各种功能的软件，应用程序种类繁多，功能各异。例如文字处理程序、图形图像处理程序、游戏程序等。正是通过应用程序，使人们可以利用计算机完成各种各样的工作。

1. 安装和卸载应用程序　各种操作系统仅为用户和计算机之间提供一个平台，它们都离不开应用程序的支持，正是因为有了各种各样的应用软件，计算机才能够在各个方面发挥出巨大的作用。虽然 Windows XP 操作系统有着非常强大的功能，但它内置的一些有限的应用程序却远远满足不了实际应用。因此，还要安装符合用户各种需要的各种软件，对不需要的应用软件，也可以及时删除。

（1）安装应用程序：在 Windows XP 中，各种应用程序的安装都变得极为简单。对较正规的软件来说，在软件安装盘上，都会有一个名为"Setup.exe"或"Install.exe"的可执行文件，运行这个可执行文件，然后按照提示一步一步地进行，即可完成程序的安装。这类程序通常都在 Windows 的注册表中进行注册，并自动在【开始】菜单中添加对应的选项，有时还会在桌面上创建快捷方式。

某些程序则是以压缩的形式存在的，用户需要将其解压缩，即可直接安装使用。

安装、运行和删除程序的方法很多，在控制面板中的"添加或删除程序"工具，其优点是保持 Windows XP 对安装和删除过程的控制，不会因为误操作而造成对系统的破坏。

在"控制面板"中双击"添加或删除程序"图标，会出现"添加或删除程序"对话框（图 3.24）。单击"添加新程序"按钮，对应用程序所在软盘或光盘的内容进行安装，按屏幕提示完成安装。

（2）删除应用程序：对于不再使用的应用程序，可以从系统中卸载，留出更多的磁盘空间。删除程序不能像删除文件那样直接删除，因为在安装应用程序时，还会向 Windows 系统目录中安装一些相应的支持文件，如 DLL 链接文件等。此外，应用程序可能还在系统中进行了登记注册，如果这些内容不除去，系统中会保留许多无用的文件。所以，必须采用卸载的方法，才能将与应用程序相关的所有内容全部从系统中清除干净。

图 3.24 "添加新程序"对话框

删除较正规的应用程序操作非常简单，在"控制面板"窗口中单击"添加或删除程序"图标，打开"添加或删除程序"对话框（图 3.25）。只要单击"更改或删除程序"按钮，在右边列表框中选择想要删除的应用程序，然后选择"删除"按钮，根据应用程序的提示，单击鼠标确认，Windows 会自动做完大部分工作，一步一步做下去就可以了。

还有一些应用程序有自动卸载程序，运行自动卸载程序即可。

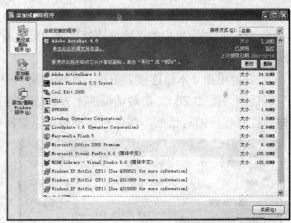

图 3.25 "更改或删除程序"对话框

但在实际各种应用软件中总有些不太"友好"的软件，在安装时不在 Windows 系统中注册，在"添加或删除程序"选项中找不到它们的信息。此时，如果要删除这些软件的话，只能到软件安装时创建目录下，自己手工删除，这样往往不能彻底删除这个软件。

2. 应用程序间切换　Windows XP 操作系统的多任务处理机制更为强大、更为完善，系统的稳定性也大大提高，用户可以一边用 Word 处理文件，一边用 CD 播放机听 CD 乐曲，还可以同时上网收发邮件，只要有足够快的 CPU 和足够大的内存就可以。当然我们可以在应用程序之间任意切换。

（1）使用任务栏上的图标按钮进行任务切换：在任务栏处单击代表窗口的图标按钮，即可将相应的任务窗口切换为当前任务窗口。

（2）使用快捷键

① 使用组合键 Alt+Tab 进行切换：同时按下 Alt 和 Tab 键，然后松开 Tab 键，屏幕上出现任务切换栏（图 3.26）。在此栏中，系统当前在打开的程序都以相应图标的形式平行排列出来，按住 Alt 键不放的同时，按一下

图 3.26 任务切换栏

Tab 键，则当前选定的为下一个程序图标，当选定要启用的程序图标后，松开 Alt 键就切换到当前选定的窗口中了。

② 使用组合键 Alt+Esc 进行切换：和 Alt+Tab 组合键的使用方法类似，按 Alt+Esc 组合键，系统会按照应用程序窗口图标在任务栏上的排列顺序切换窗口。不过，使用这种方

法，只能切换非最小化的窗口，对于最小化窗口，它只能激活，不能放大。

③ 使用任务管理器：同时按下 **Ctrl+Alt+Del** 组合键，在打开的 "**Windows** 任务管理器" 窗口中单击 "应用程序" 标签，打开 "应用程序" 选项卡，在该选项卡的 "任务" 列表中选中所需的程序，并单击 "切换至" 按钮，便使选中的应用程序切换为当前窗口。

3.3.4 局域网的组建与配置

在 **Windows XP** 中，用户可以通过局域网实现资料共享和信息的交流。

1. 配置局域网

（1）配置网卡：在正确安装完网卡及相应的驱动程序后，**Windows XP** 将为它检测到的网卡创建一个局域网连接。

① 打开控制面板中的 "网络连接" 项，可以看到在 "网络连接" 窗口中已经建立的局域网连接（图 3.27）。

② 右键单击 "本地连接" 图标，在快捷菜单中选择【属性】命令，打开 "本地连接属性" 对话框（图 3.28），在对话框的上方将列出连接时使用的网络适配器，单击 "配置" 按钮，打开相应的对话框，在该对话框中可以对网络适配器进行设置。

图 3.27 网络连接 　　　　　　　　　　　图 3.28 "本地连接属性" 对话框

（2）网络组件的设置：网络组件是指当计算机连接到网络时，用来进行通信的客户、服务和协议。

① 安装协议：在网络适配器安装正确后，**Windows XP** 默认安装有 "**Internet** 协议"，即 **TCP/IP** 协议。如果需要添加其他的协议，请单击 "安装" 按钮，以打开 "选择网络组件类型" 对话框，在此对话框中用户可以选择要安装组件的类型。

双击 "协议" 选项，打开 "选择网络协议" 对话框，该对话框的列表中列出了当前可用的协议，选中需要添加的协议，单击 "确定" 按钮即可进行安装。

② 设置 **TCP/IP** 协议：**TCP/IP** 协议是 **Internet** 最重要的通信协议，它提供了远程登录、文件传输、电子邮件和 **WWW** 等网络服务，是系统默认安装的协议。

在 "本地连接属性" 对话框中，双击列表中的 "**Internet** 协议（**TCP/IP**）" 项，打开 "**Internet** 协议属性" 对话框，在该对话框中，可以设置 IP 地址、子网掩码、默认网关等。

IP 地址：在局域网中，IP 地址一般是由网络管理中心分配指定的，比如 **192.168.0.72**，但在局域网中每一台计算机的 IP 地址应是唯一的。也可以选中"自动获得 IP 地址"项，让系统自动在局域网中分配一个 IP 地址。

子网掩码：局域网中该项一般设置为 255.255.255.0。

默认网关：如果本地计算机需要通过其他计算机访问 Internet，需要将"默认网关"设置为代理服务器的 IP 地址。

上述选项设置完成后，单击"确定"按钮即可。

（3）工作组的设置：局域网中的计算机可以隶属于某一个域，也可属于一个工作组，这里只讨论工作组的设置和属于工作组的计算机之间的互访。

① 右键单击"我的电脑"图标，在快捷菜单中选择【属性】命令，打开"系统属性"对话框。

② 单击"计算机名"标签，并单击"更改"按钮，打开"计算机名称更改"对话框。在"隶属于"选项组中单击"工作组"选项，并在文本框中输入工作组的名称。

2. 局域网应用

（1）查找计算机：在 Windows XP 局域网中，用户如果需要使用其他计算机上的资源，首先必须在局域网中找到该计算机。一般情况下，双击"网上邻居"图标，其他计算机的图标都会显示在"网上邻居"中。如果没有显示出来，可以按照下面的方法进行查找：

① 右键单击"网上邻居"图标，在快捷菜单中选择【搜索计算机】命令，打开"搜索结果——计算机"窗口。

② 在该窗口的左边"计算机名"框中输入需要搜索的计算机名，单击"立即搜索"按钮即可，如果网络配置正确，在右边窗口中将出现搜索的结果。

（2）计算机资源的共享：共享资源是安装网络的主要用途，可以把自己的打印机、驱动器和文件夹设置成为可以让他人访问（共享）的方式。

在 Windows XP 局域网中，计算机中的每一个软、硬件资源都被称为网络资源，用户可以将软、硬件资源共享，被共享的资源可以被网络中的其他计算机访问。下面我们以文件夹的共享为例进行讲解。硬件资源的共享类似。

① 右键单击需要共享的文件夹，在快捷菜单中选择【共享】命令，打开共享属性对话框（图 3.29）。

② 选择"在网络上共享这个文件夹"选项复选框，在下面的选项中进行详细的设置：

共享名：共享文件夹的名称，可以使用原文件夹名作为共享名，也可新建一个共享名。

共享权限设置：选择"允许网络用户更改我的文件"，则网络上的用户可以对该共享目录下的所有文件及文件夹进行读取、修改和删除，否则网络上的用户只被允许拥有读取的权利。

（3）在线防火墙：连接在网络上后不小心就会遭受到恶意攻击，或者是别人通过驻留在计算机内部的木马程序来进行控制，所以很多用户都选择了软件防火墙方式来保护自己的系统，为此

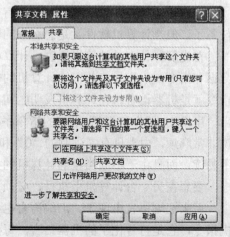

图 3.29 "共享文档属性"对话框

Windows XP 特别提供了防火墙功能。

打开控制面板，单击"Windows 防火墙"图标，打开"Windows 防火墙"对话框，单击"高级"标签，选中其中的"Internet 连接防火墙"选项，即可激活系统集成的防火墙功能。这样上网时防火墙将自动运行，并如同其他同类软件一样对计算机端口进行监视，一旦发现有非法链接或者是未经许可的数据传送，就会对其进行拦截，从而保障了系统的安全。

需要说明的是，防火墙最好用在直接对 Internet 连接的计算机上，但是如果在局域网内部应用 Windows XP 集成的防火墙功能，不但阻止了别人不能访问自己本地机任何一个共享目录，也使你也不能访问局域网上任何一个用户。

另外，Windows XP 还具有建立一台网络服务器的功能，单击"高级"标签上的"设置"按钮以进行高级设定。

① 服务：列表中提供了 9 项网络服务功能，比如 FTP 服务器、邮件服务器、Telnet 服务器、Web 服务器和远程桌面等，根据自己的需要选取即可实现。比如我们选中了 FTP 服务器的功能之后，就可以通过其他软件把自己的计算机变成一台让别人登录下载文件的计算机，当别人连接到计算机上之后，防火墙会给予绿灯放行，而不会出现拦截的情况。

② 安全日志：通过安全日志可以查看网络状况，曾经去过哪些地方，或者是哪些人连接到本地计算机上，其中可以记录由于网络故障丢弃的包，也能够把成功的连接记录下来，这些信息通常都保存在"pfirewall.log"日志文件中。

③ ICMP：ICMP 实际上是网络传输的控制消息协议，它可以定制一些网络上计算机传输过程中的错误和状态信息。比如我们可以设定传入的回显请求、掩码请求，还能够设置传出的目标不可访问、连接超时等内容，虽然这部分在实际操作中影响不大，但也能够帮助我们更好地分析网络连接状况和系统中潜在的问题。

3.4 软件开发基础知识

3.4.1 程序设计语言

前面介绍了什么是计算机软件。有了软件，计算机就可以帮助我们来完成各种各样的任务了。但是计算机软件又是怎么来的呢？在本节要回答这个问题。

首先解释什么是计算机语言。计算机只能存储和执行由"0"和"1"组成的二进制的数据和指令，人们最终传输给计算机的也只能是二进制的数据和指令，这些二进制的数据指令就是机器语言。在计算机发明之初，人们就是用机器语言来使计算机工作的，就是写出一串串由"0"和"1"组成的指令序列交由计算机执行。使用机器语言，对编程人员来说非常麻烦，由于只有二进制的"0"和"1"组成的序列，机器语言编写繁琐，容易出错，不易读，而且由于不同类型的计算机的指令系统往往各不相同，在一台计算机上执行的程序，要想在另一台计算机上执行，必须另编程序，造成了重复工作。

后来汇编语言出现了。汇编语言也称符号语言，用能反映指令功能的助记符表达计算机指令，它是符号化了的机器语言，每条汇编语言的指令就对应了一条机器语言的代码。用汇编语言编写的程序叫汇编语言源程序，计算机无法执行，必须用汇编程序把它翻译成机器语言目标程序，计算机才能执行。这个翻译过程称为汇编过程。但是汇编语言仍旧是依赖于机器的，不同类型的计算机有不同的汇编语言，不能通用。

再后来，高级语言出现了。高级语言是面向用户的语言。高级语言的一个语句通常对应若干条机器语言代码。高级语言具有较大的通用性，用高级语言编写的程序不需经过太多的修改就能使用在不同的计算机系统上。用高级语言编写的程序叫做高级语言源程序，必须翻译成机器语言目标程序才能被计算机执行。因为高级语言方便实用，所以现在的大部分软件开发都使用高级语言。

程序设计高级语言的种类有很多。1956 年美国的计算机科学家巴科斯设计的 FORTRAN 语言首先在 IBM 公司的计算机上实现成功，标志着高级语言的到来。FORTRAN 语言简洁、高效，成为此后几十年科学和工程计算的主流语言，除了 FORTRAN 以外，还有 ALGOL60 等科学和工程计算语言。随着计算机应用的发展，COBOL 这类商业和行政管理语言出现了，特别适用于商业、银行和交通行业的软件开发。

60 年代出现了 BASIC 语言，它是初学者语言，简单易学，人机对话功能强，可用于中小行政事务处理，至今已有许多版本，如基本 BASIC、扩展 BASIC、长城 BASIC、Turbo BASIC、Quick BASIC 等。尤其 Visual Basic For Windows 是面向对象的程序语言，使非计算机专业的用户也可以在 Windows 环境下开发软件。

70 年代出现更为普及的两种高级语言 PASCAL 语言和 C 语言。他们是面向过程的程序设计的思想的代表，都是自顶向下、逐步求精的设计方法和函数、过程的直接调用的实现方法。但是主要的区别在于 PASCAL 语言强调的是语言的可读性，因此 PASCAL 语言逐渐成为学习算法和数据结构等软件基础知识的教学语言；而 C 语言则注重的是语言的简洁性和高效性，因此 C 语言成为之后几十年中主流的软件开发语言。

80 年代初，程序设计语言出现了一次重大的革命，这就是面向对象的程序设计语言的诞生。典型的代表就是 C++ 语言。C++ 语言是在 80 年代初由 AT&T 贝尔实验室 Bjarne Stroustrup 在 C 语言的基础上设计并实现的。C++ 语言继承了 C 语言的所有优点，比如简洁性和高效性，同时引入了面向对象的思想，并引入了类（class）的概念，及其特有的封装性、继承性以及多态性等诸多特点。C++面向对象的设计开发方法使得软件的分析、设计和构造更好地表达现实世界的事物，使程序设计更加形象化、组件化，使得开发大型软件更为容易。

90 年代初，又一个革命性的语言 Java 语言诞生了。Java 语言是一种新型的跨平台分布式程序设计语言。Java 以它简单、安全、可移植、面向对象、多线程处理等特性引起世界范围的广泛关注。在 Java 之前，如 C++等语言编写的程序不是跨平台的，同样的程序，换了操作系统或者换了不同类型的机器就需要重新编译生成新的目标程序，否则不能直接运行，也就是不具备可移植性。Java 语言之所以具备可移植性，是因为有 Java 虚拟机 JVM（Java Virtual Machine）。Java 程序最后并不是编译成目标机器的目标程序，而是被编译成为只有 JVM 才可以解释运行的中间代码。不同的机器只要安装有相应平台的 JVM，同样的 Java 目标程序，也就是中间代码的程序就可以运行，而不需要重新编译。另外 Java 语言不同于 C++的一个主要地方是：Java 是纯面向对象的程序设计语言，所有的数据和方法都是由类来封装的。

C#（C sharp）语言是微软公司基于 Microsoft .NET 平台推出的编程语言。C#是一种类似于 Java 的面向对象的编程语言，不过 C#更强调的是面向组件的编程，例如内置了装箱和拆箱的操作，使得组件开发更容易。C#既有 C++的灵活性，又有 Java 的安全性，它使得程序员可以快速地编写各种基于 Microsoft .NET 平台的应用程序。正是由于 C# 面向对象的卓越设计和与微软自身的.NET 平台的密切关系，使它成为构建各类组件的理想之选。无论是高级的商业对象还是系统级的应用程序，使用简单的 C#语言结构，这些组件可以方便地转化为 XML 网络服务，从而使它们可以由任何语言在任何操作系统上通过 Internet 进行调用。

以上谈论的高级语言都是需要编译后才能执行的，我们不妨称这些高级语言为编译型高级语言，下面我们介绍一下非编译型的高级语言：脚本语言。

脚本语言，即 Script 语言，脚本语言写的程序代码，不需要编译，由脚本引擎来解释执行。现在的 Web 开发中广泛应用的 JavaScript、ASP、PHP，在 Linux 和 Unix 系统中应用较多的 Shell Script、Perl、Python、Tcl 等都是脚本语言。与编译型高级语言有一个很重要的区别，就是编译型高级语言的是强类型的，也就是一个变量在编译之前就定了类型，不能改变，而脚本语言是无类型的，一个变量可以存储多种类型的数据，而且脚本语言的语法规则也比编译型高级语言宽松，所以用脚本语言写程序非常灵活，开发速度快。其实可以把脚本语言想象成胶水，编译型高级语言开发一系列底层的复杂应用组件，而脚本语言则可以快速把这些组件连接组合出更高层的事务逻辑。不过不同的脚本语言是为不同的工作而设计，不具有通用性。

到此我们了解了计算机程序设计语言的大概历史和分类，那么从高级语言的程序变成机器可以运行的软件，一般要经过哪些步骤呢？脚本语言比较好理解，写好程序由脚本引擎解释执行即可。那编译型高级语言呢？这里我们假设使用 C 语言设计程序。在前面我们已经提到语言处理系统一般包括预处理器、编译器、连接器等。预处理器用来对源程序文件进行预先处理，把源代码程序中用预处理指令写的宏语句替换成真正的源代码程序。编译器用来把源代码程序编译成目标机器的二进制代码。连接器用来将若干个目标代码文件连接生成一个可执行文件。可以按图 3.30 中描述的步骤来进行程序的设计开发。

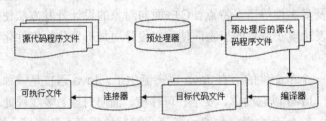

图 3.30　C 语言的程序设计开发流程

3.4.2　算法和数据结构

用高级语言编写程序，就是用程序来表达和解决现实中的问题，因为问题是各种各样的，有的简单，有的复杂，要想很好地把解决这些问题的方法表述成计算机程序，就必须按照一定的解题步骤，依据一定的设计思想。这里有两个重要的概念，就是"算法"和"数据结构"。可以说算法是计算机程序的灵魂，数据结构是灵魂的载体，程序=算法+数据结构。

1．数据结构　说到数据结构，有必要先了解下面几个概念：

（1）数据：对客观事物的符号表示，是客观世界中信息的载体，是能被计算机识别、存储和加工处理的符号的总称。数据好比是计算机加工的"原料"。比如用数学软件来解数值代数方程，其处理的数据是整数或实数；而一个文字处理软件，处理的数据是字符串。因此，对计算机来说，数据的含义非常广泛，像声音、视频、图像等都可以通过合适的编码方法成为计算机处理的数据。

（2）数据元素：数据的基本单位，在计算机程序中通常作为一个整体来处理，在某些应用中又称为记录或者节点。一个数据元素由多个数据项组成。比如图书馆管理图书，每一本图书都有一个数据元素与之对应，这个元素就是每本图书的记录，包括编号、书名、作者、出版社等数据项。或者写成：图书记录={编号，书名，作者，出版社}。

（3）数据项：数据项是具有独立含义的最小标识单位，又称字段，域、属性等。如每本图书的记录中包含的编号、书名、作者、出版社都是数据项。

（4）数据对象：是性质相同的数据元素的集合，是数据的一个子集。例如图书馆里的所有一类图书就可以看成是一个数据对象。

从概念的范围上看，数据>数据对象>数据元素>数据项。例如：班级同学录>高一二班同学录>个人记录>姓名、年龄。大于号>表示包含的意思。

数据结构就是相互之间存在一种或多种特定关系的数据元素的集合。数据结构是一个二元组，记为：Data_Structure=（D，S），其中 D 为数据元素的集合，S 是 D 上关系的集合。数据元素相互之间的关系称为结构（Structure）。例如复数的数据结构定义如下：

$$Complex = (C，R)$$

其中：C 是含两个实数的集合 ﹛C1，C2﹜，分别表示复数的实部和虚部。R={P}，P是定义在集合上的一种关系﹛〈C1，C2〉﹜。

根据数据元素之间关系的不同特性，数据结构分为很多类型，通常有下列几种基本类型结构（图 3.31）：

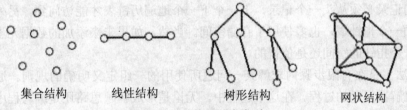

集合结构　　　　线性结构　　　　　　树形结构　　　　　　网状结构

图 3.31 数据结构的基本类型

集合结构：结构中的元素只是简单的同属一个集合的关系。

线性结构：结构中的元素间的关系是一对一的关系。

树形结构：结构中的元素间的关系是一对多的关系。

网状结构：结构中的元素间的关系是多对多的关系。

上面说的结构都是数据的逻辑结构，也就是数据元素之间存在的逻辑关系的表示。有了数据的逻辑关系，那么具体要计算机操作这些数据，还要研究数据在计算机中如何表示和存储的，这就是数据的物理结构所要研究的。另外，逻辑结构是人对具体事物的抽象，计算机并不知道这些逻辑结构的存在，计算机只能识别操作具体的物理结构的数据。人们可以把数据的一种逻辑结构映象成不同的物理结构。

物理结构就是数据结构在计算机中的表示，又称为存储结构，包括数据元素的表示和关系的表示。计算机最小的信息单位就是一个二进制位，所有别的数据都是由多个二进制位组成的，比如 8 个二进制位保存一个字符，16 个和 32 个二进制位保存一个整数，人们把 8 个二进制位称为一个字节，计算机的硬件存储器的存储空间可以看成是由连续的一个一个的字节组成的。

数据元素在计算机中的存储一般有两种存储结构：顺序存储结构和链式存储结构。

顺序存储结构是利用数据在存储器中的相对位置来表示数据元素之间的逻辑关系的。例如图书馆中一个图书的记录={编号，书名，作者，出版社}。编号、书名、作者、出版社分别占用 4 个字节、30 个字节、10 个字节和 20 个字节，也就是每个图书记录占用 64 个字节。如果按顺序存储结构，内存中每个图书记录都占用连续的共 64 个字节，若干个图书记录就占用若干个 64 个字节，而且是连续的。这样，程序操作就可以按 64 个字节一个图书记录来存取，第一个 64 个字节是第一个图书记录，紧接着第二个 64 字节就是第二个图书记录，以此类推。顺序存储结构的优点就是存取方便快速，很直接；缺点是不灵活，比如图书记录很多，不见得有那么多连续的内存空间可以使用。如果提前分配足够的空间，又有可能造成浪费。相比之下，链式存储结构就更具灵活性。

链式存储结构是将若干个数据元素分散存储在存储器的空间里，空间位置不需要连续，彼此之间通过某种方法联系起来，使得找到了第一个数据元素，就可以找到第二个，知道了第二个又可以找到第三个。还用图书记录做例子，这次我们要修改一下图书记录，添加一个数据项，叫做一个指针域。图书的记录={编号，书名，作者，出版社，指针}，这个指针域占用 4 个字节，保存了下一个图书记录的存储地址。这样，多个图书记录就通过这种指针连接了起来，像一个链表。链式存储结构的优点是随用随分配，比如中途添加一个图书记录，就可以在存储器中任意空闲位置分配一个图书记录的空间，然后用上一个图书记录的指针域指向这个新的图书记录即可。缺点是，数据元素的存取比较慢，因为要想访问一个中间的记录必须从头一个记录，下一个下一个地遍历链表才能访问到。另外每个数据元素要多加一个指针域，也多使用了存储空间。当然，如果未来添加的数据元素会比较多的话，这一个指针的空间还是值得的。

2．算法　　是在有限步骤内求解某一问题所使用的一组定义明确的规则。通俗地说，就是计算机解决问题的过程。在这个过程中，无论是形成解题思路还是编写程序，都是在实施某种算法。一个算法应该具有以下五个重要的特征：

（1）有穷性：算法必须能在执行有限步骤之后结束，且每一步骤都在有穷时间内完成。

（2）确切性：算法的每一步骤必须有确切的定义，不存在二义性，且算法只有一个入口和一个出口。

（3）输入：一个算法有 0 个或多个输入，以刻画运算对象的初始情况，所谓 0 个输入是指算法本身设定了初始条件。

（4）输出：一个算法有一个或多个输出，以反映对输入数据加工后的结果。没有输出的算法是毫无意义的，也就是说算法是解决某些问题的，必须有某种形式告诉人们结果。

（5）可行性：算法原则上是可行的，即算法描述的操作都是可以通过已经实现的基本运算执行有限次来实现的，而不是无休止地计算下去。

算法设计也有一定的要求，评价一个好的算法有以下几个标准。

① 正确性：算法应满足具体问题的需求。对合法范围内的任何输入数据能返回符合要求的结果，对边界数值，不常用的数据都能正确返回结果。

② 可读性：算法应该好读，以有利于阅读者对程序的理解，更方便日后的修改完善。

③ 健壮性：算法应具有容错处理。当输入非法数据时，算法应对其做出反应，而不是产生莫名其妙的输出结果。要对错误情况有足够的处理能力，对于任何非法的输入数据，也能保证算法正常地结束并以某种方式输出错误原因。

④ 效率与存储量需求：效率指的是算法执行的时间。存储量需求指算法执行过程中所需要的最大存储空间。一般，这两者与问题的规模有关。比如操作 10 条图书记录和操作 10 000 条图书记录所用的执行时间和占用的存储空间显然是有差别的。

其实计算机程序设计，主要就是实现各种各样的算法，算法设计的好坏，直接关系到最终软件工作效率和准确度。也正是因为设计算法，程序设计才变得魅力无穷，因为现实世界的问题千差万别，每一个问题都要去研究相应的算法，就是同一个问题也有各种各样的算法。像基本的查找算法就有顺序查找、二分查找等算法，排序算法有选择排序、冒泡排序、快速排序和堆排序等等的排序算法。

总之，算法是人的思路、想法、逻辑思维的表达，是程序设计的核心，至于程序设计语言，语言处理系统等等都仅仅是工具而已。

3.4.3 集成开发环境

有了编程语言，学习了数据结构和算法，就可以着手写程序开发软件了。比如我们要用 C++开发程序。最原始的方式，先找个编辑软件，比如 Windows 里的记事本之类的，把算法程序一字一句地敲进去，写好后，存储成一个纯文本文件，这就是我们的源程序文件。然后用编译程序把刚写好的源程序文件编译成目标文件，然后再用连接程序把目标文件连接成可执行文件即可。有这么简单吗？如果我们只写几行或几十行的程序，这么开发倒是也没什么，但是好多应用软件要开发出数万行以上的代码，成千上万的源代码文件，如果再用这些简单的开发工具，那效率就太低了，出了错误不容易查找，在编译软件和编辑软件之间来回切换也降低了工作效率，更主要的是，有很多代码可以重复使用，完全可以由计算机自动生成。所以集成开发环境应运而生。

IDE（Integrated Development Environment，集成开发环境），简单说就是把开发软件所用的各种工具都集成在一起，一般包括代码编辑器、预处理器、编译器、连接器、调试器和图形用户界面工具，还集成了各种组件和各种函数库等等，使得软件开发变得更简单，高效。比如 C++语言的 Visual C++、Java 语言的 Jbuilder、Pascal 语言的 Delphi 等等。我们下面以 Visual C++为参照，说说 IDE 的特点。

IDE 里的编辑器的功能一般都比较强大，具有普通编辑器的基本功能，如查找、替换，还有编辑程序设计语言特有的功能，比如自动完成功能，能记住已经存在的符号，用户再次输入时，不用把字符敲全，编辑器会自动补齐，或者弹出列表让用户选择一下，非常方便；还有语言格式的自动对齐排版，各种不同种类的符号可以以不同的颜色样式来显示，使程序更容易阅读，更容易发现错误。当然还远不止这些，总之在 IDE 的编辑器里写程序可比在普通记事本里写程序高效的多。

IDE 里集成了预处理器、编译器和连接器，只要鼠标点击一个按钮或者按一下快捷键，

IDE 就会自动调用预处理器、编译器和连接器来把源程序编译连接成可执行文件。如果源程序文件中有错误，IDE 会自动列出每条错误以及错误原因、文件、行号，用户只需要用鼠标在列出的错误上双击，编辑器就会立即打开出错的文件，并且让出错的行高亮显示。

IDE 可以自动生成某些程序代码，比如好多程序的框架代码是通用的，区别也只是一些符号名字不同而已。这样，IDE 就可以让用户给出一些参数，然后由 IDE 自动把框架代码生成出来，用户就可以直接在这个框架代码里添加具体的实现代码，从而可以节省时间。尤其现在的应用软件很多都是有图形用户界面的（GUI，Graphic User Interface），而且这些 GUI 有很多类似的组件，比如按钮、列表、文本框，菜单等等。在 IDE 里，用户可以用鼠标拖拽的方式把这些图形组件添加到应用程序中去，IDE 会自动调用图形程序库来生成底层的代码，并且和这些图形组件相关联的类及其事件处理函数的框架代码，IDE 也会自动生成出来。用户就可以集中精力设计图形界面的样式，而不用担心图形组件是怎么画出来的；集中精力实现图形组件的事件处理函数的细节，而不用担心事件处理函数是怎么被调到的。

程序设计一般会遇到两种类型的错误，一个语法错误，一个是逻辑错误。语法错误会被编译器在编译的时候发现并报告出来，而逻辑错误编译器是发现不了的，比如用户写程序来找出若干个整数中最小的一个来，但是找出来的是中间的某个数，这就是用户的算法逻辑上出了问题，编译器是不知道你要干什么的。如果能动态地跟踪程序的每一步的执行就可以更容易地发现问题出在哪里。这就要用到调试器，IDE 一般都会带有调试器，使用调试器，就可以动态地跟踪程序的执行，观察执行过程中的各种数据的状态，进而找出出错原因。调试器的功能一般有：设置断点，单步跟踪，查看变量的当前值，查看函数调用堆栈等等。

总之，有了 IDE，可以加速软件的开发，而且减少了出错的机会。但是对于学习程序设计的初学者，原始的开发方法更能使人去关心理解每一个细节，学习更多底层的知识。使用 IDE 好多东西不用管，但是对刚开始学习程序设计语言不见得有好处。

3.4.4 软件工程

1. 软件工程简述　软件工程是研究大型软件开发方法、工具和管理的工程科学。由于大型软件本身含有许多模块和模块间的复杂关系，更可能涉及多种技术，比如多种编程语言，多种平台的开发。除了技术方面的问题，更多的是管理方面的问题。大型软件的参与开发人员多，开发周期长，开发过程中涉及许多人员的协调一致，还有项目的费用、工期、开发进度的控制管理，代码的版本配置管理。没有一个科学的指导思想来解决这些问题，是不可能在大型软件开发中获得成功的。事实上，随着计算机硬件能力的提高，在由小程序向大型程序的发展过程中，历史上出现了"软件危机"。它表现在：

（1）软件质量差，可靠性难以保证。由于软件庞大，没有科学的管理，导致软件在设计和实现中存在瑕疵，并且不能被及时发现修复，所以在运行过程中，容易出错，甚至崩溃。

（2）软件成本的增长难以控制，不能在预定的成本预算内完成。如对软件开发的时间、人数、设备以及可能遇到的困难等等估算不足，导致不断需要更多资金和人力的投入。

（3）软件开发进度难以控制，周期拖得很长，由于缺乏科学的方法在软件设计初期对预计的开发进度没有很好的估计，导致干一天算一天，什么时候能结束没有准确的计划。

（4）软件维护很困难，维护人员和费用不断增加。因为上述问题导致软件质量很差，发现错误，很难定位，定位到了问题所在，要修补也非常困难，往往要动大手术才能解决。

软件危机使人们开始拓展新的思路，考虑到开发一个软件系统和设计一套机械设备或者建造一栋楼房有很多共同之处，因此可以参照机械工程、建筑工程中的一些技术来进行软件的设计开发，用"工程化"的思想作指导来解决"软件危机"中的种种问题。

软件工程的目标在于研究一套科学的工程方法，并与此相适应，发展一套方便的工具系统，力求用较少的投资获得高质量的软件。为了用工程化的方式有效地管理软件开发的全过程，软件工程中对软件开发进行了生命期的划分，各种划分方法不尽相同，但是大致可以为六个阶段：

（1）软件计划：在项目确立前，首先要进行调研和可行性研究，对需要的技术、资金、人力等等进行充分的分析计算，做出项目计划。

（2）软件需求分析：对用户需求进行分析，并且具体化，用软件需求规格说明书表达出来，作为后续设计的基础。

（3）软件设计：对软件系统进行机构设计，决定系统的模块结构，模块的相互调用关系及模块间的数据传递。通常要有概要设计和详细设计两个阶段。

（4）软件编码：依据软件设计的要求为每个模块编写程序代码。

（5）软件测试：对软件可能的使用方式和运行情景，编写详细具体的测试用例，然后由测试人员，按照测试用例运行操作软件，及时发现程序中的错误，并形成汇报，交由软件开发人员修复错误。

（6）软件维护：软件在经过测试并交付使用后，仍然可能有各种各样的问题，因此，交付运行的软件仍然需要继续修复、修改和扩充，这是软件的维护。

软件生命期的上述六个阶段为工程化地研制软件提供了一个框架。但实际执行过程中常常存在着反复，开发人员往往要从后面阶段回复到前面阶段。比如在实现过程中，发现软件的架构设计有问题，不得不再去修改设计。单纯依赖软件开发的生命期的划分，也存在这样那样的问题。于是基于软件开发的生命期，衍生出了各种软件开发模型。

2. 软件开发模型 软件开发模型，是指软件开发全部过程、活动和任务的结构框架。对需求、设计、编码和测试等阶段的顺序、流程有着明确的规定。软件开发模型能清晰、直观地表达软件开发全过程，明确规定了要完成的主要活动和任务，用来作为软件项目工作的基础。

典型的开发模型有：瀑布模型、渐增模型/演化/迭代、原型模型、螺旋模型、喷泉模型、智能模型、混合模型等。

（1）瀑布模型：瀑布模型将软件生命周期划分为制定计划、需求分析、软件设计、程序编写、软件测试和运行维护等六个基本活动，并且规定了它们自上而下、相互衔接的固定次序，如同瀑布一样，逐级下落。在瀑布模型中，软件开发的各项活动严格按照线性方式进行，当前活动接受上一项活动的工作结果，实施完成所需的工作内容。当前活动的工作结果需要进行验证，如果验证通过，则该结果作为下一项活动的输入，继续进行下一项活动，否则返回修改。瀑布模型强调文档的作用，并要求每个阶段都要仔细验证。但是，这种模型的线性过程太理想化，已不再适合现代的软件开发模式，其主要问题在于：

① 各个阶段的划分完全固定，而且文档的数量过多，造成不必要的资源浪费；

② 由于开发模型是线性的，只有上一个阶段彻底完成，才能进行下一阶段的工作，而对于用户来说，只有等到整个过程结束，才能见到开发成果，从而增加了开发的风险。

③ 早期的错误可能要等到开发后期的测试阶段才能发现，却为时已晚，如果设计上出了问题，将更加严重。

（2）快速原型模型：针对瀑布模型的主要缺点，快速原型模型的第一步是快速建造一个原型，实现客户与原型系统的交互，用户对原型进行评价，进而细化用户的需求，调整原型使其与客户的要求逐步接近；第二步则在第一步的基础上开发客户满意的软件产品。

显然，快速原型方法可以克服瀑布模型的缺点，减少由于软件需求不明确带来的开发风险。快速原型的关键在于尽可能快速地建造出软件原型，客户的真正需求一旦确定了，原型将被丢弃。因此，原型系统的内部结构并不重要，重要的是必须迅速建立原型，随着用户的要求迅速修改原型，以反映客户的需求。

（3）增量模型：与建造大厦相同，软件也是一步一步建造起来的。在增量模型中，软件被作为一系列的增量构件来设计、实现、集成和测试，每一个构件是由多种相互作用的模块所形成的提供特定功能的代码片段构成。增量模型在各个阶段并不交付一个可运行的完整产品，而是交付满足客户需求的一个子集的可运行产品。整个产品被分解成若干个构件，开发人员逐个构件地交付产品。这样做的好处是软件开发可以较好地适应变化，客户可以不断地看到所开发的软件，从而降低开发风险。但是，增量模型也存在以下缺陷：

① 由于各个构件是逐渐并入已有的软件体系结构中的，所以加入构件必须不破坏已构造好的系统部分，这需要软件具备开放式的体系结构。

② 在开发过程中，需求的变化是不可避免的。增量模型的灵活性可以使其适应这种变化的能力大大优于瀑布模型和快速原型模型，但也很容易退化为边做边改的境地，从而是软件过程的控制失去整体性。

在使用增量模型时，第一个增量往往是实现基本需求的核心产品。核心产品交付用户使用后，经过评价形成下一个增量的开发计划，它包括对核心产品的修改和一些新功能的发布。这个过程在每个增量发布后不断重复，直到产生最终的完善产品。例如，使用增量模型开发字处理软件。可以考虑，第一个增量发布基本的文件管理、编辑和文档生成功能，第二个增量发布更加完善的编辑和文档生成功能，第三个增量实现拼写和文法检查功能，第四个增量完成高级的页面布局功能。

（4）螺旋模型：螺旋模型将瀑布模型和快速原型模型结合起来，强调了其他模型所忽视的风险分析，特别适合于大型复杂的系统。螺旋模型沿着螺线进行若干次迭代，共有四个阶段，用二维坐标系中的四个象限代表这四个阶段的活动：

① 制定计划：确定软件目标，选定实施方案，弄清项目开发的限制条件；

② 风险分析：分析评估所选方案，考虑如何识别和消除风险；

③ 实施工程：实施软件开发和验证；

④ 客户评估：评价开发工作，提出修正建议，制定下一步计划。

螺旋模型由风险驱动，强调可选方案和约束条件从而支持软件的重用，有助于将软件质量作为特殊目标融入产品开发之中。但是，螺旋模型也有一定的限制条件，具体如下：

① 螺旋模型强调风险分析，但要求许多客户接受和相信这种分析并做出相关反应是不

容易的，因此，这种模型往往适应于内部的大规模软件开发。

② 如果执行风险分析将大大影响项目的利润，那么进行风险分析毫无意义，因此，螺旋模型只适合于大规模软件项目。

③ 软件开发人员应该擅长寻找可能的风险，准确地分析风险，否则将会带来更大风险。

一个阶段首先是确定该阶段的目标，完成这些目标的选择方案及其约束条件，然后从风险角度分析方案的开发策略，努力排除各种潜在的风险，有时需要通过建造原型来完成。如果某些风险不能排除，该方案立即终止，否则启动下一个开发步骤。最后，评价该阶段的结果，并设计下一个阶段。

（5）演化模型：主要针对事先不能完整定义需求的软件开发。用户可以给出待开发系统的核心需求，并且当看到核心需求实现后，能够有效地提出反馈，以支持系统的最终设计和实现。软件开发人员根据用户的需求，首先开发核心系统。当该核心系统投入运行后，用户试用之，完成他们的工作，并提出精化系统、增强系统能力的需求。软件开发人员根据用户的反馈，实施开发的迭代过程。第一迭代过程均由需求、设计、编码、测试、集成等阶段组成，为整个系统增加一个可定义的、可管理的子集。

在开发模式上采取分批循环开发的办法，每循环开发一部分的功能，它们成为这个产品的原型的新增功能。于是，设计就不断地演化出新的系统。实际上，这个模型可看作是重复执行的多个"瀑布模型"。"演化模型"要求开发人员有能力把项目的产品需求分解为不同组，以便分批循环开发。这种分组并不是绝对随意性的，而是要根据功能的重要性及对总体设计的基础结构的影响而做出判断。有经验指出，每个开发循环以 6~8 周为适当的长度。

（6）喷泉模型：喷泉模型与传统的结构化生存期比较，具有更多的增量和迭代性质，生存期的各个阶段可以相互重叠和多次反复，而且在项目的整个生存期中还可以嵌入子生存期，就像水喷上去又可以落下来，可以落在中间，也可以落在最底部。

（7）智能模型：智能模型拥有一组工具（如数据查询、报表生成、数据处理、屏幕定义、代码生成、高层图形功能及电子表格等），每个工具都能使开发人员在高层次上定义软件的某些特性，并把开发人员定义的这些软件自动地生成为源代码。

（8）混合模型：过程开发模型又叫混合模型，或元模型。把几种不同模型组合成一种混合模型，它允许一个项目能沿着最有效的路径发展，这就是过程开发模型（或混合模型）。实际上，一些软件开发单位都是使用几种不同的开发方法组成他们自己的混合模型。

软件开发模型虽然很多，但是具体的软件项目应该选择适合的软件开发模型，并且应该随着当前正在开发的特定产品特性而变化，以减小所选模型的缺点，充分利用其优点。

软件工程的研究方面还有很多，有兴趣的读者可以参考专业的书籍。

习 题 三

3.1 单选题

1. 计算机软件分系统软件和应用软件，其中处于系统软件核心地位的是（ ）

    A. 数据库管理系统   B. 操作系统

    C. 程序语言系统   D. 网络通讯软件

2. 操作系统的主要功能是（ ）

A．实现软硬转换　　　　　　　B．管理所有软、硬件资源

C．把源程序转换为目标程序　　D．进行数据处理

3．虚拟设备是指（　）

A．模拟独占设备的共享设备

B．允许用户以标准化方式使用的物理设备

C．允许用户使用比系统中拥有的物理设备更多的设备

D．允许用户程序部分装入内存即可使用的系统设备

4．在 Windows 中，"剪贴板"是（　）

A．内存中的一块区域　　　　　B．软盘上的一块区域

C．硬盘中的一块区域　　　　　D．高速缓存中的一块区域

5．使用控制面板的"安装/删除程序"功能删除应用程序的主要好处是（　）

A．便于快速删除应用程序

B．便于知道安装了哪些应用程序

C．便于修改已安装的应用程序

D．便于删除应用程序及其在系统文件中的设置

6．在 Windows 中，执行删除某程序的快捷图标命令表示（　）

A．只删除了图标，没删除相关的程序

B．既删除了图标，又删除了有关的程序

C．该程序部分程序被破坏，不能正常运行

D．以上说法都不对

7．Windows 在不同驱动器之间移动文件的鼠标操作是（　）

A．Shift + 拖拽　　B．Ctrl + 拖拽　　C．Alt + 拖拽　　D．拖拽

8．在 Windows 中打开多个任务窗口后，按下 Alt + Tab 组合键，结果（　）

A．选中该窗口全部内容　　　　B．无任何反应

C．切换任务　　　　　　　　　D．打开控制菜单

9．在本地磁盘上，仅查找所有扩展名为.bmp 的文件，应在"查找"对话框"名称和位置"标签中的名称栏中输入（　）

A．*bmp　　　　B．*.Bmp　　　　C．bmp　　　　D．bmp.*

10．下面是关于解释程序和编译程序的论述，其中正确的一条是（　）

A．编译程序和解释程序均能产生目标程序

B．编译程序和解释程序均不能产生目标程序

C．编译程序能产生目标程序而解释程序不能

D．编译程序不能产生目标程序而解释程序能

11．在 Windows 资源管理器窗口右窗格中，若已选定了所有文件，如果要取消其中几个文件的选取，应进行的操作是（　）

A．依次单击各个要取消选定的文件

B．按住 Shift 键，再依次单击各个要取消的文件

C．按住 Ctrl 键，再依次单击各个要取消的文件

D．依次右击各个要取消选定的文件

12．在 Windows 默认环境中，中英文输入法切换快捷键是（　）

A．Tab　　　　B.Ctrl + 空格　　　C.Shift + 空格　　D．Ctrl + Tab

13．程序和软件的区别是（　）

A．程序价格便宜，而软件价格昂贵

B．程序是用户自己编写的，而软件是厂家提供的

C．程序是用高级语言编写的，而软件是由机器语言编写的

D. 软件是程序以及开发、使用和维护所需要的所有文档的总称，而程序只是软件的一部分。

14. 下列语言编写的程序能被计算机直接执行的是（　　）

    A. 机器语言　　　B. 汇编语言　　　C. 高级语言　　　D. C 语言

15. 常使用剪贴板来复制或移动文件及文件夹，进行"粘贴"操作的快捷键是（　　）

    A. Ctrl+Y　　　　　B. Ctrl+X　　　　　C. Ctrl+C　　　　　D. Ctrl+V

3.2 多选题

1. 关于 Windows 的搜索功能，下面描述正确的是（　　）

    A. 可以使用通配？或*实现文件查找

    B. 可以查找网络上的计算机

    C. 可以查找网络上的文件

    D. 可以查找某一时间段的文件和文件夹

    E. 可以查找文件内容中包含某一词汇的文件

2. 将高级语言编写的程序翻译成机器语言程序，采用的两种翻译方式是（　　）

    A. 汇编　　　　B. 编译　　　　C. 解释　　　　D. 翻译

3. 在 Windows 中，下列关于"任务栏"的叙述，正确的是（　　）

    A. 可以将任务栏设置为自动隐藏

    B. 任务栏可以移动

    C. 通过任务栏上的按钮，可以实现窗口的切换

    D. 在任务栏上，只显示当前活动窗口名

4. 在 Windows 中可以关闭当前应用程序的操作是（　　）

    A. 在应用程序的【文件】菜单上选择【退出】命令

    B. 双击应用程序窗口上的控制菜单按钮

    C. 单击应用程序窗口上的控制菜单按钮，在弹出的控制菜单上选择【关闭】命令

    D. 单击应用程序窗口右上角的"关闭"按钮

    E. 按快捷键 Alt+F4

    F. 按 Esc 键

5. 关于快捷方式，叙述正确的为（　　）

    A. 快捷方式是指向一个程序或文档的指针　　　　B. 快捷方式是该对象本身

    C. 快捷方式包含了指向对象的信息　　　　　　　D. 快捷方式可以删除、复制和移动

3.3 填空题

1. 启动 Windows 后，出现在屏幕上的整个区域称为＿＿＿＿＿＿＿＿＿。

2. 移动窗口时，光标应放在该窗口的＿＿＿＿＿＿进行拖动。

3. 在 Windows 默认状态下，要从硬盘上彻底删除某一文件或文件夹，而不将其移动到"回收站"，应该在按下＿＿＿＿＿＿键的同时，按 Delete（Del）键。

3.4 操作题

1. 在 C 盘建一新文件夹，取名 Source，查找 C 盘上所有扩展名为 txt 的文件，并且文件内容中都包含 text 的文件。并选中 5 个文件复制到 Source 文件夹中，并在桌面上建立该文件夹的快捷方式。

2. 将 Source 文件夹的属性设置为只读、隐藏，并将隐藏文件显示出来。

3. 将 Source 文件夹以只读形式共享，共享名为 MySource。

4. 在 Source 文件夹中建立子文件夹，命名为 WebSource。通过"网上邻居"访问局域网中的其他计算机，将其他计算机的共享文件复制到本地计算机的 WebSource 文件夹中。

5. 将 Source 文件夹压缩为一个名为"Source.zip"的压缩文件。

6. 将任务栏设置为"自动隐藏"。

第四章 常用应用软件

文字处理、电子表格处理和演示文稿制作是办公应用软件的主要内容。Microsoft Office 是目前应用较广的软件之一，在本章节中主要介绍文字处理软件 Word、电子表格处理软件 Excel 和演示文稿处理软件 PowerPoint 的功能，以及 PDF 文档的阅读与制作。

4.1 文字处理软件 Word

4.1.1 Word 窗口简介

Word 窗口的基本工作界面是由标题栏、菜单栏、工具栏、基本工作区、视图切换按钮、滚动条（垂直、水平）、标尺和状态栏等组成，如图 4.1 所示。

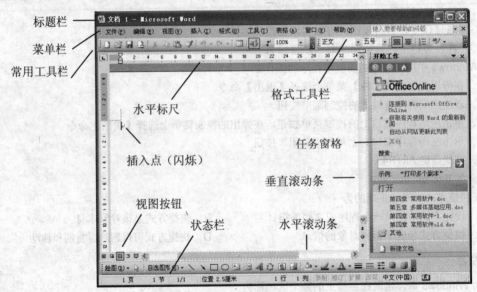

图 4.1 Word 2003 窗口

1. 菜单栏和工具栏 菜单栏位于标题栏的下方，每一个菜单名都包含了一组类型相同的命令。一些不常用的菜单是隐藏起来的，通过单击菜单底部的双箭头 ≈，可显示该菜单中的全部命令。

对文档进行编辑时，最常用到的是"常用"工具栏和"格式"工具栏，它包含了最常用的工具按钮。将鼠标指向任一按钮稍作停留便会看到该按钮的中文提示。默认情况下，"常用"工具栏和"格式"工具栏是合并在一行显示的，使用时会感到不方便，可以用鼠标直接将其中一个工具栏拖拽到下一行，也可以单击菜单栏中的【工具】→【自定义】命令，打开【自定义】对话框，单击【选项】标签，选中【分两排显示常用工具栏和格式工具栏】，将格式工具栏和常用工具栏分为两行显示。在工具栏的【自定义】对话框中，Word 提供了个性化菜单的设置，单击【选项】标签，设置自己喜欢的菜单打开方式。

2. 任务窗格　任务窗格是提供常用命令的独立窗口，每一种任务窗格都包含了很多命令的链接，单击这些链接就可以执行相应的命令。单击【视图】→【任务窗格】命令就可以将其打开或关闭。启动 Word 时，首先出现的是【开始工作】任务窗格，单击其右边的下拉菜单就可以根据需要对任务窗格进行切换。

还可以从菜单栏中的【工具】→【选项】命令的对话框中的【视图】选项卡中，取消对【启动任务窗格】的选择，在打开 Word 时就不再显示任务窗格了。

3. 设置标尺单位　利用标尺功能可以给排版工作提供方便，默认情况下标尺是以字符为单位的，可通过设置将其变成以厘米、毫米或英寸为单位。

单击【工具】→【选项】命令，打开【选项】对话框，单击【常规】标签，在【度量单位】下拉菜单中进行选择（例如我们常用的是厘米），然后取消选中【使用字符单位】选项并单击"确定"按钮（见图 4.2）。

4. 状态栏　状态栏位于文档窗口的下方，在状态栏中显示了当前编辑文档的页数和光标当前所在页与文档总页数的比以及光标在当前页中的位置，还显示了键盘锁键的状态等，如："改写"状态时，状态栏上的"改写"二字是黑色的，反之是灰色的。

5. 帮助　利用 Office 帮助，能够获得非常全面的帮助信息。Word 2003 版提供的在线帮助，除了传统样式的帮助文件外，还可登录到 Microsoft Office Online 主页。

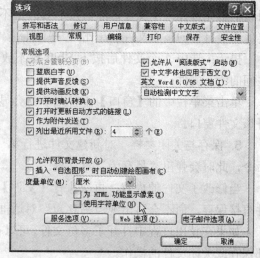

图 4.2 设置标尺单位

4.1.2 文档的基本操作

在一般情况下对文档的操作顺序是：创建文档→录入文档内容→编辑修饰文档→保存文档→关闭文档。

对文档的操作可以通过菜单、任务窗格、快捷菜单、快捷键、常用工具按钮进行操作。本章主要以菜单操作的方法进行介绍。

1. 创建新文档　在启动 Word 时，就已经自动创建了一个空白文档。如果还要另外建新文档可选择【文件】→【新建】命令，此时屏幕的右侧会出现"新建文档"任务窗格，利用该任务窗格可以根据需要进行选择。

文字输入有两种模式：插入模式和改写模式。插入模式：输入的文字出现在当前插入点位置，同时插入点自动向后移动，原先位于插入点之后的文字也随之向后移动；改写模式：文字出现在当前插入点位置上，插入点后面的文字被新输入的文字所覆盖，同时插入点自动向后移动。

Word 默认状态是插入模式，通过双击状态栏上的"改写"（或单击键盘上的 Insert 键）在插入和改写模式之间进行转换。一般不提倡使用改写模式。

2. 导入已有文档　单击菜单栏中的【插入】→【文件】命令，在弹出的对话框中选择正确的路径和文件夹找到已经保存过的文件，选中并单击"确定"按钮，可以将已经存在的文件导入到新建的文档中。

3. 打开最近使用过的文档 启动 Word 后，在右边【开始工作】任务窗格中会显示最近编辑过的文件名，根据需要直接单击该文件名即可打开文件。

单击工具栏上的【打开】按钮打开【打开】对话框，单击【我最近的文档】按钮（图4.3），对话框中就会显示最近打开过的文件名。

图4.3 【打开】对话框

提示：单击【打开】对话框下方的【文件类型】下拉菜单可以看到 Word 所支持的文件格式（图4.4）。

4. 同时打开多个文档 Word 文档可以一次打开多个。选择菜单栏【文件】→【打开】命令，在【打开】对话框中先选择一个文件，然后按下 Ctrl 键不放再选择

图4.4 【文件类型】下拉菜单

其他需要打开的多个文件。单击 打开(O) 按钮即可同时打开多个文档。

提示：选中1个文件后按下 Shift 键不放，单击不相邻的另1个文件，可以选中它们之间的所有文件。

单击菜单栏中的【窗口】下拉菜单就会显示所有打开的文件，单击某个文件名就会打开该文件窗口。

5. 保存与关闭文档 对新建文件进行第一次保存时应选择菜单栏【文件】→【保存】命令，此时会弹出"另存为"对话框。

当修改了文件的内容，再次执行【文件】→【保存】命令时，Word 会将修改过的文件直接保存，而不会再出现"另存为"对话框。

如果在使用过程中打开了多份文件，可以在保存或关闭文件的同时按下 Shift 键来做全部保存或关闭文件的操作。

6. 设置默认的文件位置 在默认情况下，文件保存的位置是"我的文档"（即登录 Windows 系统时的用户名 My Documents 下），选择菜单栏中的【工具】→【选项】命令，打开【选项】对话框，单击"文件位置"标签，在"文件类型"中选"文档"，然后单击【修改】按钮。根据个人需要进行设置。

7. 给文档设定密码保存 打开要设密码的文档，选择【工具】→【选项】，在【选项】对话框中选"安全性"标签；在"打开文件时的密码"和"修改文件时的密码"两个空白框中输入密码，然后单击"确定"按钮。

提示：丢失了密码，将无法打开受密码保护的文件或获得对其访问权。

4.1.3　文本编辑

1. 即点即输 移动鼠标指针到想输入文字的位置，双击鼠标左键，插入点就会出现在这个位置，这就是"即点即输"功能。

提示：① 即点即输只能在页面视图、阅读版式视图和 Web 版式视图中使用，不能在普通视图及大纲视图中使用。② 使用即点即输时，应用的段落样式为默认段落样式（默认选择是正文）。

2. 选定文本 按下鼠标拖拽选择文本是最常用的方法。在想要选择的段落或文字前按

下鼠标左键并拖拽，直至所需内容全部选上，然后释放鼠标，此时选取的文本以高亮度显示。这些操作不仅适用于文字，也适用于图形。

选定一行文本：将鼠标指针移到该行的左侧，当鼠标指针变为 ⁁ 形状后单击。

选定一个句子：按住 Ctrl 键，然后单击句子中的任何位置。

选定一个段落：将鼠标指针移到该段落的左侧，当指针变为 ⁁ 形状后双击。或者在该段落中的任意位置连续单击 3 次。

选择多个连续段落：按下鼠标左键，拖动鼠标至所选区域的末尾。也可以单击选定范围的起始处，再移动光标到所选区域的末尾，然后按住 Shift 键同时单击选定目标的末尾。

选择垂直文本块：先将插入点放置到要选定垂直文本的左上角或右下角，然后按住 Alt 键并拖动鼠标。（注：在表格单元格中不可以执行该项操作。）

选择不相邻的多个项：先选择第一个对象，然后按住 Ctrl 键，再选择其他对象。要注意的是：只能选择相同类型的多个对象。

选定整篇文档：将鼠标指针移动到文档中任意正文左侧的选定栏，指针变为 ⁁ 后连续 3 次单击鼠标左键，或者按 Ctrl+A 键。

提示：① 按 Ctrl+Home 键，插入点移到文档的开头，按 Ctrl+End 键，插入点移到文档最后。② 通过【视图】→【显示段落标记】命令，可设置在文档中显示/隐藏段落标记。

3. 移动、复制、粘贴和选择性粘贴　首先选定要移动或复制的文本或对象，直接用鼠标拖拽选定对象的操作是移动，按下 Ctrl 键同时拖拽选定对象的操作是复制。

单击【编辑】→【复制】命令，将要复制的文本保存在剪贴板中，然后将光标定位在需要复制文本的地方，选择【编辑】→【粘贴】命令，可将文本粘贴到目的地。

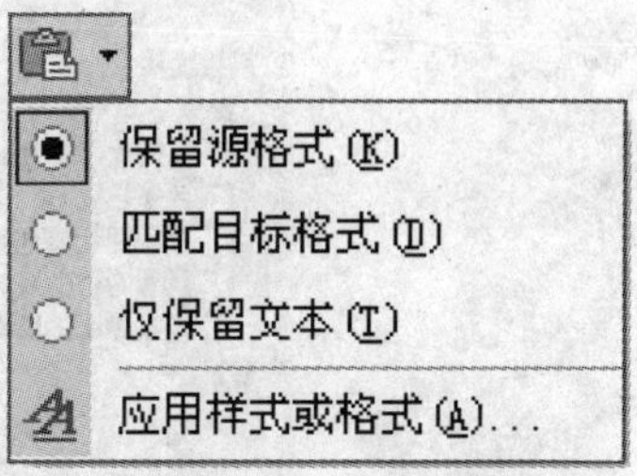

在执行了复制和粘贴操作后，粘贴文本下方会显示"粘贴选项"按钮，单击右边的下三角弹出下拉菜单（见图 4.5），通过它可以直接对粘贴对象进行格式设置。按"Esc"键便可使"粘贴选项"按钮取消。

图 4.5 粘贴选项按钮下拉菜单

如果不希望在执行粘贴操作后出现"粘贴选项"按钮，可以通过【工具】→【选项】命令，打开"选项"对话框，在"编辑"选项卡中取消选择"显示粘贴选项按钮"复选框，然后单击"确定"按钮。

Word 中的【选择性粘贴】命令可以将文字、表格、图形对象等转换成图片，而且还可以将图片格式相互转换。操作方法：选中要转换成图片的对象（如文字、表格），将其复制和剪切，然后执行【编辑】→【选择性粘贴】命令，在"选择性粘贴"对话框中选取一种图片类型，然后单击"确定"按钮，即可将文字转换为图片格式。

将需要转变格式的图片选中并剪切，单击【选择性粘贴】命令，选择一种需要的图片格式，单击"确定"按钮，即可完成图片格式的相互转换。

4. 撤销/恢复操作　当需要撤销或恢复前面的操作时，单击"常用"工具栏上的 ⤺ 和 ⤻ 按钮，可撤销/恢复最近完成的一次操作；单击其右侧的下箭头会弹出一工作列表，显示了前面所做的多步操作，从列表中选择要撤销/恢复的最后一步，可撤销/恢复一系列操作。

5. 剪贴板　选择【编辑】→【Office 剪贴板】命令打开剪贴板，此时文档窗口的右侧将出现"剪贴板"任务窗格。如果要关闭"剪贴板"任务窗格，则单击该任务窗格右上方的"关闭"按钮。

剪贴板可容纳 24 个对象，其主要功能是收集每次复制的内容，如文本或图形。对剪贴板中的内容可以选择其中的一个或同时选择多个进行粘贴；还可以删除其中某个对象或者将剪贴板中的内容全部清空。

在"剪贴板"任务窗格的下方，有一个"选项"按钮，单击该按钮会弹出一个下拉菜单，在该下拉菜单中有 5 个选项，可根据个人需要进行选择设置。

6. 查找与替换　单击【编辑】→【查找】命令，弹出"查找和替换"对话框。在"查找"选项卡的"查找内容"文本框中输入要查找的文字，然后单击"查找下一处"按钮，这时就会找到文本，并高亮度显示其找到的内容。

当进行文本替换时，打开"查找和替换"对话框，单击"替换"标签（见图 4.6）。在"查找内容"文本框中输入内容，在"替换为"文本框中输入要替换的内容，然后选择替换方式。

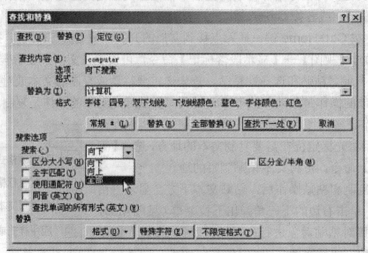

图 4.6　"查找和替换"对话框中的高级搜索选项

在"替换"选项卡上单击"高级"按钮（"常规"与"高级"按钮可互相转换），然后单击"格式"按钮，在其下拉菜单中根据需要进行选择，可以对带有格式的文本及一些特定格式进行查找和替换。

利用查找和替换功能还可以搜索和替换特殊字符和文档元素。操作方法：在"查找和替换"对话框中单击"特殊字符"按钮，在出现的列表中选择需要查找的项目，在"查找内容"文本框中将显示其代码。

要取消搜索格式，单击"不限定格式"按钮。

7. 快速查找同类项目　快速查找类型相同的项目，可单击垂直滚动条上的"选择浏览对象"按钮，然后在弹出的选项中选择要查找的项目（见图 4.7），并通过单击垂直滚动条的上、下按钮来查找上一个或下一个类型相同的项目。

8. 自动更正　"自动更正"的功能是自动检测并更正键入错误、误拼的单词、语法错误和错误的大小写。还可

图 4.7　选择浏览对象

以使用"自动更正"快速插入文字、图形或符号。

单击【工具】→【自动更正】命令，打开"自动更正"对话框中的"自动更正"选项卡，根据文档编辑的需要进行添加或删除的设置。在"自动更正"对话框中选择"键入时自动套用格式"选项卡，可根据需要选中相应的复选框，以实现键入时自动套用格式。

9. 插入特殊符号　选择【插入】→【特殊符号】命令，弹出"插入特殊符号"对话框（见图4.8），根据需要选择不同的特殊符号类型。

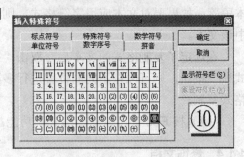

图 4.8　"插入特殊符号"对话框

选择【插入】→【符号】→【特殊字符】，按下这些组合的快捷键，可以直接插入特殊字符而无需打开"符号"对话框。

10. 插入上下标　如果在文档录入过程中经常用到上下标，可以通过"工具栏选项"按钮将上、下标按钮拖拽到常用格式工具栏中，操作顺序见图4.9中的1~4步骤。

11. 插入项目符号和编号　利用"项目符号"与"项目编号"功能，可以对已有的段落或将要输入的项目添加项目符号或编号。操作方法：选中要加上编号的段落，单击常用工具栏上的"编号" 或"项目符号"按钮，段落前即会自动显示编号或项目符号。在新增段落时，也会自动加上编号或项目符号。如果不希望在新段落自动编号，只要再次单击该按钮即可取消。

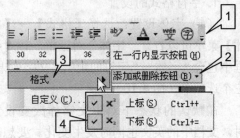

图 4.9　设置上下标

新增项目符号和编号时，符号或编号附近会显示一个"自动更正选项"按钮，提供符号或编号的相关设置，如不需要设置，则可以不理会它，当新增下一个符号或编号时，此按钮会自动消失。

如果对默认的项目符号样式不满意，可以选择"无"以外的任一种项目符号，然后按下"自定义"按钮，进入"自定义项目符号列表"对话框进行设置。

通过【工具】→【自动更正选项】→"键入时自动套用格式"选项卡，可以选中或取消"自动项目符号或编号"。

在"项目符号和编号"对话框中有一个"重新设置"按钮，可以将对话框中曾经更改过设置的项目符号或编号还原成默认值。

图片也可以作为项目符号使用。操作方法：选取要设置的段落，再选择【格式】→【项目符号和编号】→【项目符号】，在该对话框中按下"自定义"按钮，打开"自定义项目符号列表"对话框，然后按下"图片"按钮。

12. 拼写、语法检查和翻译功能　在输入文档过程中，Word 会自动对输入的内容进行拼写和语法检查。红色波浪线表示可能的拼写错误；绿色波浪线表示可能的语法错误。

要使 Word 能够在键入时自动检查拼写和语法错误，需要选择【工具】→【选项】→【拼写和语法】→【键入时检查拼写】和【键入时检查语法】。

13. 格式刷　利用"常用格式"工具栏上的"格式刷"按钮 可以很方便地把某部分

步骤如下：

（1）选中具有排版格式的段落或文本。

（2）单击"格式刷"按钮，此时鼠标指针变为 形状。

（3）选定要应用格式的文本。如果要对文本应用段落格式或项目符号等则单击该文本段落；如果要对文本应用字符格式，则选中该文本。

在选定了复制格式的文本后，双击"格式刷"按钮，则可以在不同的位置进行多次格式复制。

（4）按 Esc 键可以退出格式刷功能。

4.1.4 修饰文档

1. 字符格式的设置

（1）字体设置：选择【格式】→【字体】菜单可以打开"字体"对话框。该对话框中包含"字体"、"字符间距"、"文字效果"三个选项卡（图 4.10）。

图 4.10 "字体"对话框

在默认的状态下对中文字体改变设置时，文档中的英文也同时发生变化。要想改变这种情况可通过【工具】→【选项】命令，打开"常规"选项卡，取消选中其中的"中文字体也应用于西文"复选框，或分别对中文和英文进行设置来解决问题。

在工具栏上有用于设置格式的常用工具按钮，如果需要用的工具按钮没有显示在"格式"工具栏中，可以在工具栏右侧的"添加或删除按钮"中选择。

（2）字符间距、位置和宽度的调整：在"字体"对话框中选中"字符间距"选项卡，可以对选中的文字设置不同的间距、宽度和高度。随着设置的改变，在该选项卡的下方"预览"框内可以看到设置后的效果。

利用"格式"工具栏中的"字符缩放"按钮，也可以对选定的文字进行宽度调整。

选择菜单【格式】→【调整宽度】命令，弹出"调整宽度"对话框。在该对话框中的"新文字宽度"文本框中输入数值并按"确定"按钮，也可以对选定的文字进行设置。

（3）文字动态效果的设置：在"字体"对话框中的"文字效果"选项卡中有不同的动态效果选项，可以对选定的文字进行设置。同时在"预览"框中看到效果。

如果在文档中设置了动态效果但是看不到，可通过选择【工具】→【选项】→"视图"选项卡，将"显示"项下的"动态文字"复选框选中。

（4）文字方向设置：执行【格式】→【文字方向】命令，可以打开"文字方向-主文档"对话框（见图 4.11），可以设置文字的方向为横排或竖排。

2. 中文版式的设置

（1）拼音标注：选定要添加拼音的文字；选择【格式】→【中文版式】→【拼音指南】命令，出现"拼音指南"对话框，如图 4.12 所示。

在"拼音文字"框中输入拼音字母，如果希望应用所选文字的默认拼音，可以单击"默认读音"按钮。

单击"组合"按钮，可以将多个文字的拼音合并为一个词组的拼音标注。

在"预览"窗口中可以看到"对齐方式"、"偏移量"、"字体"和"字号"的设置效果。

如果要删除文字的拼音指南，则要选中带有拼音的文字，然后单击"拼音指南"对话框中的"全部删除"按钮。

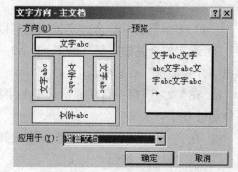

图 4.11 文字方向设置对话框

（2）带圈字符：使用带圈字符中的设置，可以为文档中选定字符的外围添加一个圆圈、菱形等，也可通过设置在文档中输入一个带圈的字。操作步骤如下：

① 选中要添加"带圈字符"效果的内容，可以是一个中文字，也可以是一个全角或两个半角的英文字符或数字。选择【格式】→【中文版式】→【带圈字符】，此时会出现"带圈字符"对话框，如图 4.13 所示。

② 在"样式"选项中选择添加方式，其中"缩小文字"为自动缩小文字以保持字符添加圈号后大小不变；"增大圈号"为文字大小不变，圈号增大。

③ 在"圈号"选项中选择圈的形状。单击"确定"按钮确认。

如果要取消带圈字符的圈号，只需要选中带圈的文字，在"带圈字符"对话框中"样式"框中选择"无"。

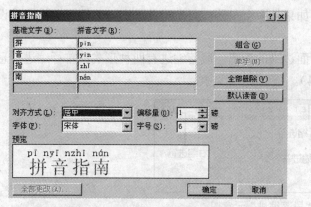

图 4.12 "拼音指南"对话框

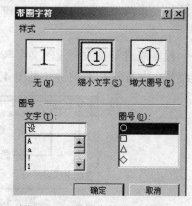

图 4.13 "带圈字符"对话框

（3）纵横混排：纵横混排功能适用在竖排文档中必须将文字横排的情况，例如竖排文档中的日期格式就比较适合用横排方式。操作步骤如下：

① 选定需要设置为纵横混排效果的文本；选择【格式】→【中文版式】→【纵横混排】命令，打开"纵横混排"对话框。

② 选中"适应行宽"复选框，表示要将选取的文字排在同一行。在"预览"框中可以看到设置效果。

③ 完成后按下"确定"按钮。

如果要取消纵横混排的效果，只要选取纵横混排的文字，然后打开"纵横混排"对话框，单击"删除"按钮。

（4）多字符合并：合并字符功能可以将文字由一行并排成两行。操作步骤如下：

① 选定要合并的字符（最多 6 个）；选择【格式】→【中文版式】→【合并字符】，弹出"合并字符"对话框。

② 在"文字"框中自动显示选中的字符。如果没有选定字符，也可以直接在框中键入，不能超过 6 个。

③ 在"字体"、"字号"列表框中选择需要的字体和字号。

④ 按"确定"按钮。

如果要取消合并文字的设置，选中合并文字，然后在"合并字符"对话框中单击"删除"按钮。

（5）双行合一：双行合一的效果和合并字符很类似，都是将文字作并排显示，但设置双行合一后不会影响到段落的行高（因为并排的文字会被缩小），而且没有字数限制，还可以在文字前后加上括号。操作步骤如下：

① 选择【格式】→【中文版式】→【双行合一】命令，弹出"双行合一"对话框。

② 可在"文字"文本中框输入文本或者对选定的文本进行添加或删除。

③ 选择"带括号"复选框，并确定括号样式。

④ 完成后按下"确定"按钮。

如果要取消文本的双行合一，可以选定该文本，然后在"双行合一"对话框中单击"删除"按钮。

3. 段落格式的设置　在设置段落格式前，需要先选定段落对象，如果是单一段落，只要将插入点移至段落内任一处即可；如果是多个段落，可先一并选定，然后再一次完成设置。

段落缩进是指改变段落文字与页面边缘的距离。段落缩进有四种形式：首行缩进、悬挂缩进、左缩进和右缩进（见图 4.14）。

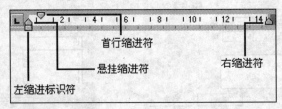

图 4.14 "段落缩进"示意图

段落缩进有多种方法，介绍如下：

选择需要缩进的段落，然后利用鼠标指向水平标尺的缩进标记，按住鼠标左键拖拽到适当的位置松开鼠标左键即可。

"首行缩进"标记将控制段落的第 1 行、第 1 个字的起始位置移动。"左缩进"标识符是控制整个段落左侧的所有行均缩进的位置。"右缩进"标识符将控制段落右侧的位置。

提示：用鼠标拖动标尺缩进标记的同时按下 Alt 键，可显示缩进的准确数值。

利用"格式"工具上的"减少缩进量"按钮和"增加缩进量"按钮可改变缩进的数值。

利用【格式】→【段落】命令能够打开"段落"对话框。利用"段落"对话框中的"缩进和间距"选项卡，能够完成所有段落格式的排版，如对齐方式、缩进方式、行间距、段间距的设置等。

在"段落"对话框中可以选择各种缩进方式。在"缩进"选项组中的"左"、"右"文本框中输入数值可进行左缩进和右缩进；在"特殊格式"列表框中可选择"首行缩进"或"悬挂缩进"，在其后面的"度量值"框中可输入这两种缩进的准确数字。

若将行距设置为最小值、固定值或多倍行距，还可在行距项中设置磅值、厘米数或行数。（提示：如果设置的单位不同时，可以直接在设置的数值后面键入需要的单位名称即可。）

利用格式工具栏中的行距按钮也可设置段落间的行距。

4. 制表位的设定　设置适当的 Tab 键，可以方便地完成上下对齐的操作。设置好制表位后，在同一段落中只要单击 Tab 键，插入点就会立刻移到下一个制表位。

在水平标尺的最左端有一个制表符按钮▉，每单击一次此按钮，它上面的制表符号就改变一种对齐方式，多次单击此按钮，则可在左对齐、居中对齐、右对齐、小数点对齐、竖线制表位、首行缩进、悬挂缩进七种制表符之间轮流变化。操作方法如下：

（1）选定要在其中设置制表位的段落。

（2）单击制表符按钮，直到出现所需制表符类型。

（3）在水平标尺上单击要插入制表位的位置（见图 4.15）。

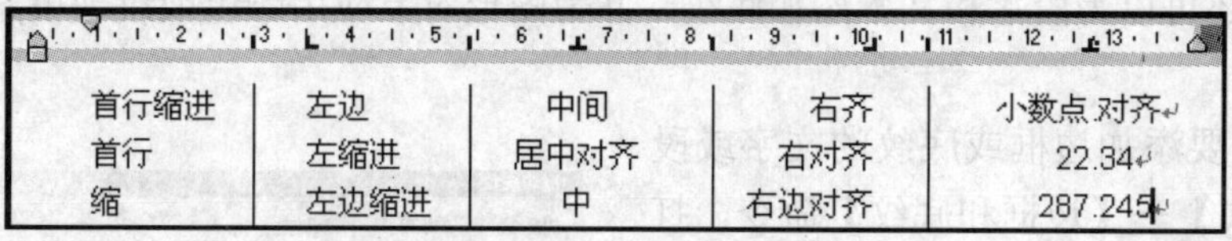

首行缩进	左边	中间	右齐	小数点 对齐
首行	左缩进	居中对齐	右对齐	22.34
缩	左边缩进	中	右边对齐	287.245

图 4.15 制表位示意图

使用【格式】→【制表位】命令，可打开"制表位"对话框。在此对话框中可以精确设置制表位的位置，可以改变默认制表位的设置距离；其中"前导符"是用来设置制表位左边的空白所要填入的前导符。

5. 首字下沉　在文档中设置首字下沉，执行如下操作：

（1）单击要设置首字下沉的段落，在菜单栏中选择【格式】→【首字下沉】命令，弹出"首字下沉"对话框，如图 4.16所示。

（2）在该对话框中"位置"选项组中选择首字下沉的类型。

（3）在"选项"选项组中可以对首字的字体、下沉的行数以及首字距正文的距离进行设置。

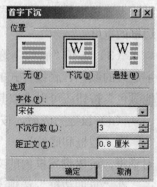

图 4.16 "首字下沉"对话框

（4）单击"确定"按钮。

提示：首字下沉一次只能设置一个段落，不能同时设置多个段落。

6. 分栏　对文档或部分文档进行分栏设置，可进行如下操作：

（1）选定要设置分栏的文本。

（2）选择【格式】→【分栏】命令，在弹出"分栏"对话框（见图 4.17）中可以设置每栏的宽度、栏间距和是否插入分隔线等等。

（3）选定分栏数后单击鼠标，所选文本就按选定的栏数分栏了。

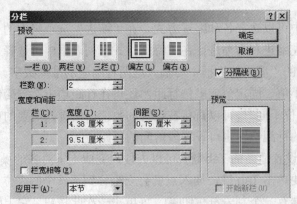

图 4.17 "分栏" 对话框

可利用"格式"工具栏中的"分栏"按钮，拖拽鼠标设定分栏数。

提示：① 不能在页眉、页脚、批注或文本框中使用分栏。若要在这些区域中设置分栏效果，请使用表格。② 在页面视图下才能看到分栏效果。

7. 边框和底纹　在 Word 中可以把边框加到文本、页面、表格、图形对象、图片和 Web 框架中，还可以为段落和文本添加底纹，并为图形对象应用颜色或纹理填充。

操作步骤：

（1）选中要添加边框或底纹的文字或段落，执行【格式】→【边框和底纹】命令，打开"边框和底纹"对话框，并在"应用于"下拉列表中选择应用范围。

（2）选择"边框"选项卡（见图 4.18），可以设置边框的类型、选择边框线型及颜色、边框的宽度。

（3）选择"底纹"选项卡，可以设置文字底纹的颜色、底纹样式的颜色等。按下"其他颜色"按钮还可以选取其他的颜色。

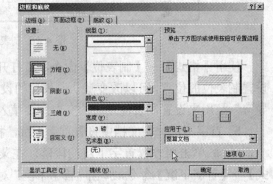

图 4.18 "边框和底纹" 对话框

（4）设置完成后，按"确定"按钮。

在"边框和底纹"→"边框"选项卡中，按下"选项"按钮，打开"边框和底纹选项"对话框，可以设置框内的文字区域与上、下、左、右边框的距离。

在"页面边框"选项卡中，可以为页面设置边框，在"艺术型"下拉列表中有很多美丽的边框图案供选择。页面边框的应用范围有四种。

8. 突出显示　在 Word 中，可以使用"突出显示"工具标记重要文本。操作步骤如下：

（1）单击"格式"工具栏中的"突出显示"按钮，鼠标指针变为形状。

（2）选中要突出显示的文本。

（3）再次单击"突出显示"按钮（或按 Esc 键），即可关闭突出显示功能。

如果要更改突出显示的颜色，可以单击"突出显示"按钮右侧的下三角按钮，在颜色选框中选择需要的颜色。

要删除突出显示时，要先选中要删除突出显示的文本，然后单击"格式"工具栏中的

"突出显示"按钮右侧的下三角,在弹出的下拉列表中选择"无"。

利用菜单中【工具】→【选项】命令,在弹出的"选项"对话框中打开"视图"选项卡,在"显示"选项组中清除或选中"突出显示"复选框,可以隐藏或显示突出显示。

9. 插入页码 执行【插入】→【页码】命令,打开"页码"对话框。在该对话框中进行相应的设置,并单击"确定"按钮,文件会自动切换到"页面"视图(在"普通"视图下看不到页码),并在每页指定位置显示页码。

单击"常用"工具栏中的"打印预览"按钮,在"打印预览"模式下也可以看到加入的页码。

10. 分页和分节 分页与分节是不同的概念,分页仅仅用于分割页面,而分节可以将文档分割为不同格式的节(如单栏、双栏混排、页眉页脚等)。

(1)分页:Word 提供了两种分页功能,自动分页和人工分页。

当输入的文本超过一页时便会自动分页。人工分页的方法是在要分页的地方插入一个分页符。操作:将光标置于要插入分页符的位置;选择【插入】→【分隔符】命令,在"分隔符"对话框(图4.19)中选择"分页符"并单击"确定"按钮。

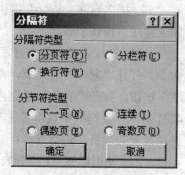

图 4.19 "分隔符"对话框

提示:在普通视图中可以看到自动分页符与人工分页符的区别。

(2)分节:建立一个文档,需要设置许多格式,如页边距、页眉、页脚等,如果想要在文档的不同部分采用不同的格式,则可用分节符将整篇文档分割成几节(部分)。

在文档中插入分节符的方法是:将光标移到需插入分节符处,在分隔符对话框上选定需插入的分节符,单击"确定"。分节符的类型及其定义:

• 下一页:插入一个分节符并分页,新节从下一页开始;

• 连续:插入一个分节符,新节自分节符后开始;

• 奇数页:插入一个分节符并分页,新节从下一个奇数页开始;

• 偶数页:插入一个分节符并分页,新节从下一个偶数页开始。

分节符在文档中显示为包含分节符字样以及类型说明文字的双虚线。

11. 插入页眉和页脚 页眉和页脚是指位于上页边区和下页边区中的注释性文字或图片。通常,页眉和页脚可以包括文档名、作者名、章节名、页码、编辑日期、时间、图片以及其他一些域等多种信息。

页眉和页脚不占用正常的文档文字空间,它们只能在"页面"和"阅读版式"视图下才能看到。

选择【视图】→【页眉和页脚】命令,这时插入点会自动放置到页眉区中,同时屏幕上会出现"页眉/页脚"工具栏,如图4.20所示。该工具栏提供了页眉和页脚的操作按钮。

图 4.20 "页眉和页脚"工具栏

单击插入页码、插入页数、插入日期、插入时间按钮，可将页码、总页数、日期、时间等插入光标所在处。

只有文档分节后，同前按钮 ![] 才能使用。单击该按钮可使页眉和页脚区边线右上角处显示或不显示"与一上节相同"字样，分别表示本节页眉和页脚与上一节的相同或不同。

页眉、页脚区的位置受两个因素影响。一是页面设置中页边距选项卡上距边界选项区的选择；二是页眉、页脚区的高度。因此，改变距边界的大小和页眉、页脚区的高度，可以改变页眉、页脚区的位置。页眉、页脚区的高度取决于其中的文字、图片的高度。

插入页眉后在其底部加上一条页眉线是默认选项。如果不需要，可自行删除。方法是：进入页眉和页脚视图后，将页眉上的内容选中，然后单击【格式】→【边框和底纹】，在"边框"选项卡设置选项区中选"无"，单击"确定"按钮。

提示：也可以通过"边框和底纹"改变页眉横线的线形。

12. 插入题注　Word 提供了自动设置题注功能，在文档中插入图片、表格时，自动加上题注。操作步骤如下：

（1）执行【插入】→【引用】→【题注】命令，打开"题注"对话框，单击"自动插入题注"按钮，打开"自动插入题注"对话框，如图4.21 所示。复选框中显示了在 Word 中适用题注自动设置的项目，进行选择；

（2）"使用标签"下拉列表选项中选择标签；

（3）在"位置"下拉列表框中选择题注放在上方或下方；

（4）单击"确定"按钮。

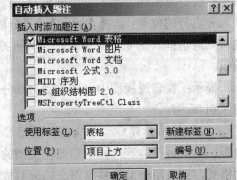

图 4.21　"自动插入题注"对话框

13. 插入脚注和尾注　脚注和尾注主要由两部分组成，一部分是插入在文档中的引用标记，另一部分是位于页面底部或结尾处的注释文本。操作步骤如下：

（1）将插入点置于插入脚注或尾注的位置；

（2）执行【插入】→【引用】→【脚注和尾注】命令，弹出"脚注和尾注"对话框，在"位置"选项组选择脚注或尾注以及位置。

在"自定义标记"文本框中可以键入特殊标记符号作为脚注或尾注的标记，或者单击"符号"按钮，在弹出的"符号"对话框中进行选择。

在"编号方式"下拉列表中选择"连续"、"每节重新编号"或"每页重新编号"。

通过将文档分节，可以在文档的不同节对脚注和尾注设置不同的编号格式。

（3）单击"插入"按钮，引用标记则插入到相应的文本位置上，光标自动置于设定的位置，直接键入脚注或尾注文本内容即可。

要查看脚注或尾注内容时，只要将鼠标指针停留在其引用标记上，其内容将以屏幕提示的方式显示出来。

14. 抽取目录　抽取目录最简单的方法是使用内置的大纲级别格式或标题样式进行创建与抽取。

在文档中选择适当的位置，执行【插入】→【引用】→【索引和目录】命令，打开"索引和目录"对话框，单击"目录"选项卡。在"格式"下拉菜单中选择要应用的目录格式。单击"确定"按钮，稍等片刻就会自动生成该文件的目录。

当修改了文档内容需要更新目录时，只要在目录上单击鼠标右键，在弹出的菜单中选择"更新域"命令，然后在对话框中选择"更新整个目录"，单击"确定"按钮。

将光标放置在已抽取的目录中，然后按 Ctrl+6，即可将当前目录的超链接取消。或者将生成的目录全部选中，然后按 Ctrl+Shift+F9，就可将目录转换为正常的文本，拷贝到其他文档或进行打印。

15. 插入艺术字 用"绘图"工具栏中的"艺术字"按钮或单击【插入】→【图片】→【艺术字】命令，出现"艺术字库"对话框，在此对话框中可给文字增加特殊效果。因为特殊文字效果是图形对象，所以也可用"绘图"工具栏上的按钮来改变其效果。

在"艺术字"库对话框中选中任一类型艺术字式，然后单击"确定"按钮，会出现"编辑艺术字文字"对话框。在该对话框中的"文字"栏内键入文字，然后单击"确定"按钮，文档中则按设置出现艺术字。

单击文档中的艺术字，或者单击【视图】→【工具栏】→【艺术字】命令，会出现"艺术字"工具栏。

单击"艺术字"工具栏右上方的下拉箭头，出现"添加或删除"按钮，单击此按钮，出现快捷菜单，单击此菜单中的某一项可以在"艺术字"工具栏中添加或删除该项目。

16. 插入剪贴画和图片 将插入点置于想插入图片的位置，单击【插入】→【图片】→【剪贴画】命令，出现"插入剪贴画"任务窗格，在该任务窗格中可以对图片进行搜索。按下"剪辑管理器"会打开"收藏及列表"框，找到"Office 收藏集"并单击其前面的⊞符号，即可展开该文件收藏夹下的所有类别或图片。如果找到满意的图片，就可以直接将图片拖拽到文件中。

如果此时已经连上网络的话，还会显示从网络上搜索到的图片。

当直接从扫描仪或数码相机插入图片时，选择【插入】→【图片】→【来自扫描仪或照相机】命令，再根据提示进行操作（此项操作前需要安装扫描仪或数码相机所需的软件）。

在【图片】子菜单中选择【来自文件】命令，出现"插入图片"对话框，在该对话框中选中图片文件，点击"插入"按钮。

Word 有 7 种插入图片的环绕方式：嵌入型、四周型、紧密型、穿越型、上下型、浮于文字上方、衬于文字下方。

嵌入型是直接从插入点放置到文字中的图形或其他对象，是插入图片的默认方式。如图 4.22 所示。

其他 6 种是指将图片插入文档后，插入的图片和文档中的文字位于不同的层次上。

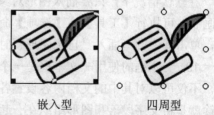

嵌入型　　　　四周型

图 4.22 插入图片的方式

若要将嵌入式图片改为其他环绕方式图片，先选中该图片，然后通过"图片"工具栏进行设置。

注：打开"图片"工具栏的方法：【视图】→【工具栏】→【图片】。通过该工具栏中的各个按钮，可以对图片进行裁剪、旋转、颜色、亮度与对比度等进行修改。

17. 绘图工具栏 文档中除了可以插入图片外，还可以利用"绘图"工具栏绘制图形。

单击【视图】→【工具栏】→【绘图】命令，出现"绘图"工具栏，如图4.23所示。

图4.23 "绘图"工具栏

单击"绘图"按钮，弹出绘图下拉菜单，在此下拉菜单中可设置图片叠放层次、绘图网格、将图片旋转、文字环绕等内容。

单击"自选图形"按钮，弹出一下拉菜单，其中提供了一套现成的基本图形，可以很方便地画出这些图形，并可对这些图形进行组合、编辑等操作。

在自选图形上可以添加文字并可进行字符格式的设置，还可随着图形的移动而移动。操作方法：在要添加文字的图形上单击鼠标右键；在弹出快捷菜单中选择"添加文字"命令，图形对象上将显示一个文本框，输入文字即可。

为了使绘制的图形更漂亮，可以对图形的边线、填充等进行设置。

通过选择"绘图"工具栏中的"阴影"、"三维效果"按钮，可以为图形、剪贴画、艺术字添加立体效果。

提示：对图片或图形进行设置之前一定要先将其选中。

18. 绘图画布　利用"绘图画布"，可以创建绘图区域，其中所有的对象都有绝对位置。在画布上不仅可以将图片一起移动、复制，还可以个别编辑其中的图片。

在绘图画布上可以新建自选图形，也可以将已绘制或插入文件中的图片拖拽到画布中。

操作方法：执行【插入】→【图片】→【绘制新图形】命令。

当画布的尺寸与图片大小不符合时，可以将画布调整到适当大小。在画布内按鼠标右键，在弹出的快捷菜单中选择"显示绘图画布工具栏"，利用"绘图画布"工具栏进行调整，或者直接拖拽画布边框上的控制点来调整画布大小。

要设置画布的文字环绕方式，可将画布置于绘图层，按下绘图画布工具栏上的█按钮来选取文字环绕的方式。

如果想删除画布，只要单击画布的范围（不选取任何图形），让隐藏的画布显示出来，再按下 Delete 键即可。要注意的是，一旦画布被删除，画布上的所有图形也会一并被删除。

在默认情况下，只要插入图形对象，就会创建一块绘图画布。如果不希望自动创建绘图画布，可执行【工具】→【选项】命令，在弹出的"选项"对话框中打开"常规"选项卡，单击其中的"插入'自选图形'时自动创建画布"复选框。

19. 文本框的使用　文本框是一个能够容纳文本的容器，在其中可以放置各种文档内容，不仅可以对其中的文档内容设置各种格式，同时也可以插入各种图形。文本框的主要用途就是将文字段落和图形组织在一起，成为一个整体。

文本框支持 Office Art 的全套功能，如三维效果、填充、背景、旋转、改变大小及裁剪等，并且能够通过链接各文本框使文字从文档一个部分排至另一部分。

单击【插入】→【文本框】菜单项会出现一个子菜单选择一种排列方式："横排"或"竖排"，鼠标的形状变为十字形，将"十字"形鼠标指针移到文档中要插入文本框的左上角，按住并拖动鼠标到要插入文本框的右下角，松开鼠标，就可在预定位置插入一文本框。

文本框具有图形的属性。文本框建好后，可以用鼠标调整文本框的大小和位置。

　　要更改文本框中文字的方向，要先将光标置于需改变文字方向的文本框中，或选定文本框内容，单击【格式】→【文字方向】菜单项，打开"文字方向-文本框"对话框，在对话框中选择需要的文字方向，然后单击"确定"按钮。

　　删除文本框的方法与删除文字相同，只要选定该文本框，然后单击 Delete 键。

　　可以在文档中建立多个文本框，并将它们链接起来，前一个文本框装不下的文字将出现在下一个文本框的顶部；同样当删除了前一个文本框的内容时，后一个文本框的内容将上移，即使各文本框不相邻或不在同一页上。

　　在文本框的边框上单击鼠标右键，在弹出的快捷菜单选择"设置文本框格式"，会出现"设置文本框格式"对话框，在该对话框中可对边框进行各种设置，如边框的线型、颜色、粗细等。

　　20．水印　水印是显示在文档文本后面的文字或图片，例如注明文档是"样本"。在页面视图或打印出的文档中可以看到水印。如果使用图片，可以将其淡化或冲蚀，以不影响文档文本的显示。使用 Word 提供的水印功能，可以方便地选择图片、徽标或自定义文本作文档的背景。

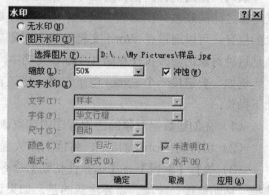

　　操作方法：选择【格式】→【背景】→【水印】命令，打开"水印"对话框（图 4.24）。

图 4.24 "水印"对话框

　　若要将一幅图片插入为水印，单击"图片水印"单选按钮，在单击"选择图片"按钮。选择所需图片后，再单击"插入"按钮。

　　利用"图片"工具栏中"颜色"按钮中的"冲蚀"选项也可以达到水印效果。

　　若要插入文字水印，单击"文字水印"单选按钮，然后选择或输入所需文本。选择所需的其他选项，然后单击"应用"按钮。

4.1.5 插入对象

　　1．插入公式　单击【插入】→【对象】命令，在"对象"对话框中单击"新建"标签，选中"Microsoft 公式 3.0"，打开公式编辑器即可根据需要内容在公式模板中进行选择。

　　提示：Microsoft 公式 3.0 不在典型安装之内，需要通过运行安装 Office 2003，在工具项中添加此项功能。

　　2．插入 MP3　单击【插入】→【对象】命令，打开"对象"对话框并选择"由文件创建"标签，单击"浏览"按钮，选择要插入的 MP3 文件，单击"插入"按钮。MP3 文件出现在"对象"窗口中，单击"确定"按钮，此时文档中就插入了一个 MP3 音乐文件图标，双击该图标即可开始播放 MP3 音乐。

　　3．插入 Flash 动画　单击【视图】→【工具栏】→【控件工具箱】命令，打开"工具箱"工具栏。单击"控件工具箱"中的"其他控件"按钮，在弹出的列表中选择"Shockwave Flash Object"选项。此时文档中会插入一个矩形区域。右键单击该矩形，选择"属性"命令，在"属性"对话框中找到"Movie"选项，在其后输入 Flash 动画的路径和文件名。关闭"属性"对话框，返回 Word 编辑窗口，单击"控件工具箱"中的"退出设计模式"

按钮，就可以开始播放 Flash 动画。

4. 链接对象与嵌入对象　链接，就是将其他应用程序中所创建的数据对象关联到 Word 文档中。当用户将一个对象链接到文档中时，在文档中会记录该对象的位置、创建该对象的应用程序以及其他的相关信息。当在文档中双击该对象时，Word 就会自动运行创建该对象的应用程序，并自动打开相应的对象，使用户可以对之进行编辑。

被链接的对象可以根据用户的需要进行更新操作，例如，往文档中插入了一个 Excel 电子表格，随后又在另外的场合中修改了该电子表格，这时在 Word 文档中可以及时反映这种修改，使 Word 文档中引用的数据始终保持最新。当然，也可以锁定链接，使得链接不能被更新，甚至可以断开链接，杜绝更新操作。

嵌入，指的是将其他应用程序所创建的数据对象完整放入到文档中，并断开同原始数据对象之间的联系，在文档中只记录用于创建数据对象的应用程序信息，不记录该数据对象的位置。可以通过在 Word 文档中双击对象启动创建该对象的应用程序，并编辑对象，但是这种对象的修改仅仅存储在 Word 文档中，并不影响原始的数据对象。

例如，要链接一个 Excel 电子表格，应该首先使用 Excel 创建该电子表格，然后进行如下操作：

（1）在创建数据对象的应用程序中选取该对象，并将它复制到剪贴板中；

（2）切换到 Word 窗口中，将插入点放置到要插入链接对象的地方；

（3）执行【编辑】→【选择性粘贴】命令，会出现图 4.25 所示对话框，在对话框中选择"粘贴链接"选项。需要注意的是，如果该单选按钮灰色无效，表明用于创建数据对象的应用程序不支持链接特性；

（4）在对话框"形式"列表中选择"Microsoft Excel 工作表对象"，单击"确定"按钮，选定的 Excel 表格就被链接到 Word 文档中。

以上操作使用【插入】→【对象】→【由文件创建】命令也可以完成。

利用【选择性粘贴】和【插入】→【对象】方法，同样可以嵌入对象。

图 4.25 "选择性粘贴"对话框

5. 超链接的设置　超链接外观上可以是图形也可以是具有某种颜色或带有下划线的文字。超链接表示为一个"热点"图像或显示的文字，用户单击之后可以跳转到其他位置。

插入超链接步骤如下：

（1）在要插入超链接的位置上单击；

（2）执行【插入】→【超链接】命令，或单击"常用"工具栏上的"插入超链接"按钮；弹出"插入超链接"对话框，如图 4.26 所示；

（3）在"链接到"区域中选取要链接到的目的位置，不同的位置，对话框显示内容不同；

（4）在"要显示的文字"文本框中输入希望该超链接在文档或 Web 页中显示的文字；

（5）在"查找范围"文本框中选定希望链接到的文档或 Web 页；

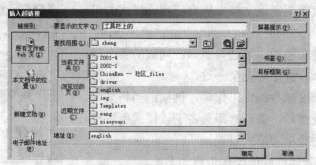

图 4.26 "插入超链接"对话框

（6）如果希望设置超链接的屏幕提示，单击"屏幕提示"按钮，弹出"设置超链接屏幕提示"对话框，在该文本框中键入提示文字，并按"确定"按钮。该提示文字会在鼠标指针停留在超链接上时显示出来；

（7）设置完毕，单击"确定"按钮。

取消超链接的方法：用鼠标右键单击要删除的超链接，选择【超链接】子菜单，并单击【取消超链接】命令。

4.1.6 模板和样式

1. 模板　模板分为共用模板和文档模板两种。单击新建按钮□创建文件时，会直接复制共用模板 normal. dot 供用户使用。

Word 提供的模板已经具备了文件的基本结构和版面设置，如字体、段落设置、样式等，只要套用模板就可以轻松建立不同风格的文件。

在 normal 模板中包含了许多种样式，可以根据需要修改它们，但不能将它们删除或更名。也可根据个人实际需要设计模板，设计完成后，将其保存为模板格式（.dot 文件格式），以后就可以直接打开使用了。

创建新模板有两种方法：一是根据现有的文档创建；二是根据现有模板创建。

提示：保存在 templates 文件夹中的模板都将出现在"常规"标签中。

2. 样式　样式就是对文档中文字、表格等进行的一连串格式设置的集合，如标题、正文、常用文字等。需要对某个字符或段落进行格式设置时，只要直接应用样式就能一次完成多项格式的操作。

Word 中提供了多个"样式"工具。单击"格式"工具栏中"样式"列表框右侧的下三角（见图 4.27），就可以打开样式列表框。

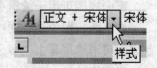

图 4.27 样式

执行【格式】→【样式和格式】命令，或在工具栏中单击"格式窗格"按钮，就可以打开"样式和格式"任务窗格。

（1）查看或修改某个样式规定格式的方法：以查看"标题 2"样式为例：

① 单击【格式】→【样式和格式】。

② 鼠标在"标题 2"上稍做停留，下边的说明（见图 4.28）即显示出它规定的格式。

③ 单击"标题 2"右侧的下拉按钮，选择"修改样式"，就可以在原样式的基础上进行修改。

"自动更新"能直接更新该文档中所有应用此样式的段落或字符。

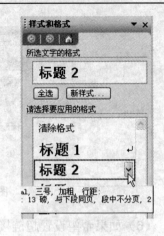

图 4.28 "样式和格式"栏

使用样式可以保持文档的一致性。例如：同级的各个标题的字体、字号、字形、行距等完全一致。

使用样式可以大幅度减少编辑工作量。例如：当将某个段落样式应用到一个段落后，该段落即具备了该样式所规定的各项格式，而不必进行单项格式设置。

（2）新建样式：新建样式的操作步骤如下：

① 单击【格式】→【样式和格式】命令。

② 在样式框中选中一个与将要新建样式的格式差别不大的样式，单击"新样式"按钮，打开"新建样式"对话框。在名称框中键入新建样式的名字。

③ 单击"格式"按钮，再逐个单击需要更改的格式类别，然后进行设置。

④ 新建样式若需添加至模板中，则选中"添至模板"；若需自动更新，则选中"自动更新"；然后单击"确定"按钮。

（3）删除自建样式：只有用户自己建立的样式可以删除。操作方法是：在样式框中选中需删除的样式后，单击鼠标右键选择"删除"命令。

在"普通视图"及"大纲视图"下还可以在文件窗口中设置样式区，以方便查看段落样式。打开【工具】→【选项】→"视图"选项卡，可以设置"样式区宽度"。

4.1.7 查看文档

1. 视图　Word 窗口中水平滚动条的左侧有"普通视图"、"Web 版式视图"、"页面视图"、"大纲视图"和"阅读版式"五种视图切换按钮 ≡ ⊡ ▣ ⊟ ▥，单击这些按钮，可以迅速切换相应的视图方式，与"视图"菜单中选择的视图命令作用相同。

（1）普通视图可以显示文本格式，简化了页面的布局，可以便捷地进行键入和编辑。在普通视图中不显示页边距、页眉和页脚、背景、图形对象等。当文档中的文字填满一页时，会出现一条虚线为分页线，说明虚线的上下文不在同一页中。

（2）页面视图是以页面的形式显示，使文档看上去如同在纸上一样。页眉、页脚、分栏、图片等都会出现在实际位置上。

页面视图可用于编辑页眉和页脚、调整页边距、处理图像对象和分栏。

在页面视图中查看文档时，如果将文档中页面之间的空白区域或页眉/页脚区域隐藏起来，可消除屏幕上的多余区域，也便于阅读和编辑。

操作方法是：将鼠标悬停在文档中页面的顶部或底部边缘，将会出现图 4.29 所示的两个箭头，点击它们允许在显示和隐藏空白区域之间切换。

（3）在大纲视图中可以通过折叠文档来查看主要标题，或者展开文档的全部目录，以及所有正文。在这种视图方式下，会出现一个"大纲"工具栏，它提供了操作大纲时用到

图 4.29

的功能，很容易快速浏览和创建文档的结构，并对文档结构元素进行管理。

设定大纲结构的方式，是将文件的标题段落套用标题样式，或是设置大纲级别。凡是

套用了标题样式或设置大纲级别的段落，在大纲视图中会出现✛或━。大纲结构的级别会依照次序缩进，以突出文件的大纲结构。级别的次序由左而右递减。

没有套用标题样式或设置大纲级别的段落，会出现符号▫，表示此段落为正文，并非大纲结构中的级别。

在大纲视图中不显示页边距、页眉和页脚、图片和背景。

（4）Web 版式视图用于显示文档在 Web 浏览器中的外观，并能够帮助用户很好地编写 HTML（超文本格式）文档。在这种视图中，不显示与 Web 页无关的信息，如分页符和分隔符，且图形位置与在 Web 浏览器中的位置一致。用户可以在其中编辑文档，并将之存储为 HTML 文档。

（5）阅读版式视图会隐藏除"阅读版式"和"审阅"工具栏以外的所有工具栏。

提示：打开一个作为电子邮件附件接收的 Microsoft Word 文档时，Word 会自动切换到阅读版式视图。如果不想使用阅读版式视图查看电子邮件附件，请清除【工具】→【选项】对话框中"常规"选项卡上的"允许从阅读版式启动"复选框。

在 Word 中，单击"常用"工具栏上的"阅读"按钮或在任意视图下按 Alt+R，可以切换到阅读版式视图。因为阅读版式视图的目标是增加可读性，文本是采用 Microsoft ClearType 技术自动显示的，可以方便地增大或减小文本显示区域的尺寸，而不影响文档中的字体大小。

阅读版式视图中显示的页面设计为适合您的屏幕；这些页面不代表在打印文档时所看到的页面。如果要查看文档在打印页面上的显示，而不切换到页面视图，请单击"阅读版式"工具栏上的"实际页数" 📄。

停止阅读文档时，单击"阅读版式"工具栏上的"关闭"按钮 📖关闭(C) ▬ 或按 Esc 或 Alt+C，可从阅读版式视图切换回来。

如果要修改文档，只需在阅读时简单地编辑文本，而不必从阅读版式视图切换出来。"审阅"工具栏自动显示在阅读版式视图中，可以方便地使用修订记录和注释来标记文档。

提示：阅读版式视图中，页面上不在段落中的文本（如图形或表格中的艺术字等）显示时不调整大小。如果文档版式复杂具有多个列和表格或包含宽图形，在页面视图中阅读文档可能要比在阅读版式视图中更容易。

（6）文档结构视图在文档的左侧有一个独立的窗格，显示文档的标题列表，称为"文档结构图"。单击"文档结构图"中的标题后，Word 会跳转到文档的相应标题，并将其显示在窗口的顶部，同时在"文档结构图"中突出显示该标题（见图 4.30）。选择【视图】→【文档结构图】菜单项，即可激活当前文档的结构视图。

2. 全屏显示　要在屏幕上尽可能多地显示文档内容，可以切换为全屏显示，在此模式下，隐藏了屏幕上的工具栏和滚动条等屏幕元素。

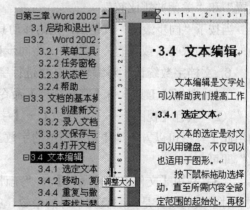

图 4.30 文档结构图

若要切换到全屏显示模式，请在【视图】菜单上，单击【全屏显示】命令。

若要关闭全屏显示模式，并切换到上一个视图，请在"全屏显示"工具栏上，单击"关闭全屏显示"按钮，或者按 Esc 键。

如果要在全屏模式下选择菜单命令，可将指针置于屏幕顶部，菜单栏即可显示出来。

3. Web 页预览　Web 页预览显示了文档在 Web 浏览器中的外观，如果 Web 浏览器没有运行，Word 会自动启动它，而且可以随时返回 Word 文档。

选择【文件】→【Web 页浏览】命令，即可以 Web 页预览方式显示文档。

4. 打印预览　打印预览是显示打印效果的一种视图。可以通过缩小尺寸显示多页文档，还可以在打印前编辑和改变格式。同时可以看到分页符、隐藏文字以及水印等。

5. 缩放文档　通过缩小文档的显示比例，可以增加显示文档内容或文档页面。

在"常用"工具栏中单击"显示比例" 100% ▼ 文本框右侧的下三角按钮，可以选择显示比例。

执行【视图】→【显示比例】命令，在弹出的"显示比例"对话框中也可对显示比例进行设置。

6. 拆分屏幕视图　拆分屏幕视图将视图拆分为两部分，并可对这两部分分别进行编辑。操作步骤如下：

（1）鼠标移动到窗口垂直滚动条的顶部的拆分条上，这时鼠标变为 ÷ 形状。

（2）按下鼠标向下拖动，可看到灰色的拆分条在屏幕上移动，松开鼠标时窗口即分为两部分。

在两个窗口中可以分别调整文档的显示位置，并进行编辑操作。当需要恢复整体窗口时，将鼠标再次移到分隔窗口横条上变为上下箭头形状时，将横条拖动到窗口顶端即可。

需要注意的是，尽管屏幕被拆分为两个，但是编辑的仍然是一个文档，对其中任何一个窗口中文档的修改和存储都会立刻反映到另一个窗口文档中。

7. 并排比较文档　打开需要比较的文档后，在任意一个文档窗口中，单击菜单栏中的【窗口】→【并排比较】，选中另一文档，窗口将并排显示。此时会出现一个【并排比较】工具栏（图 4.31），上面的三个按钮命令："同步滚动"、"重置窗口位置"和"关闭并排比较"。

图 4.31 【并排比较】工具栏

当按下"同步滚动"按钮后，无论移动其中任何一个窗口的水平（或垂直）滚动条时，另一窗口的水平（或垂直）滚动条，将同步移动，从而达到对比的目的。

8. 文档字数统计　对编辑的文档进行字数统计，可以有以下几种方法：

（1）选择【工具】→【字数统计】命令，打开"字数统计"对话框。

（2）执行【视图】→【工具栏】→【字数统计】命令可以打开"字数统计"工具栏。利用此工具栏可以方便地更新文档中的字数。只需单击"字数统计"工具栏中的"重新计数"即可。

（3）利用【文件】→【属性】→"统计"选项卡，也可以查看文档的字数和行数。

对字数的统计是按照英文字母的个数、中文字数和数字的个数进行计算的。

在"字数统计"中允许对页眉和页脚字数是否统计在内进行灵活的处理。

4.1.8 表格应用

1. 创建表格　创建表格有两个途径，一种是插入表格，另一种是绘制表格。

提示：在制作表格时，要切换到"页面"视图。

插入表格步骤：

（1）单击要插入表格的位置。

（2）执行【表格】→【插入】→【表格】命令，弹出"插入表格"对话框。

（3）在"列数"和"行数"文本框中分别键入要插入表格的列数和行数。

（4）单击"确认"按钮。

利用"常用"工具栏上的"插入表格"按钮，也可拖拽出多行多列的表格，不管表格的行列数为多少，表格的宽度就是版面文字区域的宽度，且每一列的宽度相等。

制作复杂的表格，可以通过选择"常用"格式工具栏上的"表格和边框"按钮，打开"表格和边框"工具栏（图 4.32）。利用其形象的图标就可进行绘制或擦除表线，可选择不同的线型及表线的颜色，还可设置表格单元的合并或拆分。需要注意的是进行这些操作之前要将画笔和橡皮按钮功能取消。

表格单元格中除了可以放置文字、图片外，还可以插入表格形成嵌套表格。

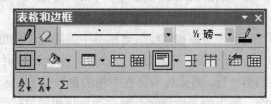

图 4.32 "表格和边框"工具栏

将插入点置于表格内，利用【表格】→【绘制斜线表头】命令，打开"绘制斜线表头"对话框，可以在表头绘制一条以上的斜线，并可设置和输入标题文字。

2. 编辑表格　对表格的编辑包括调整表格大小、添加和删除表格行、列或单元格、合并或拆分表格等等。

（1）选定整个表格：可以单击表格左上角的选定表格标记⊞，还可以按住 Shift 键，然后在表格中的任意位置依次单击，直到选中整个表格。

（2）选定表行、列：将光标置于一行的左边界或一列的顶端，当鼠标变成形状↗或↓时，单击鼠标左键，可选中其指向的行或列。

选择不相邻的多个单元格、行或列：单击所需的第一个单元格、行或列，然后按住 Ctrl 键，再单击所需的另一个单元格、行或列。

（3）调整行高或列宽：将光标置于表格线上鼠标变成←‖→或↕形状时，按下鼠标左键并拖动。

（4）插入：选中要插入行、列或单元格的相邻位置，选择【表格】→【插入】菜单，会出现相应的子命令，根据需要进行选择就可以添加与选定的行、列或单元格相同数目的行、列或单元格。

单击最后一行的最后一个单元格，然后按 Tab 键（或在表格最后一行的结尾处按回车键），可以快速在表格末尾快速添加一行。

（5）删除：选中要删除的单元格、行或列，根据需要选择【表格】→【删除】菜单下的子命令。

（6）拆分表格：将光标定位在拆分后要成为第二个表格首行中的任一位置，然后执行【表格】→【拆分表格】命令。

（7）拆分单元格：将一个单元格分隔成多个。将光标定位在要拆分的单元格中，或者选定要进行拆分的多个单元格，然后选择【表格】→【拆分单元格】命令，在弹出的对话框中进行选择。

（8）合并单元格：将相邻的多个单元格合并成一个。操作方法：选定要合并成一个单元格的多个单元格，然后选择【表格】→【合并单元格】命令。

（9）调整表格：选中要调整的表格，执行【表格】→【表格属性】命令，然后在弹出的"表格属性"对话框中可以精确地设置表格的行、列的高度、宽度及表格在文档中的位置等。

3. 表格样式　执行【表格】→【表格自动套用格式】命令，可以选择 Word 内置的表格样式。

在"表格自动套用格式"对话框中还可以通过单击"新建"或"修改"按钮，对现有表格样式进行创建或修改。

利用"边框和底纹"对话框中的功能，也可按照个人的需求对表格样式进行设置。

4. 跨页表格标题行重复设置　当表格跨页时其标题行不会自动重复加载在下一页表格的第一行。将光标放置在表格的第一行（即标题行），然后执行【表格】→【标题行重复】命令，跨页的表格将会全部自动加载相同的标题行。取消标题行重复时，将光标放置在表格标题行中，再次执行【表格】→【标题行重复】命令即可。

提示：如果希望标题与表头同时出现在跨页表中，需要将标题也建立在表格内才能与标题行一起重复出现。

5. 表格排序　应用【表格】→【排序】命令可对表格中的字母、数值、汉字或日期进行排序，排序设置可达三个层次。操作方法如下：

（1）选中要排序的表格，单击【表格】→【排序】命令，打开"排序"对话框，如图 4.33 所示；

（2）在"排序依据"框中选择需排序的列；在"类型"框选择排序类型；再选择"递增"或"递减"选项，单击确定。

（3）在"排序"对话框中单击"选项"按钮，弹出"排序选项"对话框。在该对话框中可对排序语言及排序选项进行设置。

提示：Word 将日期和数字作为文本处理。

6. 表格的公式计算　Word 表格有对行、列自动求和功能。默认时，"公式"对话框是求和公式。选择【表格】→【公式】命令，出现"公式"对话框，并带有求和公式（图 4.34）。如果选定的单元格位于某列数值底端，公式＝SUM（ABOVE），表明对上面的数据求和；如果选定单元格位于某行数值右端，公式＝SUM（LEFT），表明对左边的数据求和。

Word 表格计算采用了与 Excel 相同的方式，第一列为 A 列，第 2 列为 B 列以此类推；第 1 列第 1 个单元格为 A1。使用其他公式进行计算时，可以使用"粘贴函数"输入到公式栏中，操作步骤如下：

（1）单击要放置计算结果的单元格；

（2）打开"公式"对话框，将求和公式从"公式"框中删除，并键入等号"＝"，后面是函数名（可在"粘贴函数"下拉列表中选择），并在公式的括号中输入单元格的计算范围，如：=AVERAGE（b1:b3）；

（3）在"数字格式"框中选择需要的数字格式；

（4）单击"确定"按钮。

提示：在 Word 表格计算中，每次只能计算一列或一行，不能同时计算多列或多行。

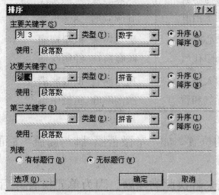

图 4.33 "排序"对话框

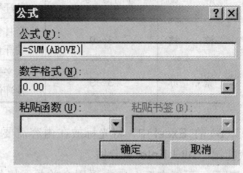

图 4.34 "公式"对话框

7. 表格与文本的互换　Word 可以将现有表格直接转换为文字数据，可以将现有文字数据转换成表格。

（1）表格转换成文字的操作方法

① 选定表格，执行【表格】→【转换】→【表格转换成文本】命令，打开"表格转换成文本"对话框；

② 在对话框中选择以何种符号来分隔字段；

③ 按下"确定"按钮。

（2）文字转换成表格的操作方法

① 选定表格，执行【表格】→【转换】→【文字转换成表格】命令，打开"将文字转换成表格"对话框；

② 在对话框中"文字分隔位置"中选择以何作为分界字段；

③ 在"自动调整"操作选项组中指定列宽或选择自动调整；

④ 按"确定"按钮。

8. Word 表格转换成 Excel 表格　将 Word 中制作好的表格转换成 Excel 表格。一般说来，只要将 Word 表格整体选中，复制到剪贴板上后，打开一个 Excel 工作簿，在一张新工作表上，选中单元格的位置，粘贴即可。但如果有多段文字，用上述方法转换会出问题。例如，表格 4.1 中"辛微苦温 肺与膀胱"与"发汗平喘 利水消肿"转换到 Excel 就会变为两个表格行保存。

解决方法如下：

（1）在 Word 中，用【编辑】→【替换】命令，将所有单元格中的分段取消，在"查找和替换"对话框的"替换"选项卡上，"查找内容"框中输入（特殊字符）段落标记，且让"替换为"框中空白，然后单击"全部替换"；

（2）将 Word 表格整体选中，复制到剪贴板上后，打开一个 Excel 工作簿，在一张新工作表上，选中 A1 单元格并粘贴；

表 4.1 中药名表

中药名称	常用剂量（克）	性味 归经 及 功能	主 治 疾 病
麻　黄	1.5～9	辛微苦温 肺与膀胱 发汗平喘 利水消肿	风寒感冒 发热无汗 肺源心病 咳喘水肿
桂　枝	3～9	辛甘性温 肺心膀胱 发汗止痛 助阳化气	感冒风寒 风湿痹痛 咳嗽痰饮 经闭腹痛
紫　苏	3～9	味辛性温 归入肺脾 发汗解表 行气和胃	风寒感冒 胸腹胀满 腹泻呕吐 鱼蟹中毒

（3）在 Excel 中，将光标放在内容需要分段的位置，如"辛微苦温 肺与膀胱"后面，用快捷键"Alt＋Enter"分段。

提示：不能在 Excel 中采用合并单元格的方法来解决此类问题。因为单元格合并后，只能保留原位于左上方的那个单元格中的内容，其他单元格中的内容会被删除。

4.1.9 版面设置

1. 页面设置　新建一个文档时，Word 提供了预定义的空文档模板，其页面设置适用于大部分文档。选择【文件】→【页面设置】命令，出现"页面设置"对话框。该对话框提供了四个选项卡。

（1）"页边距"标签

① "页边距"选项组中，设置正文与上、下、左、右边界之间的距离，以及页眉、页脚与边界的距离。如果打印后的文档需要装订，还可设置装订线的位置。

② "方向"选项组中单击"纵向"或"横向"单选按钮，可以改变文档的页面方向。

③ 如果要对称页边距，则在"页码范围"选项组中"多页"下拉列表框中选择"对称页边距"，此时原"页边距"选项组的"左"、"右"文本框会变为"内侧"、"外侧"文本框，在这两个文本框中键入对称页边距的数值即可。

④ "预览"选项组中"应用于"下拉列表中，可以选择页边距设置所应用的范围。

⑤ 如果要将设置的页边距作为默认的页边距设置，则单击"默认"按钮。

（2）"纸张"标签：在"纸型"下拉列表中可以选择纸型，同时在"宽度"和"高度"文本框中会显示所选纸型的标准宽、高。如果没有合适的纸型，可以直接在"宽度"和"高度"文本框中输入可用纸张的值，单击"确定"按钮。

（3）"版式"标签："版式"选项卡中单击"边框"按钮，会弹出"边框和底纹"对话框，选中其中的"页面边框"选项卡，可以对整个页面进行边框外观、颜色等进行设置。单击其中的"选项"按钮，弹出"边框和底纹选项"对话框，可以改变边框和页面中文字段落之间的距离。

如果需要对文档内容添加行号，可以在"版式"标签中单击"行号"按钮，进行选择和设置。

（4）"文档网格"标签：在"文档网格"标签中可以设置文字排列方向、不同的字符网格等。例如，要求设置每页 39 行，每行 39 个字符，选择"指定行和字符网格"项，然后再设定每行 39 个字符、每页 39 行。

提示：页面设置中的各项设置均可应用于"整篇文档"、"插入点之后"。如果文档中有插入的分节符，还可以选择应用在"本节"。

2. 创建稿纸格式　创建稿纸格式的操作步骤如下：

（1）单击【文件】→【新建】命令，打开"新建文档"任务窗格；

（2）在"任务窗格"的下面部分显示了可以选用的模板；

（3）单击"本机上的模板"打开"模板"对话框；

（4）单击"报告"标签，选择"稿纸向导"；

（5）单击"确定"按钮，出现"稿纸向导"，按照提示设置好页面大小、字数/行数、网格线、页号等；

（6）单击"完成"按钮。

提示：在设置字数/行数时，要根据准备打印的纸张来选择；如果没有安装模板向导，在选中"稿纸向导"时，系统会提示进行安装。

3. 缩放打印　利用缩放打印可将文档缩放打印到【文件】→【页面设置】→【纸张】中所列的规格纸张上，还可将 2、4、6、8、16 页文档打印到一张纸上。例如，要将"页面设置"中纸张设定为 A4 的文档，打印到 16 开的纸上，且将 8 页文档打印在一页纸上，则应该在"打印"对话框的"按纸型缩放"中选中"16 开（18.4×26 厘米）"；在"每页的版数"框中选 8，单击"确定"按钮。

4.1.10 邮件合并

邮件合并就是把文件与资料并成一份文件，使之产生大量内容相同、对象不同的文件。

操作程序如下：

（1）建立一份"主文件"，它是每一份合并文件都会具备的相同内容的文件，如邀请信、通知、信封等等。

（2）准备一份"数据源"，用来提供给每一份合并文件不同的对象资料，如单位名称、人物姓名、邮编地址等等。数据源可以使用 Word 表格、Outlook 联系人列表、Excel 工作表、Access 数据库和文本文件，如果尚未在数据源中存储信息，"邮件合并帮助器"会引导逐步创建 Word 表格。

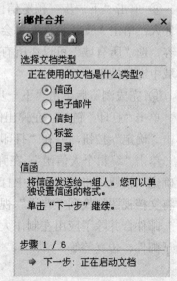

（3）在主文件上插入邮件合并的功能变量，邮件合并功能就会在每一份合并文件的相同位置上插入不同的资料。

"邮件合并向导"可以引导使用者一步步地使用邮件合并功能。

例如将一份有相同内容的邀请函发送给不同姓名的人。操作步骤如下：

① 执行【工具】→【信函与邮件】→【邮件合并】命令，弹出"邮件合并"任务窗格，如图 4.35 所示。

② 在"选择文档类型"选项中选择"信函"，单击"下

图 4.35 "邮件合并"任务窗格

一步：正在启动文档"。

③ 在"选择开始文档"下，选择"使用当前文档"选项，单击"下一步：选取收件人"，进入下一步。

④ 在"选择收件人"下，选择"键入新列表"，单击"创建新的收件人列表"，弹出"新建地址列表"对话框，在该对话框中填入需要的信息，单击"新建条目"可以输入下一位客户的信息，完成输入后，单击"关闭"按钮。在弹出的"保存通讯录"对话框中输入"文件名"并单击"保存"按钮，此时会弹出"邮件合并收件人"对话框，如图 4.36 所示，使其成为一份数据源。

⑤ 在该对话框中选中清除"收件人列表"中客户资料前的复选框，可以对收件人进行选择，然后单击"确定"按钮返回。

⑥ 单击"下一步"按钮撰写信函，在此步骤中可以在信函中插入所需要的"合并域"。在"邮件合并"任务窗格中单击"其他项目"，会弹出如图 4.37 所示的"插入合并域"对话框。

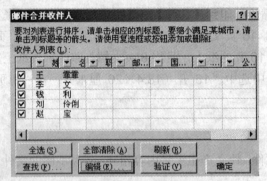

图 4.36 "邮件合并收件人"对话框

图 4.37 "插入合并域"对话框

⑦ 在"域"列表中双击"姓氏"，再双击"名字"，可以在信函中插入"姓氏"和"名字"合并域。

⑧ 单击"下一步：预览信函"；对合并后的信函进行预览，单击≪和≫按钮可以浏览收件人；单击"查找收件人"会弹出"查找条目"对话框，在"查找"框中输入要查找的内容；选"所有域"可以在所有合并域中进行搜索；选"这个域"下拉列表，可以在特定的域中进行搜索。

⑨ 完成浏览后单击"下一步：完成合并"。此时已经完成了邮件合并的操作。

单击"打印"链接，在弹出的"合并到打印机"对话框中选择要打印信函的号码范围，单击"确定"按钮，并在"打印"对话框中进行设置，单击"确定"按钮即开始打印。

单击"编辑个人信函"，在弹出的"合并到新文档"对话框中选择信函号码范围，单击"确定"按钮，将在新文档中打开所选号码范围的全部文档，以便保存、编辑和打印（此时将文档视图切换到"普通"视图可看到合并后的内容）。退出之前要将该文档保存。

邮件合并除了应用在制作大量的信函、信封以外，还可以制作大量的邮寄标签、目录、电子邮件、传真等等。

4.1.11 域和宏

1. 域 域是一组能够嵌入文档的指令。根据域的功能可以将域分为：结果域、标记域和行为域等。结果域用于告诉 Word 寻找或产生一些特定的文字并将它们粘贴到域代码所在处，如页码；标记域用于标记文本，如索引项；行为域用于告诉 Word 执行某项操作，但不在文档中放置新的可见字符，如运行一个保存文档的宏。

根据域的用途可将域分为：日期和时间、文档自动化、文档信息、等号和公式、索引和表格、链接和引用、邮件合并、编号、用户信息等。

插入域的方法有两种：一种是用户常用的方法，即借助特定的菜单命令、工具栏上的按钮命令或快捷键插入域。例如，利用菜单命令【插入】→【页码】（或页眉和页脚工具栏上的插入页码按钮）插入页码（**Page** 域）。另一种是直接插入域。

例如，插入 **Page** 域的操作步骤是：

① 将光标移至需插入页码处，然后单击【插入】→【域】；

② 在域对话框上，先在类别框中选中编号，然后在域名框中选中 **Page**；

③ 如果使用默认的编号格式，则单击"确定"。

域在文档中的两种视图：一种是域代码本身（以一对大括号作为定界符），另一种是由域搜索到或创建的结果。例如，**Page** 域的域代码是 {PAGE}；它搜索到或创建的信息就是具体的页码数。

两种视图之间的切换方法是：在域上单击鼠标右键，然后单击切换域代码；或者将光标移入域后，单击 **F9** 键。

域代码中除了包含域名外，还可包含开关、参数、表达式和标识符等。

更新域：打开文档时，其中的域均会更新一次。平时除了页码域等少数域能够随时自动更新外，大多数域不能更新。

当需要更新某个域时，可将光标移至域内并按下 **F9** 键。如果要更新文档中所有的域，只需将文档全部选中（按 **Ctrl+A** 组合键），然后按 **F9** 键。

2. 宏 宏可以被看作是一个由用户自己定义的功能组合，它能够将一系列 Word 命令和指令组合在一起，形成一个命令，以实现任务执行的自动化。

创建一个宏有两种方法：一是通过【工具】菜单中的【宏/录制新宏】选项，即使用宏录制器将希望包含在宏中的操作录制下来，这是最常用的方法；二是用 VBA（Visual Basic for Applications）程序设计语言编写宏。在此介绍第一种方法。

创建宏的操作步骤如下：

① 执行【工具】→【宏】→【录制新宏】命令，弹出"录制宏"对话框（见图 4.38）；

② 在"宏名"文本框中输入宏的名称；

③ 在"将宏保存在"下拉列表框中，选择要保存宏的模板或文档；

④ 在"说明"框中，键入对宏的说明，单击"确定"按钮，即可开始录制宏。此时鼠标指针变为一个录音磁带形状，同时弹出"停止录制"工具栏。

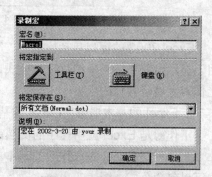

图 4.38 "录制宏"对话框

⑤ 录制完成后，单击"停止录制"按钮结束。

录制宏时，可通过单击"停止录制"工具栏中的"暂停录制"按钮，暂停录制。再次单击该按钮，可以从停止处恢复录制。

如果新宏的名字与已有的内置宏名相同，那么新的宏将覆盖旧的宏。

在"录制宏"对话框中，单击"工具栏"按钮，可指定宏到工具栏或菜单，这样可以像运行普通命令一样运行宏。单击"键盘"按钮可给宏指定快捷键。

宏创建好后，通过【工具】→【宏】→【宏】菜单打开"宏"对话框，在该对话框中选择"宏名"，然后单击"运行"按钮，就可完成宏的运行工作。

4.2 电子表格处理软件 Excel

Excel 2003 是 Microsoft Office 2003 办公自动化套装软件的组件之一。它不仅具有一般电子表格所包含的处理数据、绘制图表和图形的功能，还具有智能计算和数据库管理功能、丰富的宏命令和函数，是集表格处理、图形图表处理、数据管理以及数据分析于一体的集成软件，并可以通过 Web 页来发布和共享数据。

4.2.1 Excel 2003 应用基础

下面介绍 Excel 2003 提供的视窗工作环境，同时介绍工作簿、工作表、单元格等基本概念。

1. Excel 2003 工作界面　启动 Excel 2003 后的窗口界面如图 4.39 所示。

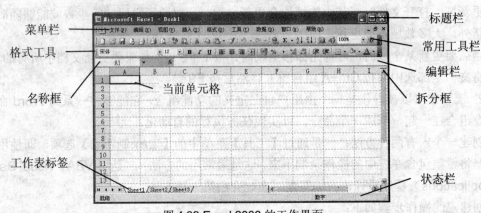

图 4.39 Excel 2003 的工作界面

Excel 2003 的窗口包括标题栏、工具栏、编辑栏、名称框和工作表区等，其中编辑栏用于显示当前单元格中的数字和公式，名称框中显示当前单元格的位置或单元格区域名称，工作表区显示具体的数据。

2. Excel 的基本概念　Excel 的基本概念包括工作簿、工作表、单元格以及单元格区域。

工作簿是 Excel 应用程序的文档，由多张工作表组成，文档的扩展名为.xls。

工作表是 Excel 完成作业的基本单位，由 65 536 行和 256 列组成的单元格构成，其中可以包含公式、图表等内容。

单元格是 Excel 工作表的基本元素，也是 Excel 独立操作的最小单位，在单元格中可以输入文字、数字等，也可以对单元格进行各种格式设置。

单元格区域是一组被选中的单元格，对单元格区域的操作就是对该区域内的所有单元格的操作。

3. 工作簿的基本操作 对一般 Office 文档的操作均适用于工作簿，包括新建、保存、打开等。

4. 工作表的基本操作 在当前工作表标签上单击鼠标右键，弹出有关工作表操作的快捷菜单。通过该菜单即可完成工作表的插入、删除、移动、复制等操作。

5. 窗口操作 在 Excel 中可以根据查看的需要对窗口进行调整。

（1）拆分工作表：对于一些较大的工作表，可以将其按横向和纵向进行拆分，这样就可以在几个区域中同时观察或编辑同一工作表的不同部分。单击【窗口】→【拆分】。

例题 1：图 4.40 中的数据是两组患者透析前后 TC 指标的结果，按要求拆分显示工作表。

操作提示：

① 将光标放在要拆分的单元格上，比如 C6，单击【窗口】→【拆分】；

② 向左拖拽水平滚动条右端的横向拆分线；

③ 向下拖拽垂直滚动条上端的纵向拆分线，如图 4.41 所示。

图 4.40 例题 1 的原始数据

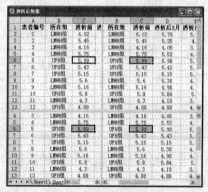

图 4.41 拆分后的工作表

将拆分框拖拽到最上或最右侧，或单击【窗口】→【取消拆分】可取消拆分。

（2）冻结工作表窗格：如果在观察或编辑工作表时，需要使标题行和列的内容在窗格中固定不动，则可以对这些内容所在单元格进行冻结。窗口拆分后单击【窗口】→【冻结窗格】会在当前单元格的上方和左侧各出现一条直线表示该直线上方的行和左侧的列总是在窗口中显示。要取消冻结，可以单击【窗口】→【取消冻结窗格】。

4.2.2 编辑工作表

生成的工作表需要进行一系列编辑。

1. 选定单元格 在 Excel 中，对单元格的操作都是针对选定的单元格的。因此，在对单元格进行操作之前，必须选定单元格。各种选定方法见表 4.2。在工作表内的任一单元格上单击，即可取消所有选定的单元格。

2. 在单元格内输入数据 根据在单元格内输入的内容的不同，可以有多种输入方法。

（1）在一个单元格内输入数据：单击单元格，直接向当前单元格中输入数据；双击当前单元格，或单击编辑栏，就可以在插入点后输入或修改数据了。输入结束后按 Enter

键、Tab 键或单击编辑栏旁的"输入"按钮✔均可确认输入；按 Esc 键或单击编辑栏旁的"取消"按钮✖可取消输入。各类内容的输入规则如表 4.3 所示：

表 4.2 选中单元格及单元格区域的方法

选定范围	方法
单元格	单击该单元格
整行或列	单击工作表相应的行号或列标
整张工作表	单击工作表左上角行号和列标的交叉处
矩形单元格区域	单击区域左上角单元格，并拖拽鼠标至区域右下角；或按住 Shift 键单击右下角单元格
不连续单元格区域	选定第一个区域后，按住 Ctrl 键，再选择其他区域

表 4.3 各类内容的输入规则

需要输入的内容	内容举例	输入方法	输入举例
一般数字	12300	普通格式或科学计数法	12300 或 1.23e4
负数	-100	直接输入或者将数字用括号括起来	-100 或(100)
分数	2/5	在分数前加"0 "	0 2/5
一般文本	Hello	直接输入	Hello
以数字字符组成的字符串	邮政编码 100069	在数字前面加一个单引号	'100069
回车符		Alt + Enter	
日期	2006年5月8日	按"年-月-日"或"日-月（英文）-年"格式输入	06-5-8 或 8-May-06
时间	晚上9点	按"时:分:秒"格式输入，并键入字母"a"（表示上午）或"p"（表示下午）	9:00 p

（2）在单元格区域内输入相同的数据：选定单元格区域后输入数据，并按 Ctrl +Enter 组合键确认。

（3）选择列表内容输入：如果要在某一单元格中输入本列单元格中已有的文本内容，可以用鼠标右键单击该单元格，在弹出的快捷菜单中选择"从下拉列表中选择"，然后在列表中选择需要的文本。

（4）数据填充：数据填充就是在连续单元格内输入一组有规律的数据，这些有规律的数据可以是 Excel 本身提供的预定义序列，也可以是用户自己定义的序列。

Excel 提供的预定义序列多数与时间有关，如一月、二月、……。若要在一行或一列中填充该序列，则在第一个单元格内输入"一月"，然后在行或列方向上拖拽该单元格右下角的填充柄即可。

除了使用 Excel 提供的预定义序列外，用户还可以自己定义序列。

例题 2：自定义填充序列"内科、外科、妇科、儿科、口腔科"。

操作提示：

① 单击【工具】→【选项】→【自定义序列】；

② 在空白文本框内输入"内科"、"外科"、"妇科"、"儿科"、"口腔科"（每个序列项目后回车换行，如图 4.42

图 4.42 添加了新的序列

所示），单击"添加"按钮。

自定义序列的填充方法与 Excel 自带序列的填充方法完全一样。

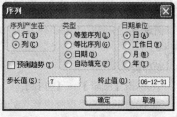

图 4.43 设置好参数后的对话框

如果要在某行或列上填充有规律的数值和日期，可以采用快速填充序列的方法。

例题 3：在第 1 列上填充从 2006 年 10 月 1 日（星期日）到 2006 年 12 月 31 日所有星期日的日期。

操作提示：

① 在第一个单元格内输入起始值"06-10-1"，并仍保持该单元格为当前单元格；

② 单击【编辑】→【填充】→【序列】，在对话框中输入有关参数（见图 4.43），单击"确定"按钮。

如事先不能确定终止值，可以直接拖拽填充。例如要输入序列 1、3、5、7、……，则要在两个相邻单元格内输入 1 和 3，然后选中这两个单元格并拖拽填充柄进行填充。

（5）设置数据的有效性：数据的有效性是指在单元格中输入的数据的类型和有效范围。在 Excel 中可以对数据的有效性进行审核。

例题 4：设置例题 1 中数据的输入范围为 2.5~6.5，并对当前数据进行审核。

操作提示：

① 选中第 C~F 列；

② 单击【数据】→【有效性】，按照图 4.44 所示输入参数，单击"确定"按钮。

③ 选中已输入的数据区域，单击【视图】→【工具栏】→【公式审核】打开公式审核工具栏，单击【圈释无效数据】可对该区域审核并圈出错误数据。

图 4.44 定义数据有效性

3. 插入行、列或单元格 Excel 默认在选定行的上方插入新行，原有行下移；在选定列的左侧插入新列，原有列右移。选定整行或整列后，单击鼠标右键在快捷菜单中选择【插入】命令即可插入新行或新列，插入的行数或列数与选定的行数或列数相同。

需要插入单元格时，选定新单元格的位置，单击鼠标右键后选择【插入】命令，在打开的对话框中选择对原选定单元格的处理。

4. 删除行、列或单元格 选定需要删除的整行、整列或单元格，选择【编辑】→【删除】或单击鼠标右键在快捷菜单中选择【删除】命令。

5. 清除单元格内容 在 Excel 中，清除和删除是两个不同的操作。删除是指将单元格的内容及单元格本身一起从工作表中删除，空出的位置由周围其他单元格补充，清除是指去除单元格中的内容等，单元格仍保留在工作表中，其他单元格的位置不变。

选定单元格或单元格区域后按 Del 键则删除其中的内容，单元格的其他属性（如格式、注释等）仍然保留。如果还要删除格式等属性，则需要单击【编辑】→【清除】，在子菜单中进行选择。

6. 移动和复制单元格 在 Excel 中，通过拖拽鼠标可以实现单元格的移动或复制，方法与在 Word 中类似。由于单元格可以包含公式、数值、格式、批注等内容，所以如果要复制其中的特定内容而不是全部，则要选择【编辑】→【选择性粘贴】，在对话框中进一步选择。

7. 查找或替换单元格内容　Excel 的查找/替换操作默认在整张工作表中进行。

例题 5：在例题 1 的工作表中查找所有 TC 值为 4.87 的单元格。

操作提示：

① 单击【编辑】→【查找】；

② 在对话框的"查找内容"处输入 4.87；

③ 单击"查找全部"将在对话框的下部列出所有找到的单元格的信息，如图 4.45 所示；当前单元格定位到找到的第一个单元格。

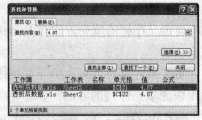

图 4.45 查找结果

利用对话框的"替换"选项卡还可以完成替换操作。

4.2.3 工作表的格式化

Excel 2003 提供了丰富的格式编排功能，包括单元格内容的字符格式设置、数字格式设置、表格的边框和底纹设置、行高和列宽设置等。

1. 设置单元格字符格式　字符格式包括字符的字体、字号、颜色等，单击【格式】→【单元格】，在"单元格格式"对话框的【字体】选项卡中设置，设置字符格式的方法与在 Word 中类似。设置的单元格字符格式只在单元格内显示，在编辑栏内不显示。

2. 设置单元格数字格式　Excel 在"格式工具栏"中提供了几个常用的数字格式设置按钮，更多有关数值、时间/日期的格式设置，单击【格式】→【单元格】，在"单元格格式"对话框的【数字】选项卡中设置。部分数字格式效果如图 4.46 所示。

对于货币格式和日期格式的数字，单元格中显示"#########"表示数据在单元格内显示不下，只要加宽该列就可以显示完整。

图 4.46 数字格式设置效果

3. 设置对齐方式　默认情况下输入时，文本沿单元格左边界对齐，数值右对齐。如果需要对数据的对齐方式进行修改，可以单击【格式】→【单元格】→【对齐】，在对话框中设置文本的水平对齐方式和垂直对齐方式以及文本的倾斜角度等。

4. 添加边框和底纹　单元格或单元格区域的边框设置包括线条样式和颜色。单击【格式】→【单元格】→【边框】选项卡，单击预置选项、预览草图以及边框按钮就可以为选定单元格区域添加选定颜色的各种边框，如图 4.47 所示。

底纹是指单元格区域的背景，包括类型和颜色。单击【格式】→【单元格】→【图案】完成此项工作。

5. 调整行高和列宽　在新创建的工作表中，每列的宽度及每行的高度都是一样的，用户可以根据自己的需要对行高和列宽进行调整。简便的方法是将鼠标指针指向要调整列宽（或行高）的列标（或行号）分割线上，指针变为双向箭头形状时拖拽分割线。如果需要进行精细调整，可以单击【格式】→【行】→【行高】或【列】→【列宽】，在对话框中输入具体数值。

图 4.47 设置边框和底纹

6. 使用格式　除了对单元格手工设置格式外，在 Excel 2003 中还可以通过使用系统内置的工作表格式以及条件格式快速完成格式设置，提高工作效率。

（1）自动套用格式：Excel 2003 内置工作表格式组合了数字、字体、对齐方式、边框、行高及列宽等属性。

选定需要自动套用格式的单元格区域，如图 4.48 左侧所示。单击【格式】→【自动套用格式】，在弹出的对话框中选择某种格式，效果如图 4.48 右侧所示。

（2）使用条件格式：条件格式是指选定单元格中数值满足特定条件时所应用的底纹、字体、颜色等格式。一般在需要突出显示公式的计算结果或监视单元格内容变化时应用条件格式。

图 4.48 自动套用格式

例题 6：在图 4.48 的数据中，将痛阈值为 700~900 的数据用红色粗体表示，并给单元格加灰色底纹。

操作提示：

① 选定要设置格式的区域；

② 单击【格式】→【条件格式】；

③ 按图 4.49 所示设置运算符为"介于"、条件值为 700 和 900；

④ 单击【格式】设置相应格式，结果如图 4.50 所示。

图 4.49 使用条件格式

在"条件格式"对话框中最多可以同时设置 3 个条件对应 3 套不同的格式设置。

4.2.4 公式与函数

使用公式和函数，可以完成一般的运算，还可以完成复杂的财务、统计及科学计算。公式中可以包含数值、文本、运算符、函数及单元格引用，其中函数是 Excel 预先定义好

图 4.50 使用条件格式的效果

的一些能完成特殊运算的公式。输入公式时是以等号（"="）开始，然后输入公式的表达式。输入公式后，单元格中显示的是公式的计算结果，而在编辑栏显示输入的公式。

1. 运算符　运算符用于对公式中的元素进行特定类型的运算，这些运算符包括算术运算符、文本运算符和比较运算符，它们的运算优先级依次降低。表 4.4 给出了三类运算符的说明。

表 4.4 Excel 中的运算符

类别	运算符	含义	类别	运算符	含义
算术运算符	+、-	加、减	比较运算符	=、<>	等于、不等于
	*、/	乘、除		<、>	小于、大于
	%	除以 100		<=、>=	小于等于、大于等于
	^	乘方	文本运算符	&	连接文本

2. 单元格引用　单元格引用用以标识工作表中的一个单元格或单元格区域，在公式中用以指明所使用数据的位置。当单元格引用指明的单元格中的内容发生变化时，使用该引用的公式的结果将被重新计算。

（1）输入单元格引用的方法：如表 4.5 所示。

（2）引用方式

① 相对引用：相对引用指向相对于公式所在单元格某一位置处的单元格。上表中的引用均为相对引用。当该公式被复制时，Excel 将根据新的位置自动更新引用的单元格（见表 4.5）。

表 4.5 输入单元格引用的方法

引用目标	输入方法	举例
单元格	单元格的列标字母和行号数字	C3
单元格区域	该区域左上角单元格引用、冒号和区域右下角单元格引用	C3:D5
同一工作簿中不同工作表的单元格	在单元格引用前加上工作表名及叹号	Sheet2!A5
不同工作簿中的单元格	在工作表前加上工作簿名，并将工作簿名用方括号括起来	[Book2.xls]Sheet2!A5:B7

② 绝对引用：绝对引用指向工作表中固定位置处的单元格，它的位置与包含公式的单元格的位置无关。在固定单元格的列标字母和行号数字前加上"$"符号即表示绝对引用单元格（见表 4.6）。

③ 混合引用：混合引用是指在公式中对单元格的引用既包括相对引用，又包括绝对引用。复制这样的公式时，相对引用的部分随公式位置的变化而变化，绝对引用的部分则保持不变（见表 4.6）。

表 4.6 单元格引用的例子

引用方式	A1 单元格中的原公式	复制到 C3 单元格后的公式
相对引用	=B1+B2	=D3+D4
绝对引用	=$B$1+$B$2	=$B$1+$B$2
混合引用	=$B1+B$2	=$B3+D$2

3. 函数　Excel 2003 提供了强大的函数功能，包含数学与三角函数、统计函数、财务函数、时间与日期函数等十大类 400 多个函数。函数由函数名和参数组成，函数名表示函数的功能，如 SUM 函数表示求和运算；参数是函数的运算对象，可以包含常量、单元格引用，也可以包含函数。各函数的参数数量及类型依具体函数而定，多个参数之间用逗号分开，所有参数放在小括号内。

（1）函数的输入：对于一些简单的或比较熟悉的函数，可以在单元格中直接输入。例如，要在单元格 A5 中求单元格 A1 到 A4 的数值之和，可以在单元格 A5 中输入"=SUM(A1:A4)"。而对于稍复杂一些的公式，则可以利用 Excel 提供的插入函数功能输入函数。若要将单元格引用作为参数，还可以用鼠标从工作表中直接选择单元格或单元格区域。

（2）常用函数使用举例：条件函数 IF 根据对条件的判断返回不同的结果。

例题 7：在例题 6 的工作表中，根据针刺前后痛阈的变化在第 D 列单元格中输入"下降"或"上升"。

操作提示：

① 选中 D3 单元格；

② 单击【插入】→【函数】打开"插入函数"对话框并选择 IF 函数；

③ 参照图 4.51 输入参数后，在单元格及编辑栏显示函数的表达式 "=IF(B2>C2,"下降","上升")"；

④ 拖拽填充柄复制 D3 单元格的内容到 D4:D11，即可给出每名受试者痛阈的变化状态。

（3）使用数组公式：数组公式可以同时进行多个计算并返回一种或多种结果。

例题 8：在例题 6 的工作表中，在第 D 列计算每名受试者针刺前后痛阈的变化值。

操作提示：

① 选择 D3:D12 单元格区域；

② 输入公式 "=C3:C12-B3:B12"，并按 Shift+Ctrl+Enter 组合键确认，结果如图 4.52 所示，注意编辑栏中公式的写法。

（4）使用函数常见的出错信息：当 Excel 不能正确计算公式时，将在单元格中显示出错信息，具体含义见表 4.7。

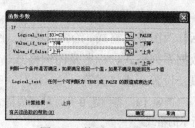

图 4.51 使用 IF 函数

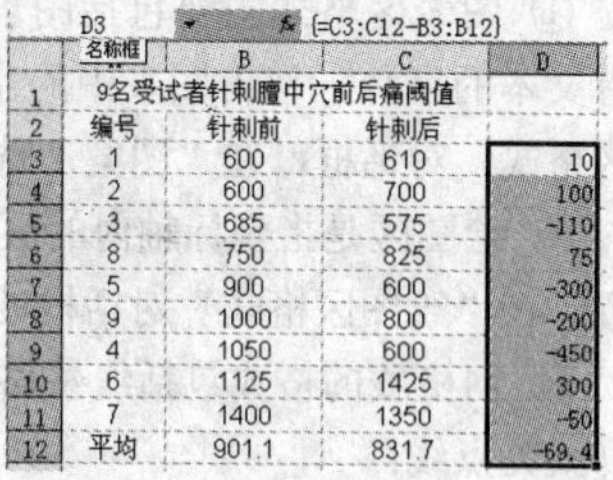

图 4.52 使用数组公式

表 4.7 出错信息及原因

错误值	出 错 原 因	错误值	出 错 原 因
#NUM!	公式或函数中使用了无效数字值	#DIV/0!	数字被零（0）除
#N/A	数值对函数或公式不可用	#NAME?	在公式出现无法识别的文本
#VALUE!	参数或操作数类型有错	#REF!	单元格引用无效

4.2.5 数据的图表化

使用图表可以将数据显示成图表格式，从而更清晰、直观地反映数据之间的关系。图表与工作表中的数据相连接，并随工作表中数据的变化而变化。

1. 创建图表　使用"图表向导"可以方便快捷地创建标准类型或自定义类型的图表。

例题 9：对例题 6 中的数据用柱形图表示。

操作提示：

① 选定 B2:C11 单元格区域；

② 单击【插入】→【图表】打开"图表向导"对话框，选择图表类型为"柱形图"（如图 4.53 所示）；

③ 单击【下一步】查看图表预览；

④ 单击【下一步】，在"图表标题"处输入"9 名受试者针刺膻中穴前后痛阈值"；

⑤ 完成所有图表设置，单击"完成"按钮，图表将插入到工作表中，如图 4.54 所示。

图 4.53 选择图表类型

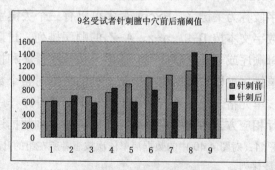

图 4.54 插入的图表

131

2. 图表格式化 对图表的格式化操作包括修改图表区格式、绘图区格式、网格线格式、数据系列格式、标题及图例格式、坐标轴格式以及设置三维格式等。

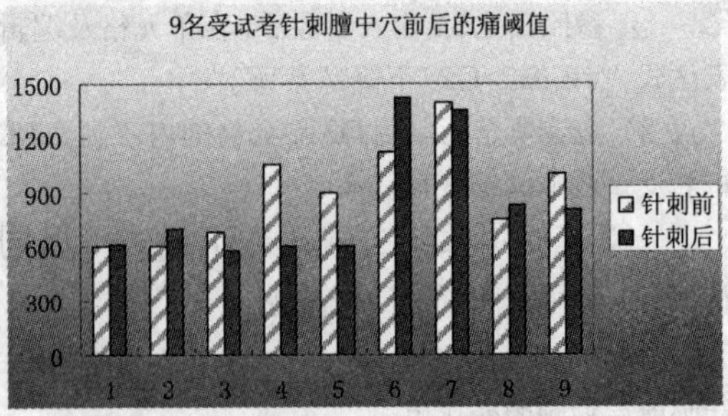

图 4.55 经过格式化后的图表

例题 10：将例题 9 生成的图表格式化为图 4.55 所示的格式。

操作提示：

① 图表区格式主要包括图表区的图案和图表中所有文本的字体。双击图表中的空白区域，打开"图表区格式"对话框，在"图案"选项卡中设置浅黄色填充色及填充效果为水平底纹样式；

② 绘图区是指坐标轴内的区域，绘图区格式包括绘图区的填充效果及边框样式。双击绘图区的空白位置，在"绘图区格式"对话框的"区域"中选择"无"；

③ 网格线的格式包括线条格式以及刻度。双击网格线，在"网格线格式"对话框中选择网格线的线条样式为点线；

④ 数据系列的格式主要包括数据系列的边框及内部填充、数据系列次序、数据标志及其他选项。双击表示针刺前数据的数据系列，在"数据系列格式"对话框中单击"填充效果"按钮，在"图案"选项卡中选择"宽上对角线"图案；

⑤ 标题及图例的格式是指坐标轴标题、图表标题及图例文本的格式，包括边框及内部填充格式、字体格式和对齐格式等。双击需要修改格式的标题或图例进行修改；

⑥ 坐标轴格式包括坐标轴及刻度线样式、刻度的设置、坐标轴标题文本和数字的格式及对齐方式。双击数值轴（Y 轴），在"坐标轴格式"对话框中选择"刻度"选项卡，将 Y 轴的刻度单位改为 300。

4.2.6 数据的管理和分析

Excel 2003 提供了强大的数据排序、筛选、分类汇总和数据透视等功能。用户利用这些功能可以方便地管理数据，从不同的角度观察和分析数据，从数据中挖掘更多的信息。

Excel 进行数据管理和分析是针对数据清单的。数据清单是指包含标题及一组相关数据的一系列工作表数据行。其中的行表示记录，列表示字段，第一行的列标志则是数据库中字段的名称。图 4.40 中的数据就可以认为是一个数据清单，共有 22 条记录、6 个字段。

图 4.56 "排序"对话框

1. 数据排序 数据排序是指把数据清单中的数据按一定的顺序要求重新排列。排序时依据的字段称为关键字，Excel 最多可以有三个关键字。排序时，数值按数字大小排列，文本及数字文本按 0~9、a~z、A~Z 的顺序排列，日期和时间按前后顺序排列，汉字可按拼音字母顺序或笔画顺序排列。排序分按升序排序和按降序排序。

简单排序可以按数据清单中某一列的数据对整个数据清单中的数据进行排序。单击此列中任一单元格，然后单击常用工具栏中的【升序排序】或【降序排序】按钮，即可按指定列进行相应方式的排序。复杂排序则可按多列数据进行排序。

例题 11：对图 4.40 中的数据清单依次按患者所在组的升序、透析前数据的升序、透析后 2 个月的数据的降序排列。

操作提示：

① 单击数据清单中的任一单元格；

② 单击【数据】→【排序】，打开“排序”对话框，按图 4.56 所示选择关键字及排列方式，单击“确定”按钮，结果如图 4.57 所示。

注意图中方框处数据的排列顺序，当“所在组”与“透析前”数值相同时，“透析后 2 月”数值低的排在前面。

2. 数据筛选 数据筛选是指只显示数据清单中感兴趣的数据部分，将其他数据隐藏起来。

透析后数据

	A	B	C	D	E	F
1	患者编号	所在组	透析前	透析后2月	透析后4月	透析后6月
2	14	LMWH组	3.72	3.64	3.14	2.7
3	3	LMWH组	4.16	4.05	3.53	3.11
4	11	LMWH组	4.3	4.18	3.66	3.25
5	18	LMWH组	4.59	4.45	3.92	3.53
6	21	LMWH组	4.87	4.71	4.18	3.66
7	20	LMWH组	4.87	3.91	3.4	2.98
8	22	LMWH组	5.02	4.85	4.31	3.8
9	9	LMWH组	5.16	4.98	4.44	4.08
10	2	LMWH组	5.45	5.25	4.7	4.35
11	8	LMWH组	5.6	5.38	4.83	4.49
12	4	LMWH组	5.75	5.52	4.96	4.63
13	1	LMWH组	6.02	5.78	5.22	4.9
14	13	UFH组	3.77	3.78	3.81	4.05
15	16	UFH组	4.04	4.05	4.07	4.31
16	19	UFH组	4.32	4.33	4.34	4.57

图 4.57 按所在组升序、透析前数据升序排列的结果

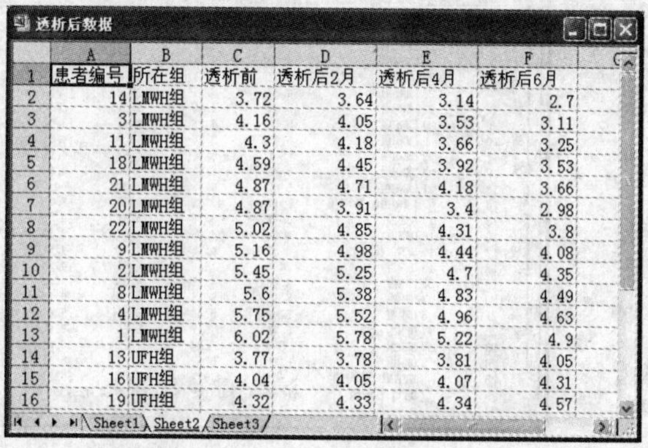

例题 12：对图 4.2 中的数据清单，只显示透析前数值小于 4 的数据行。

操作提示：

① 单击数据清单中的任一单元格；

② 单击【数据】→【筛选】→【自动筛选】，则在数据清单中每个字段名的右侧出现一个筛选箭头；

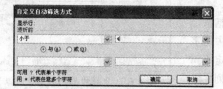

③ 单击“透析前”旁的筛选箭头，选择“自定义”，在“自定义自动筛选方式”对话框中输入筛选条件（见图 4.58），单击“确定”按钮，则得到如图 4.59 所示的结果；

④ 再次单击【数据】→【筛选】→【自动筛选】，退出自动筛选状态。

图 4.58 定义自动筛选条件

透析后数据

	A	B	C	D	E	F
1	患者编号	所在组	透析前	透析后2月	透析后4月	透析后6月
2	14	LMWH组	3.72	3.64	3.14	2.7
14	13	UFH组	3.77	3.78	3.81	4.05

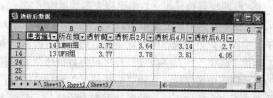

图 4.59 自动筛选的结果

3. 分类汇总 分类汇总是指按照某一字段的取值对数据清单中的数据进行分类，分别计算每一类某项汇总指标。

例题 13：对图 4.40 中的数据清单，按患者所在组分别计算透析前后的平均值。

操作提示：

① 对分类字段“所在组”排序，使分类字段取值相同记录集中在一起；

② 选择【数据】→【分类汇总】打开如图 4.60 所示的“分类汇总”对话框；

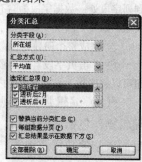

图 4.60“分类汇总”对话框

③ 设置分类汇总的有关选项：“分类字段”中选择“所在组”，“汇总方式”中选择“平均值”，“选定汇总项”中选择“透析前”、“透析后 2 月”、“透析后 4 月”、“透析后 6 月”，结果如图 4.61 所示。

图 4.61 中工作表左侧的用竖线连接的方块按钮及上方的数字按钮用于控制明细数据行的显示和隐藏，它们称为分级显示符号。单击它们即可显示或隐藏明细数据行。

若要取消分类汇总，只需在图 4.60 的对话框中单击【全部删除】。

4. 数据透视表 数据透视表是 Excel 提供的一种交互式报表，可快速合并和比较大量数据。同时还可旋转行和列以看到源数据的不同汇总，而且可显示感兴趣区域的明细数据。

（1）建立数据透视表：在建立数据透视表之前必须将所有筛选和分类汇总的结果取消。

例题 14：对图 4.62 中的数据清单创建显示两名医生对良恶性肿瘤诊断结果的数据透视表。

操作提示：

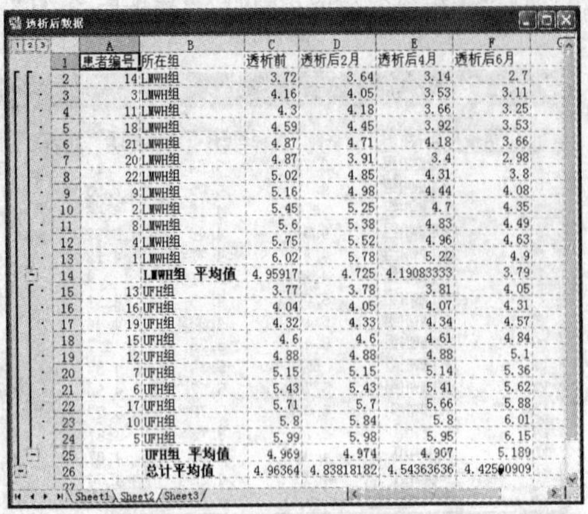

图 4.61 分类汇总的结果 　　　　图 4.62 两名医生诊断两恶性肿瘤数据

① 选定数据清单中的任意单元格；

② 单击【数据】→【数据透视表和数据透视图】，打开向导对话框；

③ 前两步骤选择建立数据透视表的数据源区域；

④ 在步骤③中单击【布局】，打开如图 4.63 所示对话框，其中页字段为数据透视表中指定不同数据透视表源数据表中的字段，拖拽"医生"到页字段处；行字段为数据透视表中指定不同行的源数据表中的字段，拖拽"病理结果"到行字段处；列字段为数据透视表中指定不同列的源数据表中的字段，拖拽"诊断"到列字段处；数据字段为含有数据的源数据表的字段项，拖拽"例数"到数据字段处；

图 4.63 设置数据透视表的布局

⑤ 完成整个向导过程，结果如图 4.64 所示；

⑥ 单击页字段、行字段和列字段旁的筛选按钮可以有选择地显示需要的内容。

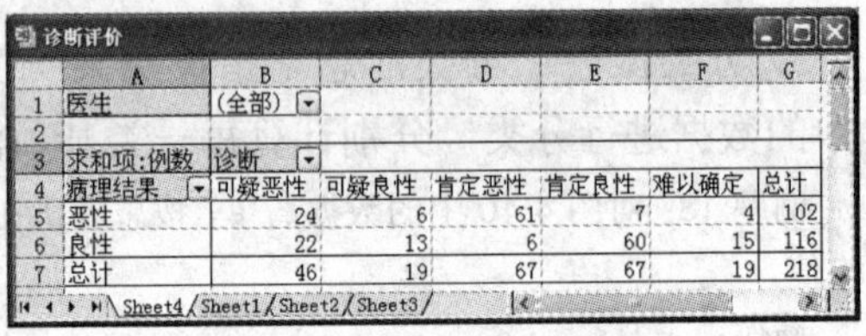

（2）编辑数据透视表：数据透视表的编辑操作包括修改布局、添加或删除字段、复制或删除数据透视表、格式化表中数据等。

图 4.64 生成的数据透视表

在数据透视表中可以通过拖拽的方法交换行字段与列字段，从而查看源数据的不同汇总结果。如将上面的数据透视表中的病理结果和诊断字段分别拖拽到列字段和行字段中，则数据透视表改为如图 4.65 所示的形式。

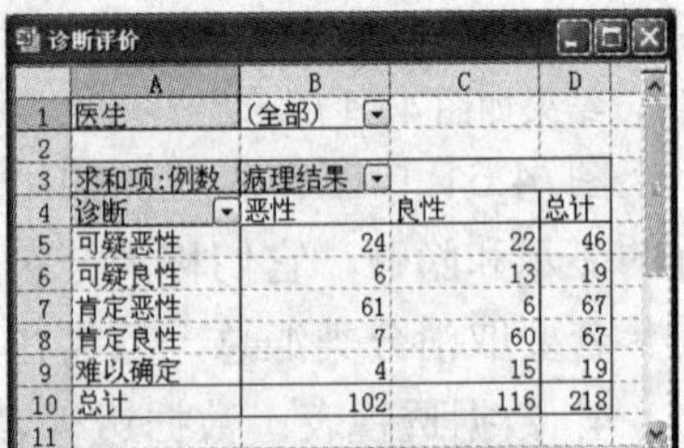

生成数据透视表后，将自动显示"数据透视表字段列表"面板。利用该面板通过拖拽鼠标可以方便地添加和删除数据透视表中的字段。

（3）自动套用数据透视表格式：对于数据透视表，Excel 2003 提供了 10 种带缩进格式的报表格式和 10 种非缩进的交叉表格式，用于对数据透视表进行整体的格式化，同时将行字段与列字段作适当

图 4.65 交换行列后的数据透视表

调整。

单击数据透视表区域中的任意单元格，单击【格式】→【自动套用格式】，弹出"自动套用格式"对话框，在对话框中选择希望应用的格式即可。

（4）更新数据透视表：数据透视表中的数据不能被直接修改，而且即便源数据区域中的数据被修改，数据透视表中的数据也不会自动更新。这时可通过【数据】→【刷新数据】命令，或"数据透视表"工具栏中的刷新数据按钮来完成。

（5）显示/隐藏明细数据：建立的数据透视表一般给出的是汇总信息，还可以显示或隐藏明细数据。

例题 15：显示例题 14 生成的数据透视表的明细数据。

操作提示：

① 选中行字段名"病理结果"；

② 单击"数据透视图"工具栏中的【显示明细数据】，在对话框中选择明细数据所在字段例数，即可得到如图 4.66 所示的数据透视表；

③ 如果要隐藏明细数据，可单击行字段名，然后单击"数据透视表"工具栏中的【隐藏明细数据】。

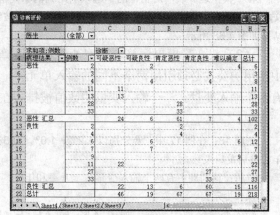

图 4.66 显示明细数据的数据透视表

（6）改变数据透视表汇总方式：数据透视表功能提供了许多汇总方式，如求平均值。

例题 16：将例题 14 生成的数据透视表的汇总方式改为求平均。

操作提示：

① 单击数据透视表的数据项字段"求和项：例数"（A3 单元格）；

② 单击数据透视表工具栏中【字段设置】，打开"数据透视表字段"对话框；

③ 在"汇总方式"列表框中选择"平均值"，结果如图 4.67 所示。

图 4.67 将汇总方式改为求均值

4.2.7 假设分析

假设分析是指模型中的变量、条件发生变化时，所求得的模型与原模型的比较分析。Excel 提供的假设分析功能包括模拟运算表、单变量求解、方案分析及规划求解等。

1. 模拟运算表　模拟运算表是对工作表中一个单元格区域内的数据进行模拟运算，测试公式中变量对运算结果的影响，分为单变量模拟运算表和双变量模拟运算表两种类型。

（1）单变量模拟运算表：在单变量模拟运算表中，输入数据的值被安排在一行或一列中，且表中使用的公式必须引用"输入单元格"，所谓输入单元格，就是被替换的含有输入数据的单元格。

例题 17：某地区心脏病发病人数呈上升趋势，统计分析显示：从 2001 年到 2005 年的 5 年间每年上升 1.2%，2005 年发病 810 人。如不加控制，仍按这个比例发展下去，2006 年至 2010 年中，每年将有多少人发病？

分析：设 2006 年后的 n 年心脏病发病人数为 y，根据题意其数学模型为：

$$y = 810 \times (1+d)^{n-2005}$$

操作提示：

输入变量区域的数据，如图 4.11 的 A1：E2 区域所示，其中，E2 单元格中输入的公式如下：

=ROUND(B2*（1+B1）^(E1-2005), 0)

在 A5 到 A9 中输入 2006 到 2010，在 B4 中输入"=E2"，选择【数据】→【模拟运算表】，弹出"模拟运算表"对话框；

在"模拟运算表"对话框的"输入引用列的单元格"文本框内输入引用变量的地址"$E$1"，单击"确定"按钮，结果如图 4.68 所示。

	A	B	C	D	E
1	上升率	1.20%		年份	2006
2	2005年人数	810		发病人数	820
3					
4		820			
5	2006	820			
6	2007	830			
7	2008	840			
8	2009	850			
9	2010	860			
10					

图 4.68 单变量模拟运算结果

（2）双变量模拟运算表：双变量模拟运算表中使用的公式必须引用两个不同的输入单元格，即有两个输入变量。一个输入变量的数值被排列在一列中，另一个输入变量的数值被排列在一行中。

例题 18：在例 17 中，若分别以 1.2%、1.0%、0.8%、0.6%、0.4%为上升率，计算 2006 年至 2010 年心脏病发病人数。

分析：该问题中有两个输入变量：上升率和年份，可用双变量模拟运算表求解。

操作提示：

输入变量区域的数据，如图 4.69 的 A1：E2 区域所示，其中，E2 单元格中输入的是公式 "=ROUND(B2*(1+B1)^(E1-2005),0)"；

在 A4 单元格中输入"=E2"，在 A5 到 A9 中输入年份（2006 到 2010），在 B4 到 F4 中输入上升率（1.2%到 0.4%），选择【数据】→【模拟运算表】，弹出"模拟运算表"对话框；

	A	B	C	D	E	F
1	上升率	1.20%		年份	2006	
2	2005年人数	810		发病人数	820	
3						
4		820	1.20%	1.00%	0.80%	0.60%	0.40%
5	2006	820	818	816	815	813
6	2007	830	826	823	820	816
7	2008	840	835	830	825	820
8	2009	850	843	836	830	823
9	2010	860	851	843	835	826
10						

图 4.69 双变量模拟运算结果

在"模拟运算表"对话框的"输入引用行的单元格"文本框内输入引用变量的地址"$B$1"，在"输入引用列的单元格"文本框内输入引用变量的地址"$E$1"，单击"确定"按钮，结果如图 4.69 所示。

2．单变量求解　所谓单变量求解，就是求解具有一个变量的方程，它通过调整可变单元格中的数值，使之按照给定的公式来满足目标单元格中的目标值，这个过程与模拟运算表相反。在 Excel 中，对于所有符合一定函数关系的一元方程，如三角函数、指数函数、对数函数、双曲线函数及幂函数等，都可以使用单变量求解。

例题 19：医院实行按季度计算的成本核算制度，只有完成规定的任务指标，才能享有年终奖金分配权。某科室 2007 年各季度的平均任务是 34.8 万元，已知前三季度分别完成 29.3 万元、36.2 万元和 40.1 万元，问该科室第四季度至少应完成多少收入才能享有年终奖金分配权？

分析：因为全年各季度平均任务=（第一季度任务+第二季度任务+第三季度任务+第四季度任务）/4，所以本例就是一元方程的求解问题，适合使用单变量求解来计算。

操作提示：

在单元格区域 A1：E2 中分别输入已知数据和计算公式，E2 中的公式为："=（A2+B2+C2+D2）/4"；

选定公式所在单元格 E2，选择【工具】→【单变量求解】，弹出"单变量求解"对话框，"目标单元格"自动取$E$2，在"目标值"文本框输入 34.8，在"可变单元格"文本框输入 $D$2，单击"确定"按钮，弹出"单变量求解状态"对话框，检查无误后，再单击"确定"按钮，结果如图 4.70 所示。

	A	B	C	D	E
1	第一季度	第二季度	第三季度	第四季度	平均
2	29.3	36.2	40.1	33.6	34.8
3					

图 4.70 单变量求解结果

3．方案分析　方案是已命名的一组输入值，是 Excel 保存在工作表中并可用来自动替换某个计算模型的输入值，用来预测模型的输出结果。

例题 20：某实验室需要购买 3 种小鼠 70 只，其中一种小鼠买 30 只，另外两种小鼠各买 20 只。已知鼠种 A 每只 34 元，鼠种 B 每只 30 元，鼠种 C 每只 28 元。问三种小鼠各买多少只最经济？

分析：根据题意，共有 3 种购买方案：鼠种 A 多（鼠种 A 买 30 只，鼠种 B 买 20 只，鼠种 C 买 20 只）、鼠种 B 多（鼠种 B 买 30 只，鼠种 A 买 20 只，鼠种 C 买 20 只）和鼠种 C 多（鼠种 C 买 30 只，鼠种 A 买 20 只，鼠种 B 买 20 只），适合使用方案分析。

操作提示：

① 首先在 A1：D2 单元格区域输入常数和结果公式，D2 中的公式为："=A2*34+B2*30+C2*28"，如图 4.71 所示；

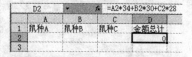

图 4.71 输入常数和公式

② 选择【工具】→【方案】，弹出"方案管理器"对话框，单击"添加"按钮，弹出"添加方案"对话框。在"方案名"文本框输入"鼠种 A 多"，在"可变单元格"文本框输入"$A$2：$C$2"，如图 4.72 所示。单击"确定"按钮，弹出"方案变量值"对话框，按要求输入各可变单元格的值；

③ 在"方案变量值"对话框中，单击"添加"按钮，重复上述步骤，继续完成"鼠种 B 多"和"鼠种 C 多"方案的添加，所有方案添加完毕，单击"确定"按钮，回到"方案管理器"对话框；

④ 在"方案管理器"对话框，可选择"显示"、"删除"、"编辑"、"合并"等按钮对方案进行相应操作。最后单击"摘要"按钮，弹出"方案摘要"对话框，在"结果单元格"中输入"$D$2"，单击"确定"按钮，Excel 自动建立一个名为"方案摘要"的工作表为方案报告。如图 4.73 所示。

图 4.72 添加方案

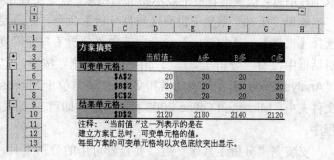

图 4.73 方案分析结果

4. 规划求解　规划求解适用于解决运筹学、线性规划中的问题。在 Excel 中一个规划求解问题由以下 3 部分组成。

（1）可变单元格：实际问题中有待解决的未知因素，一个规划问题中可能有一个变量，也可能有多个变量。

（2）目标函数：表示规划求解要达到的最终目标，如最大利润、最短路径、最小成本等。

（3）约束条件：实现目标的极限条件，规划求解是否有解与约束条件有着密切的关系，它对可变单元格中的值起着直接的限制作用。

例题 21：某人为了健康，计划每天由牛奶和鸡蛋中获取维生素 A 和 D。牛奶和鸡蛋一单位的数量中每种维生素的含量、牛奶和鸡蛋的单价以及每种维生素的日最少需求量见图 4.74 的 A1：D4 区域所示，问：每天应当吃多少牛奶和鸡蛋，使得花费最少，还能满足各种维生素的最低获取量？

分析：这个问题的数学形式如下：设每天要买牛奶和鸡蛋的数量分别为 X_1 和 X_2，求 $3X_1+2.5X_2$ 的最小值，且要满足约束条件：$2X_1+4X_2 \geq 40$、$3X_1+2X_2 \geq 50$、$X_1 \geq 0$、$X_2 \geq 0$，适合使用规划求解。

操作提示：

① 在单元格区域 A1：D4 中输入问题所给表格中的数据，在 E2 中输入公式"=B2*B5+C2*C5"，在

E3 中输入公式 "= B3*B5+C3*C5"，在 B7 中输入公式 "=B4*B5+C4*C5"；

② 选择【工具】→【规划求解】，弹出 "规划求解参数" 对话框，按图 4.75 所示设置各项参数值后，单击 "求解" 按钮，弹出 "规划求解结果" 对话框；

③ 在 "规划求解结果" 对话框中，选择 "保存规划求解结果"，单击 "确定" 按钮，结果如图 4.74 所示。

图 4.74 规划求解结果　　　　　　　　　　　　图 4.75 规划求解设置

4.2.8 统计分析

Microsoft Excel 提供了一组数据分析工具，称为 "分析工具库"，在建立复杂统计或工程分析时，只需为每一个分析工具提供必要的数据和参数，该工具就会使用适宜的统计或工程函数，在输出表格中显示相应的结果，有些工具在生成输出表格时能同时生成图表。

如果 "工具" 菜单中没有【数据分析】命令，则需要安装 "分析工具库"，步骤如下：选择【工具】→【加载宏】命令，选中 "分析工具库" 复选框完成安装。如果 "加载宏" 对话框中没有 "分析工具库"，请单击 "浏览" 按钮，定位到 "分析工具库" 加载宏文件 "Analys32.xls" 所在的驱动器和文件夹（通常位于 Microsoft Office\Office\Library\Analysis 文件夹中，Microsoft Office 2003 插入光盘，即可）；如果没有找到该文件，应运行 "安装" 程序。

安装完 "分析工具库" 后，要查看可用的分析工具，单击【工具】→【数据分析】，Excel 提供了 15 种分析工具，如图 4.76 所示。

1. 方差分析

例题 22：图 4.77 列出了 5 种常用的抗生素注入牛的体内时，抗生素与血浆蛋白质结合的百分比。现需要在显著性水平 α =0.05 下检验这些百分比的均值有无显著性差异。

操作提示：

① 在工作表中输入如图 4.77 所示的试验数据，然后将该工作簿命名保存；

图 4.76 数据分析窗口

② 选择【工具】→【数据分析】，弹出 "数据分析" 窗口，在其中选择 "方差分析：单因素方差分析" 选项；

③ 单击 "确定" 按钮，弹出 "方差分析：单因素方差分析" 对话框；

④ 在对话框中进行如图 4.78 所示的设置，单击 "确定" 按钮，完成试验数据方差分析，结果如图 4.79 所示。

2. 描述统计

例题 23：对 20 名成年男子头颅的最大宽度数据进行分析，给出这些数据的均值、方差、标准差等统计量。

操作提示：

① 在 Excel 工作表中输入数据，然后将该工作簿命名并保存；

② 选择【工具】→【数据分析】命令，弹出“数据分析”窗口，选择“描述统计”选项，单击“确定”按钮，弹出“描述统计”对话框；

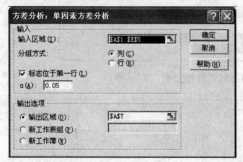

	A	B	C	D	E
1	青霉素	四环素	链霉素	红霉素	氯霉素
2	29.6	27.3	5.8	21.6	29.2
3	24.3	32.6	6.2	17.4	32.8
4	28.5	30.8	11	18.3	25
5	32	34.8	8.3	19	24.2

图 4.77 抗生素与血浆蛋白质结合的数据

图 4.78 方差分析：单因素方差分析对话框设置

	A	B	C	D	E	F	G
1	青霉素	四环素	链霉素	红霉素	氯霉素		
2	29.6	27.3	5.8	21.6	29.2		
3	24.3	32.6	6.2	17.4	32.8		
4	28.5	30.8	11	18.3	25		
5	32	34.8	8.3	19	24.2		
6							
7	方差分析：单因素方差分析						
8							
9	SUMMARY						
10	组	计数	求和	平均	方差		
11	青霉素	4	114.4	28.6	10.353333		
12	四环素	4	125.5	31.375	10.055833		
13	链霉素	4	31.3	7.825	5.6825		
14	红霉素	4	76.3	19.075	3.2625		
15	氯霉素	4	111.2	27.8	15.92		
16							
17							
18	方差分析						
19	差异源	SS	df	MS	F	P-value	F crit
20	组间	1480.823	4	370.20575	40.884877	6.73978E-08	3.0555682
21	组内	135.8225	15	9.0548333			
22							
23	总计	1616.6455	19				

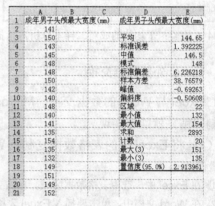

图 4.79 目标药效分析结果

③ 在“描述统计”对话框中，进行如图 4.80 所示的设置，单击“确定”按钮，完成描述统计分析，结果如图 4.81 所示。

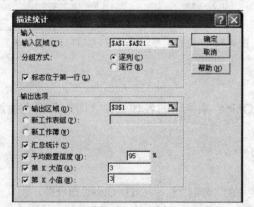

图 4.80 、“描述统计”对话框设置

	A	B	C	D	E
1	成年男子头颅最大宽度(mm)			成年男子头颅最大宽度(mm)	
2	141				
3	150			平均	144.65
4	143			标准误差	1.392225
5	145			中值	146.5
6	148			模式	148
7	148			标准偏差	6.226218
8	150			样本方差	38.76579
9	142			峰值	-0.69263
10	140			偏斜度	-0.50608
11	148			区域	22
12	140			最小值	132
13	141			最大值	154
14	135			求和	2893
15	154			计数	20
16	135			最大(3)	151
17	132			最小(3)	135
18	149			置信度(95.0%)	2.913961
19	151				
20	149				
21	152				

图 4.81 描述统计分析结果

3. *t* 检验

例题 24：随机抽取 12 位病人进行新体育疗法减肥试验，试验前后测得体重如图 4.82 所示，假设治疗前后，除了参加这种新体育疗法外，其余的一切条件都尽可能做到相同。问：根据试验结果，能否判断这种新体育疗法对减肥具有显著作用？

操作提示：

① 在 Excel 工作表中输入如图 4.82 所示的数据，然后将该工作簿命名保存；

② 选择【工具】→【数据分析】，弹出如图 4.83 所示的“数据分析”窗口，并在其中选择“*t*-检验：平均值的成对二样本分析”选项；

③ 单击“确定”按钮，弹出如图 4.84 所示的“*t*-检验：平均值的成对二样本分析”对话框，在其中进行如图所示的设置，“假设平均差”为成对观测样本的均值，本例假设样本 X 与样本 Y 的平均值相等，所以输入 0；

④ 单击"确定"按钮，完成分析，其原始数据及检验结果如图 4.85 所示。由统计学知识可得出结论：这种新体育疗法对于 **95%** 以上的人具有减肥作用，疗效显著。

图 4.82 治疗前后的体重数据　　　　　图 4.83 "数据分析"对话框

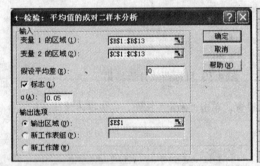

图 4.84 *t*-检验：平均值的成对二样本分析对话框　　图 4.85 *t*-检验：平均值的成对二样本分析结果

4.2.9　Excel 外部数据交换

1. Excel 与 Word 的数据交换　Microsoft Office 系统内的各种软件之间的数据交换通过复制和粘贴就能够实现。

（1）将 Excel 中的表格数据复制到 Word 中

操作提示：

① 在 Excel 中，选中表格数据区域，单击工具栏中的"复制"按钮（或按 Ctrl+C 组合键）；

② 在 Word 文档中，单击要插入 Excel 表格的位置，再单击工具栏中的"粘贴"按钮（或按 Ctrl+V 组合键）即可。

（2）将 Word 文档中的表格复制到 Excel 中

操作提示：

① 在 Word 文档中，选中要复制的表格，单击工具栏中的"复制"按钮（或按 Ctrl+C 组合键）；

② 在 Excel 中，单击要插入表格的位置，再单击工具栏中"粘贴"按钮（或 Ctrl+V 组合键）即可。

2. Excel 与文本文件的数据交换

（1）将 Excel 工作表保存为文本文件

操作提示：

① 建立或打开 Excel 工作表之后，选择【文件】→【另存为】命令，弹出"另存为"对话框。

② 在"另存为"对话框的"文件类型"中，选择"文本文件（制表符分隔）"或指定为"带格式文本文件（空格分隔）"。

③ 指定文本文件的存放目录和文件名后，单击"保存"按钮，即可将当前工作表中的内容存为文本

文件。

（2）将文本文件导入到 Excel 工作表中

操作提示：

① 在 Excel 中，选择【文件】→【打开】，弹出"打开"对话框；

② 在"打开"对话框中，从"文件类型"下拉列表中选择"文本文件"，在"文件名"文本框中输入要导入到 Excel 的文本文件名，单击"打开"按钮。Excel 将弹出文本文件导入向导第 1 步的对话框，如图 4.86 所示；

③ 选择"分隔符号"，并在导入起始行中输入 1，即要导入标题行到 Excel 工作表中。单击"下一步"按钮，弹出"文本导入向导"第 2 步的对话框，如图 4.87 所示。

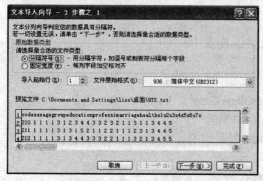

图 4.86 文本导入向导

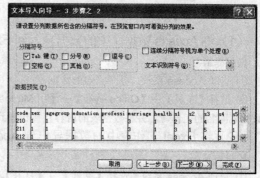

图 4.87 文本导入向导

④ 在"文本导入向导"第 2 步对话框的"分隔符号"复选项中，选中"Tab 键"复选框或其他选项用作分隔文本数据列的符号，单击"下一步"按钮，弹出"文本导入向导"第 3 步的对话框，如图 4.88 所示。

⑤ 在第 3 步对话框中指定各列数据的类型，单击"完成"按钮，Excel 就会将指定的文本文件导入到当前工作表中。

3. Excel 与 Visual FoxPro 的数据交换

（1）将 Visual FoxPro 数据库中的.dbf 文件导出到 Excel 中

操作提示：

① 在 VFP 中，选择【文件】→【导出】，弹出"导出"对话框，如图 4.89 所示。

② 在"导出"对话框中，从"类型"列表中

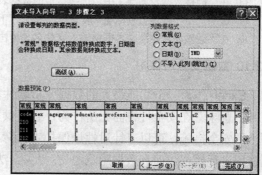

图 4.88 文本导入向导

选择 Microsoft Excel 5.0（XLS）选项，在"到"文本框中指定保存 Excel 的工作簿名及目录，在"来源于"文本框中输入要导出的 DBF 文件名（单击右边的按钮可选择目录和文件名）；

③ 单击"确定"按钮，就会在指定的目录中建立一个 Excel 工作簿，该工作簿中将包括一个从 DBF 数据表中导出的 Excel 工作表。

（2）将 Excel 数据清单导出到 DBF 文件中

操作提示：

① 在 Visual FoxPro 中，选择【文件】→【导入】，弹出"导入"对话框，如图 4.90 所示；

② 在"导入"对话框中，从"类型"列表中选择 Microsoft Excel 5.0 和 97（XLS）选项，在"来源于"文本框中输入要导入的.xls 文件名（单击右边的按钮可选择目录和文件名），在"工作表"列表中选择一个工作表标签名；

③ 单击"确定"按钮，就会在指定的目录中建立一个 DBF 文件。

4. Excel 与 Access 的数据交换

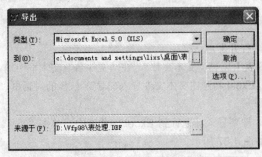

图 4.89 导出对话框　　　　　　　　　　图 4.90 导入对话框

（1）将 Access 数据库中的数据导入到 Excel 工作表中

操作提示：

① 启动 Access 系统，打开指定的数据表；

② 选择【工具】→【Office 链接】→【用 Microsoft Office Excel 分析】命令，就会建立一个与打开的数据表同名的工作簿，并将数据表的内容直接传递到该工作簿的一个工作表中。

（2）将 Excel 工作表中的数据导出到 Access 数据库中

操作提示：

① 启动 Access 系统，选择【文件】→【打开】，弹出"打开"对话框；

② 在"打开"对话框中的"查找范围"文本框中指定欲打开文件所在的目录，在"文件类型"列表中选择"Microsoft Excel（*.xls）"选项，在"文件名"文本框中指定欲打开的文件名，单击"打开"按钮，弹出"链接数据表向导"；

③ 在"链接数据表向导"中，选择指定的数据表，单击"下一步"按钮；

④ 选中"第一行包含列标题"复选框，单击"下一步"按钮；

⑤ 在"链接表名称"文本框中输入文件名，单击"完成"按钮，即可完成导出操作。

4.2.10 数据安全与保护

Excel 作为一个功能强大的数据分析软件，高度的数据安全性虽不是它追求的目标，但并不意味着在安全性方面无所作为，它提供了对工作簿、工作表、单元格及宏等多个层面上的安全措施，可以有针对性地保护工作簿、工作表或单元格中的数据，其主要策略是用密码进行授权访问和数据隐藏，只有提供合法的用户密码才能访问受保护的工作表数据，这些密码可为字母、数字、空格和符号的任意组合，并且最长可以为 15 个字符。

1. 工作簿文件的加密与共享设置

（1）打开权限的加密设置：设置文件打开权限密码，用户若不知密码，则不能使用此文件。

（2）共享权限的加密设置

① 设置文件修改权限密码，用户若不知密码，则不能修改此文件。

② 把文件设置成只读型，以保护文件不被修改。

操作提示：

① 打开要建立保护的工作簿文件。选择【工具】→【选项】，在选项对话框中选择"安全性"选项卡，如图 4.91 所示；

② 在"打开权限密码"和"修改权限密码"文本框处输入相应的密码（输入的密码字符以"*"形式显示，密码中的字母是要区分大小写的）。单击"高级"按钮，打开对话框，在"选择加密类型"下拉

列表框中选择加密类型，单击"确定"按钮，回到选项对话框；

③ 在选项对话框中，单击"确定"按钮，打开"确认密码"对话框。在"重新输入密码"文本框中重复输入用户设置的密码后，单击"确定"按钮，完成安全性设置。

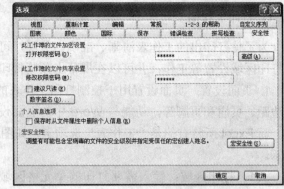

图 4.91 "选项"对话框

2. 保护工作簿

（1）保护工作簿的结构和窗口：保护工作簿结构是指对工作簿中的工作表不能进行移动、复制、删除、隐藏、插入及重命名等操作；保护工作簿窗口是指对工作簿显示窗口不能执行移动、隐藏、关闭及改变大小等操作。

操作提示：

选择【工具】→【保护】→【保护工作簿】，在打开的"保护工作簿"对话框中，选择"结构"或者"窗口"复选框，在"密码（可选）"文本框中输入密码，如图 4.92 所示，单击"确定"按钮，启动工作簿保护功能。

（2）取消对工作簿的保护

操作提示：

选择【工具】→【保护】→【撤销工作簿保护】。如果在保护工作簿时设有密码，只有在输入密码后方可做取消操作。

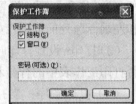

图 4.92 "保护工作簿"对话框

3. 保护工作表　保护工作表可防止用户插入和删除行（或列）以及对工作表进行格式设置，还可防止用户更改锁定（Excel 不允许修改被锁定单元格的内容）单元格的内容，同时还可防止将光标移动到锁定或未锁定的单元格上。

操作提示：

① 选择【工具】→【保护】→【保护工作表】，弹出"保护工作表"对话框，如图 4.93 所示；

② 在"保护工作表及锁定单元格内容"文本框中输入密码，在"允许此工作表的所有用户进行"列表中选择相应项目，单击"确定"按钮，完成工作表保护设置操作。

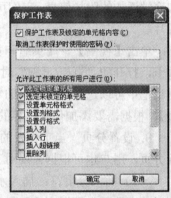

图 4.93 "保护工作表"对话框

若要取消对工作表的保护，可选择【工具】→【保护】→【撤销工作表保护】。如果在保护工作表时设有密码，只有在输入密码后方可做取消操作。

4. 宏的安全　在 Excel 中可以用 VBA 进行程序设计，设计出来的程序就称为宏。宏在很大程度上扩展了 Excel 的功能，使它能够满足更多的用户需要。通过 VBA 能够很好地处理重复工作，也能组织有序的工作流程，使计算机自动地工作。

Excel 提供了宏程序运行的四种不同安全级别，通过安全级别的设置，可以限制某些宏程序的执行，在一定程度上阻止宏病毒的入侵。

操作提示：

① 选择【工具】→【宏】→【安全性】，弹出"安全性"对话框，如图 4.94 所示；

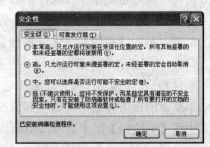

图 4.94 "安全性"对话框

② 在"安全性"对话框中，指定宏程序的运行级别，单击"确定"按钮，完成设置。

4.2.11 打印工作簿

为了使打印出的工作表清晰、准确、美观，可以进行页面设置、页眉页脚设置、图片和打印区域设置等工作，并可以在屏幕上预览打印结果。

1. 页面设置　页面设置用于控制打印工作表的外观或版面，包括页面方向、纸张大小、页边距、页眉和页脚等，功能与 Word 中的页面设置类似。而 Excel 所特有的是"工作表"选项卡，如图 4.95 所示。

图 4.95　页面设置对话框

（1）打印区域：输入需要打印的单元格区域，不输入则默认为打印全表。

（2）打印标题：设置打印时固定出现的顶端标题行和左端标题列的范围，如数据清单中的字段名。

（3）打印：设置打印时的选项，如是否打印网格线，是否打印工作表中的行号和列标等。

（4）打印顺序：当打印的页数超过一页时，设置是按先行后列、还是先列后行的顺序打印。

2. 添加页眉和页脚　页眉页脚就是在文档的顶端和底端添加的附加信息，它们可以是文本、日期和时间、图片等。

图 4.96　"页眉/页脚"对话框

单击【视图】→【页眉和页脚】→【页面设置】选项卡，打开的"页眉/页脚"对话框如图 4.96 所示。在对话框中可以选择系统提供的常用页眉和页脚，也可以单击【自定义页眉】或【自定义页脚】，根据需要添加任意内容的页眉和页脚。

3. 设置分页　当工作表的内容超过一页时，Excel 会根据纸张大小、页边距等自动进行分页，用户也可根据需要对工作表进行人工分页。

（1）插入分页符：插入水平分页符可以改变页面上数据行的数量，插入垂直分页符可以改变页面上数据列的数量。选择要另起一页显示的单元格位置，单击【插入】→【分页符】，即在相应位置出现以虚线表示的分页符。

（2）删除分页符：选择分页符虚线下面一行或右边一列中的任一单元格，单击【插入】→【删除分页符】，则单元格上方或左侧的分页符被删除。如果要删除所有手工插入的分页符，则选定整张工作表，然后单击【插入】→【重置所有分页符】。

（3）调整分页符：在分页预览视图下，可以用鼠标拖拽分页符来改变其在工作表中的位置。单击【视图】→【分页预览】，可以切换到分页预览视图方式，如图 4.97 所示。

4. 打印工作簿　Excel 可以把工作簿内容打印出来，作为最终结果保存和交流。

（1）打印预览：在打印输出之前，可以使用打印预览功能在屏幕上查看打印的效果，对不满意的地方作最后的调整和修改。单击【文件】→【打印预览】，切换到打印预览窗口。其中的【页边距】用于显示或隐藏代表页边距和页眉页脚位置的虚线及操作柄，如图 4.98 所示。通过拖拽操作柄或虚线可以调整页边距、页眉和页脚边距以及列宽。

（2）打印：单击【文件】→【打印】，弹出"打印"对话框。需要在"打印内容"选项区指定是打印工作簿里的全部工作表、当前工作表（默认）还是工作表中的选定区域。

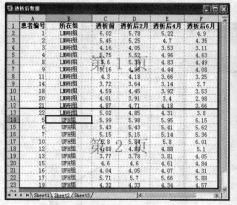

图 4.97 分页预览视

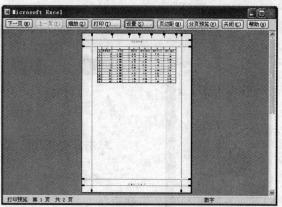

图 4.98 打印预览窗

4.3 幻灯片制作软件 PowerPoint

PowerPoint 2003 是 Microsoft 公司推出的 Office 2003 办公系列软件中的一个重要组件，利用它可以方便地制作包含文字、图像、声音以及视频剪辑等多媒体元素的专业水准的幻灯片，广泛地用于学术报告、产品介绍、演讲或讲课。

PowerPoint 2003 提供了许多新功能和新特性，使用户操作起来更加得心应手，所制作的演示文稿更具有感染力。

4.3.1 窗口介绍

当启动 PowerPoint 2003 后，进入普通视图窗口，如图 4.99 所示。

在 PowerPoint 2003 的普通视图窗口中同样有标题栏、菜单栏、工具栏和状态栏，普通视图是主要的编辑视图，该视图有三个工作区域：

1. 中间为幻灯片编辑区，可以通过录入、插入、粘贴等方法将文字或图片等输入到此处进行编辑。

2. 左边为大纲选项卡和幻灯片选项卡，在大纲选项卡中将显示幻灯片中的文字内容，在幻灯片选项卡中，选中一张幻灯片的缩略图，在幻灯片编辑区中将显示此幻灯片的内容，使用者可以非常方便地将要编辑的幻灯片定位到编辑区进行编辑。左边区域的关闭按钮可以关闭左边区域，再次选择普通视图按钮时可打开左边区域。

3. 右边为任务窗格。任务窗格是 PowerPoint 2003 中新添的功能，幻灯片制作中常用的任务被组织在与幻灯片编辑的同一窗口中，有助于完成以下任务：创建新演示文稿；选择幻灯片的版式；选择设计模板；选择配色方案；创建自定义动画；设置幻灯片切换；查找文件等。可以通过鼠标左键单击【视图】→【任务窗格】，打开或关闭任务窗格。

在普通视图窗口的左下角有三个视图按钮，分别是普通视图按钮、大纲视图按钮、幻灯片视图按钮、幻灯片浏览视图按钮、幻灯片放映视图按钮（见图 4.99）。鼠标左键单击，可以分别切换到相应的视图及放映幻灯片。

在幻灯片编辑区的下部是备注输入区，可以输入备注内容。

PowerPoint 2003 的普通视图汇集了以前版本中的普通视图、大纲视图、备注等，使操作更加方便、灵活。

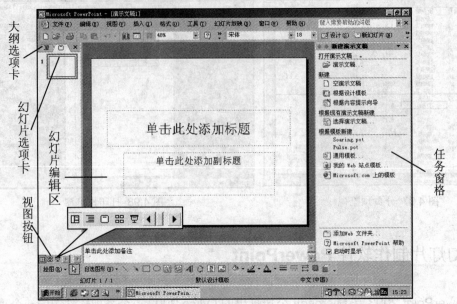

图 4.99 普通视图窗口

4.3.2 演示文稿的制作

一个演示文稿通常是由多张幻灯片组成，每一张幻灯片有适应主题的背景、醒目的标题、详细的说明文字、形象的数字和生动的图片以及动感的多媒体组件元素，从而通过幻灯片的各种切换和动画效果向观众表达观点、演示成果及传达信息。

1. 用模板创建幻灯片背景　单击工具栏上的"设计"按钮或单击任务窗格标题栏中的向下箭头，在打开的下拉菜单中选【幻灯片设计】。此时在任务窗格中可以看到数十种甚至上百种由专业人员精心设计的背景模板，以便于选择。当选中一种后，其图案立刻显示在中间处于编辑状态的幻灯片中。在以前 PowerPoint 版本中，一个演示文稿的多张幻灯片通常只能使用一种样式的模板。而 PowerPoint 2003 中每一个模版样张中都有一个下拉箭头，在其中可以选择【应用于所有幻灯片】或【应用于选定幻灯片】，如图 4.100 所示。如果想使整个演示文稿保持统一的背景，就选择【应用于所有幻灯片】，否则就选【应用于选定幻灯片】，使多张幻灯片有不同的背景。

2. 用版式创建幻灯片布局　在"新建演示文稿"任务窗格中选"空演示文稿"，或者单击任务窗格标题栏中的向下箭头，在打开的下拉菜单中选【幻灯片版式】。此时在任务窗格中显示出数十种幻灯片版式，以便于选择。第一张版式有主标题和副标题的占位符，此版式比较适合应用于演示文稿的第一张幻灯片。在众多的版式中，有的适合插入图片，有的适合插入多媒体动画，有的适合子项目。当选中某种版式后，位于中间区域的编辑窗口将出现相应版式的占位符或插入图片或多媒体的标志。

3. 在幻灯片中输入文字或图片　在幻灯片中的标题框或文本框中单击鼠标左键，即可输入文字，通常文字的字体和字号有默认的格式，如果不满意，可以选中文字，重新设定

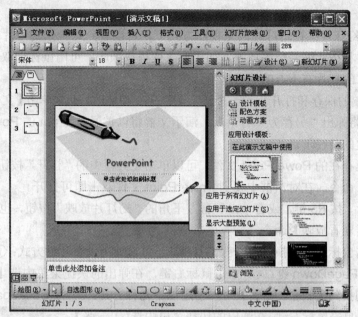

图 4.100 用模板创建幻灯片背景

文字的字体、字号和字形等。如果要改变文字在幻灯片中的位置，可移动鼠标到标题或文本框的边框上，当鼠标指针变成上下左右方向指针时，按下鼠标左键，移动文本框到合适的位置放开鼠标。对多余的标题框或文本框可以选中其边框，按 Delete 键删除。

如果要在幻灯片中插入图片、图表等，可以像 Word 编辑软件使用方法一样，选择"插入"菜单下的"图片"等各项命令，也可以在选择版式时选择如图 4.101 所示的内容版式；如要插入剪贴画，应选右上角插入剪贴画按钮，此时 Office 2003 提供的精彩剪贴画将展现出来以供选择；如果要插入用户提供的图片，选左下角插入图片按钮，此时将打开对话框，用户选择磁盘上的图片使其插入幻灯片。同样的方法，可以在幻灯片中插入表格、插入图表、插入媒体剪辑、插入组织结构图或其他示图。

图 4.101 插入图片

第一张幻灯片制作完成后，应从【插入】菜单中选【新幻灯片】，或者从格式工具栏中选【新幻灯片】按钮，插入新一张幻灯片。用同样的方法设计此幻灯片的背景、版式，输入内容。

4. 演示文稿的编辑 对演示文稿中的幻灯片可以进行删除、复制、移动等编辑操作。幻灯片的浏览视图方式，是将多张幻灯片以缩略形式的排列显示，此时可以更直观、方便地对演示文稿中的幻灯片进行删除、复制、移动等操作。

（1）选择幻灯片：在进行删除、复制、移动幻灯片操作之前，首先要选择幻灯片。用鼠标单击要选择的幻灯片，被选中的幻灯片周围有一个黑框，如果要选择多张幻灯片，则按住 Ctrl 键，再单击要选择的幻灯片，如果全选可按住 Ctrl 键的同时按下 A 键。

（2）删除幻灯片：选中要删除的幻灯片，再按 Del 键，可实现对幻灯片的删除。也可以选中要删除的幻灯片，按鼠标右键，在弹出的菜单中选择删除幻灯片。

（3）复制幻灯片：选中要复制的幻灯片，然后按下 Ctrl 键，用鼠标将要复制的幻灯片拖到新的位置，即实现对幻灯片的复制。当然也可以用复制到剪贴板，再粘贴到新位置的方法。

（4）移动幻灯片：在幻灯片浏览视图方式下，可以看到每一张幻灯片右下方有一个编号，在播放时将按此编号顺序放映，如果要改变播放顺序，可用鼠标选取幻灯片，将其拖到新的位置，幻灯片右下方的编号将重新排列。

5. 演示文稿的保存和打开　当一个演示文稿建立和修改好后，单击【文件】→【保存】或【另存为】，将弹出"另存为"对话框，演示文稿将以扩展名为 ppt 的 PowerPoint 文件保存在用户选定的路径下。

打开一个已存在的 PowerPoint 文件，可以单击工具栏中的"打开"按钮，或选择【文件】→【打开】命令。在对话框中找到 PowerPoint 文件双击即可打开。

放映幻灯片，按 F5 键，或者单击屏幕左下角的"幻灯片放映"按钮，也可以选择【幻灯片放映】→【观看放映】命令。

放映时单击鼠标左键切换到下一张幻灯片，还可以使用以下几种方式：① 按空格键或回车键；② 按 PageDown 键；③ 单击鼠标右键，在弹出的快捷菜单中选【下一张】。

放映时要切换到上一张幻灯片，可以使用以下几种方式：① 按 BackSpace 键；② 按 PageUp 键；③ 单击鼠标右键，在弹出的快捷菜单中选【上一张】。

4.3.3 演示文稿的处理技巧

PowerPoint 提供了多种动画效果，不仅可以为幻灯片设置切换效果，还可以为幻灯片中的对象设置动画效果。用户还可以自定义背景、自定义母版、设置页眉页脚、插入多媒体效果及制作超级链接等。

图 4.102 幻灯片切换

1. 设置幻灯片切换效果　幻灯片的切换效果就是在幻灯片的放映过程中，放映完一页后，当前页怎么消失，下一页以什么样的方式出现。这样做可以增加幻灯片放映的活泼性和生动性。系统中提供了许多幻灯片的切换效果。

在幻灯片浏览视图中，选中要添加切换效果的幻灯片，单击【幻灯片放映】→【幻灯片切换】命令，或者单击任务窗格标题栏中的向下箭头，在打开的下拉菜单中选【幻灯片切换】，弹出"幻灯片切换"任务窗格，如图 4.102 所示。

在"应用于所选幻灯片"下拉列表中列出了 50 多种切换效果，如"水平百叶窗"、"盒状展开"、"扇形展开"等，选取一种切换方式，在幻灯片浏览视图中，即可预览切换的效果。在"修改切换效果"下，列出了切换速度及声音的应用范围。切换速度有快速、中速、慢速。若是设置了切换声音，还可以进一步设置声音开始及循环播放。值得注意的是，"声音"下拉列表中提供的声音效果，是由 PowerPoint 提供的并嵌入在演示文稿中，单击其声音列表中的"其他文件"，可以由用户自己选定插入声音文件，但插入的声音文件必须是".wav"类型。用这种方式插入的声音文件也被嵌入在演示文稿中。

在"换片方式"下，用户可以设置在单击鼠标时开始切换和每隔一段时间自动切换，用户可根据自己的需要设置合适的时间。最后单击窗格底部相应的放映命令，来查看或应用设置的效果。

在放映幻灯片的过程中，用户所设定的各种切换效果将展现出来，使幻灯片的放映非常生动、活泼。

2. 自定义动画　一张幻灯片通常由几个元素组成，如文本框、艺术字、图片等。在播放时既可以让幻灯片中的文本和图形等对象全部同时出现，也可以逐个显示它们。自定义动画，能使幻灯片上的文本、图像等对象分别以不同的形式进入和退出幻灯片，这样可以突出重点、提高演示文稿的趣味性。

（1）设置对象的进入效果：进入效果是指对象以何种方式出现在屏幕上，例如出现、放大、空翻等，其中放大、挥舞、空翻、玩具风车等效果都是以往版本中没有的、极其生动活泼的进入方式。如果要设置对象的进入效果，执行如下的操作：

① 在普通视图下选中要显示进入动画效果的对象。

② 选择【幻灯片放映】→【自定义动画】命令，打开【自定义动画】任务窗格。

③ 单击"自定义动画"窗格中的"添加效果"按钮，在下拉菜单中选【进入】，打开级联菜单，如图 4.103 所示。

④ 单击所需的效果，使其应用到幻灯片中。如果需要更多其他效果，单击【其他效果】命令来选择。

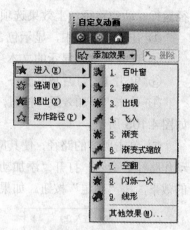

图 4.103 添加效果

⑤ 在"自定义动画"窗格中部的栏框中，将显示所选择的动画效果，选中动画效果右边的下拉箭头将弹出菜单，选中"效果选项"，将弹出如图 4.104 所示的对话框，在"效果"选项卡中，用户可以设置动画出现时的声音；动画播放后改变成什么颜色；以及动画文本是整批发送还是按字母发送。

此外，在"计时"选项卡中可以选择对象的播放速度，还可设定动画播放的方式，是用鼠标点击开始播放，还是事件之前或事件之后播放等。

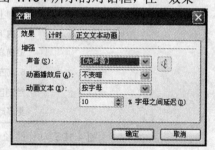

图 4.104 效果选项窗口

（2）设置对象的强调效果：强调效果指的是在幻灯片中的文本或对象中添加特殊的效果，这种效果是向观众突出显示选中的文本或对象。例如放大、缩小、更改字形甚至改变对象的颜色。与设置对象的进入效果类似，可执行如下操作：

① 选定要设置强调效果的对象；

② 单击【幻灯片放映】→【自定义动画】命令，打开"自定义动画"任务窗格；

③ 单击"添加效果"按钮，打开下拉菜单，将光标指向"强调"，打开级联菜单；

④ 单击所需的效果，使其应用到幻灯片中。

在强调中同样可以设置声音、播放后的效果，以及按整批变化还是按字母变化等，还可以设置变化的范围，例如变化的尺寸等。

（3）设置对象的退出效果：退出效果是指幻灯片中的对象在离开幻灯片时，或者说在消失时的效果，如果要设置对象的退出效果，可执行如下的操作：

① 选中要设置退出效果的对象；

② 单击【幻灯片放映】→【自定义动画】命令，打开"自定义动画"任务窗格；

③ 单击"添加效果"按钮，打开下拉菜单，单击"退出"按钮，打开级联菜单；

④ 单击所需的效果，使其应用到幻灯片中。

同样用户可以设定对象退出时是否要伴随声音、退出的方向、是整批退出还是按字母退出等。

（4）设置对象的动作路径：在 PowerPoint 2003 中可以使选定的对象按照某一条路径运行。动作路径加上效果选项能产生非常生动的动画效果。执行如下的操作：

① 在普通视图中，显示包含要创建动作路径的文本或对象的幻灯片。

② 选择要动画显示的文本项目或对象。对于文本项目，可以选择整个文本或段落。

③ 单击【幻灯片放映】→【自定义动画】命令，打开"自定义动画"任务窗格。

④ 单击"添加效果"按钮，打开下拉菜单，将光标指向"动作路径"，打开级联菜单，如图 4.105 所示。

⑤ 单击所需的路径，使其应用到幻灯片中。如果需要更多的动作路径，单击【更多的动作路径】命令，打开"添加动作路径"对话框，如图 4.106 所示。在其中单击选中需要的效果，按"确定"按钮。如果要预览选中的动画效果，选中"预览效果"复选框。

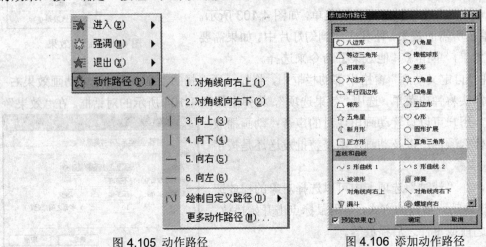

图 4.105 动作路径　　　　　　　　　　图 4.106 添加动作路径

⑥ 如果要创建自己的动作路径，则单击【绘制自定义路径】打开级联菜单，可以选择直线、曲线、任意多边形、自由曲线。

4.3.4 自定义幻灯片背景

用户可以通过模板设计演示文稿的背景，也可以自定义背景图案，在【格式】菜单中选【背景】，此时将弹出如图 4.107 所示的窗口，选中"忽略母版的背景效果"，再单击此选项上面的向下箭头，选中"填充效果"，窗口中有四个选项卡："过渡"、"纹理"、"图案"、"图片"，在"过渡"选项卡中可以选带有光感的"单色"、"双色"

图 4.107 背景

及"预设"等彩色背景，在"纹理"选项卡中有 24 种图案，如大理石、木纹等纹理图案。在"图案"选项卡中有数十种图案，可以自定义前景和背景颜色。在"图片"选项卡中，用户可以自己选择图形作为幻灯片的背景图案。

4.3.5 幻灯片母版的使用

在 PowerPoint 2003 中提供了幻灯片母版、讲义母版及备注母版。母版可以用来制作统一标志和背景的内容、设置标题和主要文字的格式，也就是说母版是为所有幻灯片设置默认版式和格式。

如果需要某些文本或图形在每张幻灯片中出现，比如公司的徽标和单位的名称，用户就可以将它们放在幻灯片母版中，具体操作步骤如下：

1．选择【视图】→【母版】→【幻灯片母版】命令，打开"幻灯片母版"视图。

2．选择【插入】→【图片】→【来自文件】命令，将弹出"插入图片"对话框，选择图片，单击"插入"按钮。这时，图片出现在幻灯片母版的中央，调整位置和大小。用户可以通过图片工具栏中的各种工具来对母版对象进行设置，可以增加、减少其亮度和对比度等。如图 4.108 所示。

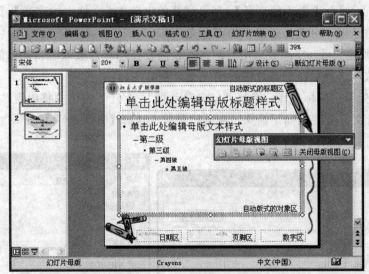

图 4.108 幻灯片母版视图

3．设置完毕后，单击母版工具栏中的【关闭母版视图】命令按钮，回到当前的幻灯片视图中，用户会发现每插入一张新的幻灯片，都会带有所插入的标记。

4.3.6 页眉和页脚

幻灯片母版中，还可以添加页眉和页脚，页眉是指幻灯片文本内容上方的信息，页脚是指在幻灯片文本内容下方的信息，可以利用页眉和页脚来为每张幻灯片添加日期、时间、编号和页码等。添加页眉和页脚的具体操作如下：

1．单击【视图】→【页眉和页脚】命令，打开"页眉和页脚"对话框，单击幻灯片选项卡，如图 4.109 所示。

2．在该对话框中选中"日期和时间"复选框，如果想让所加的日期与幻灯片放映的日期一致，就选中"自动更新"单选按钮；如果只想显示演示文稿完成的日期，就选中"固定"，并输入日期。"幻灯片编号"可以对演示文稿进行编号，当删除或增加幻灯片页数时，编号会自动更新。如果第一页不要编号，选中对话框下部的"标题幻灯片中不显示"。

3．页脚中可以添加想在每一张幻灯片中出现的文本信息，当选中"页脚"选项时，可在下面文本框中输入文字内容，例如输入"计算机教研室"，那么在所有的幻灯片的下部都将出现此文字。

4．单击【全部应用】关闭页眉和页脚对话框。

5．如果要更改页眉和页脚的位置、大小或格式，可以在幻灯片母版中对页眉和页脚格式设置及改变大小。操作为打开"幻灯片母版"，单击要改变页眉和页脚的占位符，使其成为选中状态，当鼠标指向它，指针变成十字箭头时，可拖动其位置到幻灯片任意地方，选中其中的文字后可改变其字体、字号及颜色等。

4.3.7 多媒体效果

1．添加声音　在幻灯片中插入多媒体对象可以使演示文稿更加生动形象。用户可以将音乐以及自己的声音添加到演示文稿中。具体操作如下：

① 选择【插入】→【影片和声音】，在级联菜单中单击【文件中的声音】，此时弹出"插入声音"路径对话框，可选择磁盘中的声音文件。

② 单击"确定"后，立即要求用户回答是否需要在幻灯片放映时自动播放声音，还是单击鼠标时播放，选择后在幻灯片中将出现一个喇叭图标。

③ 在喇叭处单击鼠标右键，选择"自定义动画"，在任务窗格中将出现"自定义动画"窗口，选择声音文件旁边的向下箭头，在下拉菜单中选择【效果选项】，此时将出现"播放声音"对话框，如图 4.110 所示。

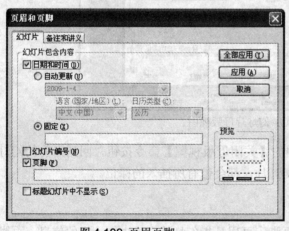

图 4.109 页眉页脚

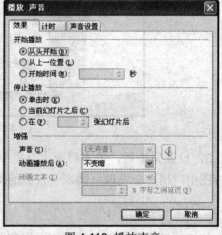

图 4.110 播放声音

④ 在此对话框中可以选择声音开始播放的时间和停止播放的时间。在"播放声音"窗口中的"计时"选项卡中用户还可以设定声音播放的次数。通过以上设置可以实现音乐贯串演示文稿的始终。

2．在幻灯片中添加影片　可以在幻灯片中插入扩展名为 avi、mov、mpg、mpeg 等格式的影片。操作如下：

选择需要插入影片的幻灯片，选择【插入】→【影片和声音】命令下的【剪辑管理器中的影片】或【文件中的影片】选项。用户同样可以选择是否需要在幻灯片放映时自动播放还是鼠标点击播放。

4.3.8 超级链接的使用

超级链接的起点可以是任何文本或对象，被设置成超级链接起点的文本会添加下划线，幻灯片放映时鼠标移到超级链接的文本或图像处就变成小手形状，此时单击鼠标左键即击活了超级链接，跳转到链接处。超级链接的内容可以是文本、图像、声音、影片片段等。创建链接的方法有两种：使用【超级链接】命令或【动作按钮】。

1. 使用【超级链接】命令　如果跳转位置是同一演示文稿的某张幻灯片，操作如下：

（1）在幻灯片普通视图中选择代表超级链接起点的文本对象。

（2）选择【插入】→【超链接】命令或"常用"工具栏中的"插入超链接"按钮，弹出"插入超链接"对话框。

（3）对话框左边的"链接到"框中，单击"本文档中的位置"，在"请选择文档中的位置"框中选择所要链接的幻灯片，此时可以在右边"幻灯片浏览"框中看到该幻灯片的内容，选择"确定"后，链接成功。

幻灯片放映时，鼠标指向超链接的起点，鼠标指针变为小手，单击鼠标左键，将跳转到前面选中的幻灯片。

如果跳转的位置为其他演示文稿或 Word 文档、Excel 电子表格等，在第（3）步操作中，"链接到"框中，单击"原有文件或 Web 页"，选择相应的路径和文件，按"确定"实现链接。

2. 使用【动作按钮】　利用动作按钮也可以创建同样效果的超链接，在绘图工具栏中，选择自选图形中的"动作按钮"，或在【幻灯片放映】菜单中选择【动作按钮】，如图 4.111 所示，用户可以选取某种动作按钮，将其添加到幻灯片中，同时弹出"动作设置"窗口，如图 4.112 所示，选择"超链接到"选择链接的对象，如"下一张幻灯片"，实现超链接。

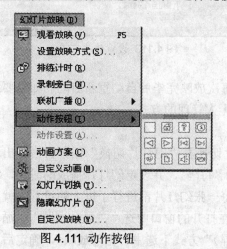

图 4.111 动作按钮

图 4.112 动作设置

4.3.9 在 PowerPoint 中使用隐藏

在放映演示文稿时，常会有不要某些幻灯片显示，但是又不想把这些幻灯片从演示文稿中删除。还有，在使用链接时，被链接的幻灯片已经播放过，而在顺序播放时，不希望这些幻灯片再次出现。这时，就可以将这些幻灯片"隐藏"起来。如果需要再重新显示，只需将它们取消隐藏即可。设置隐藏幻灯片的操作是：

1．进入幻灯片浏览视图。

2．选择待处理的幻灯片，按鼠标右键，在弹出的快捷菜单中选择【隐藏幻灯片】，此时在幻灯片的右下角出现一个隐藏标志。如果要取消隐藏，需选中设置隐藏的幻灯片，按鼠标右键，在弹出的快捷菜单中再次选择【隐藏幻灯片】，将取消隐藏。

4.3.10 演示文稿的放映和打印等

1．演示文稿的放映　在幻灯片放映前可以根据需要选择放映方式，单击【幻灯片放映】→【设置放映方式】，弹出图 4.113 所示的对话框。

PowerPoint 2003 定义了三种不同的放映幻灯片的方式，分别适用于不同场合：

（1）演讲者放映（全屏幕）：这种放映方式是将演示文稿进行全屏幕放映。演讲者具有完全的控制权，并可以采用自动或人工方式来进行放映。除可以用鼠标左右键操作外，还可以用空格键、**PageUp** 和 **PageDown** 键控制幻灯片的播放。

（2）观众自行浏览（窗口）：这种方式适合于运行小规模的演示。在这种放映方式下，演示文稿会出现在小型窗口内，并提供命令，使得在放映时能移动、编辑、复制和打印幻灯片。在此方式下，可以使用滚动条从一张幻灯片转到另外一张幻灯片，同时打开其他程序。

（3）在展台浏览（全屏幕）：选择此项可自动放映演示文稿。在放映过程

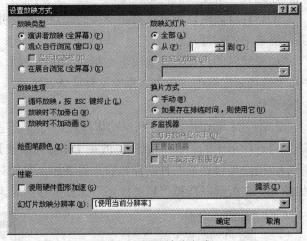

图 4.113 设置放映方式

中，无需人工操作，自动切换幻灯片，并且在每次放映完毕后自动重新启动。如果要终止放映，按 Esc 键，例如在展览会场就需要运行无人管理的方式。

设置自动放映方式的方法有两种：

（1）在【幻灯片放映】菜单中选【幻灯片切换】，"幻灯片切换"任务窗格将出现，在"切换方式"下面去掉"单击鼠标时"，选中"每隔"，并设定幻灯片播放的时间，这时在幻灯片缩略图下面将显示出播放的时间，当每一张幻灯片都进行了以上的设置，就可以在【幻灯片放映】菜单中选【设置放映方式】，在打开的窗口中选"在展台浏览"，"循环放映"项自动被选中；或者在"演讲者放映（全屏）"方式下选中"循环放映"，确定后，可按 F5 键进行自动放映。

（2）在【幻灯片放映】菜单中选【排练计时】，可以记录每张幻灯片预演的时间，而后在【幻灯片放映】菜单中选【设置放映方式】即可。

2. 画笔的使用 在演示文稿放映时，使用者可以用鼠标在幻灯片上勾画，加强演讲的效果，其方法是：在演示文稿放映时，按鼠标右键可弹出如图 4.114 的菜单，在【指针选项】的级联菜单中任选一种画笔，此时鼠标指针变为笔形，使用者可以在幻灯片上写字或勾画幻灯片上的内容，如果希望勾画的痕迹有某种颜色，可以在【墨迹颜色】级联菜单中选某种颜色而达到目的。

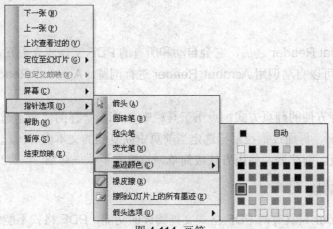

图 4.114 画笔

3. 演示文稿的打印 演示文稿除了可以放映外，还可以打印成书面材料，选择【文件】→【打印】命令，将弹出打印窗口，如图 4.115 所示。在窗口中可以选择是否全部打印，以及打印的份数等。通过设置可以在一张纸上分别打印 1 张、2 张、3 张、4 张、6 张、9 张幻灯片的内容。

4. 将演示文稿保存为 Web 页 PowerPoint 中的演示文稿可以转换为能够在互联网中使用的 HTML 格式的文件，以便在 Internet 上发布，让人们能够在浏览器中方便地看到演示文稿。要将演示文稿保存为 Web 页，执行以下的操作：

（1）打开要保存为 Web 页的演示文稿。

（2）选择【文件】→【另存为 Web 页】命令。

（3）单击"保存位置"框右侧的下拉按钮，从弹出的下拉列表中选择存盘路径。

（4）在"文件名"框中输入文件名。

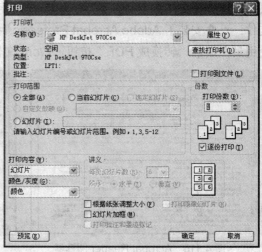

图 4.115 打印

（5）单击"确定"按钮之后，演示文稿被转换为 HTML 格式的网页文件。

4.4 PDF 文档阅读与制作

在计算机应用中，很多时候电子文档是使用不同的文本格式储存的，要正常阅读，需要使用相对应的阅读软件才行。PDF（Portable Document Format）文件格式是 Adobe 公司开发的电子文件格式，这种文件格式与操作系统平台无关，这一特点使它成为在 Internet 上进行电子文档发行和数字化信息传播的理想文档格式。越来越多的电子图书、产品说明、公司文告、网络资料、电子邮件开始使用 PDF 格式文件。目前 PDF 格式文件已成为电子文档发行和数字化信息传播上的一个通用标准。下面介绍 PDF 的浏览器 Acrobat Reader7.0。

4.4.1 文档阅读

安装好 Acrobat Reader 之后，它会自动和所有的 PDF 文件建立关联，所以只要双击某个 PDF 文件就可以自动调用 Acrobat Reader 进行浏览。Acrobat Reader7.0 的界面如图 4.116 所示。

该阅读器具有方便的翻页方式；点击工具栏中含"I"字样的"文本选择工具"按钮，鼠标变为"I"字形，再通过拖拉鼠标选定当前页中欲复制的文本内容，选"复制"菜单，便可复制到剪贴板。阅读器的使用方法很简单，这里就不一一介绍。

4.4.2 PDF 格式转换

Acrobat Reader 只具有对 PDF 格式文档阅读的功能，PDF 格式不能像 Word 那样有丰富的编辑功能，同样，用 Word 编辑的文档如果为方便不同用户浏览的需要也经常要转换成 PDF 格式，PDF 格式与 doc 格式相互转换可以用 Adobe Acrobat Professional 软件来实现。Adobe Acrobat Professional 的界面如图 4.117 所示，除了具有 Acrobat Reader 阅读器的功能外，还可以非常方便地进行文件格式的转换。如果要使 PDF 文件转换成 doc，只要在选择【文件】菜单的【另存为】，在保存类型选择（*.doc）就可以直接转换成 Word 文件；只要安装了 Adobe Acrobat Professional，在 Word 中就会出现工具栏，使用最左端的"转换成 PDF"按钮，Word 文件就直接生成 PDF 格式的文件。

图 4.116　Acrobat Reader 阅读器　　　　图 4.117　Adobe Acrobat Professional

4.4.3 PDF 格式转换工具

PDF 格式和其他文本格式，例如 Word 的 doc 格式、文本 txt 格式、网页 Html 格式之间，也有很多非常简单的工具软件进行格式转换。PDF Factory 就是其中的一个，该软件转换的文档可以是图文混排或彩色文档。安装完该软件后计算机的"打印机和传真"窗口中就多了一台虚拟打印机。使用 PDF Factory 虚拟打印机制作 PDF 的步骤如下：

1. 打开要制作 PDF 的文档，选择"文件"菜单的"打印"命令，在弹出的"打印"

对话框中选择 PDF Factory 打印机，如图 4.118 所示。

2．单击"打印"按钮，开始文档格式的转换，如图 4.119 所示。

3．转换完毕后，单击"保存"按钮。PDF 默认保存位置在 Windows 的"我的文档"文件夹的 PDF files 子文件夹中。

图 4.118 "打印"对话框　　　　　　图 4.119 PDF 文档制作窗口

习 题 四

4.1 单项选择题

1. Word 中，将插入点快速移至文档开始的组合键是（ ）

　　A. Ctrl+PageUp　　　B. Ctrl+PageDown　　　C. Ctrl+Home　　　D. Ctrl+End

2. 在 Word 编辑时，文字下面有绿色波浪下划线表示（ ）

　　A. 已修改过的文档　　　　　　　　B. 对输入的确认

　　C. 可能的拼写错误　　　　　　　　D. 可能的语法错误

3. 在 Word 编辑状态下，当常用工具栏上的"剪切"和"复制"按钮呈浅灰色而不能被选择时，说明（ ）

　　A. 剪贴板上已经存放信息了　　　　B. 在文档中没有选定任何信息

　　C. 选定的内容是图片　　　　　　　D. 选定的文档内容太长，剪贴板放不下

4. 在 Word 中，关于页眉和页脚的设置，下列叙述错误的是（ ）

　　A. 允许为文档的第一页设置不同的页眉和页脚

　　B. 允许为文档的每个节设置不同的页眉和页脚

　　C. 允许为偶数页和奇数页设置不同的页眉和页脚

　　D. 不允许页面或页脚的内容超出页边距的范围

5. 在 Word 中，当前插入点在表格中某行的最后一个单元格内，按回车键后（ ）

　　A. 插入点所在的行增高　　　　　　B. 插入点所在的列加宽

　　C. 在插入点下一行增加一行　　　　D. 对表格不起作用

6. 在 Word 的编辑状态中，设置了标尺，可以同时显示水平标尺和垂直标尺的视图方式是（ ）

　　A. 普通视图　　　　B. 页面视图　　　　C. 大纲视图　　　　D. 全屏显示视图

7. 在编辑 Word 文档时，输入的新字符总是覆盖了文档中已经输入的字符，（ ）

　　A. 原因是当前文档正处于在改写的编辑方式

　　B. 原因是当前文档正处于在插入的编辑方式

　　C. 连按两次 Insert 键，可防止覆盖发生

　　D. 按 Delete 键可防止覆盖发生

8. 使用格式刷操作正确的是（ ）

　　A. 单击格式刷，然后用鼠标划黑模板文本后，再用鼠标划黑要格式化的区域即可

　　B. 用鼠标划黑模板文本后，单击格式刷图标，再用鼠标划黑要格式化的区域即可

  C. 用鼠标划黑模板文本后，再用鼠标划黑要格式化的区域，单击格式刷图标即可

  D. 用格式刷划黑要格式化的区域，再用鼠标划黑模板文件即可

9. 在 Word 中，关于打印预览叙述错误的是（   ）

  A. 打印预览是文档视图显示方法之一

  B. 预览的效果和打印出的文档效果匹配

  C. 无法对打印预览的文档编辑

  D. 在打印预览方式中可同时查看多页文档

10. 在 Word 中，若想打印第 2 至 4 页以及第 8 页的内容，应当在打印对话框中的页码范围中输入（   ）

  A. 2,4,6   B. 2-4,8   C. 2-4-8   D. 2,4-8

11. 在 Excel 中，将数据填入单元格时，默认的对齐方式是（   ）

  A. 文字自动左对齐，数字自动右对齐   B. 文字自动右对齐，数字自动左对齐

  C. 文字与数字均自动左对齐   D. 文字与数字均自动右对齐

12. Excel 中，A1 单元格的内容是数值-111，使用内在的"数值"格式设定该单元格之后，-111 也可以显示为（   ）

  A. 111   B. {111}   C. (111)   D. [111]

13. 在 Excel 中，A1 单元格设定其数字格式为整数，当输入"33.51"时，显示为（   ）

  A. 33.51   B. 33   C. 34   D. Error

14. 在 Excel 的单元格中，如要输入数字字符串 01082669900 (电话号码)时，应输入（   ）

  A. 01082669900   B. =01082669900

  C. 01082669900'   D. '01082669900

15. 如要关闭当前工作簿，但不想退出 Excel ，可以选择（   ）

  A. "文件"菜单中的"关闭"命令   B. "文件"菜单中的"退出"命令

  C. 关闭 Excel 窗口的按钮×   D. "窗口"菜单中的"隐藏"命令

16. 某区域由 A1，A2，A3，B1，B2，B3 六个单元格组成，下列不能表示该区域的是（   ）

  A. A1:B3   B. A3:B1   C. B3:A1   D. A1:B1

17. 在打印工作前就能看到实际打印效果的操作是（   ）

  A. 仔细观察工作表   B. 打印预览

  C. 按 F8 键   D. 分页预览

18. 若在 Excel 的 A2 单元中输入"=8^2"，则显示结果为（   ）

  A. 16   B. 64   C. =8^2   D. 8^2

19. 在 Excel 中，要修改当前工作表"标签"的名称，下列（   ）方法不能完成

  A. 双击工作表"标签"

  B. 选择菜单"格式"中"工作表"，选择"重命名"命令

  C. 鼠标右击工作表"标签"，选择"重命名"命令

  D. 选择菜单"文件"下"重命名"命令

20. PowerPoint 演示文稿类型的扩展名是（   ）

  A. .htm   B. .ppt   C. .pps   D. .pot

21. 在"幻灯片浏览视图"模式下，不允许进行的操作是（   ）

  A. 幻灯片的移动和复制   B. 在幻灯片中自定义动画效果

  C. 幻灯片删除   D. 幻灯片切换

22. 在 PowerPoint 缺省状态下，按 F5 键后可实现的效果是（   ）

  A. 幻灯片从第一张开始全屏放映

  B. 幻灯片从第一张开始窗口放映

  C. 幻灯片从当前页开始全屏放映

  D. 幻灯片从当前页开始窗口放映

23. 在 Powerpoint 的普通视图中，使用"幻灯片放映"中的"隐藏幻灯片"后，被隐藏的幻灯片将会（　）

    A. 从文件中删除

    B. 仍然保存在文件中，但在幻灯片放映时不播放

    C. 在幻灯片放映时仍然可放映，但是幻灯片上的部分内容被隐藏

    D. 在普通视图的编辑状态中被隐藏

24. 在演示文稿中，在插入超级链接中所链接的目标不能是（　）

    A. 另一个演示文稿　　　　　　　B. 同意演示文稿的某一张幻灯片

    C. 其他应用程序的文档　　　　　D. 幻灯片中的某个对象

4.2 填空题

1. 已知 G3 中的数据为 D3 与 F3 中数据之积，若该单元格的引用为相对引用，则应向 G3 中输入_____。

2. 在 Excel 中，同一张工作表上的单元格引用有三种方法。如果 C1 单元格内的公式是"=A\$1+\$B1"，该公式对 A1 和 B1 单元格的引用是_____引用。

3. 在 Excel 中，A9 单元格内容是数值1.2，A10 单元格内容是数值2.3，在 A11 单元格输入公式"=A9>A10"后，A11 单元格显示的是_____。

4. D5 单元格中有公式"=A5＋\$B\$4"，删除第 3 行后，D4 中的公式是_____。

5. 对数据清单进行分类汇总前，必须对数据清单进行_____操作。

4.3 操作题

1. 按照题目要求，完成如样张所给样式排版。

  （1）将标题"长联欣赏"居中，格式设置为楷体三号字，加字符底纹，粉红色字。

  （2）正文第一段格式设置为宋体五号字，加粗，倾斜，段前段后各 0.5 行。

  （3）正文第二段格式为楷体五号字，并将正文第二段设置分栏，栏数为 2，栏宽相等。

  （4）将正文第二段首字下沉 2 行，距正文 0 厘米，将最后一段内容右对齐。

  （5）按照示例中的格式，在文章的下面制作一个表格。

长联欣赏

五百里滇池，奔来眼底，披襟岸帻，喜茫茫空阔无边。看东骧神骏，西翥灵仪，北走蜿蜒，南翔缟素。高人韵士，何妨选胜登临。趁蟹屿螺洲，梳裹就风鬟雾鬓。更苹天苇地，点缀些翠羽丹霞。却象负四围香稻，万顷晴沙，九夏芙蓉，三春杨柳。

数千年往事，注到心头，把酒凌虚，叹滚滚英雄谁在? 想汉习楼船，唐标铁柱，宋挥玉斧，元跨革囊。伟烈丰功，费尽移山神力。尽珠帘画栋，卷不及暮雨朝云。便断碣残碑，都付与苍烟落照。只赢得几许疏钟，半江渔火，两行秋雁，一枕清霜。

—— 选自《古今对联精选》

课程名称 姓名	生理	生化	病理	总分
田思雨	87	72	75	234
翁林	69	77	65	211
宁丽	90	88	82	260

流行病

    特定疾病并非随机地分布于人群中，但在不同的亚群中有不同的频度，这一事实在流行病学的定义中是无可争辩的。通过调查疾病的不均匀分布及其影响因素，流行病学提供了疾病预防和控制的基础。

    疾病发生危险因素的识别对于流行病学是基本的，原因如下：

❖ 预测疾病未来趋势的某些特征或许是有因果关系和可变的，因此介入和疾病预防是可以达到的目标。

❖ 即使是那些疾病危险的决定因素有固定的分布因此未介入疾病的预防项目（如家族史和种族），也能帮助指导筛选项目。这种目标性筛选工作可使病人更早接受治疗，最大限度地减少疾病的危害作用。

  （6）在表格的"总分"项目中，计算出相应的总分值。要求表格内容居中，整个表格居中。

  （7）输入流行病一文，插入"流行病"字样的竖排文本框，设置文本框格式为四周型环绕，距正文 2

厘米，再加上黄色底纹和阴影如图。

（8）为最后两段添加项目符号。

（9）给“流行病”文本插入图片水印。（图形任选）

2. 从网上查找一篇与医学信息学相关的文章，按下列要求完成编辑排版操作。

（1）将各级标题按如下样式设计：

标题 1（粗宋体三号字（英字体 Times New Roman））

标题 2（粗宋体 4 号字（英字体 Times New Roman））

标题 3（粗宋体小 4 号字（英字体 Times New Roman）前空 2 格）

正文　（5 号宋体）

（2）页眉设置：目录页设页眉为“目录”；正文设页眉为本文的标题。

（3）页码设置：目录页码置于页面底端为Ⅰ、Ⅱ……格式，文章页码置于页面底端，奇数页码在右端，偶数页码在左端。

（4）版面 38 行×38 字。

3. 用 Excel 生成如图 1 所示的九九乘法表。

	A	B	C	D	E	F	G	H	I	J
1		1	2	3	4	5	6	7	8	9
2	1	1×1=1								
3	2	2×1=2	2×2=4							
4	3	3×1=3	3×2=6	3×3=9						
5	4	4×1=4	4×2=8	4×3=12	4×4=16					
6	5	5×1=5	5×2=10	5×3=15	5×4=20	5×5=25				
7	6	6×1=6	6×2=12	6×3=18	6×4=24	6×5=30	6×6=36			
8	7	7×1=7	7×2=14	7×3=21	7×4=28	7×5=35	7×6=42	7×7=49		
9	8	8×1=8	8×2=16	8×3=24	8×4=32	8×5=40	8×6=48	8×7=56	8×8=64	
10	9	9×1=9	9×2=18	9×3=27	9×4=36	9×5=45	9×6=54	9×7=63	9×8=72	9×9=81

图 1　九九乘法表

4. 在 Mybook1 中，建立“总评”工作表，如图 2 所示。完成对表中数据的各种统计：

（1）总分的计算方法为：平时、期中为 30%，期末为 40%。

（2）对总分成绩，统计优秀人数（85 分以上）、优秀率以及平均分。

（3）总评的条件为：平均分大于等于 85 的评为“优秀”，在 85 到 60 之间评为“合格”，60 分以下评为“不及格”，使用 IF 函数填写。

（4）使用频度函数 FREQUENCY，统计各分数段人数。

	A	B	C	D	E	F
1	学生成绩表					
2	姓名	平时	期中	期末	总分	总评
3	王小平	80	87	90		
4	陈晓东	96	93	96		
5	陈明	76	65	76		
6	何伟明	95	86	90		
7	伍小东	63	70	69		
8	张三	80	82	77		
9	孙小虎	80	90	86		
10	李四	72	50	76		
11	赵曼	90	76	73		
12	白冰洁	86	91	87		
13	王舞	85	70	77		
14	优秀人数					
15	优秀率					
16	总评平均					
17		分数段	人数			
18		100-90				
19		80-89				
20		70-79				
21		60-69				
22		60分以下				

图 2

5. 10 名糖尿病人的血糖（mg/100ml）、胰岛素（μu/100ml）的测定数据见下表：

胰岛素	15.2	15.7	11.9	14.0	19.8	16.2	17.0	10.3	5.9	18.7
血糖	220	221	221	217	151	200	188	240	283	163

创建工作表"散点图"，输入以上数据，试做出血糖对胰岛素的散点图和回归曲线，并计算出回归方程和决定系数（R^2）。结果样文如图 3 所示。

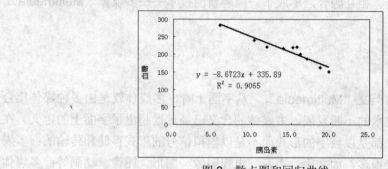

图 3 散点图和回归曲线

第五章　多媒体技术应用

在技术发展史上，计算机、通信和广播电视一直是三个互相独立的技术领域，各自有着互不相同的技术特征和服务范围。但是，近几十年来，随着数字技术的发展这三个原本各自独立的领域相互渗透、相互融合，形成了一门崭新的技术——多媒体（Multimedia）。

5.1 多媒体概述

"多媒体"一词译自英文"Multimedia"，从字面上看，多媒体就是由多种媒体集合而成。但是，随着科学技术的不断发展，多媒体的含义已经远远超出了字面上的定义。在现代社会中，多媒体信息都是以数字的形式而不是以模拟信号的形式存储和传输的；多媒体传播信息的媒体的种类很多，如文字、声音、电视图像、图形、图像、动画等；多媒体是信息交流和传播媒体，其功能与电视、报纸、杂志等媒体的大致相同；多媒体是人-机交互式媒体，这里所指的"机"，目前主要是指计算机，或者由微处理器控制的其他终端设备。因为计算机的一个重要特性是"交互性"，就是人们可以使用像键盘、鼠标器、触摸屏、声音、数据手套等设备，通过计算机程序去控制各种媒体的播放，人与计算机之间，人驾驭多媒体，人是主动者而多媒体是被动者，从这个意义上说，多媒体和目前大家所熟悉的模拟电视、报纸、杂志等媒体又是不相同的。简而言之，多媒体是融合两种或两种以上媒体的一种人机交互式信息交流和传播媒体。

多媒体技术是计算机技术、通信技术、音频技术、视频技术、图像处理技术、文字处理技术、数据压缩技术、显示和音响技术等多种技术的结合。一般认为，多媒体技术是对多种载体上的信息和多种存储体上的信息进行处理的技术。它给传统的计算机系统、音频和视频设备带来了方向性的变革，对大众传播媒介正在产生深远影响。

多媒体的主要特性包括信息载体的多样性、交互性和集成性三个方面。多样性是指综合多种媒体信息，如文本，图形、图像、声音等；交互性是指人可以介入到对多媒体的加工、处理中去，参与到媒体的活动去，甚至具有身临其境的感觉；综合性即多种媒体综合为一体。由于多媒体信息都是以数字的形式而不是以模拟信号的形式存储和传输，因此，更适用于 CPU、音频、视频和通讯等技术对其加工处理和使用大容量存储器存储，以及更适合于编程的手段进行数字处理。

5.1.1 媒体信息种类

在实际生活中，媒体的范围相当广泛，大体可分为五大类：

1. 感觉媒体　能直接作用于人们的感觉器官，从而能使人产生直接感觉的媒体。如语音、音乐、图像、动画、文本等。

2. 表示媒体　为了传送感觉媒体而人为研究出来的媒体。借助于此种媒体，便能更有效的存储或传送感觉媒体。如语言编码、文本编码、电报编码、条形码、图像编码等，与计算机的内部表示相关。

3．显示媒体 用于通信中使电信号和感觉媒体之间产生转换用的媒体。如键盘、鼠标器、显示器、打印机、数字照相机、麦克风、扬声器、扫描仪等。

4．存储媒体 用于存放某种媒体的媒体，如纸张、磁带、磁盘、光盘等。

5．传输媒体 用于传输某些媒体的媒体，如电话线、双绞线、光纤、无线电波等。

五种媒体类型的作用、表现形式和内容见表 5.1。

表 5.1 媒体类型表

媒体类型	作用	表现	内容
感觉媒体	用于人类感知客观环境	听觉、视觉、触觉	语言、文字、音乐、声音、图像、动画等
表示媒体	用于定义信息的表达特征	计算机数据格式	ASCII 编码、图像编码、声音编码、视频信号等
显示媒体	用于表达信息	输入、输出信息	键盘、鼠标、光笔、数字化仪、扫描仪、显示器、打印机、投影仪等
存储媒体	用于存储信息	存取信息	硬盘、软盘、光盘、优盘、磁带等
传输媒体	用于连接数据信息的传输	信息传输的网络介质	电费、光缆、电磁波等

5.1.2 常见的媒体元素

媒体元素是指多媒体应用中可显示给用户的媒体组成。分成文字、声音、图形、图像、动画、视频等元素。

1．文本（Text） 文本分为非格式化文本文件和格式化文本文件。非格式化文本文件：只有文本信息的文件，又称为纯文本文件。如".txt"文件；格式化文本文件：带有各种文本排版信息等格式信息的文本文件，如".doc"文件。

2．图形（Graph） 图形一般指用计算机绘制的画面，如直线、圆、圆弧、矩形、任意曲线和图表等。图形的格式是一组描述点、线、面等几何图形的大小、形状及其位置、维数的指令集合。在图形文件中只记录生成图的算法和图上某些特征点，因此也称矢量图。

用于产生和编辑矢量图形的程序通常称为"draw"程序。微机上常用的矢量图形文件有："\.3ds"（用于 3D 造型）、"\.dxf"（用于 CAD）、"\.wmf"（用于桌面出版）等等。

由于图形只保存算法和特征点，因此占用的存储空间很小。当需要管理每一小块图像时，矢量图法非常有效。目标图像的移动、缩小放大、旋转、拷贝、属性的改变（如线条变宽变细、颜色的改变）也很容易做到。相同的或类似的图可以把它们当作图的构造块，并把它们存到图库中，这样不仅可以加速画的生成，而且可以减小矢量图的大小。然而，当图形变得很复杂时，计算机就要花费很长的时间去执行绘图指令。此外，对于一幅复杂的彩色照片（例如一幅真实世界的彩照），就很难用数学来描述，因而就不用矢量图表示，而是采用位图表示。

3．图像（Image） 图像的获取通常用扫描仪，以及摄像机、录像机、激光视盘与视频信号数字化卡一类设备，通过这些设备把模拟的图像信号变成数字图像数据。

静止的图像是一个矩阵，阵列中的各项数字用来描述构成图像的各个点（称为像素点 pixel）的强度与颜色等信息。这种图像也称为位图（bit-mapped picture）。位图法是把一幅彩色图分成许多的像素，每个像素用若干个二进制位来指定该像素的颜色、亮度和属性。

因此一幅图由许多描述每个像素的数据组成，这些数据通常称为图像数据，而这些数据作为一个文件来存储，这种文件又称为图像文件。

用于生成和编辑位图图像的软件通常称为"paint"程序。图像文件在计算机中的存储格式有多种，如 bmp、pcx、tif、tga、gif、jpg 等，一般数据量都较大。

图像文件占据的存储器空间比较大。影响其文件大小的因素主要有两个，即图像分辨率和像素深度。分辨率越高，组成一幅图的像素越多，则图像文件越大；像素深度越深，表达单个像素的颜色和亮度的位数越多，图像文件就越大。而矢量图文件的大小则主要取决图的复杂程度。

图形与图像相比，显示图像文件比显示图形文件要快；图形侧重于"绘制"、去创造，而图像偏重于"获取"、去"复制"；图形和图像之间可以用软件进行转换，由图形转换成图像采用光栅化（rasterizing）技术，这种转换也相对容易；由图像转换成图形用跟踪（tracing）技术，这种技术在理论上比较容易，但在实际中很难实现，对复杂的彩色图像尤其如此。

4．声音（Audio）　声音可分为波形声音和音乐。

（1）波形声音实际上已经包含了所有的声音形式，它可以将任何声音都进行采样量化，相应的文件格式是 wav 文件或 voc 文件。语音也是一种波形，所以和波形声音的文件格式相同。

（2）音乐是符号化了的声音，乐谱可转变为符号媒体形式。对应的文件格式是 mid 或 cmf 文件。

5．动画（Animation）　动画是活动的画面，实质是一幅幅静态图像的连续播放。动画的连续播放既指时间上的连续，也指图像内容上的连续。计算机设计动画有两种：一种是帧动画，一种是造型动画。

（1）帧动画是由一幅幅位图组成的连续的画面，就如电影胶片或视频画面一样要分别设计每屏幕显示的画面。

（2）造型动画是对每一个运动的物体分别进行设计，赋予每个动元一些特征，然后用这些动元构成完整的帧画面。动元的表演和行为是由制作表组成的脚本来控制。存储动画的文件格式有 FLC、MMM 等。

6．视频（Video）　视频是由一幅幅单独的画面序列（帧 frame）组成，这些画面以一定的速率 fps（Frame Per Second，帧/秒）连续地投射在屏幕上，使观察者具有图像连续运动的感觉。视频文件的存储格式有 avi、mpg、mov 等。视频标准主要有 NTSC 制和 PAL 制两种：

（1）NTSC 标准为 30fps，每帧 525 行。

（2）PAL 标准为 25fps，每帧 625 行。

视频的技术参数有：帧速、数据量图像质量。参照上述媒体元素，其类型的文件扩展名如表 5.2。

5.1.3 多媒体技术的关键技术

实现多媒体技术的关键技术包括：

1．数据压缩与编码技术　在普通情况下，一幅像素为 352×240 的彩色图像，如果用每像素 15 位的像素深度数字化，其数据量为 352×2401×15=1267200 bit。在动态视频中，如果采用 30 帧/秒的帧率，那么要求视频信息的传输率为 1267200×30=3.8016×10^7（bit/秒）。对于一张容量为 700MB 的光盘来说，不采用压缩技术，最多也只能存储 3.218 分钟的视频信息。但是，如果采用 MPEG-1 标准的 50:1 压缩比，则 700MB 的 VCD 光盘，在同时存放视频和音频信号的情况下，其最大可播放时间能达到 96 分钟。所以要在有限的空间上存储和传输，必须采用数据压缩与编码技术。这就是多媒体计算机发展的关键技术之一。

表 5.2 常用媒体文件扩展名

媒体类型	扩展名	说 明
文 字	txt	纯文本文件
	rtf	Rich Text Format 格式
	wri	写字板文件
	doc	Word 文件
	wps	WPS 文件
声 音	wav	标准 Windows 声音文件
	mid	乐器数字接口的音乐文件
	mp3	MPEG Layer 3 声音文件
	aif	Macintosh 平台的声音文件
	vqf	最新的 NTT 开发的声音文件，比 MP3 的压缩比还高
图形图像	bmp	Windows 位图文件
	jpg	JPEG 压缩的位图文件
	gif	图形交换格式文件
	tif	标记图像格式文件
	eps	Post Script 图像文件
动 画	gif	图形交换格式文件
	flc(fli)	AutoDesk 的 Animator 文件
	avi	Windows 视频文件(audio visual interleave)
	swf	Macromedia 的 Flash 动画文件
	mov	QuickTime 的动画文件
	mmm	Director 生成的格式文件
视 频	avi	Windows 视频文件
	mov	Quick Time 动画文件
	mpg	MPEG 视频文件
	dat	VCD 中的视频文件
其 他	exe	可执行程序文件
	ram(ra、rm)	Real Audio 和 Real Video 的流媒体文件

2. 数字图像、数字音频和数字视频技术　数字图像技术就是对图像进行计算机处理，使其更适合人眼或仪器的分辨，并提取其中的信息；数字音频技术则包括声音采集及回放技术、声音识别技术和声音合成技术；数字视频技术包括视频采集及回放、视频编辑和三维动画视频制作，这些技术无论从技术的复杂度和难度，从硬件技术还是软件技术上都要比纯文本技术大得多。

3. 多媒体通信技术　多媒体通信技术是指利用通信网络综合性地完成多媒体信息的传输和交换的技术。多媒体通信技术突破了计算机、通信、广播和出版的界际，使它们融为一体，向人类提供了诸如多媒体电子邮件、视频会议等全新的信息服务。

4. 多媒体数据库技术　多媒体数据库是一种包括文本、图形、图像、动画、声音、视频图像等多种媒体信息的数据库。多媒体数据库不同于一般的数据库管理系统处理的是字符、数值等结构化的信息，多媒体数据库要处理图形、图像、声音等大量非结构化的多媒体信息，因而这就需要一种新的数据库管理系统对多媒体数据进行管理。

5. 虚拟现实技术　虚拟现实 VR（Virtual Reality）又称人工现实或灵境技术，它是在许多相关技术（如仿真技术、计算机图形学、多媒体技术等）的基础上发展起来的一门综合技术，是多媒体技术发展的更高境界。虚拟现实技术以其更加高级的集成性和交互性，给用户以更加逼真的感觉和体验，使用户处在计算机产生的虚拟世界中，无论看到的、听到的，还是感觉到的，都像在真实的世界里一样。

5.1.4 多媒体技术的发展方向

多媒体涉及的技术范围很广，技术很新、研究内容很深，是多种学科和多种技术交叉的领域。目前，多媒体技术的研究和应用开发主要在下列几个方面：

1. 多媒体数据的表示技术　它包括文字、声音、图形、图像、动画、影视等媒体在计算机中的表示方法。如数据压缩和解压缩技术、人-机接口技术、虚拟现实（Virtual Reality，VR）等都是当今多媒体技术研究中的热点技术。

2. 多媒体创作和编辑工具　使用工具对多媒体进行编辑和创作，将会大大缩短提供信息的时间。将来人们使用多媒体创作和编辑工具，就像现在我们使用笔和纸那样熟练。

3. 多媒体数据的存储技术　这包括 CD 技术，DVD 技术等。

4. 多媒体的应用开发　包括多媒体 CD-ROM 节目（Title）制作，多媒体数据库，超媒体信息系统(Web)，多目标广播技术（Multicasting），影视点播（Video on Demand，VOD），电视会议（Video Conferencing），远程教育系统，多媒体信息的检索等。

5.2 多媒体环境的建立

5.2.1 多媒体计算机系统的组成结构

多媒体计算机系统与一般计算机系统结构基本相同，即由多媒体硬件系统和多媒体软件系统构成。

5.2.1.1 多媒体硬件系统

多媒体硬件系统如图 5.1 所示。所谓多媒体计算机就是具有多媒体处理功能的计算机，它可以是个人计算机，也可以是工作站或其他中、大型机。在这里我们主要介绍的是多媒体个人计算机 MPC（Multimedia Personal Computer）。MPC 机要求比普通 PC 机有更高的配置，包括高速的 CPU，更大的内存和外存，此外还有更多功能强大的输入输出多媒体板卡和丰富的多媒体设备。现在的个人计算机绝大多都具有多媒体应用功能。

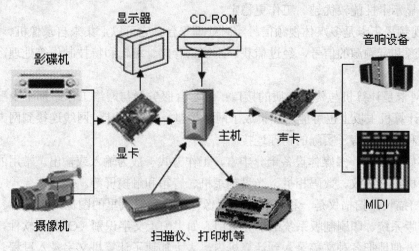

图5.1 多媒体硬件设备基本组成

1. 多媒体板卡　多媒体板卡是根据多媒体系统获取或处理各种多媒体信息的需要，插在计算机上的插件，用以解决多媒体计算机的输入和输出问题。多媒体板卡是建立多媒体应用程序工作环境必不可少的硬件设备。常用的多媒体板卡有显示卡、声音卡、视频采集卡和网卡等。

（1）声卡（或称声音卡）是计算机处理声音信息的专用功能卡：它是多媒体系统中最基本的多媒体板卡。从结构上分，声卡可分为模数转换电路和数模转换电路两部分，模数转换电路负责将麦克风等声音输入设备采到的模拟声音信号转换为计算机能处理的数字信号；而数模转换电路负责将计算机使用的数字声音信号转换为喇叭等设备能使用的模拟信号。声卡上都预留了话筒、录放机、激光唱机等外界设备的插孔，图5.2是声卡端口与音频设备的连接。声卡主要有两种：内置独立声卡和内置集成在主板上的软声卡。

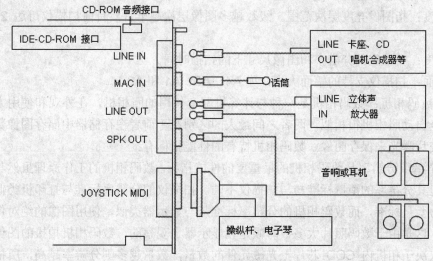

图5.2 声卡与音频设备的连接

（2）显示卡又称显示适配器：它是计算机主机与显示器之间的接口，主要作用是执行和加速图形函数，将主机中的数字信号转换成图像信号并在显示器上显示出来。通常显示卡是以独立板的形式安装在主板的扩展槽上或者集成在主板上。与集成在主板上的显示卡相比，独立显示卡性能较优越、工作更稳定。

（3）视频采集卡是多媒体视频信号实时处理平台：它可以汇集来自录像机、摄像机、光盘的视频源和音频源的信号，经过捕获、压缩、存储、编辑和特技制作等处理，产生视频图像画面。

（4）网卡是计算机与传输介质的接口：每一台服务器与网络工作站都至少配有一块网卡（有些计算机主板上也可能已经集成了网络接口）。有了网卡，网线连接到网卡的端口上，计算机和网络就有了实际的物理连接。

2. 多媒体设备　多媒体设备十分丰富，工作方式一般为输入或输出。常用的多媒体设备有摄像机、扫描仪、数码相机、光盘刻录机、音箱和触摸屏等。

（1）扫描仪：扫描仪是一种可将静态图像输入到计算机里的图像采集设备。扫描仪对于桌面排版系统、印刷制版系统都十分有用。如果配上文字识别（OCR）软件，用扫描仪可以快速方便地把各种文稿录入到计算机内，大大加速了计算机文字录入过程。扫描仪的主要性能指标包括：

① 分辨率：分辨率是衡量扫描仪的关键指标之一。它表明了系统能够达到的最大输入分辨率，以每英寸扫描像素点数 dpi（Dot Per Inch，即每英寸点数）表示。制造商常用"水平分辨率×垂直分辨率"的表达式作为扫描仪的标称。其中水平分辨率又被称为"光学分辨率"；垂直分辨率又被称为"机械分辨率"。光学分辨率是由扫描仪的传感器以及传感器中的单元数量决定的。机械分辨率是步进电机在平板上移动时所走的步数。光学分辨率越高，扫描仪解析图像细节的能力越强，扫描的图像越清晰。

② 色彩位数：色彩位数是影响扫描仪表现的另一个重要因素。色彩位数越高，所能得到的色彩动态范围越大，也就是说，对颜色的区分能够更加细腻。例如一般的扫描仪至少有 30 位色，也就是能表达 2 的 30 次方种颜色（大约 10 亿种颜色），好一点的扫描仪拥有 36 位颜色，大约能表达 687 亿种颜色。

③ 灰度：指图像亮度层次范围。级数越多图像层次越丰富，目前扫描仪可达 256 级灰度。

④ 速度：在指定的分辨率和图像尺寸下的扫描时间。

⑤ 幅面：扫描仪支持的幅面大小，如 A4、A3、A1 和 A0。

（2）数码相机：数码相机是一种与计算机配套使用的照相机，在外观和使用方法上与普通的全自动照相机很相似，两者之间最大的区别在于前者在存储器中储存图像数据，后者通过胶片曝光来保存图像。数码相机特有的性能指标有：

① 分辨率：分辨率是数码相机的最重要的性能指标。数码相机的工作原理虽然与扫描仪类似，但其分辨率的衡量标准却与扫描仪不同。扫描仪的分辨率标准与打印机类似，使用 dpi 作为衡量标准，而数码相机的分辨率标准却与显示器类似，使用图像的绝对像素数加以衡量。这是由于数码照片大多数时候是在显示器上观察的。数码相机拍摄的图像的绝对像素数取决于相机内 CCD 芯片上光敏元件的数量，数量越多则分辨率越高，所拍图像的质量也就越高，当然相机的价格也会大致成正比地增加。例如，对于同样可以拍摄 1280X1024 图像分辨率的相机，150 万像素 CCD 的相机的拍摄质量要优于 141 万像素 CCD 的数码相机。

② 颜色深度：又叫色彩位数，数码相机的彩色深度指标反映了数码相机能正确记录的

色调有多少，色彩位数值越高，意味着可捕获的细节数量也越多。目前几乎所有的数码相机的色彩位数都达到了 24 位，可以生成真彩色的图像。如一个 24 位的数码相机可得到总数为 2^{24} 次方，即 16 777 216 种颜色。通常数码相机有 24 位的色彩位数已足够，广告摄影等特殊行业用的数码相机，一般也只需 30 位或 36 位的色彩深度就可以。

③ 存储能力及存储介质：在数码相机中感光与保存图像信息是由两个部件来完成的。虽然这两个部件都可反复使用，但在一个拍摄周期内，相机可保存的数据却是有限制的，它决定了在未下载信息之前相机可拍摄照片的数目。故数码相机内存的存储能力以及是否具有扩充功能，就成为重要的指标。常使用的存储卡主要有 Secure Digital 简称为 SD 卡、Memory Stick 简称为记忆棒、Compact Flash 简称为 CF 卡、Smart Media Card 简称为 SM 卡、Multi Memory Card 简称为 MMC 卡、XD Picture Card 简称为 XD 卡等。近年来数码相机的存储介质和存储容量发展非常迅速，如大存储容量的存储卡 SDHC 即"高容量 SD 存储卡"，存储容量在 2~32GB，以及 16GB 的记忆棒、48GB 的 CF 卡已经相继出现。

④ 数据输出方式：指数码相机都提供哪种数据输出接口。串行口是目前几乎所有数码相机都提供的数据输出接口，高档相机还提供更为先进的 IEEE-1394 高速接口。通过这些接口和电缆，可将数码相机中的影像数据传递到计算机中保存或处理。对于使用扩充卡的相机来说，如果向台式机下载数据，则需要有特殊的读出器，而具有 PCMCIA 卡插槽的笔记本机，则可将这种扩充卡直接插入。除以上向计算机输出形式外，许多相机提供 TV 接口（NTSC 制式的较多，PAL 制式的也有），可在没有计算机的情况下在电机上观看照片。

⑤ 连续拍摄：对于数码相机来说，连续拍摄不是它的强项。由于"电子胶卷"从感光到将数据记录到内存的过程进行得并不是太快，故拍完一张照片之后，不能立即拍摄下一幅照片。两张照片之间需要等待的时间间隔就成为数码相机的另一个重要指标。越是高级的相机，间隔越短，也就是说连续拍摄的能力越强。低档相机通常不具备连续拍摄的能力，即使最高档的数码相机，连拍速度一般也不会超过每秒 5 幅。

（3）光盘刻录机　光盘刻录机分为 CD 刻录机和 DVD 刻录机两种。CD 刻录规格具有统一的规格－CD-RW，因此不存在规格兼容性的问题。DVD 刻录规格目前有三种不同的刻录规格（DVD-RAM、DVD-RW、DVD+RW），而且三种规格互相基本不兼容，三种规格都有各自支持的厂商。CD 容量是 700MB；DVD 容量是 4.5G。

（4）音箱　音箱是一个能将音频信号变换为声音的一种设备。通俗地讲就是指音箱主机箱体或低音炮箱体内自带功率放大器，对音频信号进行放大处理后由音箱本身回放出声音。通常多媒体音箱都是双单元二分频设计，一个较小的扬声器负责中高音的输出，而另一个较大的扬声器负责中低音的输出。

（5）触摸屏　触摸屏是一种指点式输入设备。当用户用手指或者其他设备触摸安装在计算机显示器前面的触摸屏时，所摸到的位置被触摸屏控制器检测到，并通过接口送到 CPU，从而确定用户所输入的信息。

5.2.1.2 多媒体软件系统

多媒体软件的主要任务是配合硬件进行工作，使用户能够方便地使用多媒体信息。多媒体软件按功能可分为多媒体系统软件和多媒体应用软件。多媒体系统软件包括多媒体驱动程序、多媒体操作系统、多媒体素材制作软件和多媒体创作软件等。多媒体应用软件包括开发出的面向应用领域的软件，如多媒体教学软件等。

1. 多媒体驱动软件　　多媒体驱动软件是多媒体计算机软件中直接和硬件打交道的软件。它完成设备的初始化，完成各种设备操作以及设备的关闭等。驱动软件一般常驻内存，每种多媒体硬件需要一个相应的驱动软件。

2. 多媒体操作系统　　操作系统是计算机的核心，负责控制和管理计算机的所有软硬件资源，对各种资源进行合理的调度和分配，改善资源的共享和利用情况，最大限度地发挥计算机的效能，它还控制计算机的硬件和软件之间的协调运行，改善工作环境向用户提供友好的人机界面。

多媒体操作系统简言之就是具有多媒体功能的操作系统。多媒体操作系统必须具备对多媒体数据和多媒体设备的管理和控制功能，具有综合使用各种媒体的能力，能灵活地调度多种媒体数据并能进行相应的传输和处理，且使各种媒体硬件和谐地工作。

多媒体操作系统大致可分为两类：

一类是为特定的交互式多媒体系统使用的多媒体操作系统。如 Commodore 公司为其推出的多媒体计算机 Amiga 系统开发的多媒体操作系统 Amiga DOS，Philips 和 SONY 公司为他们联合推出的 CD-I 系统设计的多媒体操作系统 CD-RTOS（Real Time Operation System）等。

另一类是通用的多媒体操作系统。随着多媒体技术的发展，通用操作系统逐步增加了管理多媒体设备和数据的内容，为多媒体技术提供支持，成为多媒体操作系统。如 Windows XP 主要适用于多媒体个人计算机；Macintosh 是广泛用于苹果机的多媒体操作系统。

3. 多媒体数据处理软件　　多媒体数据处理软件是专业人员在多媒体操作系统之上开发的。在多媒体应用软件制作过程中，对多媒体信息进行编辑和处理是十分重要的，多媒体素材制作的好坏，直接影响到整个多媒体应用系统的质量。素材制作软件分类如表 5.3。

表 5.3　素材制作软件分类

文字处理	Word、WPS
图像处理	Photoshop、Coreldraw、PhotoStyle、FreeHand、PaintShop、ACDSee
动画制作	(1) 绘制和编辑动画软件（具有丰富的图形绘制和上色功能，并具备自动动画生成功能，是原创动画的重要工具）：Animator Pro 平面动画制作、Flash 网络平面矢量动画制作、3DS MAX 三维造型与动画制作、Maya 三维动画设计软件、Cool 3D 三维动画文字制作、Poser 三维人体动画制作 (2) 动画处理软件（对动画素材进行后期合成、加工、剪辑和整理，甚至添加特殊效果，对动画具有强大的加工处理能力）：Animator Studio 动画加工与处理软件、GIF Construction Set 网页动画处理软件
音频处理	(1) 声音编辑处理（可对数字化声音进行剪辑、编辑、合成和处理，还可对声音进行声道模式变换、频率范围调整、生成各种特殊效果、采样频率变换、文件格式转换等）： GoldWave 数字录音、编辑、合成等功能的声音处理软件 Cool Edit Pro　编辑功能众多、系统庞大的声音处理软件 A cid WAV　声音编辑与合成器 (2) 声音压缩软件（通过某种压缩算法，把普通的数字化声音进行压缩，在音质变化不大的情况下，大幅度减少数据量，以利于网络传输和保存。） L3Enc WAV 格式的普通音频文件压缩成 MP3 格式 Xingmp3 Encoder 把 WAV 格式的音频文件转换成 MP3 格式 WinDAC32 光盘音轨直接转换并压缩成 MP3 格式
视频处理	Adobe Premiere、After Effects

4. 多媒体创作软件　多媒体创作软件是帮助开发者制作多媒体应用软件的工具，它的主要作用是把各种素材有机地组合起来，并利用可编程环境，创建人机交互功能。

在制作多媒体产品的过程中，通常先利用专门软件对各种媒体进行加工和制作。当媒体素材完成之后，再使用某种软件系统把它们结合在一起，形成一个互相关联的整体。该软件系统还提供操作界面的生成、添加交互控制、数据管理等功能。完成上述功能的软件系统被叫做"多媒体创作平台软件"。目前比较流行的创作平台软件有：

PowerPoint——文稿演示系统，也即简易的多媒体制作软件。

Visual Basic——高级程序设计语言。

　Authorware——专用多素材制作软件。该软件使用简单、交互性功能多而强。该软件具有大量的系统函数和变量，对于实现程序跳转、重新定向游刃有余。多媒体程序的整个开发过程在该软件的可视化平台上进行，模块结构清晰、简捷，鼠标拖拽就可以较轻松地组织和管理各模块，并对模块之间的调用关系和逻辑结构进行设计。

Macromedia Director——多媒体开发专用软件。该软件操作简便，采用拖拽式操作就能构造媒体之间的关系、创建交互性功能。通过适当的编程，可完成更为复杂的媒体调用关系和人机对话方式。

5. 多媒体应用系统　多媒体应用系统又称多媒体应用软件。它是由各种应用领域的专家或开发人员利用多媒体开发工具软件或计算机语言，组织编排大量的多媒体数据而成为最终多媒体产品，是直接面向用户的。多媒体应用系统所涉及的应用领域主要有文化教育教学软件、信息系统、电子出版、音像影视特技、动画等。

5.2.2 多媒体产品的制作过程

媒体产品的制作分四个阶段。每个阶段完成一个或几个特定的任务。各个阶段的工作如表 5.4 所示。

5.3 声音处理软件

在多媒体课件中，适当地运用声音能起到文字、图像、动画等媒体形式无法替代的作用，如调节课件使用者的情绪，引起使用者的注意等。当然，声音作为一种信息载体，其更主要的作用是直接、清晰地表达语意。

5.3.1 声音的基本特征

声音本质上是一种机械振动，它通过空气传播到人耳，刺激神经后使大脑产生一种感觉。在一些专业场合，声音通常被称为声波或音频。

自然界的声音是一个随时间而变化的连续信号，可近似地看成是一种周期性的函数。通常用模拟的连续波形描述声波的形状，单一频率的声波可用一条正弦波表示，如图 5.3 所示。

基线是测量模拟信号的基准点。声波的振幅表示声音信号的强弱程度。声波的频率反映出声音的音调，声音细尖表示频率高，声音粗低表示频率低。

振幅和频率不变的声音信号，称为单音。单音一般只能由专用电子设备产生。在日常

表 5.4 媒体产品制作过程

步 骤	制 作 过 程
产品创意	1）确定产品在时间轴上的分配比例、进展速度和总长度。 2）撰写和编辑信息内容，其中包括教案、讲课内容、解说词等。 3）规划用何种媒体形式表现何种内容，其中包括：界面设计、色彩设计、功能设计等项内容。 4）界面功能设计。内容包括：按钮和菜单的设置、互锁关系的确定、视窗尺寸与相互之间的关系等。 5）统一规划并确定媒体素材的文件格式、数据类型、显示模式等。 6）确定使用何种软件制作媒体素材。 7）确定使用何种平台软件。如果采用计算机高级语言编程，则要考虑程序结构、数据结构、函数命名及其调用等问题。 8）确定光盘载体的目录结构、安装文件，以及必要的工具软件。 9）将全部创意、进度安排和实施方案形成文字资料，制作脚本。
素材加工 与 媒体制作	1）录入文字，并生成纯文本格式的文件，如 ".txt" 格式。 2）扫描或绘制图片、并根据需要进行加工和修饰，然后形成脚本要求的图像文件。 3）按照脚本要求，制作规定长度约动画或视频文件。在制作动画过程中。要考虑声音与动画的同步、画外音区段内的动画节奏、动画衔接等问题。 4）制作解说和背景音乐。按照脚本要求，将解说词进行录音，背景音乐可直接从光盘上经数据变换得到。在进行解说音和背景音混频处理时，要慎重处理，保证恰当的音强比例和准确的时间长度。 5）利用工具软件，对所有素材进行检测。对于文字内容，主要检查用词是否准确、有无错漏、概念描述是否严谨等；对于图片，则侧重于画面分辨率、显示尺寸、彩色数量、文件格式等的检查；对于动画和音乐，主要检查二者时间长度是否匹配、数字声频信号是否有爆音、动画的画面调度是否合理等项内容。 6）数据优化。这是针对媒体素材进行的，其目的有三：其一，减少各种媒体素材的数据量；其二，提高多媒体产品的运行效率；其三，降低光盘数据存储的负荷。 7）对制作素材备份。
编制程序	1）设置菜单结构。主要确定菜单功能分类、鼠标点击菜单模式等。 2）对确定按钮操作方式。 3）建立数据库。 4）界面制作。其中包括：窗体尺寸设置、按钮设置与互锁、媒体显示位置、状态提示等。 5）添加附加功能。例如。趣味习题。课间音乐欣赏、简单小工具、文件操作功能等。 6）打印输出重要信息。 7）帮助信息的显示与联机打印。

生活中，我们听到的自然界的声音一般都属于复音，其声音信号由不同的振幅与频率合成而得到。复音中的最低频率称为复音的基频（基音），是决定声调的基本要素，它通常是个常数。复音中还存在其他频率，是复音中的次要成分，通常称为谐音。基频和谐音合成复音，决定了特定的声音音质和音色。

5.3.2 数字化音频文件格式

在多媒体技术中，存储声音信息的文件格式主要有 5 种：

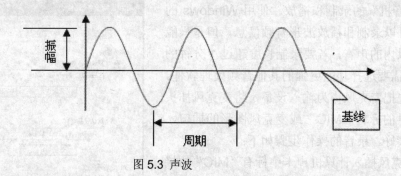

图 5.3 声波

1. 波形音频文件　波形音频文件的扩展名为.wav，来源于对真实声音模拟波形的采样，可以通过录音获取波形文件。波形文件的形成过程是：音源发出的声音（机械振动）通过麦克风转换为模拟信号，模拟的声音信号经过声卡的采样、量化、编码，得到数字化的结果。采样的频率和量化的精度直接影响声音的质量和数据量。一般有 3 种采样频率44.1kHz（每秒取样 44 100 次，用于 CD 品质的音乐）；22.05kHz（适用于语音和中等品质的音乐）；11.025kHz（低品质）。量化精度分 8 位字长量化（低品质）和 16 位字长量化（高品质）。如果对声音质量要求不高，则可以通过降低采集频率，采用较低的量化位数或利用单音来录制波形音频文件，此时的波形音频文件大小将大大减小。通过实践发现，如果录音技术较好，那么用 22.05kHz 的采样频率和 8 位的量化位数，也可以获得较好的音质水平。使用媒体播放器可以直接播放波形音频文件。

2. 数字音乐 MIDI 文件　MIDI 的扩展名为.mid。MIDI 是 Musical Instrument Digital Interface（乐器数字接口）的缩写。它是由世界上主要电子乐器制造厂商建立起来的一个通信标准，以规定计算机音乐程序电子合成器和其他电子设备之间交换信息与控制信号的方法。MIDI 文件记录的不是乐曲本身，而是一些描述乐曲演奏过程中的指令，如音长、音量、音高等音乐的主要信息。因此，MIDI 文件与波形文件相比，MIDI 文件占用的存储空间比波形文件要小很多。所以预装 MIDI 文件比装入波形文件要容易很多。但是 MIDI 文件的录制比较复杂，这要学习一些使用 MIDI 创作并改编作品的专业知识，并且还必须有专门工具，如键盘合成器等。

3. 光盘数字音频文件（CD-DA）　光盘数字音频文件的扩展名为.cda。其采样频率为 44.1kHz，量化位数为 16 位。声音信息通过光盘存储，可提供高质量的声音。

4. MP3 文件　MP3 文件的扩展名为.mp3。它是一种压缩文件，具有压缩比较高、高音质的特点，适合于网络上传播，所以 MP3 是目前交流行的一种音乐文件。播放 MP3 最出名的软件是 Winamp 播放器。

5. WMA 文件　WMA 文件是一种可以与 MP3 格式媲美的音频格式。它压缩比高、音质好，同样音质的 WMA 文件的体积只是 MP3 文件的 1/2 甚至更小，更加有利于网络传输。播放 WMA 最出名的软件是 Windows media player 播放器。

5.3.3　Windows 操作系统的处理音频信息软件

Windows 操作系统可以对音频信息作处理，包括录音、播放音乐等。下面对它作简单的介绍。

1. "录音机"的录制和播放 使用 Windows 的 "录音机"可以录制和播放波形音频信息，但是只能录制 1 分钟以内的声音，若要录制长度超过 1 分钟的声音信息，就需要选择功能更强的其他音频处理软件。录制前要预先把麦克风作为输入设备，将麦克风插头插入声卡提供的标有"MIC"或麦克风图形的插口，并确认已连接好。录音的操作步骤如下：

（1）麦克风插入计算机声卡中标有"MIC"的接口上。

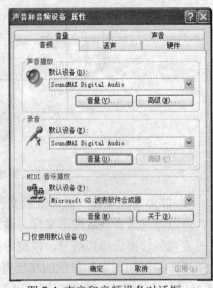

图 5.4 声音和音频设备对话框

（2）设置录音属性：双击"控制面板"中"声音和音频设备"图标，在打开的"声音和音频设备属性"对话框中选择"语音"选项卡，如图 5.4 所示。在录音一栏中选择相应的录音设备，单击"测试硬件"按钮，使用"声音测试向导"调试声音。

（3）决定录音的通道：声卡提供了多路声音输入通道，录音前必须正确选择。方法是双击桌面的右下角状态栏中的喇叭图标，打开"主音量"，选择【选项】→【属性】，在"调节音量"框内选择"录音"，如图 5.5 所示。选中要使用的录音设备。

（4）录音：单击 Windows 的【开始】→【程序】→【附件】→【娱乐】→【录音机】命令，弹出"录音机"窗口，如图 5.6 所示。单击红色的录音键，就能录音了。录音完成后，按停止按钮，并选择【文件】→【保存】命令，将文件命名保存。

（5）单击【文件】→【另存为】，将录制好的声音信息存成一个声音文件，默认的扩展名为.wav。

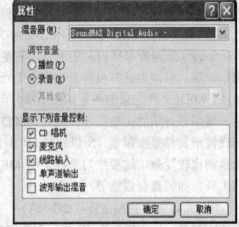

图 5.5 属性对话框

如果要测试刚刚录制好的声音效果，可以单击【文件】→【打开】，打开录制好的声音文件，再单击窗口中的右向三角形 ► （播放）按钮，即可听到所录制的声音。单击左向双三角形 ◄◄ （快退）可以将指针移到文件头，而单击右向双三角形 ►► （快进）可以将指针移到文件尾。这两个按钮相当于平时使用的收录机中"快进"、"快退"按键。

2．波形音频文件的播放 波形音频文件的播放可以使用"录音机"直接播放和利用"媒体播放器"播放。

图 5.6 录音机对话框

（1）利用 Windows 提供的"录音机"直接播放波形音频文件，其操作步骤与上面介绍的测试刚刚录制好的声音效果的方法类似。

（2）利用"媒体播放器"播放声音文件：使用 Windows Media Player，单击【开始】→【程序】→【娱乐】→【Windows Media Player】命令，打开"媒体播放器"窗口，窗口界面如图 5.7 所示。Windows Media Player 是微软公司基于 DirectShow 基础之上开发的媒体播放软件，它的功能强大，操作方便，能播放各种音频和视频和流式文件，如 wma，asf，mpeg-1，mpeg-2，wav，avi，midi，vod，au，mp3 等文件，还可以方便地网上联机播放。

图 5.7　Windows Media Player 主界面

默认情况下，Windows Media Player 界面关闭经典菜单，但可通过鼠标右键单击播放机框架上的任何位置来访问这些菜单。

① 播放媒体文件　在 Windows Media Player 窗口中，单击鼠标右键，在快捷菜单中选择【文件】→【打开】命令，弹出"打开"对话框。在"查找范围"下拉列表框中，指定媒体文件的存放位置，然后选择要播放的媒体文件。单击"打开"按钮，开始播放。另外，在浏览网页的过程中，如果单击指向媒体文件的链接，而该媒体文件与 Windows Media Player 相关联，则会启动 Windows Media Player 来播放该媒体文件。

也可以使用快速打开媒体文件的方法：单击"正在播放"选项卡右边的按钮，弹出"快速访问面板"，然后在选定的媒体类型中找到自己需要的项目播放。

② 管理媒体库　Windows Media Player 的媒体库是一个非常重要的媒体组织工具。通过"媒体库"管理计算机上的数字音乐库、数字照片库和数字视频库，例如，"音乐"视图提供了"艺术家"、"唱片集"和"歌曲"选项；"图片"视图提供了"拍摄日期"和"分级"等选项；"视频"视图提供了"演员"和"流派"等选项，"录制的电视"视图提供了"系列"和"演员"等选项。音乐库中的其他新功能（例如，缩略图、堆叠视图和"即时搜索"功能）扩展到了每个媒体类别，使用起来感觉到简单、统一。

5.4 Flash 多媒体动画素材的编辑与制作

FLASH 是 Macromedia 公司专门为网络设计的一个交互性矢量动画设计软件。它的优点是体积小，还能在动画里加入声音，生成多媒体的图形和界面。

5.4.1 FLASH 快速入门

首先让我们通过一个实例来了解 FLASH 如何制作动画的。

1. 新建一个动画文件 启动 flash 8.0，系统会询问是打开还是创建 Flash 文档，此时我们的选择是【创建新项目】→【flash 文档】。

2. 设置文件属性 按 Ctrl+J（或【修改】→【文档】），在弹出的属性窗口里，将文档的属性改为：宽 300px，高 300px，背景颜色为黑色，如图 5.8 所示。

其实也可以直接单击工作区下面的"属性"选项卡进行设置。

3. 建立一个带笑脸小球的元件 按 Ctrl-F8（或【插入】→【新建元件】），新建一个图形类元件，命名为 ball1，如图 5.9 所示。然后单击"确定"，进入元件编辑画面。

在工具箱中选中填充颜色为灰色斜射线（图 5.10），在工具栏中选中"椭圆工具"，按住 Shift 键并拖动鼠标画一个大正圆（脸）。

在工具箱中重新选中填充颜色为黑色，再选中"椭圆工具"，按住 Shift 键并拖动鼠标画一个小正圆（眼睛），使用箭头工具选中小圆，【复制】→【粘贴】→【移动】。

选中"直线工具"，画一条直线，使用"箭头工具"，将直线变曲线，于是笑脸做成了（图 5.11）。

4. 建立一个小球影子的元件

（1）依照上述步骤，新建一个名叫 ball2 的图形类元件，用椭圆工具，灰色斜射线填充，按住 Shift 键拉出一个正圆来（图 5.12）。

（2）使用"箭头工具"，单击该圆，选中工具箱中的"比例"，此时圆四周出现控制点（见图 5.13）。

（3）拖动控制点，调整成为小球影子（图 5.14）。

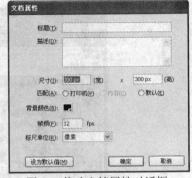

图 5.8 修改文档属性对话框

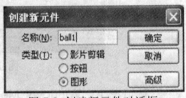

图 5.9 创建新元件对话框

图 5.10 填充色面板

图 5.11 笑脸

图 5.12 正圆球

图 5.13 选中后的球

图 5.14 阴影

5. 安排笑脸球和影子的位置

（1）回到主场景，按 Ctrl+L 组合键打开库，把 ball1 拖到工作区正上方。在第 15 帧和第 30 帧处分别按 F6 键插入关键帧，修改第 15 帧处 ball1 的位置到工作区正下方。

（2）新建一个图层，把 ball2 拖到工作区的正下方。在新图层的第 15 帧和第 30 帧处分别按 F6 键插入关键帧，修改第 15 帧处 ball2 的大小，按 Ctrl+Alt+S 组合键，弹出"缩放旋转"窗口，在比例栏输入 60，把 ball2 缩小至 60%，而中心位置不改变。

6. 添加运动效果

（1）分别在小球图层和影子图层的第 1 帧和第 15 帧（关键帧）上单击鼠标右键，选择"创建动画动作"。这样，小球和影子就有了运动渐变。

（2）为了让弹跳和影子的变化更逼真，我们再修改渐变的属性。打开"帧数面板"，分别选两个第 1 帧，在帧数面板上把扩大项的值改为 50；再分别选两个第 15 帧，在帧数面板上把扩大项的值改为 50，这样小球往下掉时，速度越来越快，往上弹时，速度越来越慢，影子也相应地改变变化的速度。

最后的制作成功的画面如图 5.15 所示。

7. 按 Ctrl+回车播放动画。

图 5.15　完成后的画面

5.4.2 FLASH 工作窗口及基本术语

首先要熟悉 FLASH 工作窗口（见图 5.16），掌握一些有关动画制作的基本术语。

1. FLASH 工作窗口　创建和修改 Flash 影片时，主要在这些区域操作：场景（Scene）、舞台（Stage）、时间轴（Timeline）、库（Library）、面板（Panel）、工具箱（Toolbox）等。

（1）场景：用来组织不同主题的动画。Flash 动画文件的层次结构是这样的：一个 Flash 动画文件可能包含几个场景，每个场景中又包含若干个层和帧。每个场景上的内容可能是某个相同主题的动画。Flash 利用不同的场景组织不同的动画主题。在播放时，场景与场景之间可以通过交互响应进行切换，如果没有交互切换，将按照它们在场景顺序依次播放。

（2）舞台：也称为编辑区，是进行绘图和编辑动画的地方。新建元件如同找演员，将建立好的元件拖到舞台上如同演员出场，演员变换成角色了。

（3）时间轴：是进行动画创作和编辑的重要工具，如图 5.17 所示。时间轴分为左右两个区域，层控制区和时间线控制区。在时间线上，行就是层，列就是帧。层控制区由层的名称、类型、状态按顺序排列在层示意列中，可以对层进行部分操作，如新增层、删除

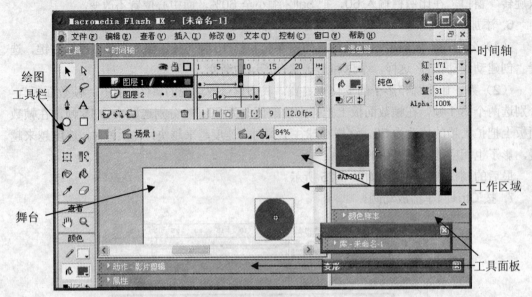

图 5.16 Flash 窗口

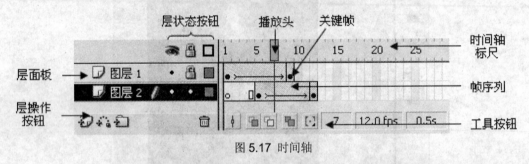

图 5.17 时间轴

层、改变层的放置顺序等。时间线控制区由若干条行动画轨道组成，动画轨道上放置对应的图形帧、动画帧顺序或音频序列。

（4）工具箱：包括绘图工具、视图工具、颜色控制、工具修改四个部分，如图 5.18 所示。

绘图工具：放置了图形和文本的编辑工具。包括选取、绘图、输入文字、填充、删除等工具。

视图工具：改变正在编辑动画的显示大小。

颜色控制：控制动画对象的颜色。

工具修改：是对绘图工具的部分工具的补充说明。选项区的内容随着当前选择的工具不同，而显示不同的信息。

（5）库：用于存放和组织可重复使用的动画元件，包括 FLASH 绘制的图形、导入的声音、位图、按钮、影视等。打开库面板可按 Ctrl+L 组合键，也可使用菜单操作【窗口】→【库】。

（6）面板：面板包含了一些常用的编辑功能，并能够实现各种属性的设置、各种元素的状态显示等。操作时既可以通过打开"窗口"菜单进行选择，也可以直接单击工作区域下的"属性"选项卡。

2. 基本术语

（1）帧：就是动画中一个动作画面，可以是图像、图形、文字、元件、群组对象等。帧的类型可以分为关键帧和过渡帧、空白帧。关键帧是一个实心小圈，在动画中起关键作用；空白帧是一个空心小圈，不含有任何图形，过渡帧是电脑产生，最后有一个小框；。刚建立的新文件只有一个图层 1 和一个空白帧，我们制作动画就要插入帧和图层。

（2）图层：出现在同一帧上的不同图形，每个图形所在位置就是一个图层。往往一个图层放置的是一些连续变化的图像（动画）。多个图层同时排放在一起，就组成了场景。也就是说场景是由多个图层组成的。一个动画可由多个场景组成。

（3）元件：元件也叫组件，它有三种类型，如图 5.19 所示。分别是影片、按钮和图形，我们创建的元件放在菜单【窗口】→【库】中，而系统自带的元件放在"公用库"里。使用的时候，从里面拖到工作区里就可以了，十分方便；创建元件的方法是选择【插入】→【新建元件】命令，此时将会弹出一个对话框，输入元件名称，选择元件类型，单击"确定"按钮即可打开一个工作场景，在里面进行元件的制作。

图形元件可以是位图图像、矢量图形、文本对象以及用 Flash 工具创建的线条、色块等。

影片剪辑元件是一小段动画，用在要一直运动的物体，比如夜空闪闪发光的小星星，一个不停旋转的图标，都可以先制作成一个影片元件，使用的时候拖到工作区就可以了。

按钮元件比较特殊，原因在于按钮可以跟鼠标进行对话，当鼠标移向一个按钮时，按钮会有一些不同的变化，当鼠标单击按钮时，按钮可以发布一个命令，从而控制动画的播放，因此我们制作出按钮元件可以控制动画，比如停止（stop）、播放（play）等等，按钮的颜色会随着鼠标的动作而改变。

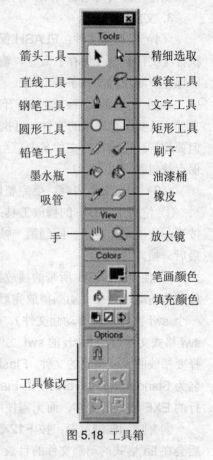

图 5.18 工具箱

图 5.19 创建新元件对话框

（4）实例：元件是可反复使用的图片、动画或按钮，而实例则是元件在舞台或其他元件中的表现形式。

（5）动画：是指物体在一定的时间内发生的变化过程，包括动作、位置、颜色、形状、角度等等的变化，在电脑中用一幅幅的图片来表现这一段时间内物体的变化，每一幅图片称为一帧，当这些图片以一定的速度连续播放时，就会给人以动画的感觉，而静止的物体则用一幅幅相同的图片来表示，在电脑中只要告诉 Flash 动画的第一幅和最后一幅图片，而中间的变化电脑会自动生成，大大减轻了动画创作的负担，使得动画创作由传统的手工制作，转变为电脑合成，从而为动画制作开创一个新的天地。

  3. 文件操作

  （1）保存源文件：FLASH 保存的文件格式是 fla 格式，也是 FLASH 的源程序文件。执行【文件】→【保存】命令，输入要保存文件的路径及文件名，单击"保存"按钮就可以保存所制作的文件了。

  （2）另存源文件：如果打开或引入文件后，对文件进行了修改，既要保存更改后的文件，又要保存原来的文件，可执行【文件】→【另存为】命令，选择路径并输入文件名，但要注意：在路径与文件名中，至少一定要有一项与原文件的路径及文件名不同，然后点保存按钮就可以了。

  （3）浏览文件内容：要完整地观看或测试制作的动画（文件），可以使用以下方法：

  ① 使用 FLASH 的播放工具：打开【窗口】→【工具栏】→【控制栏】，里面有六个按钮，依次是：停止、回到第一帧、从当前帧回退一帧、播放、从当前帧前进一帧、跳到最后一帧。

  ② 使用 FLASH 所带的播放器：执行【文件】→【发布预览】→【Flash】命令，播放制作的动画效果。动画播放完后会在 fla 格式的动画文件的目录下，生成相同文件名的一个 swf 文件（最终动画文件）。要打开 swf 格式的文件多用这两种方法：一是直接双击 swf 格式文件启动 flash 的 swf 文件播放器播放该文件。二是启动 flash 的 swf 播放器，选择要播放的 swf 格式的文件。Flash 播放器在安装 FLASH 软件时一般都安装了，程序图标名为 Standalone Player。使用 Flash 播放器还可以把 swf 格式的文件，制作成可以独立运行的 EXE 格式的文件，而无需使用 Flash 或播放器来播放动画文件。

  ③ 使用 IE 浏览器：按 F12 键启动 IE 浏览器，并播放制作的动画效果。动画播放完后会在 fla 格式的动画文件的目录下，生成相同文件名的一个 html 文件（超文本文件）。

  （4）导出影片：执行"文件/导出影片"命令可输出动态影像，文件类型为 swf，也可以输出连续的静态图片，文件类型为 gif。执行【文件】→【导出图像】命令可以输出一张图片，文件类型为 bmp 或 jpg 或 gif。

  除了上述文件格式之外，导出影片时还有其他格式文件，比如：avi 格式文件是标准动画格式文件，并且矢量图转换为点阵图。wav 格式文件是 wav 声音文件。wmf 格式文件是标准 Windows 格式的视频文件等等。

5.4.3 动画制作

  在 Flash 中创建动画序列有两种方式：逐帧动画方式（frame-by-frame）和渐变动画方式（tweened）。前者就是传统的动画；后者只需指定对象在起始帧和结束帧的状态，由 Flash 在播放时产生中间帧。

  1. 传统的动画制作 传统方法所制作的动画是由一幅一幅的图形组成的。每一帧是一幅图，如图 5.20 所示。多幅逐渐变形的图连接起来就组成了动画。比如奔跑的动物就是

图 5.20 逐帧图形

由四幅不同的图形组合而成的。

请看下面实例：如何制作计数器。

（1）使用文字工具输入数字"1"，对应的属性是：颜色黑色，字体 Arial Black，大小 46。

（2）右键单击第 2 帧选择插入关键帧或按 F6 键，然后将原来的 1 改为 2。

（3）按照同样方法，在 3、4、5……帧上插入关键帧，依次将数字改为 3、4、5……

这样，一个简单的计数器动画就制作完成了，按 Ctrl+Enter 组合键就可以看到所制作的动画效果，如图 5.21 所示。

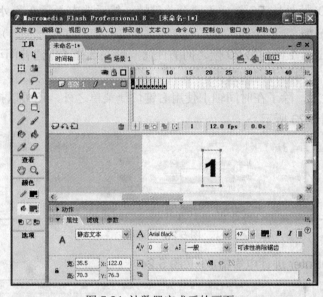

图 5.21 计数器完成后的画面

2. 渐变（或称补间）动画的制作

在 FLASH 的动画设置中，FLASH 提供了一种新型的动画制作方式，即渐变（Tween）动画制作方式。使用渐变动画制作方式使得动画制作变得方便简单。只要制作好动画的第一帧与最后一帧，中间部分的渐变画面由 Flash 自动生成。如下图中，飞机在第 1 帧时位于舞台左边，第 40 帧时位于舞台右边，中间飞行的画面则由 FLASH 产生的补间动画完成，如图 5.22 所示。

渐变动画制作有动作（Motion）和变形（Shape）两种方式。其中动作动画适用于群组元件，在时间线上呈浅蓝色；而变形动画适用于图形（非群组），在时间线上呈浅绿色。

动作动画主要表现为位置、旋转、大小、颜色、透明度五种变化。制作时掌握三个主要步骤：第一步建立元件；第二步插入有变化的两个或两个

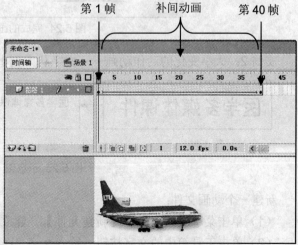

图 5.22 简单的渐变动画

以上的关键帧；第三步在两个关键帧之间创建补间动画。下面让我们看几个实例。

实例1：位置变化的动作动画——汽车直线运动。

（1）新建一个动画文件；

（2）单击菜单【插入】→【新建元件】，建立一个"元件1"的图形元件；

（3）单击文件菜单，导入"轿车"图片文件到舞台（工作区），可使用工具箱中的"任意变形工具"缩放汽车大小，并将汽车的中心点对准屏幕中的"+"；

（4）切换到"场景1"，打开元件库（Ctrl+L），将"元件1"拖到舞台，此时系统会自动地在第1帧处建立一个关键帧；

（5）在第20帧处按F6键插入一个关键帧。然后选中"轿车"水平方向（可按住Shift）拖到舞台右边；

（6）右键单击第1帧到第20帧之间的任何一帧并选择【创建补间动画】命令，此时系统会自动产生一个向右方向的箭头。

对于动画的设置，除了在时间轴上使用右键快捷菜单之外，还可以打开属性面板进行设置，其画面如图5.23所示。

图5.23 帧面板

（7）按Ctrl+Enter进行电影播放。（图5.24）

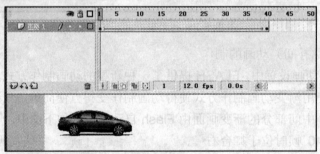

图5.24 完成的画面

实例2：大小变化的动作动画——文字从大到小再从小到大变换，如图5.25所示。

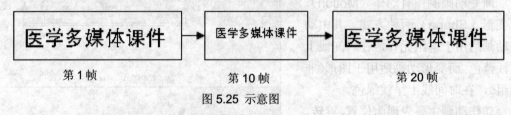

第1帧　　　　　　　　第10帧　　　　　　　　第20帧

图5.25 示意图

新建一个动画文件：

（1）单击菜单【插入】→【新建元件】，建立一个"元件1"的图形元件；

（2）单击工具箱中的文字按钮，输入文字"医学多媒体课件"，打开属性面板，设置字体、字号和颜色，并将文字中心点对准屏幕中的"+"；

（3）切换到舞台，打开元件库（Ctrl+L），将"元件1"拖到舞台中央；

（4）分别在第10帧、第20帧处按F6键插入关键帧。然后单击第10帧，选中文字，使用工具箱中的"任意变形工具"，按住Shift键缩小文字；

（5）分别用右键单击第1帧、第10帧选择"创建补间动画"命令；

（6）最后按Ctrl+Enter进行播放。如图5.26所示。

实例3：透明度变化的动作动画——文字渐渐消失。

（1）新建一个动画文件；

（2）单击【插入】→【新建元件】，建立一个"元件1"的图形元件；

（3）单击工具箱中的文字按钮，输入文字"冬天离我们而去"，并将文字中心点对准屏幕中的"+"；

（4）切换到舞台，打开元件库（Ctrl+L），将"元件1"拖到舞台中央；

（5）在第20帧处按F6键插入关键帧。然后单击第20帧，选中文字，打开属性面板，在颜色选单中选择"Alpha"，并将值调整为0%；

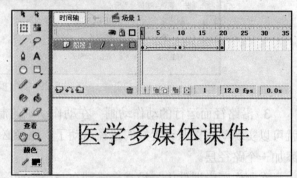

图 5.26 完成的画面

（6）右键单击第1帧选择【创建补间动画】命令；

（7）最后按Ctrl+Enter进行播放。如图5.27所示。

图 5.27 修改文字的透明度

实例4：变形动画——圆形变换成方形（见图5.28）。

制作变形动画时，必须注意的是要分离元件，即打散。请看示意图5.28。

（1）新建一个动画文件；

（2）挑选填充色为绿色，使用椭圆工具画一个正圆（Shift+拖动）；

（3）时间轴上的第10帧上右键单击，插入一个空白关键帧；

（4）挑选填充色为蓝色，使用矩形工具画一个正方形（Shift+拖动）；

（5）单击时间轴上的第1帧，打开属性面板，选择补间动画类型为形状，见图5.29；

（6）按 Ctrl+回车键进行播放。

开始　　　　　　　过渡 2-9　　　　　　结束 10

图 5.28 圆形变换成方形

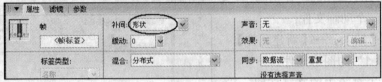

图 5.29 帧面板

3. 沿路径而运行的动作动画　在动作动画的制作过程中，还可以使用路径方式，这样就可以实现动画按照设置好的路径运动了。路径必须是在路径层上设置，即在图层面板上添加一个路径层。

在制作医学课件中，经常会碰到在一个平面图上使用某个动态标记（如箭头）来表达某个病理机制。例如图 5.30，使用黄色箭头沿着"鼻孔→咽喉→颈部"运行。

（1）新建一个动画文件；

（2）选择菜单【文件】→【导入到舞台】，将事先做好的"头部"文件导入到 FLASH 中；

（3）单击图像，查看其属性：宽和高；

（4）单击舞台，更改其属性，使之与图像大小相同；

（5）在第 30 帧处右键单击，插入帧，并上锁；

（6）在图层框上，插入一个新图层；

（7）选择菜单【插入】→【新建元件】→【图形】；

（8）选择黄色填充色，画一个箭头；

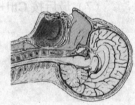

图 5.30 头部

（9）切换到场景，按 Ctrl+L 打开库，将做好的箭头拖到舞台；

（10）使用"任意变形工具"，调整好箭头大小和方向，作为第一个关键帧，如图 5.31 所示；

（11）在第 30 帧处按 F6 键插入关键帧，并将箭头移动到颈部，使用"任意变形工具"改变箭头方向，如图 5.32 所示；

（12）右键单击 1~30 任意帧，创建补间动画；

（13）在图层框上，按"引导层"按钮，插入一个路径图层；

（14）使用"铅笔工具"，画一条箭头运动的路径，并上锁；

（15）选择"箭头"图层，将第 1 帧所对应的箭头中心点吸附到路径的起点上，将第 30 帧所对应的箭头中心点吸附到路径的终点上，如图 5.33 所示；

（16）由于箭头在运动时发生了方向性变化，最好在第 15 帧处插入一个关键帧，使用"任意变形工具"旋转箭头；

（17）最后按 Ctrl+Enter 组合键播放动画。

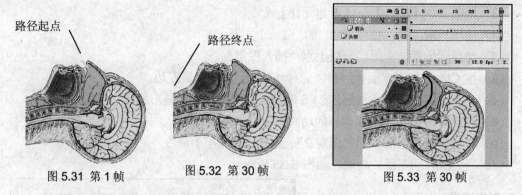

图 5.31　第 1 帧　　　　图 5.32　第 30 帧　　　　图 5.33　第 30 帧

4. 遮罩效果的动画　遮罩效果就是建立一个遮罩图层（或称蒙板层），使该图层下面的内容如同透过一个窗口一样显示出来，这个窗口的形状就是遮罩层上的图形、实例或文字。让我们看以下实例。

实例 1：制作滚动字幕效果的动画。

（1）新建一个动画文件；

（2）使用文字工具直接在舞台上输入一段文字，并将文字拖到舞台下方；

（3）在时间轴上的第 40 帧处按 F6 键插入关键帧，并将文字拖到舞台上方；

（4）在第 1 帧上右键单击插入补间动画；

（5）单点图层面板上"插入图层"按钮，建立一个新的图层；

（6）使用矩形工具在舞台的中央画一个准备显示文字的区域；

（7）在时间轴上的第 40 帧处按 F5 键插入帧

（8）右键单击刚新建的图层并选择"遮罩层"；

（9）按 Ctrl+回车播放动画。如图 5.34 所示。

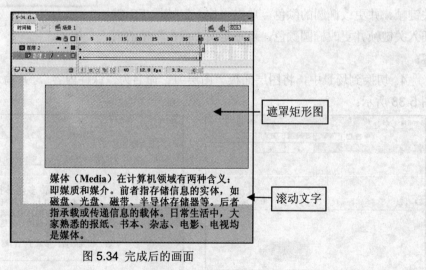

图 5.34　完成后的画面

实例 2：探照灯广告文字。

（1）新建一个动画文件；

（2）单击工具箱中的文字工具，输入文字"欢迎您进入多媒体世界"，并在第 40 帧处按右键插入帧；

（3）单击菜单【插入】→【新建元件】命令，

（4）使用椭圆工具，按住 Shift 键，画一个正圆；

（5）切换到场景，在图层面板上点"插入图层"；

（6）按 Ctrl+L 打开库面板，将"元件 1"拖至文字的最左边；

（7）在新建图层的第 40 帧处按 F6 键插入关键帧，并将圆形拖到文字的最右边；

（8）右键单击第 1 帧，创建补间动画；

（9）右键单击图层面板的"图层 2"，选择【遮罩层】命令；

（10）按 Ctrl+回车播放动画。如图 5.35 所示。

5.4.4 制作课件

通过制作一个简单的教学课件，让大家掌握按钮的制作、设置按钮的动作等操作，其中课件内容是由一系列静态的画面组成，采用按钮设置的动作在各内容之间跳转，从而达到交互方式来选择学习内容。

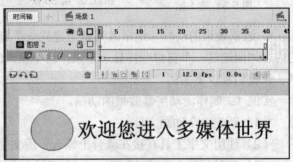

图 5.35 完成后的画面

制作课件的操作步骤如下：

1. 新建一个动画文件；

2. 制作一个按钮：打开菜单【插入】→【新建元件】对话框，设置如图 5.36 所示；

3. 按钮元件编辑模式下，在"弹起"帧上画一个椭圆，如图 5.37 所示，单击"指针经过"帧按 F6 键插入关键帧，并更改椭圆的颜色，单击"按下"帧按 F6 键插入关键帧并更改椭圆颜色，可不定义"点击"帧的内容；

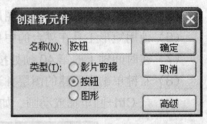

图 5.36 创建按钮元件

4. 切换到场景中，将图层面板"图层 1"命名为"课件内容"，并输入相关内容，如图 5.38 所示；

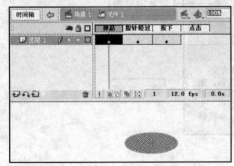

图 5.37 创建按钮元件的画面

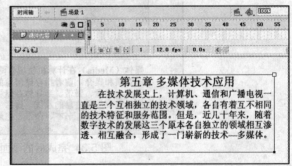

图 5.38 第 1 帧的课件内容

5. 新建一个图层，命名为"按钮"，打开库面板 Ctrl+L，将已建立好的按钮元件拖到第 1 帧画面中，适当调整按钮的位置，如图 5.39 所示；

6. 新建一个图层，命名为"文本"，在按钮上输入如图 5.39 所示的文本；

7. 在三个图层的第 5 帧处插入空白关键帧，然后分别在不同图层的第 5 帧输入如图 5.40 所示内容；

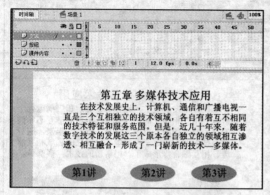

第五章 多媒体技术应用
在技术发展史上，计算机、通信和广播电视一直是三个互相独立的技术领域，各自有着不相同的技术特征和服务范围。但是，近几十年来，随着数字技术的发展这三个原本各自独立的领域相互渗透、相互融合，形成了一门崭新的技术—多媒体。

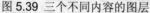

第1讲   第2讲   第3讲

图 5.39 三个不同内容的图层

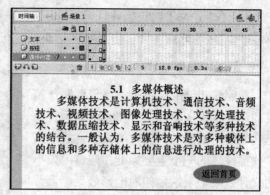

5.1 多媒体概述
多媒体技术是计算机技术、通信技术、音频技术、视频技术、图像处理技术、文字处理技术、数据压缩技术、显示和音响技术等多种技术的结合。一般认为，多媒体技术是对多种载体上的信息和多种存储体上的信息进行处理的技术。

返回首页

图 5.40 创建"第 1 讲"的内容

8. 按照步骤 7 在第 10 帧和第 15 帧的位置创建第 2 讲和第 3 讲的内容；

下面设置按钮和帧的动作：

9. 锁定"按钮"层以外的其他层，选中"第 1 讲"按钮，打开"动作"面板，设置如图 5.41 所示内容；

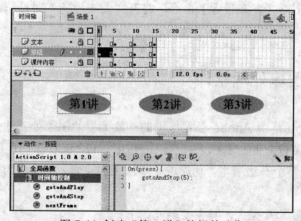

第1讲   第2讲   第3讲

```
1 On(press) {
2     gotoAndStop(5);
3 }
```

图 5.41 创建"第 1 讲"按钮的动作

这里，按钮的动作代码如下：

On（press）{gotoAndstop（5）；/单击按钮时，动画跳转到并停止在第 5 帧位置，即第 1 讲的内容}

10. 同上操作，设置第 2 讲按钮的动作为：

On（press）{gotoAndstop（10）；/单击按钮时，动画跳转到并停止在第 10 帧位置，即第 2 讲的内容}

设置第 3 讲按钮的动作为：

On（press）{gotoAndstop（15）；/单击按钮时，动画跳转到并停止在第 15 帧位置，即第 3 讲的内容}

11. 设置第 5 帧、第 10 帧、第 15 帧中"返回首页"按钮动作为：

On（press）{gotoAndstop（1）；/单击按钮时，动画跳转到并停止在第 1 帧位置，即课件内容}

12. 新建一个图层，命名为"帧的控制"，选中第 1 帧，打开动作面板，设置动作为：Stop（）；

13. 至此，一个简单的课件制作完成，按 Ctrl+回车播放该课件。如图 5.42 所示。

5.4.5 测试和发布

在制作 flash 动画时，不仅要制作精美的动画效果，而且由于 flash 动画往往是在网络上播放的，文件的大小就成了衡量作品好坏的一个重要标准，应该用最小的文件效果来表达最佳的电影效果。

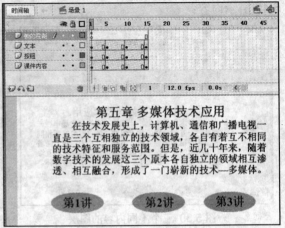

图 5.42 创建"第 1 讲"按钮的动作

使用菜单【控制】→【测试影片】命令，Flash 会将当前场景或电影导出为 swf 文件并播放。

Flash 动画制作完成后，要在网页上发布，通常用 swf、html、gif、jpeg 等格式多种形式发布。文件的发布可以使用【文件】→【导出影片】命令。如果要进一步设置文件格式，可以使用【文件】→【发布设置】命令，打开"发布设置"对话框，设置动画文件的导出格式。

5.5 Photoshop 图像处理软件

Adobe Photoshop 是由 Adobe 公司推出的一款大型的图形处理软件，应用于各个领域，尤其在处理医学图像方面起着越来越广泛的作用。自 1990 年问世后，Adobe 公司又推出了 Photoshop 的多个升级版本，功能进一步加强和完善，从而成为多媒体课件或网页设计必备的工具。

Photoshop 的功能非常强大，其主要功能如下：

1. 支持大量图形格式，包含 psd、tif、jpeg、bmp、gif 等 20 多种常用格式。

2. 可调整图像尺寸、修改分辨率、裁剪图像等。

3. 具有强大的图层功能，支持多图层工作方法，可对图层进行合并、合成、翻转、复制、编辑、控制透明度等操作。

4. 在绘图方面，利用喷枪工具、画笔工具、铅笔工具、直线工具等能绘制理想的平面图形。

5. 使用矩形、椭圆形、魔棒、套索等选取工具，可以帮助用户选择所需的图形选区。

6. 在色调和色彩处理方面，可容易地调整图像的对比度、色相、饱和度以及明暗度等。

7. 能对选区、层和路径进行翻转和旋转、拉升、缩放、倾斜和自由变形等操作。

8. 支持黑白、灰度、双色调、索引色、HSB 等多种颜色模式（可灵活转变）。

5.5.1 Photoshop 的界面

启动 Photoshop 之后，进入 Photoshop 工作窗口，如图 5.43 所示。Photoshop 工作

窗口主要包括菜单栏、选项栏、工具箱、浮动面板、工作区（或称编辑区）、状态栏。

图 5.43 Photoshop 窗口

1. 菜单栏：包括了 9 个主菜单，Photoshop 中的绝大多数功能都可以通过菜单来实现。

2. 选项栏：显示或设置当前选择工具的各种参数。

3. 工具箱：包括了 20 多组工具，方便用户利用这些工具绘制和编辑图像。Photoshop 把功能相同的工具归为一组，工具箱中凡是带下三角符号的工具都是复合工具，表示还有同类型的其他工具，用鼠标按住向下箭头，将会弹出整个按钮组。

4. 浮动面板：Photoshop 提供了十几种面板，显示或隐藏可通过窗口菜单中相关命令，也可使用 Tab 键和 Shift+Tab 进行控制。

5. 工作区：即图像处理的区域。Photoshop 可以同时处理多个图像，该区域可以显示多个图像窗口。缩放图像大小可使用工具箱中的"放大镜"或"导航器"面板。

6. 状态栏：显示当前文件的基本信息，如文件的大小、图像的缩放比例及当前工具的简要用法等。

5.5.2 Photoshop 的文件操作

1. 打开一个图像文件　打开一个图像文件可在工作区空白处双击鼠标或选择【文件】→【打开】命令来完成。针对弹出的窗口，如图 5.44 所示，使用者一般要注意的是：（1）文件存放的位置；（2）文件名；（3）文件类型；（4）查看方式（缩略图方式居多）。

如果一次打开多个文件，可配合使用 Ctrl 键（不连续选择）或 Shift 键（连续选择）。

当然，还可以利用菜单【文件】→【浏览】打开图像文件。如图 5.45 所示。

2. 创建一个图像文件　创建一个图像文件相当于在白纸（即图像编辑工作区）上作画。可使用菜单【文件】→【新建】来完成。针对弹出的窗口，如图 5.46 所示，用户一般要注意的是：（1）文件名称；（2）图像大小（即预设规格或自定义宽度和高度）；（3）分辨率（默认屏幕分辨率 72dpi，打印分辨率一般为 300dpi）；（4）颜色模式（默认 RGB）；（5）背景（分为有色背景和无色背景）。

在使用对话框时，注意以下几点：

图 5.44 打开文件时的对话框   图 5.45 浏览文件时的对话框

① 操作中更改了各种参数，若想恢复原值，可按住 ALT 键，单击"复位"按钮即可。其他对话框如同操作。

② 如果要产生透明背景的图像，运用到其他图像编辑程序中，最好选用背景内容中的"透明"选项值。

③ 宽度和高度的单位可进行更改，如像素、厘米等。

3. 保存图像文件 保存图像文件可使用菜单【文件】→【存储】或【文件】→【存储为】来完成。二者的区别在于："存储"将覆盖编辑前的图像，通常是图层格式，即文件类型为 psd；"存储为"可以不破坏原图像文件而以新的一个文件名保存，更重要的是利用它来完成图像格式的转换，在弹出的对话框中，选择"格式"下拉框，图像格式通常是 jpg 文件类型。

4. 文件格式 文件格式是一种将文件以不同方式进行保存的格式。Photoshop 支持几十种文件格式，因此能很好地支持多种应用程序。常见的格式有 psd、bmp、pdf、jpeg、gif、tga、tiff 等等。

5.5.3 图像调整

1. 改变图像大小

方法一：打开图像文件后，如果想放大或缩小文件，可通过菜单【图像】→【图像大小】来完成，也可以右键单击图像窗口标题栏（注意不要将该窗口最大化），然后选择【图像大小】命令。例如。将原来图像的像素大小 589×683 改为 300×352，其实只需更改宽度值为 300，高度因关联会自动更改，分辨率改为 72。这样能减小文件的大小。

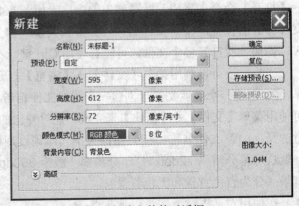

图 5.46 新建文件的对话框

方法二：通过菜单【编辑】→【自由变换】（或按 Ctrl+T），也可实现改变图像大小。这种方法更多的用于图像合成中。请看操作步骤。

（1）打开"鸭子"图像。

（2）复制图层：选择菜单【图层】→【复制图层】命令。

（3）自由变换：按 Ctrl+T 或【编辑】→【自由变换】。

（4）缩放图像：按住 Shift 键的同时用鼠标拖放图像四周控制点之一(小方块)。

（5）在图像里面双击鼠标结束自由变换，如图 5.47 所示。

图 5.47 缩小图像画面

2. 裁切图像　裁切是指将图像周围不需要的部分剪掉。可采取不同的方法得以实现。

（1）使用工具箱中的"裁切工具"。此方法与 Word 应用程序的图片裁切工具相同。

（2）选择菜单【编辑】→【自由变换】（或按 Ctrl+T）。该命令还可以旋转图像。

（3）使用选取工具选取图像区域，然后选择菜单【图像】→【裁剪】。

3. 调整图像影调　图像的影调是指图像中的明暗、层次和反差。常用的调整命令有以下两个。

（1）色阶调整

① 打开图像"鸭子"；

② 选择菜单【图像】→【调整】→【色阶】；

③ 图 5.48 显示了输入色阶峰值，表明了图像中影调明暗分布状况，对话框中的三个滑标，自左向右分别表示黑色、灰色、白色，拖动任何一个都能改变图像的明暗影调。

（2）曲线调整

① 选择菜单【图像】→【调整】→【曲线】；

② 用鼠标按住斜线上的某一点拉动，可改变图像的明暗影调，如图 5.49；

③ 调整时，若要恢复原状，则按住 ALT 键，单击"复位"按钮（注意未按 ALT 键之前，不会出现"复位"按钮，而是"取消"按钮。此操作适合其他的对话框窗口操作）。

4. 调整图像色调　对于彩色图像来说，颜色正不正至关重要，图像质量的好坏与其色调极其相关，在 Photoshop 中所涉及的相关命令主要有以下两个。

（1）色相与饱和度

① 选择菜单【图像】→【调整】→【色相/饱和度】；

图 5.48 色阶对话框

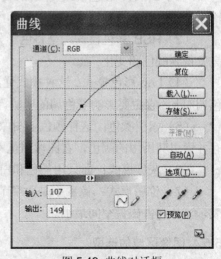

图 5.49 曲线对话框

② "编辑"下拉框包括七个选项，将饱和度的滑标向左或向右移动，可观察到颜色的

变化,同理将色相或明度的滑标向左或向右移动,也可观察到对图像颜色的变化(图 5.50)。

（2）色彩平衡：调整图像的色调应该知道颜色的排列方式,即色轮（图 5.51）。红绿蓝对应着青品黄。如果增加青色就会减少红色,增加绿色也就减少品色,增加黄色就会减少蓝色。在 Photoshop 中可通过色彩平衡进行调整。

① 选择菜单【图像】→【调整】→【色彩平衡】;

② 拉动三个滑标,将会产生不同的颜色效果,如图 5.52 所示。

5. 图像模式 Photoshop 中通常使用 RGB 颜色模式,若更改,使用菜单【图像】→【模式】命令。

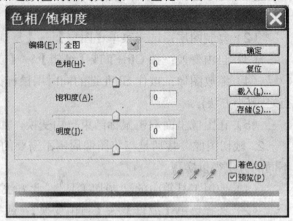

图 5.50 色相与饱和度对话框

图 5.51 色轮

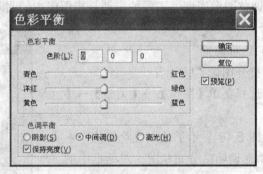

图 5.52 色彩平衡对话框

（1）RGB 彩色模式：又叫加色模式,是屏幕显示的最佳颜色,由红、绿、蓝三种颜色组成,每一种颜色可以有 0-255 的亮度变化。

（2）CMYK 彩色模式：由品蓝,品红,品黄和黄色组成,又叫减色模式。一般打印输出及印刷都是这种模式,所以打印图片一般都采用 CMYK 模式。

（3）HSB 彩色模式：是将色彩分解为色调,饱和度及亮度通过调整色调,饱和度及亮度得到颜色和变化。

（4）Lab 彩色模式：这种模式通过一个光强和两个色调来描述一个色调叫 a,另一个色调叫 b,它主要影响着色调的明暗。一般 RGB 转换成 CMYK 都先经 Lab 转换。

（5）索引颜色：这种颜色下图像像素用一个字节表示它最多包含有 256 色的色表储存并索引其所用的颜色,它图像质量不高,占空间较少。

（6）灰度模式：即只用黑色和白色显示图像,像素 0 值为黑色,像素 255 为白色。

（7）位图模式：像素不是由字节表示,而是由二进制表示,即黑色和白色由二进制表示,从而占磁盘空间最小。

5.5.4 图像区域的选取

在 Photoshop 中,大多数的操作都与选区密切相关,因此掌握好图像的选取功能是非常重要的。

1. 全选　要编辑当前图层的全部内容，可执行菜单【选择】→【全选】命令，或按组合键 Ctrl+A。若要取消选择，可执行菜单【选择】→【取消选择】命令，或按组合键 Ctrl+D。

2. 规则区域的选取　规则选框工具包括矩形、椭圆、单行和单列四种选框工具，如图 5.53。使用较多的是矩形和椭圆两个选框工具。

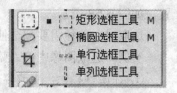

图 5.53 规则区域选取工具

实例：保留图 5.54 中的"门"，删除其他的部分。

（1）打开 Photoshop 自带的图像文件"牧场小屋"；

（2）单击矩形选框工具，鼠标移动到"门"的左上角按住鼠标左键沿斜线方向拖放到"门"的右下角，此时就会产生一个虚线框（如图 5.54 所示）；

（3）要扩大或缩小区域，使用菜单【选择】→【修改】→【扩展】或【收缩】命令；

（4）执行菜单【选择】→【反选】命令，按 Delete 键删除"门"以外的内容，如图 5.55 所示；

图 5.54 选取门框

图 5.55 保留门

（5）取消选择，按 Ctrl+D 或菜单【选择】→【取消选择】；

（6）若要撤销当前操作可按 Ctrl+Z 或执行菜单【编辑】→【还原】命令，还可以打开"历史面板"进行还原。

3. 增加与减少选区　在图像上已经有了选区范围的情况下，还可以继续增加或减少一部分选区范围。使用选项栏上的相关选项。如图 5.56。

图 5.56 选取属性面板

实例：在上例的选取基础上，再选择"帽子"。

（1）单击"椭圆选框工具"，选取"帽子"（图 5.57）。

（2）交替使用选项栏上的"添加到选区"或"从选区中减去"，用椭圆选框工具进行反复选取。

4. 不规则区域的选取

（1）魔术棒：魔术棒工具用来选取颜色相近的连续区域。颜色相近的程度可以通过属性栏中的"容差"来设

置。如图 5.58 所示。

选取时，往往需要配合使用增加或减少选区属性。

实例：选取图像中的"蓝色天空"。

① 在属性栏上，更改容差值为 50，并按回车。

② 单击工具箱中的"魔棒工具"，在"蓝色天空"中单击。如图 5.59 所示。

③ 利用属性栏上的"加"选项，反复使用魔术工具。

还有一种方法就是：先选取山岳（黄色部分），然后再反选，即为天空，或者使用组合键 Shift+Ctrl+L。

（2）套索选区工具：套索工具用来产生任意形状的选择区域，它包括套索、多边形套索和磁性套索三种工具。它们的使用方法如下：

① 套索工具使用时，按住鼠标不放，并拖动鼠标，随着鼠标的移动而产生任意形状的选择区，松开鼠标时会自动产生一个封闭区域，是一种手工方式选取。如图 5.60 所示。

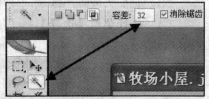

② 多边形套索工具通过绘制多边形而产生选区。用法是依次单击图像上的各点，由点到点组成直线，最后终点和起点汇合，形成一个多边形封闭区域。

③ 磁性套索工具可以在拖动鼠标时自动捕获图像中物体的边缘从而形成选区。使用时，单击起始位置，然后沿着选区移动鼠标，当移动到起始点时，鼠标下角会出现一个小圆圈，表示一个封闭区域形成，此时单击鼠标即可。如图 5.61 所示。

5. 选区的羽化：选区的羽化是指边缘的虚化，很好地运用羽化值将能产生不同的效果。

使用方法如下：可以在选框操作开始之前，通过设定属性栏中"羽化值"；也可以在选框操作之后，通过菜单【选择】→

图 5.59 选取蓝天

图 5.60 套索工具

【羽化】命令来完成。请看对比图（图 5.62）。

（1）使用矩形选框工具选取一块区域→羽化值=0（默认）→复制→新建 1 个文件→粘贴→如图 5.62（左）。

（2）通过窗口菜单选择山丘图像→羽化值=20→使用矩形选框工具选取一块区域→复制→新建 1 个文件→粘贴→如图 5.62（右）。

5.5.5 修补图像

图 5.61 套索工具选取

修整残损和有瑕疵的图像是 Photoshop 的重要工作内容之一。在 Photoshop 中可以使用模糊、仿制图章、修复画笔等工具达到修补图像的目的。

打开一张旧画像，上面有很多残损和划痕，分别使用不同工具进行修补，如图 5.63 所示。

羽化值=0　　　　　　　　羽化值=20

修复画笔工具
仿制图章工具
模糊工具

图 5.63 各种修复工具

图 5.62 使用不同的羽化值

1. 模糊工具　模糊工具是一种通过笔刷使图像变模糊的工具，它的工作原理是降低像素之间的反差。使用时，按住鼠标在有残损的地方拖动，使之和周围区域相柔和。

如果将较黑的残损变白点，可选择属性栏上的模式为"变亮"；反之，可选择"变暗"，一般情况选择"正常"。

2. 仿制图章工具　仿制图章工具通过复制指定区域的像素来修饰图像，它既是一个复制周围图像的工具，更是一个很奇妙的工具。时常用于合成特技效果。它的功能就是以指定的像素点为复制基准点，将该基准点周围的图像复制到任何地方。定义基准点方法是，按住 Alt 键，然后在指定的像素点处单击，这样就可以定义一个基准点了，如图 5.64 所示。

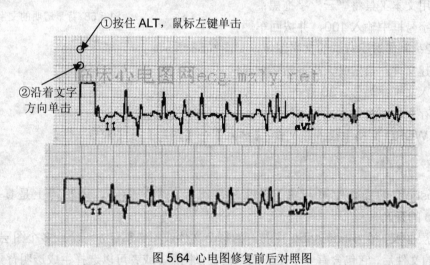

①按住 ALT，鼠标左键单击

②沿着文字方向单击

图 5.64 心电图修复前后对照图

3. 修复画笔工具（创口贴）　在 Photoshop 8.0 中新增加了修复画笔工具，使得图像修整变得更加准确、方便。它和仿制图章工具使用方法一样。

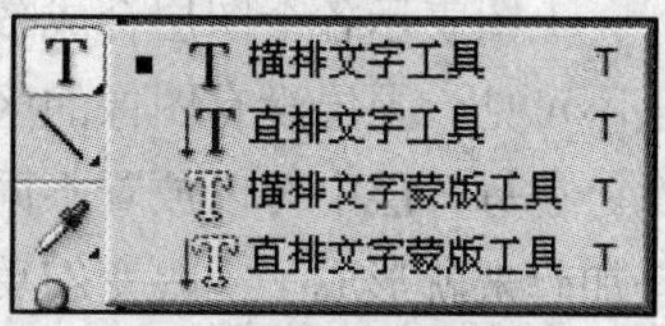

5.5.6 文本输入

在 Photoshop 中提供了四种文工具：横排文字、直排文字、横排文字蒙版、直排文字蒙版。如图 5.65 所示。它们对应选项栏的参数选项有字体、字型、字号、锯齿方式、对齐方式、颜色、变形、段落等设置。如图 5.66 所示。

横排文字工具　　T
直排文字工具　　T
横排文字蒙版工具　T
直排文字蒙版工具　T

图 5.65 文字工具

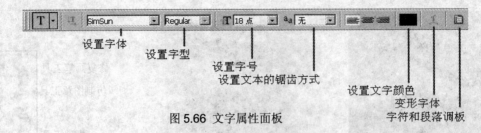

SimSun
Regular
18 点
无
设置字体
设置字型
设置字号
设置文本的锯齿方式
设置文字颜色
变形字体
字符和段落调板

图 5.66 文字属性面板

实例 1：打开“山岳”图像，输入“蓝天白云”，然后编辑文字，改变其中字的字号（见图 5.67）。

1. 单击文件菜单中的“打开”，选择“山岳.tif”；

2. 单击工具箱中的“横排文字工具”；

3. 设置属性栏中，字体“华文彩云”，字号“72 点”，“平滑”字符；

蓝天白云
蓝天白云

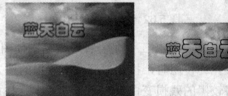

图 5.67 输入文字

如果将“天”和“白”放大字号为 100 点，则继续下列操作。

4. 使用文本工具将“天”字拖黑；

5. 在字号框中输入 100，并按回车；

6. 使用文本工具将“云”字拖黑；

7. 在字号框中输入 100，并按回车。

PHOTOSH

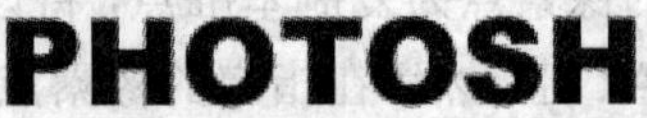

图 5.68 背景透明的文字

实例 2：制作透明背景的文字图像，如图 5.68 所示。

1. 新建文件：自定义大小、透明背景；

2. 输入文字：黑体、30 点；

3. 保存文件：文件格式为 gif；

4. 在 WORD 文档中插入该文件：【插入】→【图片】→【来自文件】。

5.5.7 图层

Photoshop 的操作中离开图层几乎寸步难行。学好图层，才称得上是真正进入 Photoshop 的开始。

1. 图层面板　在 Photoshop 中打开的每个文件或图像都包含一个或多个图层。当生成一个新的文件后，它包含有一个缺省的空白背景图层，或者可以选择生成透明背景图层。如图 5.69。让我们通过下面的图例来说明层的作用。

上图表示各个图层合成效果，在最底部是背景层，最上层的图像挡住下面的图像，使之不可见。上层没有图像的区域为透明区域，通过透明区域，可以看到下层乃至背景的图像。在每一层中可以放置不同的图像，修改其中的某一层不会改动其他的层，将所有的层叠加起来就形成了一幅变幻莫测的图像。

要调出图层面板，选择菜单【窗口】→【图层】。图层面板管理文件中的图层，用户可以创建新图层、删除或合并图层、显示或隐藏图层、或给图层加上特殊效果。如图 5.70 所示。

图 5.69 图层示意图

（1）新建图层：在图层面板上单击"创新建图层"按钮，可以新建一个混合模式为"正常"、不透明度为"100%"的普通图层。若按下 Alt 键的同时单击"创建新图层"按钮，可以打开新增图层对话框，如图 5.71 所示，从而可以设置新图层的"混合模式"和"不透明度"。

（2）复制图层：将所需复制的图层拖曳到创建新图层按钮上，即可将所选图层复制成一个新图层；也可单击图层面板右上角的三角钮，在打开的快捷菜单中选择【复制图层】命令，从而复制一个新图层。

（3）删除图层：将所要删除的图层直接拖曳到删除图层钮上，即可删除所选图层；也可先选择所要删除的图层，然后打开图层快捷菜单，选择【删除图层】命令，从而删除指定图层。

（4）关联图层：关联图层的目的是将所关联的一些图层作为一组，这时所作的任何编辑操作将对关联图层共同起作用，具体操作如下：

先在图层面板上第二列处单击所要关联的图层，出现关联图标，表明当前层与关联图标所在层已成为一组，此时对当前层所做的任何操作将影响关联层。再次单击关联图标可取消关联。

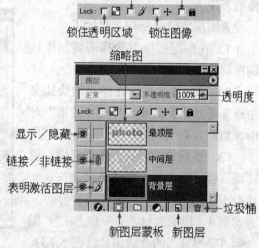

图 5.70 图层面板说明

图 5.71 新建图层对话框

（5）激活图层：当出现多图层时，所作的任何操作将只对当前层的图像起作用。选择图层作为当前层的过程就是激活图层。用鼠标左键单击所需图层可激活该图层。

（6）显示图层：单击图层面板第一列，当出现"眼睛"图标时，图像窗口将显示该图层的图像，否则就不显示该图层的图像。

（7）移动图层：在图层面板中选定想要移动的图层，然后拖动该图层到另一图层上面或下面的位置。黑色线条显示在移动的图层的上方或下方时，释放鼠标按钮。

197

2. 合并图层　由于增加图层后将增加图像文件的大小（透明部分不会影响图像文件的大小），所以为了节省磁盘空间，必要时可以进行合并。合并图层可以将两个或两个以上的任何图层合并为一个图层，主要分为以下几种情况：

（1）合并链接图层：确认所要合并的图层均有链接符号，然后选择菜单【图层】→【合并链接图层】命令，将当前层与所有有链接符号的图层合并为一层。

（2）合并可见图层：将不想合并的层设置为不可见层，然后选择【图层】→【合并可见图层】命令，可将所有可见层合并为一层。

（3）合并所有图层：合并全部图层操作是将所有的图层（不管当前是否有背景层）合并为背景层。当确定真正完成了所有的编辑后，一般都应进行这个操作，使图像文件变为最小，并且可以保存为其他格式的图像文件。在合并全部图层之前，应首先确认所需要的图层都是可见的，因为合并全部图层的操作将删除所有不可见图层。

选择菜单【图层】→【拼合图层】命令，可将当前所有可见层合并为背景层。

3. 图层特效　对于图层上的图像（除了背景层以外），可以直接设置八种特效：外侧阴影、内侧阴影、外发光、内发光、外倒角、内倒角、浮雕和枕头状浮雕等特效，以增强图像的表现力。

设置图层特效的操作步骤如下：

（1）在图层面板上选择需要制作特效的图层。

（2）双击该图层，在弹出的快捷菜单中选择【效果】命令，打开"效果"对话框，如图5.72所示。

（3）选择特效样式、不透明度、模糊距离、强度等参数，完成特效制作。

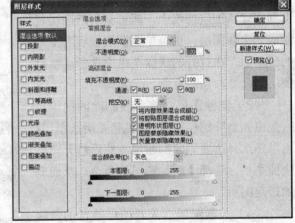

图 5.72 图层样式对话框

4. 图层实例

实例1：根据素材"手"和"花"，制作一幅"手握花"的合成图片（图5.73）。

操作步骤如下：

1. 同时打开"手"（图a）和"花"（图b）图像文件。

2. 使用魔棒工具在"花"图像的白色区域上单击，然后反选，此时花被选取。

图 a　　　　　图 b　　　　　图 c　　　　　图 d

图 5.73 手握花

3. 复制（Ctrl+C）花。

4. 切换到"手"图像，粘贴（Ctrl+V）（图 c）。

5. 使用工具箱中的"移动工具"把花移到适合的位置。

6. 使用矩形选框工具，在"手"图层上，选取花杆。必要时要配合使用增加或减少选区选项。

7. 复制选区，然后粘贴。

8. 将复制后的图层 3 移动到最上面，图层关系见图 5.74，得到最终效果（图 d）。

实例 2：按钮制作。

在 Phothshop 中按钮的制作相对较为简单。在下面的例子中，我们将介绍按钮制作的一般步骤。

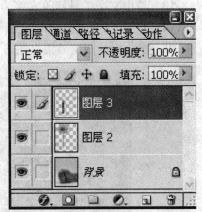

图 5.74 实例图层

1. 使用【文件】→【新建】命令建立新文件，宽度 6cm，高度 2cm，背景为透明色。

2. 选择圆角矩形工具在图形编辑区拖出一个适当大小的矩形，并在图层面板中该图层上单击右键，选择"栅格化图层"。

3. 选择渐变工具，并在工具栏上选择一种渐变色以及菱形渐变方式。也可按不同需求自行设定。按住 Ctrl 键点击该图层，取得矩形选区，用渐变色对其进行填充。效果如图 5.75 所示。

4. 接下来为按钮添加图层效果。使用【图层】→【图层样式】→【投影】命令，在"投影"项中设置不透明度为 75%，角度 120，距离和大小均为 5。

5. 仍然在"图层样式"对话框中，选择左边"样式"栏的"斜面和浮雕"及其下面的"纹理"复选项，并切换到"纹理"面板，设置缩放为 305%，深度为+100%。效果如图 5.76。

6. 最后利用文字工具给按钮添加名称。选择"文字工具"，并设置字体为华文彩云，18 点，字间距 100，加粗。一个按钮就制作好了，效果如图 5.77 所示。

图 5.75 填充效果

图 5.76 图层式样效果

图 5.77 按钮最终效果

上述只是制作按钮的一般方法，制作按钮的技巧全在于如何设置图层效果以及按钮图案颜色，这是制作按钮的关键。

实例 3：设计一个课件封面。如图 5.78 所示。操作步骤如下：

1. 打开与医学相关的二张图片；

2. 新建一个 800×600，72dpi 文件；

3. 重新设置填充颜色：前景是蓝色，背景是白色；

4. 使用填充工具，线性填充背景图层；

5. 使用移动工具将已经打开的图片拖到新建的文件中；

6. 使用自由变换命令 Ctrl+T，调整图片大小和位置；

7. 如果图片与背景颜色不太协调，可调整图片的透明度和图层模式（如柔光效果）；

8. 使用文字工具，调整字体隶书、字号100、颜色黄色，输入"医学多媒体课件"；

9. 单击图层面板下面的"添加图层样式"按钮，选择"描边"命令；

10. 使用文字工具，调整字体隶书、字号72、颜色红色，输入"功能选择1"；

11. 单击图层面板下面的"添加图层样式"按钮，选择【描边】命令，更改描边颜色为黄色；

12. 在图层面板上，右键单击"功能选择1"图层，选择"复制图层"；

13. 使用文字工具修改文字为"功能选择2"；

14. 重复12~13步，完成全部制作。

以上操作后的图层效果见图5.78左侧。

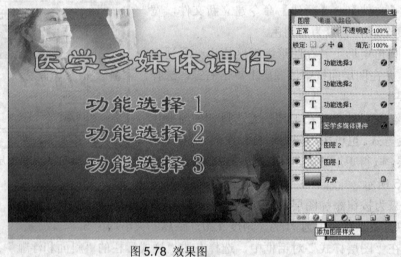

图5.78 效果图

习　题　五

5.1 选择题

1. 具有独立的分辨率，放大后不会造成边缘粗糙的图形是（　）

 A. 矢量图形　　　　B. 位图图形　　　　C. 点阵图形　　　　D. 以上都不是

2. FLASH 动画是一种（　）

 A. 流式动画　　　B. GIF 动画　　　C. AVI 动画　　　D. FLC 动画

3. 下列哪一种文件格式 FLASH 不能生成（　）

 A. GIF　　　　　B. AVI　　　　　C. MOV　　　　　D. FLC

4. 在 FLASH 生成的文件类型中，我们常说源文件是指（　）

 A. SWF　　　　　B. FLA　　　　　C. EXE　　　　　D. HTML

5. 时间轴上用小黑点表示的帧是（　）

 A. 空白帧　　　　B. 关键帧　　　　C. 空白关键帧　　　D. 过渡帧

6. 在按钮编辑模式中，其时间轴上有（　）个帧？

 A. 2　　　　　　B. 3　　　　　　C. 4　　　　　　D. 5

7. 图像分辨率的单位是（　）

 A. dpi　　　　B. ppi　　　　C. lpi　　　　D. pixel

8. CMYK 模式的图像有（　）个颜色通道：

A. 1　　　　　B. 2　　　　　C. 3　　　　　D. 4

9. 下列哪种工具可以选择连续的单一或相似颜色的区域（　　）

    A.　矩形选择工具　　　　　　　　　B.　椭圆选择工具

    C.　魔术棒工具　　　　　　　　　　D.　套索工具

10. 修改命令是用来编辑已经做好的选择范围，它没有提供以下了哪个功能（　　）

    A.　扩边　　　　B.　扩展　　　　C.　收缩　　　　D.　羽化

11. 自由变换的快捷键是（　　）

    A. Ctrl+T　　　B. Ctrl+H　　　C. Ctrl+X　　　D. Ctrl+C

12. 要对齐各链接图层的图像，下列说法正确的是（　　）

    A. 在"图层>对齐链接图层"子菜单中进行直接操作

    B. 在图层调板中进行操作

    C. 不能平均分布

    D. 以上都不对

5.2 问答题

1. 阐述一下 Flash 动画制作软件的动画原理。

2. 在 Flash 中可以创建哪几种类型的动画？它们的区别是什么？

3. 制作一个简单的轮廓线文字，并让它作椭圆运动。

4. 使用 Flash 创作一个作为个人主页的入口动画。

5. 根据自己所学专业或某门课程，创建一个用 Flash 制作的动画网站。

6. 简述在 Photoshop 中常用的文件格式有哪几种，它们各有什么优缺点。

7. 在 Photoshop 中制作一组按钮，应用到你所制作的网页中。

8. 使用 Photoshop 制作一组动画，以 GIF 格式发布并添加到你的网站文件中。

第六章　网页制作软件

6.1 网页制作基础

6.1.1 网页的基本知识

本节介绍几个在制作网页时常用的术语，为进一步学习网页的制作方法打下基础。

1. 网站、网页和主页　网站（Website 或 Site）就是一个组织（企事业单位、学校或部门）或个人建立在 Internet 上的站点。在上网时写的诸如 www.sina.com.cn 这样的网址就是一个网站的地址。网站都是为了特定的目的而创建的，专门为用户提供某个方面的服务。一个网站由多个网页（page）组成，而一个网页又由文字、图片、动画、视频或声音等信息组成。主页（Homepage）是访问站点时显示的第一个网页。

2. 超链接　超链接（Hyperlink）是指在两个不同的文档或同一文档的不同部分建立的联系，从而使访问者可以通过一个网址访问不同网址的文件或通过一个特定的栏目访问同一站点上的其他栏目。用户在 Internet 中畅游，超链接起着非常重要的作用，在网页中，当鼠标移到超链接的文字或图标时，鼠标指针变成小手形，单击该文字和图标，页面就自动跳转到对应的页面或站点。

3. URL　URL 即"统一资源定位符（Uniform Resource Locators）"，是 Internet 的文件命名系统。用户通过 URL 可在 Internet 上查找任何资源，如文本、程序、声音或者视频等。一个 URL 格式为：

协议：//IP 地址或域名/路径/文件名

例如：http://www.bjmu.edu.cn/200411/column/4.htm

6.1.2 超文本标记语言 HTML

超文本标记语言，即 HTML（Hypertext Markup Language），是用于描述网页文档的一种标记语言。HTML 是一种规范，一种标准，它通过标记符号来标记要显示的网页中的各个部分。网页文件本身是一种文本文件，通过在文本文件中添加标记符，可以告诉浏览器如何显示其中的内容（如：文字如何处理，画面如何安排，图片如何显示等）。浏览器按顺序阅读网页文件，然后根据标记符的解释显示其标记的内容。需要注意的是，对于不同的浏览器，对于同一个标记符可能会有不完全相同的解释，因而可能会有不同的显示效果。

标准的 HTML 文件都具有一个基本的整体结构，即 HTML 文件的开头与结尾标志和 HTML 的头部与实体两大部分。有三个双标记符用来对页面整体结构的确认。一个基本网页文件如表 6.1 所示。

一个网页对应于一个 HTML 文件，HTML 文件以.htm 或.html 为扩展名。可以使用任何能够生成 TXT 类型源文件的文本编辑来产生 HTML 文件。比如可在记事本中写入该网页内容，以.htm 或.html 为扩展名保存文件，然后在浏览器中观看效果。

表 6.1

<HTML>	标记网页的开始
<HEAD>	标记头部的开始
<TITLE>文档标题</TITLE>	头部元素描述，如文档标题等
</HEAD>	标记头部的结束
<BODY>	标记页面正文开始
页面主体内容描述	页面实体部分
</BODY>	标记正文结束
</HTML>	标记该网页的结束

1. 页面标记　设置背景色彩和文字色彩是在<body>中添加如下的选项
<body bgcolor=#　text=#　link=#　alink=#　vlink=#>其中
（1）bgcolor 表示背景色彩
（2）text 表示非可链接文字的色彩
（3）link 表示可链接文字的色彩
（4）alink 表示正被点击的可链接文字的色彩
（5）vlink 表示已经点击（访问）过的可链接文字的色彩
　　如果设置背景图像可以使用<body background="image-URL">，若要背景图像不随页面滚动条的移动而移动的话，添加属性 bgproperties=FIXED，例如：
　　<body background="images1.jpg" bgproperties=FIXED>
　　超级链接的基本语法 <a href="URL"> ... </a>，例如：
　　<a href="samp/link.html">链接的例子</a>。
2. 字体标记　在 HTML 中与字体相关的标签很多，下面看一下标题标签和字体大小控制标签的效果：
<html>
<head>
<title>标题标签</title>
</head>
<body>
<h1>今天天气真好！</h1>
<h2>今天天气真好！</h2>
<h3>今天天气真好！</h3>
<h4>今天天气真好！</h4>
<h5>今天天气真好！</h5>
<h6>今天天气真好！</h6>
<font size=4>今天天气真好！</font>
<font size=3>今天天气真好！</font>
<font size=2>今天天气真好！</font>
</body>
</html>

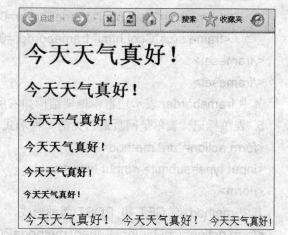

图 6.1 不同大小的字体

3. 表格标记　创建表格时定义表格是<table> </table>，<tr> 用来定义表行，<th> 用来定义表头，<td> 用来定义单元格，下面是创建带边框的表格的简单示例：

<table>

<tr><th>姓名</th><th>科室</th><th>出诊时间</th>

<tr><td>张立</td><td>儿科</td><td>周五上午</td>

</table>

表 6.2

姓名	科室	出诊时间
张立	儿科	周五上午

表格的显示效果如表 6.2 所示。

我们经常制作跨多行、多列的表格，跨多列的表格为<th colspan=#>，跨多行的表格为<th rowspan=#>

下面是一个跨多列的表格制作示例：

<table>

<tr><th colspan=3>医生出诊时间表</th>

<tr><th>姓名</th><th>科室</th><th>出诊时间</th>

<tr><td>张立</td><td>儿科</td><td>周五上午</td>

</table>

表 6.3

医生出诊时间表		
姓名	科室	出诊时间
张立	儿科	周五上午

表格的显示效果如表 6.3 所示。

4. 框架标记　框架是指浏览器窗口划分为不同的部分，每部分加载一个独立的网页，从而获得在一个浏览器窗口中同时显示多个页面的效果，创建框架结构的语法为：<frameset> ... </frameset>、<frame src="url">和<noframes> ... </noframes>标签。下面是一个框架结构的样例：

<frameset rows=30%,*>

　<frame src="Acol.html" frameborder=1>

<frameset cols=30%,*>

　　　　<frame src="Bcol.html" frameborder=0>

　　　　<frame src="Ccol.html" frameborder=0>

</frameset>

</frameset>

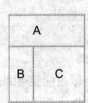

其中 frameborder 表示边框，框架结构如右所示。

5. 表单标记　表单是网页最常见的一种形式，基本语法如下：

<form action="url" method=*>...

<input type=submit> <input type=reset>

</form>

其中 method 有 GET 和 POST 两种形式，下面看一个表单的制作样例：

<form action=/cgi-bin/post-query method=POST>

您的姓名：

<input type=text name=姓名>

您的主页的网址：

<input type=text name=网址 value=http://>

密码：

```
<input type=password name=密码><br>
<input type=submit value="发送"><input type=reset value="重设">
</form>
```

表单的制作效果如图 6.2 所示。

表单中提供给用户的输入形式 input type= text 表示是文字输入，input type= password 表示是密码输入。

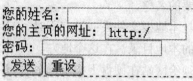

图 6.2 表单制作样例

6.2 使用 Dreamweaver 8 建立站点

Dreamweaver 是由 Macromedia 推出的优秀可视化网页制作工具，制作网页非常轻松，并且容易上手，目前已经渐渐成为众多网页设计师的首选工具。

首次启动 Dreamweaver 8 时，会出现"工作区"设置对话框，让用户选择自己喜欢的工作区布局。选中"设计器"单选按钮，并单击"确定"按钮，打开如图 6.3 所示窗口。

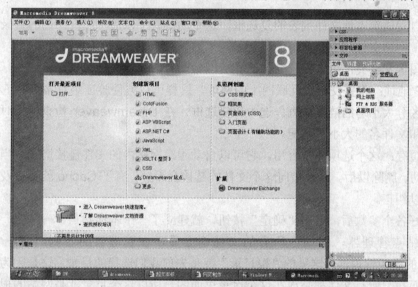

图 6.3 Macromedia Dreamweaver 8 窗口

Dreamweaver 8 的起始页分为 5 个部分："打开最近的项目"、"创建新项目"、"从范例创建"、"扩展"和"帮助"。

在做网页之前第一步就是要学会建网站。作为一个网站，里面有很多的图片、网页文件、Flash 动画等资源，如果不进行管理归档，分散在硬盘的各个地方就无法进行网页发布了。因此建网站就是在硬盘上建立一个目录，将所有的网页和相关的文件都放在里面以便进行网页的制作和管理。

如果要创建新站点，单击起始页的"创建新项目"其中的 "Dreamweaver 站点"超链接，出现"站点定义"对话框，该对话框由"基本"和"高级"两个选项卡组成。"基本"选项卡针对初级用户，采用向导方式定义站点；"高级"选项卡将所有分类集成在一个面板组上，现在切换到"高级"选项卡，如图 6.4 所示。

该对话框显示的是"本地信息"的参数设置，具体含义和作用如下：

站点名称：填上网站的名称。名称没有规定，可以填入想要的名称。

本地根文件夹：站点所对应的本地目录。在这个地方，必须给网站在硬盘上指定一个目录。以后所有的网页文件就都放在该目录里面，单击文本框后面的文件夹图标，系统弹出对话框。可以选择目录。选好目录以后按"打开"，再按"保存"即可。如果没有建立过目录，也没关系。在这个对话框中一样可以建立。

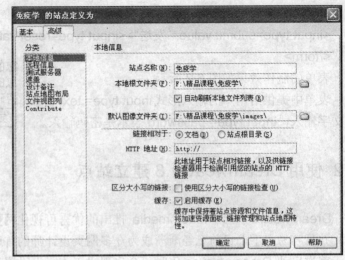

图 6.4 高级选项卡

选中自动刷新本地文件列表的复选框，这个功能有了以后，当向网站的目录中复制文件的时候，网站文件列表会自动的刷新。

默认图像文件夹：用来设置默认的存放网站图片的文件夹。

HTTP 地址：将要发布在互联网上的网址，这样可以方便验证绝对路径的正确性。

使用区分大小写的链接检查：选中该复选框，在 Dreamweaver 检查链接时确保链接的大小写和文件名的大小写匹配。

启动缓存：这个选项非常有用，它可以自动跟踪网站内的文件链接情况。当你的文件改名、移动、删除以后。原来指向这个文件的链接会断掉。有了 Cache 就可以及时发现问题，并加以纠正。

设置好各个参数后，单击"确定"按钮，就建立了一个本地站点。

观察站点管理器，网站内所有的文件都会显示在管理器的右侧。看上去有点像 Windows 的资源管理器，这里的"根目录"就是先前我们选择的目录。这是因为相对于要做的网站而言，所有文件都是放在这个目录里面的。所以这个目录就是网站的根目录。我们可以在站点管理器中通过快捷菜单对网页文件和文件夹进行建立、复制、移动和删除等操作。

由于网页是给全世界的人浏览的，要使不同操作系统和不同浏览器的用户都能正确地访问页面，为文件和文件夹命名时需要注意不能使用中文，因为只有英文字符和数字在所有操作系统中编码是一致的，采用中文会导致许多用户无法正常浏览。

一个网站建立好以后，下次启动 Dreamweaver 时，会自动打开这个网站，所做的每一个文件（网页）都保存在这个站内。

6.3 制作网页

启动 Dreamweaver 8，确保你已经用站点管理器建立好了一个站点，并且打开了这个网站。进入页面编辑器选择【文件】→【新建】命令，建立一个新网页。下面就对该网页进行编辑。

6.3.1 设置文件头

文件头在浏览器中是不可见的，却包含着网页的重要信息，下面介绍与文件头相关的重要内容。

1. 设置网页的编码和标题　设置编码的好处是无论访问者使用何种浏览器都不必进行任何语言设置，浏览器打开该网页时会根据该对象中的设置自动找到合适的字符集，从而解决不同语种间的网页不能正确显示的问题。在设计视图下，选择【查看】→【文件夹内容】命令，在编辑窗口的工具栏下方显示文件头窗口，如图 6.5 所示。

图 6.5 文件头窗口

默认情况下，文件头窗口有两个图标，选择第一个图标，在打开的"属性"面板上可以查看该对象的属性，如图 6.6 所示。该对象定义了网页的编码类型为 gb2312，即简体中文国标码。第二个图标用来指定网页的标题文本。网页标题是指打开网页时，在浏览器标题栏位置上显示的文字，如图 6.7 所示。

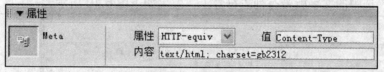

图 6.6 "属性"面板

图 6.7 修改网页标题

2. 定义关键字、说明文字和刷新　关键字用来协助网络上的搜索引擎寻找网页，因为访问者一般都是通过搜索引擎找到相关网页，因此定义关键字很重要。定义关键字方法是：单击"插入"栏上的下拉三角形按钮，选择 HTML，单击其中的"文件头"按钮，在展开的"文件头"下拉菜单中，选择【关键字】命令，如图 6.8 所示。在弹出的"关键字"对话框中输入与网站相关的关键字。

图 6.8 "文件头"下拉菜单

在"文件头"下拉菜单中，选择【说明】命令，弹出"说明"对话框，说明文字和关键字一样，可供搜索引擎寻找网页，只不过提供了更加详细的网页说明性信息。

在"文件头"下拉菜单中，选择【刷新】命令，弹出"刷新"对话框，如图 6.9 所示。网页刷新通常有两种情况，一种情况是网页打开若干秒内，浏览器自动跳转到一个新网页；另一种情况是让浏览器每隔一段时间自动刷新自身网页。该对话框设置为 30 秒后网页自动跳转到 URL 文本框中输入的网页路径中去。

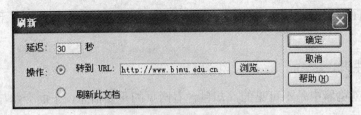

图 6.9 "刷新"对话框

6.3.2 文本的处理

在 Dreamweaver 中输入文本，与在文字处理软件 Word 中输入文本方法类似，也可以直接将软件的文本复制到 Dreamweaver 的文档窗口中。在输入文本过程中，Dreamweaver 会根据当前页面设置边距自动换行，按 Enter 键，则另起一个段落，但是中间会间隔一个空白行，若按 Shift+Enter 键，行间距比较小。

为使页面美观，需要对文字进行格式化，可以利用属性面板设置字体、字号和颜色等，但是网页的格式一般使用样式表（css）控制，关于样式表的使用方法将在后面详述。

1．使用列表　使用列表可以使文本结构更清晰，列表有项目列表和编号列表，下面以创建项目列表为例，操作步骤如下：首先选定添加项目列表的段落，然后单击属性面板中的 ⬛ 按钮，选中的文字就带有列表符号了。效果如下图 6.10 所示。

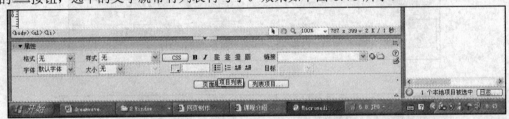

图 6.10 项目列表

2．插入图像　图像是网页中最常见的内容，插入图像的步骤如下：首先在插入栏的"常用"类别中，单击"图像"按钮，如图 6.11 所示。

在打开的"选择图像源文件"对话框中找到要插入的图像，单击"确定"按钮，

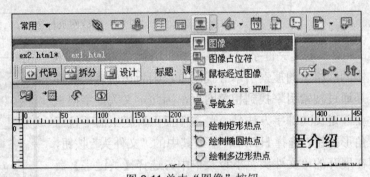

图 6.11 单击"图像"按钮

如果图像在站点外，Dreamweaver 会提醒是否要将该文件保存在站点内，这时要单击"是"按钮，将文件复制到站点内的图像文件夹内。

在"属性"面板的"对齐"下拉列表中，选择图像和附近文字的位置。

3．插入水平线　水平线可以将页面分割成特定的区域，对组织和安排页面很有用，向网页中插入一个水平线，选择【插入】菜单的【HTML】下的【水平线】命令。若要改变水平线的属性，直接在"属性"面板中设置宽度、高度、对齐方式和阴影效果等。如图6.12 所示。

页面内容设置完成后，保存后按 F12 可以预览网页效果。

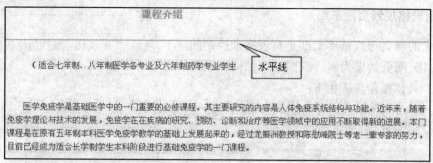

图 6.12 网页插入水平线效果

6.4 表格的应用

表格是现在网页制作的一个重要组成部分。表格之所以重要是因为表格可以实现网页的精确排版和定位。

6.4.1 创建表格

在网页中创建表格，将鼠标放到要插入表格的位置，选择【插入】→【表格】命令，或单击"常用"插入栏上的"表格"按钮，出现如图 6.13 所示的"表格"对话框。

"表格"对话框中的参数边框粗细是指定表格中边框线的宽度，默认值为 1，若不显示表格边框，必须将边框粗细设为 0。在"单元格边距"文本框中指定表格的各单元格的内容与其边框之间的距离。在"单元格间距"文本框中指定表格的各单元格之间的距离。

选取表格后可以对表格进行编辑，表格行和列的插入、删除以及单元格的合并、拆分等和 Word 操作类似，这里不再详述。

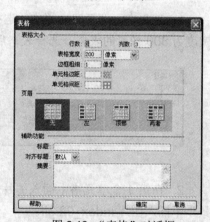

图 6.13 "表格"对话框

6.4.2 制作细线表格

由于细线边框表格看起来比较美观，在网页中应用比较广泛，创建细线表格步骤如下：

首先在一个新网页中插入一个 3 行 3 列的表格，选中表格，在表格的"属性"面板上设置属性（图 6.14）所示。

图 6.14 设置表格属性

选中单元格，在单元格的"属性"面板，将单元格的背景颜色设为白色（#FFFFFF）。

细线边框就做好了，如图 6.15 所示。

6.4.3 利用表格规划页面布局

网站上的网页布局基本上都是有表格来控制的，下面以图 6.16 网页效果为例，说明一下如何在表格中布局页面的。具体操作步骤如下：

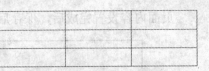

图 6.15　细线边框效果

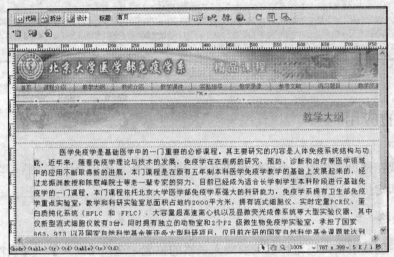

图 6.16　网页最终效果

1. 首先在一个新建文档中，选择【插入】菜单的【表格】选项，建立一个 4 行 1 列，宽度为 800 像素的表格，选择表格后对其属性进行设置，属性设置如下图 6.17 所示。

图 6.17　网页"属性"

2. 在第 1 个单元格中插入图片文件 index_01.gif。选中第 2 个单元格，在属性的"背景"中插入图片 index_02.gif。

3. 在第 2 个单元格内插入一个 1 行 10 列的表格，宽度是 790 个像素，高度为 17 个像素，居中对齐，表格的填充、间距和边框的属性都为 0。并在对应位置输入如图 6.16 所示的文字，文字居中对齐。

4. 在第 3 个单元格中插入一个显示"教学大纲"字样的图片文件 outline.gif。

5. 在第 4 个单元格内插入一个 1 行 1 列的表格，宽度是 90%，居中对齐，表格的填充、间距和边框的属性都为 0。并在对应位置输入如图 6.16 所示的文字，网页制作完成。

6.5 创建超链接

超链接将整个网站中的页面有机地连接起来，是网页中至关重要的因素。在创建链接之前，必须搞清楚链接路径，也就是文件存放的位置，路径分为绝对路径和相对路径两种。

创建外部链接会使用绝对路径（绝对 URL 地址），绝对路径是指网页文件在网络上的完整路径，简单地说，绝对路径在浏览器地址栏中的访问网页的文件地址。例如：http://www.bjmu.edu.cn/200411/index.htm 就是一个绝对路径。

相对路径用来制作网站的内部超链接，又分为文件相对地址和根目录相对地址。如果链接到同一目录下，只要输入要链接的文件名即可，若链接到下一级目录的文件，链接地址应为"下级目录/链接文件名"。根目录相对地址只有在站点放置于几个服务器上或在一个服务器上放置几个站点时使用。根目录相对地址的书写方式是以"/"开头，然后是目录名，最后是文件名，例如"/outline/outline1.html"。

6.5.1 添加外部链接

如果单击链接后访问的是站点目录之外的文件，这样的链接称作外部链接，下面介绍如何在文本上添加外部链接，操作步骤如下：

首先在页面上输入文本"北京大学"，并选中该文本，在"属性"面板的"链接"文本框中输入网址"http://www.pku.edu.cn"。

若希望单击链接后，在一个新窗口中打开"北京大学"网站的首页，需要在"目标"属性中选"_blank"，如图 6.18 所示。

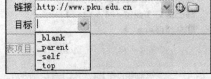

图 6.18 "目标"下拉列表

目标下拉列表共有 4 项，作用分别如下：

_blank 选项：单击链接后，在新的浏览器窗口中打开链接的网页。

_parent 选项：若链接文本所在网页是框架结构的一部分，将在父框架中打开链接的网页，若不是框架结构，则在新的浏览器窗口中打开链接的网页。

_self 选项：是浏览器的默认值，将在当前网页所在的窗口或框架中打开链接的网页。

_top 选项：将在浏览器窗口中打开网页。

6.5.2 添加内部链接

网站内部网页之间的链接为内部链接，操作步骤如下：

选中要添加链接的文本和图像，然后在"属性"面板上单击"链接"文本框后的"浏览文件"按钮，如图 6.19 所示。

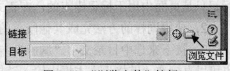

图 6.19 "浏览文件"按钮

打开"选择文件"对话框，找到要链接的文件，按"确定"即可。如果想使用根目录相对地址，则在"相对于"下拉列表框中选择"根目录"选项。

注意：如果链接的不是网页文件，而是*.zip、*.rar、*.exe 或音频视频文件，浏览器默认的链接方式为下载文件。

6.5.3 添加邮件链接

添加邮件链接的方法是直接在链接文本框中输入"mailto:"，然后再输入邮件地址，例如 mailto:bjmu@sina.com，便完成邮件链接的制作。

在制作邮件链接的时候还可以加入邮件的主题，只需在链接文本框中输入语句：mailto:bjmu@sina.com?subject=关于网页制作，则此时单击邮件链接，自动打开默认的邮件客户端软件 Outlook Express，如图 6.20 所示。

6.5.4 锚记链接

前面所介绍的超级链接单击以后会直接跳转到相应的页面。如果想在同一个页面里面进行跳转，或者直接跳转到别的页面的某一个地方，这就需要用到一个叫做命名锚记的，在某一个地方插入命名锚记，然后超级链接指向命名锚记，单击链接就可以跳转过去。下面做一个简单例子，假设一个网页中有如下图 6.21 所示页面。

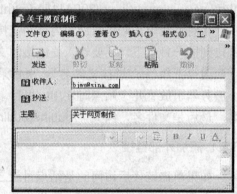

图 6.20 自动创建邮件主题

图 6.21 利用锚记链接

想要完成这样的功能，单击目录标题就会跳转到相应的内容。首先要在每部分内容的头上插入一个命名锚记，然后将目录中的文字做上超级链接指向锚点就可以了。具体操作如下：

1．将光标定位在"胸腺"段落，选择【插入】菜单下的【命名锚记】。系统弹出命名锚记对话框。输入相应的锚点名称。单击"确定"完成。这时页面中出现一个锚记。这个标记只是页面中用于标记锚点的，在正式浏览网页的时候不会出现。

2．使用同样的方法完成其他段落的插入命名锚记。

3．接下来选中目录文字"胸腺"，在属性面板中拖拽瞄准器到锚点的上面就可以了，也可以直接在"链接"文本框中输入链接地址"#a1"。如图 6.22 所示。

4．存盘后按 F12 预览网页效果。

注意若是想要将链接指向某一页中的某一个地方，可以在链接域中输入"网页名称.html#锚记名称"。

图 6.22 链接锚记

6.5.5 图片热点链接

这里所说的图片热点链接是指在一张图片上实现多个局部区域指向不同的网页链接。比如一张单位的组织结构图，单击不同的单位便跳转到不同的网页。操作步骤如下：

1．首先插入一张图片，单击图片，在属性面板上会看到矩形、椭圆形和多边形热点的绘图工具。

2．选中矩形绘图工具，在画面上绘制热区的位置按住鼠标左键并拖动鼠标，就会创建一个热点区域。

3．选中热点，此时，"属性"面板会出现相应的属性，在"链接"文本框中并且输入或选择相应的链接文件。

创建图片热点区域的效果如图 6.23 所示。

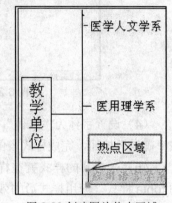

图 6.23 创建图片热点区域

6.6 使用 CSS 样式表

样式表的英文缩写为 CSS，可以看作是对 HTML 语言功能的一种扩展。很多时候 HTML 语言的功能是有限的，举一个例子来说。在 HTML 语言中，字号设置只有 7 种，无法像 Word 一样。使用了样式表，可以对一些 HTML 标签进行重新定义和扩展，甚至创建自己的特效。更重要的是，CSS 真正实现了网页内容和格式定义的分离，通过修改 CSS 样式表文件可以修改整个站点的风格，大大减少了更新站点的工作量。

6.6.1 定义 CSS 样式

CSS 样式分为 3 类，它们分别是自定义样式、重定义 HTML 样式、CSS 选择器样式。下面分别说明一下这三个样式的使用方法。

1．本文档内自定义样式　下面创建一个自定义的 CSS 样式，并通过应用 CSS 样式对网页上的文字进行美化。

（1）选择【窗口】→【CSS 样式】命令，展开窗口右侧的"CSS 样式"面板。

（2）单击其中的"新建 CSS 规则"按钮，打开如图 6.24 所示的"新建 CSS 规则"对话框。

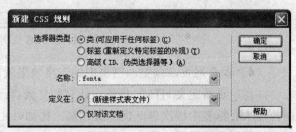

图 6.24 "新建 CSS 规则"对话框

（3）在名称文本框中输入自定义的样式名称，这里输入".fonta"，在"定义在"中选择新建样式表文件，按"确定"后，弹出"样式表"保存对话框，选择保存位置、输入样式表名称，确定后弹出如图 6.25 所示的".fonta 的 CSS 规则定义"对话框，在"分类"列表中选择"类型"选项，右边显示对应的参数设置。

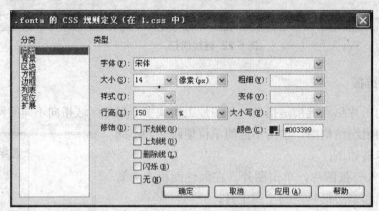

图 6.25 ".fonta 的 CSS 规则定义"对话框

（4）设置字体为"宋体"，大小为 14 像素，颜色设置为"#003399"，行高为 150%，按"确定"按钮，完成样式表的创建。

（5）一个新的样式就在样式面板中做好了。网页中选中文字，然后选择属性面板中的 fonta 样式，应用样式后的效果就出来了。

2. 重定义 HTML 样式　重新定义 HTML 标签，可以为标签内的文字自动应用 CSS 样式。下面介绍如何重新定义 HTML 标签中表格的单元格样式，使其成为一个虚线表格。

（1）打开"CSS 样式"样式面板。单击其中的"新建 CSS 规则"按钮，打开如上图6.22 所示的"新建 CSS 规则"对话框。

（2）选择"标签"，在"名称"下拉列表中选择标签 td。重定义 HTML 标签。

（3）弹出如图 6.26 所示的"td 的 CSS 规则定义"对话框，在"分类"列表中选择"边框"选项，右边如下图显示对应的参数设置。

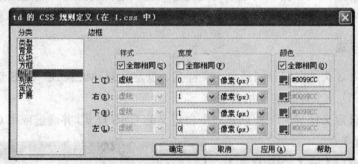

图 6.26 "td 的 CSS 规则定义"对话框

（4）保存网页，预览。网页中的表格效果就出来了。

注意：重新定义 HTML 标签，让它们变成自己期望的格式，当不同级别的重定义冲突时，HTML 标签中层次越低优先级越高，比如<table>、<tr>、<td>中都定义了字体大小，显示效果以<td>设置为准。

3. CSS 选择器样式　在网页上经常会看到这样的一些效果。超级链接是活动的，光标移动上去以后会变色，下划线会消失。这样的效果也是使用 CSS 来制作的。具体操作步骤如下：

（1）打开"CSS 样式"样式面板。单击其中的"新建 CSS 规则"按钮，打开如图 6.27 所示的"新建 CSS 规则"对话框。

（2）在"新建 CSS 规则"对话框中选择"高级"。在选择器下拉列表中选择 a:hover，如图 6.27 所示

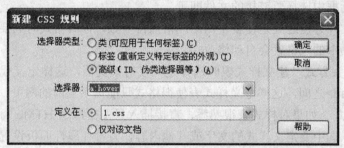

图 6.27　"新建 CSS 规则"对话框

（3）弹出如图 6.28 所示的"a.hover 的 CSS 规则定义"对话框，在"分类"列表中选择"类型"选项，右边显示对应的参数设置。"修饰"处选择"无"，颜色为"#CC0000"。

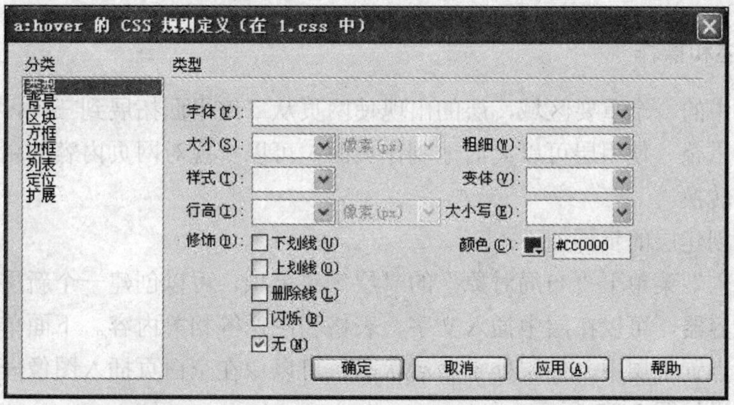

图 6.28　"a.hover 的 CSS 规则定义"对话框

（4）预览网页。光标移动到超级链接上下划线消失，并且变成红色。

通过上面的这几个例子。我们对于样式表 CSS 有了一定的了解。

自定义样式是生成一个新的样式。在应用的时候，首先在页面中选中对象，然后选择样式即可。当制作网页时候需要对某些对象使用这些效果的时候可以使用。

重定义 HTML 标签，将现有的 HTML 标签赋上样式。制作完毕以后不需要选中对象就直接应用到页面中去了。

CSS 选择器用于针对超级链接进行设置。一共有四种状态：

　　　　a:active　选中超级链接状态

　　　　a:hover　光标移上超级链接状态

　　　　a:link　超级链接的正常状态，没有任何动作的时候

a:visited 访问过的超级链接状态。

6.6.2 样式表的引用方式

将编辑好的 css 放入 HTML 文档中：一种是外部文件方式插入，另一种是放到内部文档头中，第三种是直接插入方式。

1．外部文件方式 建立样式表时直接将样式定义在一个样式表文件中，其他网页使用样式表时，只需单击在"CSS 样式"面板下方的"附加样式表"按钮，在打开的"链接外部样式表"对话框中选择要链接的文件即可。

使用样式表文件方便之处是使整个网站风格保持一致，修改格式时只要重新定义样式表文件，整个网站中的风格就会自动修改。

2．内部文档头方式 建立样式表时选择定义仅对该文档，这样定义代码自动放在网页的<head></head>之间，这样定义样式表使得格式只能用于当前的网页。

3．直接插入式 如果对样式表很熟悉，直接插入只要在每个 HTML 标记后书写 css 属性即可；也可以选中要定义样式的文字或其他内容，直接在属性面板设置格式也会自动产生直接插入的样式，这种方式作用范围只限于本标签。

6.7 层和行为

6.7.1 层的概述和操作

层是网页中的一个重要区域，层的出现使网页从二维平面拓展到三维，即可以使页面上的元素进行重叠。使用层可以灵活地制作页面，可以实现对网页内容的精确定位，层和表格可以相互转换。

在网页中创建层的步骤如下：

单击"插入"菜单下"布局对象"的"层"菜单项，可以创建一个新层。

层是一个容器，可以在层中插入文字、表格和图像等相关内容。下面单击层中的任意位置，将插入点置于层中，使层处于激活状态，可以像在空白页插入图像一样在层中插入一幅图片，效果如图 6.29 所示：

在页面上插入一个层后，在层的边框的左上方会显示层的标志图标，单击它可以选择层、对层进行编辑和设置它的属性。

1．层的嵌套 嵌套层就是指该层建立在另外一个层中，嵌套层可以随父层一起移动，并且可以继承父层的可见性。创建嵌套层，可以单击"绘制层"按钮，然后按下 Alt 键不放，在另一个层中拖动并绘制所需的层，创建嵌套层的效果如图 6.30 所示。

图 6.29 在层中添加图片

2．层的属性设置 层的属性可以在"层"面板中设置，我们在页面上创建三个层，可以设置是否允许相互重叠、指定层的可见性、改变层的叠放次序等，如图 6.31 所示。

这里对几个概念进行一下解释。层面板上面参数是"防止重叠"。一旦选中，页面中层就无法重叠了。

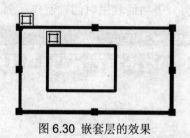

图 6.30 嵌套层的效果

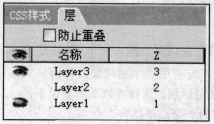

图 6.31 "层"面板

层有隐藏和显示的属性。可以设置层的显示和隐藏。单击层的左边，可以打开关闭眼睛。眼睛睁开和关闭表示层的显示和隐藏。

层还有一个概念就是层数，层数决定了重叠时哪个层在上面哪个层在下面，就好比大楼的楼层一样。比如层数为 2 的层在层数为 1 的层的上面。改变层数就可以改变层的重叠顺序。

在网页中选择层后，可以看到"属性"面板如图 6.32 所示。

图 6.32 层"属性"面板

在"属性"面板中各参数的含义如下：

层编号：指定层的名称。

左、上和宽、高：距页面左边距和上边距的距离；层的宽度和高度。

Z 轴：层的顺序，编号较大的层出现在编号小的层的上面。

可见性：设置可见性参数。

背景图像、背景颜色：指定层的背景图像和背景颜色。

可见性：设置可见性参数，有 default（默认）、visible（可见）、hidden（隐藏）、inherit（继承父层的可见性）。

类：如果对层进行了样式设置，选择层的样式。

溢出：当层内容超出了层范围后内容显示的方式。

剪辑：指定层中的可见区域。

3. 层和表格的相互转换 Dreamweaver 提供了层和表格互换的功能，要注意的是，层要转换成表格之前，要确保层没有重叠。选择"修改"菜单下的"转换"。

6.7.2 利用层创建动画

动画的实现原理是将画面连起来播放，产生运动的错觉。所以动画的基本单位就是一个画面，也叫做帧。而在动画中有些画面是关键的，可以影响整个动画的，这样的帧叫做关键帧。制作动画就必须用到层，用层才能制作动画，单一的图片是无法制作动画的，要使层在页面上移动产生动画效果，要使用 Dreamweaver 的时间轴。时间轴就是用来排列画面的顺序的。时间轴由通道组成。每一个通道里面放一个要运动的物体。关键帧用圆点表示。还有一个播放头，播放头所指的位置就是动画当前所在的帧。

下面我们制作一个在页面上运动的动画为例，说明一下如何利用时间轴制作动画。操作步骤如下：

1. 首先在页面上插入一个层，在层中插入一幅图片，并将层置于动画要开始的位置。

2. 选定该层，选择"修改"菜单下的"时间轴"下的"录制层路径"命令。

3. 在页面中按照动画的路径拖动层，拖动到终点处释放鼠标左键，出现如图 6.33 所示的

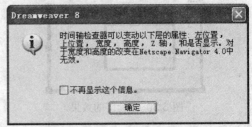

图 6.33 提示对话框

对话框，提示"时间轴"面板可以改变层的部分属性，单击"确定"按钮，即可生成一条如图 6.34 所示的动画。

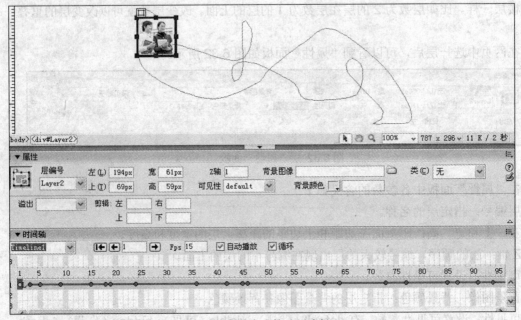

图 6.34 自动生成的动画路径

4. 在"时间轴"面板中选中"自动播放"和"循环"复选框。然后按 F12 可以预览动画效果。

6.7.3 行为

很多网页上有一些动态特效，例如，光标移到某张图片上面，就显示一段内容，在页面显示后弹出"欢迎光临"的对话框等，这些都是通过 Dreamweaver 中的行为实现的。一个行为是由事件和动作组成的，事件是指网页的访问者执行了某种动作，浏览器产生的信息，动作是预先编写的 JavaScript 代码，这些代码执行特定的任务，例如，光标移到某张图片上面就是一个事件，该事件产生的动作是显示一段内容。网页中的每个元素都可以看成是一个一个对象，可以给任何对象添加一个行为，从而实现网页与浏览者进行交互，增加动态效果。

Dreamweaver 采用了"行为"面板，完成行为中的动作和事件的设置，从而实现动态

交互效果。选择【窗口】菜单中的【行为】命令，打开行为面板，如图 6.35 所示。

在该面板中，加号和减号按钮用于添加和删除动作；右边和上下箭头按钮用于调整对同一对象的动作的执行顺序。

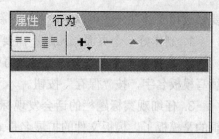

图 6.35 "行为"面板

就以这个效果为例说明如何创建行为。光标移动到物体上面出现内容，移出物体外面内容就消失。这个例子就由以下两个行为组成。行为 1：鼠标进入内容出现。行为 2：鼠标移开内容隐藏。具体操作如下：

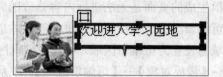

图 6.36 插入图片和层

1. 在页面中插入一张图片。

2. 在页面中插入一个层，写上说明内容。在层面板中，将该层设置成为隐藏，这样一打开网页的时候"说明内容"层不显示。如图 6.36 所示。

3. 单击图片，打开行为面板。按"+"号，在弹出菜单中选中"显示-隐藏层"，系统弹出对话框。单击该层，然后单击"显示"。最后"确定"。我们可以在面板中看到事件和行为。动作为 Show-Hider Layers 隐藏层。单击事件，在下拉列表中选择 onMouseOver，也就是说当鼠标按下时说明内容层显示。

4. 打开行为面板。按"+"号，在弹出菜单中选中"显示-隐藏层"，系统弹出对话框。单击该层，然后单击"隐藏"。最后"确定"。我们可以在面板中看到事件和行为。动作为 Show-Hider Layers 隐藏层。单击事件，在下拉列表中选择 onMouseOut，也就是说当鼠标移开时说明内容层隐藏。"行为"面板如下图 6.37 所示。

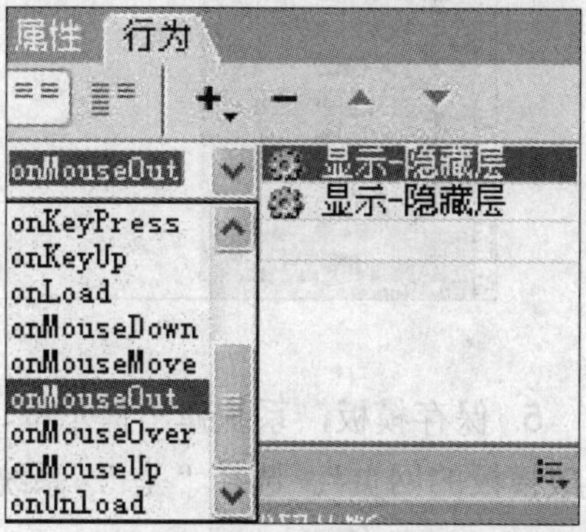

5. 预览网页。可以看到光标移动到图片上就出现说明内容，光标移开时内容消失。

6.8 库和模板

做一个网站，很重要的一点就是整个网站的风格要统一，一些网页的版式都是相同的。例如网页中标题和下面的一排按钮，表格的编排方式，字体的样式，这些风格都是固定的。新作一张网页上面这些内容都不变，而只要替换文字和一些图片就行了。如果能将这些重复的劳动简化，就能够大大提高工作效率，应用 Dreamweaver 中的库和模板就能解决这一问题。模板主要用于同一栏目的页面制作，而库主要用于各栏目间公共内容块的制作。下面介绍一下库和模板的制作方法。

图 6.37 "行为"面板

6.8.1 模板

一个网站同一栏目下的网页风格布局基本是相同的，只是局部内容不同，这时可以创建模板，它可以将网页中不变的元素固定下来，然后用来应用到其他的网页上去，这样只要修改相应的部分就可以了，无需重新制作。模板可以由一个网页来生成。制作过程如下：

1. 制作好一个页面。凡是不需要变化的元素都统一在页面上做好。

2. 选择菜单【文件】→【另存为模板】命令。系统弹出对话框。在"保存"文本框中填写模板名字，按"保存"按钮。

3. 仔细观察标题栏的话会发现标题栏上已经发生了变化。<<Template>>表示现在编辑的是模板了。模板文件的扩展名是.dwt。

4. 接下来要做的一个重要工作就是设置可编辑区域。如果现在直接存盘的话，这个模板生成的页面是无法进行内容修改的。因为没有指定什么地方是可以修改的。只有设置了可编辑区域，以后编辑网页的时候才能够对网页进行修改。在这个例子中，页面右下方区域为设置为可编辑区域。设置可编辑区域的方法是：鼠标放到可编辑区域处，选择【插入】→【模板对象】→【可编辑区域】。在系统弹出的对话框中填入可编辑区域名称，按"确定"按钮。在页面中就生成了一个可编辑区域的标记，如图 6.38 所示。

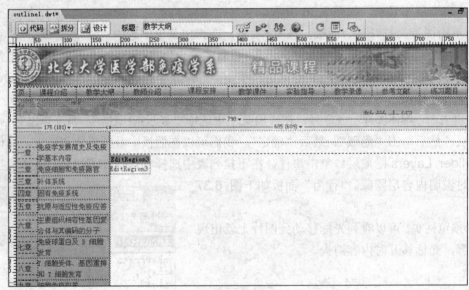

图 6.38 模板页面

5. 保存模板，系统弹出提示框，"对模板进行了修改，保存后是否自动更新所有应用已改模板的网页"。选择"是"，系统会进行搜索并报告搜索结果，确认即可，模板就做好了。

下面我们将应用一个模板到页面中：

（1）新建一个空白页面。

（2）选择【文件】→【新建】命令，在出现的对话框中单击"模板"标签，打开模板面板，如图 6.39 所示。选定要使用的模板，可以在右侧的"预览"框中预览该模板。

（3）其中，若勾选"当模板改变时更新页面"复选框，则修改模板后，使用该模板的页面将自动更新。单击"创建"按钮，将新建一个模板页，在可编辑区域中添加相应内容，该网页即制作完成。

如果将模板应用到已经创建的网页中，则需打开已有的网页，选择菜单【修改】→【模板】→【套用模板到页】命令即可。

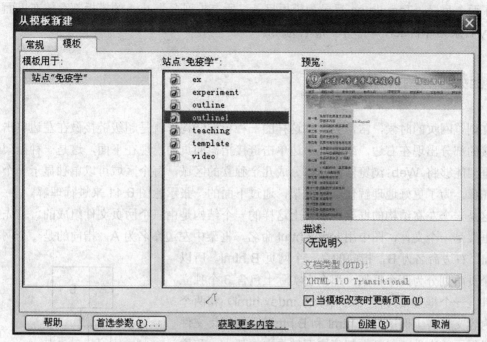

图 6.39 模板标签

由此可见模板有很多的好处。不但可以生成大批的风格相近的网页，而且一旦模板修改了，就修改了一批网页。

有的时候制作了一个使用模板的网页，但是我们想对网页的不可编辑区域进行修改的话，需要把模板和网页进行分离。在网页中选择菜单【修改】→【模板】→【从模板中分离】命令即可。这时该页面就和一般的网页一样可以自由编辑了。

6.8.2 库

和模板有异曲同工之妙的就是库。模板可以用来制作整体网页中的重复部分，库是面向网页局部重复部分的。例如，在某些页面上要写上 XXXX 版权所有，E-mail 之类的，每次重复输入这些东西是会让人恼火的，可以把这些做成库部件，以后重复使用。下面以制作版权信息为例说明库项目的制作方法：

1. 在网页中选定要作为库项目的对象。

2. 选择菜单【窗口】→【资源】命令，出现"资源"面板，在该面板的左侧列出了图像、颜色、链接等项目的分类，单击底部的"新建库项目"按钮，打开库面板。选中文字，拖拽进入面板，命名即可，如图 6.40 所示。库部件中的文字已经变为整体了。

图 6.40 库面板

要插入库部件的时候，只要将库面板中的部件直接拖动到页面就可完成部件插入。

编辑部件只要在面板中双击部件就可以了。同样修改了一个部件，系统会提示是否重新应用到所有使用库部件的页面，按"更新"按钮即可完成所有应用该部件的页面更新。大家可以注意到，一旦使用了库和模板之后，在站点根目录下就多了两个目录。Templates 目录为模板目录，所有扩展名为.dwt 的模板都存放在里面。Library 目录为库目录，库部件扩展名为.lbi。

6.9 框架

在浏览网页的时候，常常会看到这样的一种导航结构，就是超级链接做在左边单击以后链接的部分出现在右边，或者在上边单击链接指向的页面出现在下面，这是一种框架结构，框架能够将 Web 浏览器的窗口分成几个独立的区域，每个区域可以单独显示一个网页或图像。为了更好地理解什么是框架，通过下面的一张示意图 6.41 来进行理解。

这是一个左右结构的框架。事实上这样的一个结构是由三个网页文件组成的。首先外部的框架是一个文件，图中用 index.html 命名。框架中左边命名为 A，指向的是一个网页A.html。右边命名为 B，指向的是一个网页 B.html。所以若某个页面划分为两个框架，那么它实际上包含 3 个独立的文件，一个框架集文件（上例中的 index.html）和两个框架内容文件（上例中的 A.html 和 B.html）。框架集文件是定义页面的文件，包括框架集内存储页面框架大小和位置的信息，还存储每个框架载入内容的文件名。框架内容文件包含页面的内容。

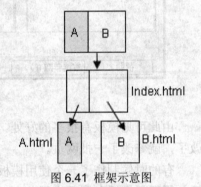

图 6.41 框架示意图

下面通过一个制作如图 6.41 所示的左右框架结构网页的例子，来说明框架的使用方法和属性设置。

1. 选择工具栏中的"布局"选项卡，选择"框架"按钮中的左侧框架结构，如图 6.42 所示。

布局 ▼ ｜ 标准 扩展 布局

图 6.42 框架按钮

2. 打开"框架标签辅助功能属性"对话框，保持默认设置，框架和标题都默认为"mainFrame"，单击"确定"按钮，创建一个框架网页，该框架的导航条位于左框架，链接的文件显示在右边的内容框架中，如图 6.43 所示。

图 6.43 插入框架

第四章 常用应用软件 3. 给框架命名。按住 Alt 键的同时单击框架面板中单击左边位置，在属性面板中将"框架名称"文本框填写为 left，同样方法将框架右边部分，在属性面板中将"框架名称"文本框填写为 right。若每个框架的源文件已经存在，在"源文件"文本框中选择网页文件或直接输入文件名。

4. 若源文件不存在，直接保存网页。选择菜单【文件】→【保存全部】，系统弹出对话框。这时，保存的是一个框架结构文件，起名为 index.html。如何知道保存的文件是哪一部分呢？保存的时候如果虚线框笼罩的是周围一圈就是保存整个框架结构，否则笼罩在左边就是保存框架中左边网页，右边就是框架中右边网页。按照这个方法现在保存左边网页，名称为 bar.html，右边为 main.html。三个网页就保存完毕。分别编辑 bar.html 和 main.html 的内容，如图 6.44 所示。

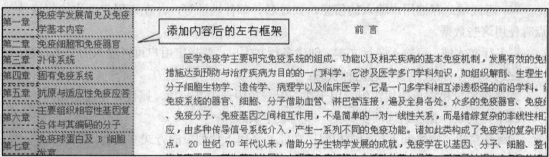

图 6.44 框架网页

5. 下面要实现按左边的超级链接，对应的页面出现在右边。在左边的页面中做上超级链接，指向一个已经存在的页面。注意做好链接以后，要在"目标"域中设置为 right，如图 6.45 所示。这样一个超级链接就做好了。

图 6.45 框架网页

6. 重复制作新的页面，再将链接指向页面。注意目标设置为 right，这样就制作了一个简单的网站导航结构，制作完毕后可以预览效果。

6.10 表单

在网上浏览信息时经常会遇到要求填写注册资料或提供信息的情况，例如，申请邮箱时填写个人信息的页面、论坛上的信息发布、网上购物填写的购物单等，这些都是用表单制作的，表单是收集访问者反馈信息的有效方式，应用非常广泛，下面分别介绍一下表单的创建和属性设置的基础知识。

6.10.1 表单的创建

创建表单有两种方法，一种是通过"插入"菜单的"表单"菜单项，另一种方法是在"插入"栏中选择"表单"选项卡，然后利用快捷按钮插入，如图 6.46 所示。

图 6.46 "表单"插入栏

表单插入栏中的各按钮的功能说明如下：

▣ 插入表单的工具；

▢ 文本输入域：网页中可以输入文字的区域，在属性面板中可以设置输入文字是单行，多行或密码。初始值输入默认显示的内容；

▣ 隐藏域：存储用户输入的信息，如姓名、邮件地址等，并在该用户下次访问该站点时使用这些数据。

▣多行文本域：可输入多行文本，创建多行文本时，要指定用户可以输入的文本行数。

☒复选框：有选中和不选两种状态；

◉单选按钮和▣单选按钮组：用于在一组选项中选中某一项，属性和复选框相同；

▣下拉列表：把一组选项罗列在一个列表中供选择；

▣跳转菜单：属性和下拉列表相似，功能是采用下拉列表的方式实现链接跳转；

▣ 图像域：可以在表单中插入图像。

▣ 文件域：用于让用户浏览自己的硬盘，选择所需文件并将该文件上传到服务器端。

▣插入按钮：用于提交或重设表单或调用某个函数；

abc 标签：提供了一种在结构上将域的文本标签和该域关联起来的方法。

▢ 字段集：是表单元素逻辑组的容器标签。

6.10.2 创建表单实例

1. 一个简单的提交留言页面　新建一个网页文件，选择表单插入栏，插入表单，将光标放置在表单内，插入一个 5 行 2 列的表格，将第 1、5 行合并。分别在第 2、3 行插入文本字段，在第 4 行插入文本区域，在第 5 行插入两个按钮。页面效果如图 6.47 所示。

文本域是用户在其中输入响应的表单对象。有三种类型的文本域：

单行文本域通常提供单字或短语响应，如姓名或地址。

多行文本域为访问者提供一个较大的区域，供其输入响应。可以指定访问者最多可输入的行数以及对象的字符宽度。如果输入的文本超过这些设置，则该域将按照换行属性中指定的设置进行滚动。

密码域是特殊类型的文本域。当用户在密码域中键入时，所输入的文本被替换为星号或圆点，以隐藏该文本，保护这些信息不被看到。本例中的密码文本

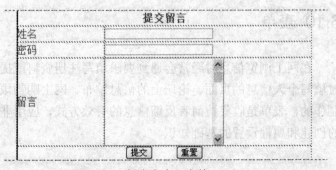

图 6.47 "提交留言"表单

设为密码域。

2. 制作网页跳转菜单 打开一个建立好的网页文件,把鼠标的光标放置在需要插入跳转菜单的位置。选择表单插入栏中的【跳转菜单】命令,在网页中插入一个跳转菜单。

在弹出的"插入跳转菜单"对话框中,根据提示输入相应内容,如图6.48所示。

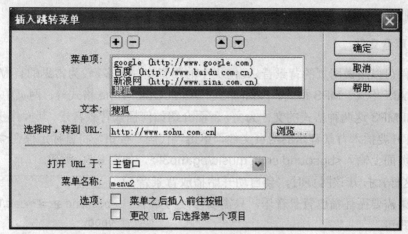

图 6.48 "插入跳转菜单"对话框

输入完成后,按"确定"按钮,按 F12 可以预览效果。

6.11 制作多媒体网页

随着互联网的发展,多媒体在网络中占有越来越重要的位置,下面来介绍一下插入多媒体对象的方法。

6.11.1 插入 Flash 动画

Flash 动画是一种矢量动画格式,具有体积小,兼容性好,动感直观、互动性强大,支持 MP3 音乐等优点,是目前网上最流行的动画格式。Flash 动画有 FLA 和 SWF 两种文件类型。FLA 是源文件,可以在 Flash 编辑软件中编辑,SWF 是 Flash 编辑完成后的输出文件,我们插入到网页中的就是 SWF 文件。

下面介绍如何在网页中插入一个 Flash 文件,操作步骤如下:

1. 将光标放到要插入动画的位置,选择菜单【插入】→【媒体】→【Flash】命令,出现"选择文件"对话框,选择要插入的文件,然后单击"确定"按钮,即可将其插入到网页中,以一个带有 F 的灰色框来表示,如图 6.49 所示。

2. 单击这个带有 F 的灰色框,在"属性"面板中选中"循环"复选框,使 Flash 动画在网页中循环播放;选中"自动播放"复选框,使 Flash 动画在页面加载时自动播放。

制作网页时,可以插入 Dreamweaver 自带的 Flash 按钮作为导航按钮,其具体操作方法如下:

(1)在"常用"工具栏中单击"媒体"按钮下拉列表的"Flash

图 6.49 "Flash"
文件

按钮"菜单项，打开"插入 Flash 按钮"对话框。

（2）在"样式"列表中选择"Blue Warper"样式。

（3）在"按钮文本"的文本框中输入按钮显示的文字，在"链接"文本框中设置一个链接，设置完毕后按"确定"即可。

使用类似的方法也可以在网页中插入一个 Flash 文本。

6.11.2 插入声音文件

声音文件可以用做网页的背景音乐。网页中的声音文件很多，较为常见的有 MID 格式、WAV 格式、AIF 格式、MP3 格式、Real 格式、AudioQuickTime 格式等，网页中的背景音乐以 MIDI 和 MP3 这两种格式的文件为主，下面介绍如何插入背景音乐、其操作步骤如下：

（1）打开要插入背景音乐的网页文件，单击"代码"按钮，将鼠标定位在</body>标签之前，在页面上输入<bgsound src="music/bg.mp3">，如图 6.50 所示。

（2）这样，打开该网页时，会自动开始播放背景音乐。如果需要循环播放背景音乐，只需要修改为如下的代码即可。

```
</object>
<bgsound src="music/bg.mp3">
</body>
```

<bgsound src="music/bg.mp3" loop=true>

图 6.50 输入代码

6.11.3 插入视频文件

下面介绍如何在网页中插入视频文件、并且如何设置视频文件播放方式，常见的视频文件有 ASF 格式、AVI 格式、MPG 格式和 DIVX 格式等，下面以插入一个 MPEG 格式的文件为例说明一下如何在网页中插入视频文件。其操作步骤如下：

图 6.51 将视频文件插入网页

1. 打开要插入视频的网页文件，鼠标点击要插入视频的位置。

2. 在"常用"工具栏中单击"插件"菜单项，打开"选择文件"对话框，选中一个视频文件。单击"确定"按钮，将视频文件插入到页面中，并以插件图标的形式显示，如图 6.51 所示。

3. 设置视频文件为循环播放，只需在插件的 MPG 视频文件上右击，从弹出的快捷菜单中单击"参数"菜单项，打开"参数"对话框，如图 6.52 所示，

图 6.52 设置循环播放

设置参数为"LOOP"，值为"true"，这样视频文件就可以循环播放了。

6.12 站点发布

站点制作完成，就需要把它放到互联网上，让全世界的浏览者访问。目前，许多 ISP 都提供了存放主页的服务，对于企业来说，申请域名是非常必要的，申请域名后，需要选择提供虚拟主机服务的商家，对于个人来说，网上提供的一些免费主页空间，是大多数个人主页存放的场所。要申请免费主页空间，一般情况是首先到提供建立免费主页的站点注册，成为其会员。注册个人主页的方法不尽相同，一般每个站点的主页都有清楚的说明，

引导用户完成其注册。注册成功后就可以上传文件了。上传站点可以通过 FTP 软件，也可以通过 Dreamweaver，下面介绍如何使用 Dreamweaver 实现文件的上传。

6.12.1 上传站点

将文件上传到远程服务器上，可以按照下述步骤进行操作：

1. 选择菜单【站点】→【管理站点】命令，在出现的"管理站点"对话框中单击要上传的站点名，然后单击右侧的"编辑"按钮，出现站点定义对话框。

2. 单击站点定义对话框中的"高级"标签，从左侧列表框中选择【远程信息】命令，在"访问"下拉列表框中选择 FTP 选项，就可以设置 FTP 服务器的各项参数，如图 6.53 所示，参数选项是从服务商那里得来的，参数输入正确后，单击"确定"按钮。

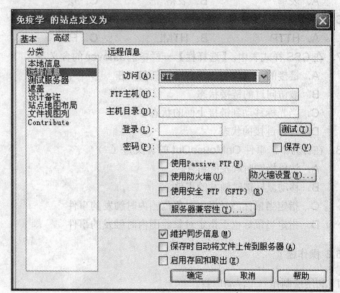

图 6.53 站点的"远程信息"

3. 接下来就可以上传网站了，单击"文件"面板上的"连接到远端主机"按钮，如图 6.54 所示。如果 Dreamweaver 成功连入服务器，"连接到远端主机"按钮会自动变为"断开"按钮。

4. 单击"文件"面板上的"上传文件"按钮，系统弹出提示"你确定要上传整个站点吗？"。单击"确定"按钮，上传开始，在上传过程中，经常出现一个对话框，询问是否要上传文件，这时可以选择"是"，如果要停止传输，单击状态对话框中的"取消"按钮。

5. 上传完所有文件后，单击"断开"按钮，断开与服务器的联系。这时，就可以通过浏览器访问上传的站点了。

图 6.54 文件面板的
"连接到远端主机"

习 题 六

6.1 单选题

1. （　）用来帮助搜索引擎来寻找网页
    A. 网页标题　　　　B. 说明　　　　　C. 关键字　　　　　D. 刷新
2. （　）是图像格式，最多使用 256 种颜色，适合于大面积的单一颜色的图像。
    A. GIF　　　　　　B. JPEG　　　　　C. PNG　　　　　　D. DIF
3. 下列选项内容不可以放入层中的是（　）

A. 框架   B. 图像   C. 表格   D. 文字

4. 关于层的说法正确的是（ ）

    A. 层的命名可以使用中文   B. 隐藏的层可以转换成表格

    C. 层不允许嵌套   D. 层可以自由移动

5. 在网上浏览信息时经常会遇到要求填写注册资料或提供信息的情况，这些都是用（ ）来制作的。

    A. 表单   B. 表格   C. 层   D. 框架

6. 框架集是（ ）文件。

    A. HTTP   B. HTML   C. FTP   D. GIF

7. 在 CSS 样式表中，【选择栏】一栏中的 a:hover 的含义是（ ）

    A. 链接的正常状态，没有发生任何动作

    B. 被访问过的链接状态

    C. 当光标移动到链接上面的状态

    D. 选择链接的状态

8. 在行为中，事件 OnMouseOut 的含义是（ ）

    A. 按鼠标键时触发的事件

    B. 移动鼠标键时触发的事件

    C. 指定当鼠标离开指定对象范围内时触发的事件

    D. 指定当鼠标位于指定对象范围内时触发的事件

6.2 操作题

1. 利用层制作一个浮动广告。

2. 制作一个交换图像的行为。

3. 制作一个个人网页的站点。

第七章　数据库基础与应用

在当今信息社会中，数据已经成为各个行业、各个部门的重要财富和资源。建立信息系统，对各种形式的数据进行管理，就成为一个企业或一个部门生存和发展所必需。计算机的发展，特别是高效率存储设备的出现，使得数据处理进入了应用计算机的时代。数据库技术是计算机作为计算机科学的重要分支，正在得到广泛的应用。

在医疗系统中，大到流行病学的调查，小到划价收费，无时无处不需要数据的收集和处理，各级卫生部门和各个医院都建立了自己的各种信息系统，并且通过网络将这些信息实现共享。对于一个医学院校的学生来说，了解和学习数据库知识是非常必要的。

Microsoft Access 是 Microsoft Office 办公集成软件的成员之一，是一个关系型数据库管理系统。它具有 Office 软件的界面清晰、操作简单的特点，无须编写程序代码，仅通过直观的可视化操作即可完成数据的收集、存储、分类、计算、加工、检索、传输和制表等管理工作；同时它又提供了 VBA（Visual Basic for Application）编程语言，可用于开发高性能、高质量的桌面数据库系统。

本章将从数据库的应用入手，介绍 Microsoft Access 的基础知识和基本操作。

7.1 数据库技术概述

早期的计算机主要用于科学计算，后来计算机的应用逐渐进入了人类活动的各个领域。当计算机应用于管理、商业、经贸、检索时，需要处理大量的数据，为了迅速有效地对数据进行管理，于 20 世纪 60 年代中期，产生了数据库技术。

数据库技术将数据独立集中存放，不仅仅可以解决数据的冗余问题，实现数据共享，保证数据的安全和统一，而且由于数据与程序分开，将数据独立于具体的应用程序，而可以为所有应用程序所共享。

7.1.1 数据库技术的产生与发展

数据库技术是计算机科学领域中发展最快的分支之一。应用计算机进行数据管理经历了人工处理阶段、文件系统阶段和数据库系统阶段三个阶段。

1. 人工处理阶段（50 年代中期以前）　　早期的数据处理都是通过手工进行的，包括现在很多部门的数据处理也是如此。在数据量不大，数据关系不复杂的情况下，手工处理数据比较容易进行，但是当数据量比较大，关系比较复杂时，手工处理就非常繁杂。

50 年代初期，当计算机一出现，人们就试图使用计算机来处理这些数据。在这一阶段，计算机除硬件外，没有任何软件可供数据处理使用，因而计算机主要用于科学计算。对数据管理时，设计人员除考虑应用程序、数据的逻辑定义和组织外，还必须考虑数据在存储设备内的存储方式和地址。在这个阶段处理数据的方式见图 7.1。从图中可以看出，数据完全面向特定的应用程序，每个用户使用自己的数据，数据与程序没有独立性，当数据在逻辑或物理结构上稍有改变，就要修改程序。程序与数据相互结合成为一体，互相依赖。数据需要由应用程序自己管理，没有相应的软件系统负责数据的管理工作。应用程序中不仅要规定数据的逻辑结构，而且要设计物理结构，包括存储结构，存取方法，输入方式等。

图 7.1 人工处理阶段

2. 文件系统阶段（50 年代后期~60 年代中期）　50 年代后期，随着计算机技术的发展，硬件方面有了磁盘、磁鼓等直接存取设备，软件方面有了专门管理数据的软件，一般称为文件系统，包括在操作系统中。处理数据的方式也有了变化（见图 7.2）。

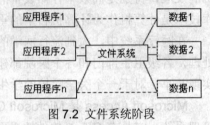

图 7.2 文件系统阶段

在这个阶段数据以文件的形式长期保存。一个数据文件对应一个或几个用户程序。数据与程序有一定的独立性，因为程序与数据由系统提供的存取方法进行转换，程序员可以不必过多地考虑物理细节，将精力集中于算法。但是，这些数据在数据文件中只是简单地存放，文件中的数据没有统一的结构，文件之间并没有有机地联系起来，数据的存放仍依赖于应用程序的使用方法，基本上是一个数据文件对应于一个或几个应用程序，数据面向应用，独立性较差，不同的应用程序很难共享同一数据文件。因此出现数据重复存储，冗余度大，一致性差（同一数据在不同文件中的值不一样）等问题。同时造成应用程序编制繁琐，数据的正确性、安全性、保密性、并发性等得不到保证。

3. 数据库系统阶段（60 年代后期开始）　数据库技术使得计算机数据处理进入了一个新阶段。在一个数据库系统（见图 7.3）中，全部数据存放在一个数据库中，数据面向整个系统，而不是面向某一应用程序。数据库管理系统 Database Management System（DBMS）是数据库系统的核心，它对数据集中管理，并可以被多个用户和多个应用程序所共享。减少了数据冗余，节省存储空间，减少存取时间，并避免数据之间的不相容性和不一致性。由于数据与程序相对独立，使得可以把数据库的定义和

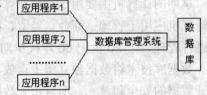

图 7.3 数据库系统阶段

描述从应用程序中分离出去。存储在数据库中的数据由 DBMS 统一管理和存取，程序中不必考虑数据的定义和存取路径，大大简化了程序设计的工作。

4. 数据库技术的发展　数据库技术自从产生至今，已经经历了三代。

第一代数据库系统是指 20 世纪 60 年代所使用的层次和网状数据库系统。它的代表是 1969 年 IBM 研制的 IMS。

第二代数据库系统是指采用关系模型建立的数据库系统。在 20 世纪 70 年代关系型数据库系统逐渐取代了层次和网状数据库系统，它的代表是 IBM 开发的 System R 和加州大学 Berkley 分校开发的 INGRES。这时，数据库技术已经成为相当成熟的计算机软件技术，应用范围也越来越广。

第三代数据库系统是面向对象数据库系统。二十世纪 80 年代开始，程序设计进入了面向对象的时代。面向对象的程序设计方法（Object Oriented Programming）与以往的程序设计不同，不再将问题分解为过程，而是将问题分解为对象。数据库管理系统也开始了

采用面向对象的数据模型。

面向对象数据库的实现一般有两种方式,一种是在面向对象的环境中加入数据库功能;另一种是对传统数据库系统进行改进,使其支持面向对象的数据模型。

面向对象的数据模型借鉴了面向对象程序设计语言和抽象数据模型的一些思想,用面向对象的观点来描述现实世界实体的逻辑组织和联系,能够存储图像、大文本、声音、视频等数据类型,比以往的数据库具有更为丰富的表达能力,且使用方便,很快得到了广泛的应用。

在面向对象数据模型中,所有现实世界中的实体都模拟为对象,一个对象包含若干属性,用以描述对象的外观、状态和特性等。对象还具有若干方法,可以改变对象的状态。

7.1.2 数据库系统的组成

1. 一个完整的数据库系统,包括硬件、软件和用户三部分。

（1）硬件部分 硬件包括足够的内存,以运行操作系统、数据库管理系统（DBMS）以及应用程序和提供数据缓存;足够的存取设备如磁盘,提供数据存储和备份;足够的 I/O 能力和运算速度,保证较高的性能;以及其他设备。

（2）软件部分

① 数据库。数据库是按照一定方式组织起来的有联系的数据集合。数据集中存放在数据库,并按照它们之间的关系组织起来,数据库不仅存放了数据,而且存放了数据之间的关系。

② 数据库管理系统。数据库管理系统是对数据库信息进行存储、处理、管理的软件。数据库的建立、使用和维护是由数据库管理系统统一管理、统一控制。

数据库管理系统使用户能方便地定义数据和操纵数据,并能够保证数据的安全性和完整性、多用户对数据的并发使用及发生故障后的系统恢复。

（3）用户 用户包括数据库管理员、数据库设计者、系统分析员和程序员、最终用户。

2. 数据库系统的体系结构 数据库系统的体系结构有四种,它们是:单用户结构、主从式结构、分布式结构和客户/服务器结构。

（1）单用户结构 整个数据库系统,包括应用程序、DBMS、数据,都装在一台计算机上叫做单用户结构。在单用户结构中,整个数据库系统由一个用户独占,不同机器之间不能共享数据。

（2）主从式结构 一个主机带多个终端。数据库系统集中存放在主机上,所有处理任务都由主机来完成叫做主从式结构（见图 7.4）。在主从式结构中,各个用户通过主机并发地存取数据库,共享数据资源。

（3）分布式结构 分布式结构是通过网络将若干个计算机系统连接起来的（见图 7.5）,每个节点都可以独立地处理本地数据库中的数据,执行局部应

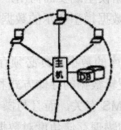
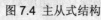
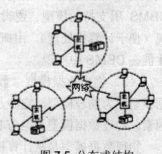

图 7.4 主从式结构　　　　图 7.5 分布式结构

用；也可以同时存取和处理多个异地数据库中的数据，执行全局应用。

（4）客户/服务器结构　客户/服务器结构见图 7.6，服务器专门用于执行 DBMS 功能，客户机安装外围应用开发工具，支持客户的应用，客户端向服务器发出请求，服务器处理后将结果返回。

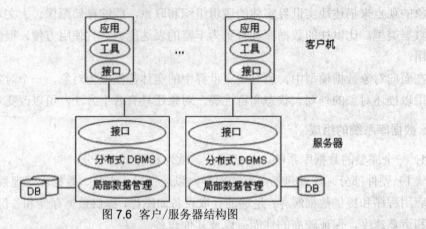

图 7.6　客户/服务器结构图

客户与服务器一般都能在多种不同的硬件和软件平台上运行，可以使用不同厂商的应用开发工具，应用程序具有更强的可移植性，同时也减少软件维护开销。

7.1.3 数据模型

数据模型是现实世界数据特征的抽象，也就是说，它是将具体事物转换成计算机能够处理的数据的一种工具。它包括以下组成部分：

* 数据结构：描述系统的静态特性，即组成数据库的对象类型。
* 数据操作：一般有检索、更新（插入、删除、修改）操作。
* 数据的约束条件：完整性规则的集合。

1. 数据模型的分类　根据模型应用的不同目的，可以将它们划分为三类：概念数据模型、逻辑数据模型和物理数据模型。

（1）概念数据模型　也称信息模型，它是按用户的观点来对数据和信息建模，是面向用户和现实世界的数据模型，与具体的 DBMS 无关，主要用于与用户交流，建立现实世界的概念化结构。

（2）逻辑数据模型　从计算机实现的观点来对数据建模。是信息世界中的概念和联系在计算机世界中的表示方法。一般有严格的形式化定义，以便于在计算机上实现。如层次模型、网状模型、关系模型。逻辑数据模型是用户从数据库所看到的模型，是具体的 DBMS 所支持的模型。逻辑数据模型既要面向用户（便于用户使用和理解），也要面向实现（便于计算机处理）。用概念数据模型表示的数据必须转化为逻辑数据模型表示的数据，才能在 DBMS 中实现。

（3）物理数据模型　数据库的数据最终必须存储到介质上，反映数据存储结构的数据模型称为物理模型，它涉及逻辑数据的存储方式和存取方法，是保证数据库效率的重要因素。物理数据模型不但与 DBMS 有关，而且与操作系统有关。

物理数据模型是从计算机的物理存储角度对数据建模。是数据在物理设备上的存放方法和表现形式的描述，以实现数据的高效存取。如索引文件等等。

2. 数据模型的主要概念

（1）实体（Entity） 客观存在并可相互区分的事物叫实体。实体可以是具体的人、事、物，如一个病人、一张处方、一种药品等。

（2）属性（Attribute） 实体所具有的某一特性叫做属性。一个实体可以由若干个属性来刻画。例如，病人实体具有病历号、姓名、性别，出生年份、就诊日期、病情诊断等属性。药品实体可以具有药品名称、单位、数量、单价等属性。

（3）域（Domain） 属性的取值范围称作这个属性的域。例如，性别的域为（男、女），月份的域为 1 到 12 的整数。

（4）实体型（Entity Type） 具有相同属性的实体必然具有共同的特征和性质，因此用实体名与其属性名集合来抽象和刻画同类实体，称为实体型。例如，病人（病历号、姓名、年龄、性别、就诊日期、病情诊断）就是一个实体型。

注意实体型与实体（值）之间的区别，后者是前者的一个特例。如(0414006，王平，21，男，2005 年 3 月 1 日，上呼吸道感染)是一个实体。

（5）实体集（Entity Set） 具有同型实体的集合称为实体集。如全体病人。

（6）键（Key） 能唯一标识实体的属性集称为键。如病号是病人实体的键。每个病人有唯一病历号。

（7）联系（Relationship） 联系是实体之间的相互关联。如医生与病人间的治疗关系，医生与医院间有所属关系。

（8）联系的种类 联系的种类包括一对一（1:1）、一对多（1:n）、多对多（m:n）3种（见图 7.7）。

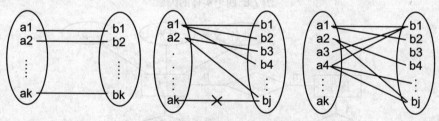

图 7.7 实体之间的相互联系的种类

一对一：如果对于实体集 A 中的每一个实体，实体集 B 中至多有一个（也可以没有）实体与之联系，反之亦然，则称实体集 A 与实体集 B 具有一对一联系，记为 1:1。例如在某场演出中，剧场座位与观众之间的联系；在医院中，病人与病历之间的联系等。

一对多：如果对于实体集 A 中的每一个实体，实体集 B 中有 n 个实体（n≥0）与之联系，反之，对于实体集 B 中的每一个实体，实体集 A 中至多只有一个实体与之联系，则称实体集 A 与实体集 B 有一对多联系，记为 1:n。例如班主任与班上同学之间的联系，医生与处方之间的联系等。

多对多：如果对于实体集 A 中的每一个实体，实体集 B 中有 n 个实体（n≥0）与之联系，反之，对于实体集 B 中的每一个实体，实体集 A 中也有 m 个实体（m≥0）与之联系，则称实体集 A 与实体集 B 有多对多联系，记为 m:n。例如医生与病人之间的联系，处方与药品之间的联系等。

3. **概念模型的表示方法**　概念模型是为了将现实世界中的事物及事物之间的联系在数据世界里表现出来而构建的一个中间层次，应能完整、准确地表现实体及实体之间的联系。

概念模型的表示方法很多，最常用的是 E-R（Entity-Relationship）图法。E-R 图提供了实体、属性和联系这 3 个简洁直观的概念，可以比较自然地模拟现实世界，并且可以方便地转换成 DBMS 支持的逻辑数据模型。

在 E-R 图中，实体型用矩形表示，在框内写上实体名；属性用椭圆形表示；联系用菱形表示。

例如：病人、医生、病历和处方分别是四个实体，病人有姓名、年龄、性别等属性。病人和病历之间是一对一的联系；医生开处方、治疗病人，医生与处方之间是一对多的联系；病人与医生之间是多对多的联系（见图 7.8）。这四个实体之间的联系用 E-R 图法表示（见图 7.9）。

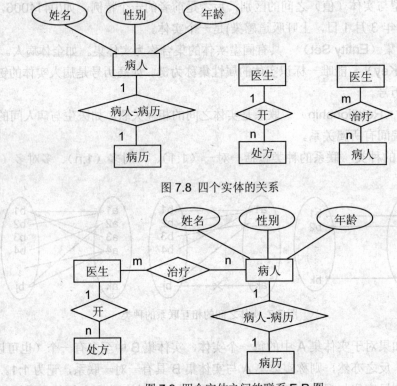

图 7.8　四个实体的关系

图 7.9　四个实体之间的联系 E-R 图

4. **逻辑数据模型**　逻辑数据模型有三种：层次型、网状型、关系型。

在层次模型中，各个数据之间的联系为树型（见图 7.10），每个数据之间只有单一的联系。层次模型结构简单，各个数据之间的联系一目了然，它的缺点是不能表示复杂的数据关系。

网状模型（见图 7.11）能够表示数据之间的复杂关系，但不便于管理。

关系模型是一个二维表格，它能够表示数据之间的复杂关系，又便于管理（见图 7.13）。关系模型将数据组织成由若干行、每行又由若干列组成的表格形式，这种表格在数学上称为关系。表格中存放了表示实体本身的数据和实体之间的联系。一个数据表是具有相同属性的记录的集合。在表格中，行代表记录，列代表各种属性（数据项或字段）。在表中不允许有复合数据项（见图 7.12 ）。

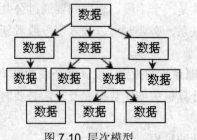

图 7.10 层次模型

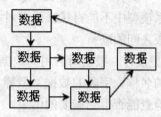

图 7.11 网状模型

姓名	身高	体重	视力	
			左	右
章林	1.60	48.5	4.6	6.7
刘晓	1.78	66.0	5.0	5.1
周凡	1.82	61.5	4.9	5.0
宋星	1.56	50.0	4.8	4.6

图 7.12 数据

姓名	身高	体重	左视力	右视力
章林	1.60	48.5	4.6	6.7
刘晓	1.78	66.0	5.0	5.1
周凡	1.82	61.5	4.9	5.0
宋星	1.56	50.0	4.8	4.6

图 7.13 关系模型

若干个二维表组成一个数据库，例如，在"体检记录"表中，每一个病人是一条记录，每条记录都有体检日期、病历号、姓名、出生日期、家庭住址和邮编等属性；在"超声波"表中，每一个病人一条记录，每条记录都有日期、病历号、姓名、超声检查结果、检查医生等属性；在"血脂化验记录表"中，每一张化验单是一条记录，每条记录都有送检日期、病历号、姓名、甘油三酯、总胆固醇、高密度脂蛋白等属性。这些表就可以组成一个体检数据库。

由于关系模型直观简便，符合人们日常处理数据的习惯，它自 20 世纪 70 年代提出后，就得到了迅速推广。各种关系型数据库管理系统层出不穷。新发展的 DBMS 产品中，近 90% 是采用关系数据模型。例如，小型数据库系统有 FoxPro、Microsoft Access、Paradox 等，大型数据库系统有 DB2、Oracle、Informix、Sybase 等。

7.1.4 关系数据库的设计

数据库设计是指对于一个给定的应用环境，构造出最优的关系模式，建立数据库，使之能够有效地存储数据，满足用户的应用需求。良好的数据库设计是建立性能优良的管理信息系统的基础。数据库设计的好坏，对于一个数据库应用系统的效率、性能及功能等起至关重要的作用。关系数据库的设计目标是生成一组关系模式，使得数据库既能存储必要的信息，又可以方便地从数据库获取信息。设计数据库之前必须深入了解用户的需求，分析需要的数据，理清数据之间的关系，设计数据库结构。

设计一个数据库可以分为以下几个步骤：

1. 需求分析　首先要对用户需求及现有条件进行分析，确定数据库设计的目的，确定数据库中需要存储哪些信息、建立哪些对象及具有哪些功能，然后再决定如何在数据库中组织信息，以及如何在现有条件满足用户的需要。

2. 概念模型设计　把信息划分为各个独立的实体，确定每个实体的属性和它们之间的关系，画出 E-R 图。

3. 逻辑模型设计　根据 E-R 图，规划数据库中实体的表及表之间的关系。我们采用关系模型，每一个实体作为一个表，每一个属性是一个字段。表之间要通过公共字段来联系。由于在关系模型中不能直接表示多对多的联系，必要时可以加入字段或者新建一个中间表来体现两表之间的联系。

4. 物理模型设计　根据所应用的数据库管理系统的规定，设计每个表的结构，即有几个字段、字段的名称、字段的数据类型等。在计算机中创建数据库及表，必要时输入一些实际的记录，检查能否得到需要的结果。

下面以药房收费计算为例，说明数据库设计的过程。

第一步，进行需求分析　药房收费数据库要求能够将医生所开的处方存储起来，并根据已有的药品价格表计算每个病人的药费，输出个人收费记录单。主要功能有：

（1）通过系统对医生处方录入、修改和查询。

（2）能够自动计算出每个病人的药费。

（3）能够查询病人所用药品情况。

（4）能够打印收费记录单。

因此，数据库应包括以下信息：

① 处方信息：病人病历号、姓名、诊断、药品名、数量、医生等。

② 药品信息：药品编号、名称、单位、单价等。

第二步，概念模型设计　将处方记录和药品记录各作为一个实体，在这里，"处方"实体通过"药品名"属性和"药品"实体中的"名称"建立了联系，这是一个多对多的联系。由于关系模型不能直接表示多对多的关系，因此需要将"处方"实体拆分为两个实体："处方记录"和"处方"。对信息的组织修改如下：

（1）处方记录：日期、病历号、姓名、性别、年龄、诊断、处方号、医生等。

（2）处方：处方号、药品名、药品数量、单位等。

（3）药品：药品编号、名称、单位、单价等。

"处方记录"和"处方"实体之间通过"处方号"建立一对多的联系，"药品"和"处方"实体之间通过"药品名"建立一对多的联系，画出 E-R 图如图 7.14。

第三步，逻辑模型设计　根据 E-R 图设计三个表格："处方记录"（见表 7.1）、"处方"（见表 7.2）、"药品"（见表 7.3）。由这三个表组成了数据库，所有的基本数据都存放在这三个数据表中，然后通过查询、窗体、报表等方式对数据的选择、组织、计算，生成用户所需的功能。

表 7.1　处方记录

处方号	日期	病历号	姓名	性别	年龄	诊断	医师
0508150232	2005-8-15	2008023	赵枫林	男	56	高脂血症	赵
0508150304	2005-8-15	1005012	刘占修	男	45	头晕、失眠	林
0508151108	2005-8-15	1007009	章玲	女	33	上呼吸道感染	刘
0508160023	2005-8-16	2006088	张枚	女	25	慢性肾炎	林
0508160217	2005-8-16	1003022	常应正	男	42	消化不良	刘

第四步，物理模型设计　由于不同的数据库管理系统对表结构的规定不同，所以设计

也不同。本书在 7.2 节中将介绍使用 Microsoft Access 数据库管理系统设计表结构的方法。

表 7.2 处方

处方号	药品名	药品数量	单位
0508150232	血脂康	4	盒
0508150304	舒乐安定	1	盒
0508151108	复方甘草合剂	2	瓶
0508151108	维 C 银翘片	2	盒
0508151108	先锋IV号	1	盒
0508160023	强的松	1	盒
0508160217	吗丁啉	1	盒

表 7.3 药品

药品编号	名称	批号	出厂日期	单位	单价
1	先锋IV号	040704	2004-7-17	0.25g×14/盒	￥16.80
2	血脂康	20050417	2005-4-18	12 粒/盒	￥22.00
3	舒乐安定	0501030	2005-1-23	1mg×20 片/盒	￥6.50
4	维 C 银翘片	041226X	2005-12-14	18 片/袋	￥6.60
5	洛汀新	050002	2005-2-1	5mg×14/盒	￥32.00

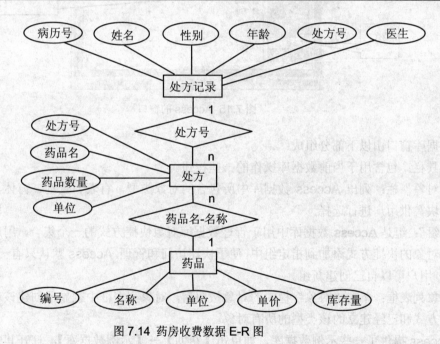

图 7.14 药房收费数据 E-R 图

7.2 数据库的建立与操作

本节我们利用 Microsoft Access 数据库管理系统，讲解数据库的建立和操作。

7.2.1 创建数据库

启动 Access 的方法与启动 Windows 应用程序的方法类似,例如:使用"开始"菜单、双击桌面图标 Access、打开已经建立的 Access 文件等。

7.2.1.1 创建数据库

启动 Access 后,单击【文件】→【新建】,新建一个空数据库,在"文件新建数据库"对话框中,指定数据库保存的位置和数据库文件名,比如创建一个名为"试题"的数据库,这时就在磁盘上创建了一个扩展名为 .mdb 的"试题.mdb"数据库文件。

Access 的窗口和其他 Windows 应用程序的窗口一样,也有标题栏、菜单栏、工具栏、状态栏等。不同的是它还有一个数据库窗口,如图 7.15。

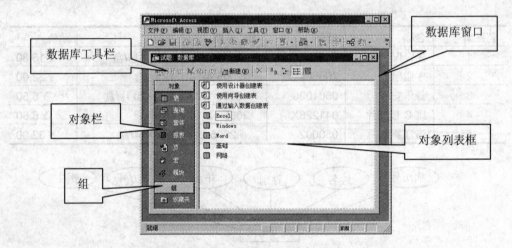

图 7.15 Access 的窗口

数据库窗口由以下部分组成:

工具栏:包含用于当前数据库操作的一些按钮。

"对象"栏:列出 Access 数据库中所包含的对象类型,有表、查询、窗体、报表、宏、模块等供用户进行选择。

"组":组是 Access 数据库中用于管理数据库对象快捷方式的一个集合,用户可以将数据库对象的快捷方式添加到指定组中,便于快速访问和管理。Access 默认只有一个组"收藏夹",用户可以自己创建新组。

对象列表框:单击"对象"栏中的对象按钮后,对象列表框中就显示创建该对象类型的快捷方式和已经建立的该类型的所有对象。

Access 提供了一些示例数据库,如单击【帮助】→【示例数据库】,打开其中的罗斯文示例数据库,可以看到各个对象的用途。通过示例可以看到,一个 Access 数据库是一个扩展名为 .mdb 的文件,其中的表、查询、窗体等对象包含在数据库文件中,并不作为文件单独存在。

Access 数据库中包括以下对象:

1. 表 表是数据库中存储数据的地方。可以建立、修改、查看等。一个数据库中可以有多个表,每个表中存储不同类型的数据。通过在表之间建立关系,就可以将存储在不同表中的数据联系起来使用。例如在 7.1.4 节中介绍的药房收费数据库的例子,它由"处方记录"、"处方"和"药品"三个表组成,通过"处方号"及"药品名称"建立联系。

2. 查询　查询基于表的数据建立,可以设置各种条件,可以分析和统计数据。例如可以建立一个查询,只显示"处方记录"表中患"上呼吸道感染"病人的记录。一个查询可以由若干个表及其他查询的字段组成。查询还可以对数据进行组织和计算,例如通过"处方"和"药品"表可以计算出每个病人的药费。

3. 窗体　窗体基于表或查询建立,可以用于录入、编辑、查找数据的应用窗口。在窗体中,每条记录用一页显示。窗体中不仅可以包含普通的数据,还可以包含图片、图形、声音、视频等多种对象。

4. 报表　报表基于表或查询建立,可以用屏幕或打印机输出。利用报表可以进行统计计算,如求和、求平均值等。

5. 页　数据访问页是一种特殊的 Web 页,它不仅具有 Access 的一些基本功能,还具有 Internet Explorer 和 Front Page 的功能。

6. 宏　宏是一系列命令的集合,以达到自动执行重复性工作的功能。

7. 模块　Access 提供了开发应用程序的工作环境,供程序设计人员编写代码。每个模块是一个 VBA(Visual Basic for Applications)程序的集合。

建立数据库文件后,首先要设计数据库中所需的表,然后依次建立各个表,表建立好以后,还可以编辑修改它们。

7.2.1.2 数据库的简单操作

1. 打开和关闭数据库　Access 数据库的打开和关闭与 Windows 下的其他类型文件相同。当数据库文件打开后,数据表也随之打开。

如果对打开方式有要求,可以在打开数据库文件的对话框中,单击"打开"按钮右边的向下箭头出现下拉菜单,在"打开"按钮的下拉菜单中进行打开方式的选择。

"打开"的默认方式是以共享的方式打开,可以查看数据库内容并进行修改。

"以只读方式打开"是指只允许查看数据库内容及修改数据表中的数据,但不允许对数据库中的对象进行编辑。

"以独占方式打开"是指以独占方式打开数据库后,其他用户不能打开该数据库。

2. 实用工具　使用【工具】→【数据库实用工具】命令,可以对当前数据库的版本进行转换,可以压缩和修复数据库等。

使用【工具】→【安全】命令还可以完成设置/解除数据库密码等操作。要注意的是,在设置或解除数据库密码前,必须以独占的方式打开数据库。

7.2.2 创建表

在一个数据库中,可以有若干个表,在 Access 中建立表之前,要先设计表。在 Access 中每一个表分为两部分:表结构和表内容。表结构是指表头部分的设计,不但要说明每一列的名称,还要说明它的数据类型、宽度、小数位数、是否有索引等。只有将表结构设计好,才能将数据组织好。在 Access 中,对于表结构有一些规定,在设计时一定要遵守。

7.2.2.1 Access 中的基本规则

1. 字段的名称　Access 对字段名的规定有:

(1)长度最多只能有 64 个字符。

（2）可以是英文字母、汉字、数字、空格、特殊字符等，但不允许有小数点、感叹号、方括号等。

（3）不能以空格开头。

2. 字段的数据类型　在 Access 中字段的数据类型有以下 10 种：

（1）文本型　文本类型是 Access 字段的默认数据类型。长度不得超过 255 个字符，默认的大小为 50 个字符。例如"性别"字段，须存储 1 个汉字，应定义大小为 2。

文本型数据可以是一切可以印刷的字符，包括英文字母、汉字、标点符号等，也可以是数字，但是不能参加运算。一般将电话号码、邮政编码、病历号等都设置为字符型。

（2）备注型　备注型字段用于保存较长的文本，最长可以达到 65 536 个字符。"简历"、"病情"等字段通常都设置为备注型。

与文本型字段不同，备注型字段不能用来排序。

（3）数字型　数字型字段保存可以进行数学运算的数据，该字段的大小分为字节型、整型、长整型、单精度型、双精度型、同步复制 ID、小数等。不同大小的数据占据的存储空间不同，除"同步复制 ID"外，都可以设置格式（常规数字、科学计数等）和小数位数。

（4）日期/时间型　日期/时间型字段固定长度为 8 个字节，常用于存储"出生日期"、"就诊日期"等字段。

（5）货币型　固定长度为 8 个字节，精确度为小数点左边 15 位、小数点右边 4 位。

（6）自动编号　自动编号类型字段用于存储整数和随机数。再新增记录时，其值顺序增加 1 或随机编号。自动编号类型的数据不能修改，也不能更新。

（7）是/否　是/否字段的字段值为逻辑值，是/否（yes/no）、真/假（true/false）、开/关（on/off）等。

（8）OLE 对象　用于链接或嵌入各种对象，如文档、电子表格、图像、声音、动画等。

（9）超级链接　用于存储超级链接的地址。

（10）查阅向导　功能与超级链接类似，用于创建从其他对象中查阅字段数据。不同的是超级链接中各条记录可以链接不同的对象，而查阅向导中每个字段只能链接同一个对象。

3. 字段的属性　字段的属性主要有：

（1）字段大小：Access 的文本型、数字型、自动编号类型字段可以由用户自己定义字段的大小。定义时要选择合适的大小。字段小了会造成数据错误甚至丢失，字段大了又会浪费存储空间。

文本型字段默认为 50 个字符，可选择的范围为 0~255。

数字型字段的大小可以设置为字节型、整型、长整型、单精度型、双精度型、同步复制 ID 和小数等，其中：

① 字节型：用 1 个字节存储，可以存放 1~255 之间的整数。如果字段值为小数，则自动取整。

② 整型：用 2 个字节存储，可以存放-32768~32767 之间的整数。如果字段值为小数，则自动取整。

③ 长整型：用 4 个字节存储，可以存放-2147483648~2147483647 之间的整数。如

果字段值为小数，则自动取整。

④ 单精度型：用 4 个字节存储，可以存放 $\pm 10^{38}$ 之间的数，精度可达 10^{-45}。

⑤ 双精度型：用 8 个字节存储，可以存放 $\pm 10^{308}$ 之间的数，精度可达 10^{-324}。

（2）格式：用来设置字段数据的显示格式。

① 文本、备注型数据的格式最多可有三个区段，以分号分隔，分别指定字段内的文字、零长度字符串、Null 值的数据格式。用于字符串格式的字符有：

  @ 字符占位符，输入字符为文本或空格

  & 字符占位符，不必使用文本字符

  < 强制小写，将所有字符用小写显示

  > 强制大写，将所有字符用大写显示

  ! 强制由左向右填充字符占位符，默认值是由右向左填充字符占位符。

② 数字、货币型数据的格式有：常规数字、货币、欧元、固定、标准、百分比、科学计数等。常用的数字格式字符有：0、#、$、%、E-或 e-、E+或 e+等。

③ 日期/时间型数据的格式有：

  常规日期、长日期、中日期、短日期、长时间、中时间、短时间

④ 是/否型数据的格式有：

  是/否 -1 为是，0 为否。

  真/假 -1 为 True，0 为 False。

  开/关 -1 为开，0 为关。

（3）输入法模式：用于确定在该字段输入数据时是否打开默认的中文输入法。

（4）输入掩码：用于创建字段模板。

（5）标题：允许用户为字段另起一个名字，作为输出时的标签。

（6）默认值：默认值是在建立新记录时自动添加到该字段中的预设数据。

（7）有效性规则：有效性规则用来自定义某个字段数据输入的规则，以保证所输入数据的正确性。例如，表示年龄应在 0~150 之间，在有效性规则中写入">=0 And <=150"等。

（8）有效性文本：有效性文本是指当用户输入的数据违反了有效性规则时，系统提出的提示。例如，有效性规则定义了年龄字段的数据在 0～150 之间，当用户输入了 345 时，系统显示一个对话框："年龄不能大于 150"。这个"年龄不能大于 150"就填写在有效性文本中。

（9）必填字段：指定在该字段中是否允许有空值。

（10）索引：索引有助于快速查找和排序记录。索引属性分为"无"、"有（有重复）"和"有（无重复）"三种。

Access 允许用户基于单个字段或多个字段建立记录的索引。

单个字段的索引可以直接在表设计窗口中通过对表属性的设置建立，而多个字段的索引则需要在"索引"对话框中进行。

例如，在表设计器窗口中单击"索引"按钮，打开"索引"对话框，输入索引名称、字段名称和排序次序，并选择索引属性后关闭索引窗口和表设计器窗口并保存即可。图 7.16 所示的是对"学生成绩表"建立多字段索引，索引名为 abc，包含的索引字段为高等

数据、大学英语、计算机基础、化学基础四个字段。

4．主键　主键又叫做关键字，是用于唯一地标识每条记录的一个或一组字段。

图 7.16　索引对话框

Access 建议为每个表设置一个主键，这样在执行查询时用主键作为主索引可以加快查找速度，还可以利用主键定义多个表之间的关系，以便检索存储在不同的表中的数据。

例如，在"处方记录"表中，每条记录的"处方号"是唯一的。就可以将它设置为主键，利用它与"处方"表建立一对多的联系。

在 Access 中，可以定义三种主键：自动编号主键、单字段主键和多字段主键。

（1）自动编号主键：在表中每添加一条记录时，自动编号字段可以自动输入连续数字的编号。

（2）单字段主键：如果一个字段中包含了唯一的值可以将不同的记录区别开来，就可以将它设置为主键。

（3）多字段主键：如果没有一个字段具备设置为主键的条件，可以将几个字段结合起来设置为主键。

多字段主键的设置方法与多字段索引相同。

7.2.2.2　创建表的方法

在数据库中创建表有三种方法：使用设计器创建表、使用向导创建表、通过输入数据创建表。另外还可以导入或链接其他形式的表（如：Excel、FoxPro 等）。

1．使用设计器创建表　使用设计器是创建表最常用的方法，它的特点是：先建立表结构，再输入表内容。例如，表 7.4 所示的"体检记录"表中有 9 列，也就是有 9 个字段，设计它的结构见表 7.5。对于每个病人来说，病历号是唯一的，可以将它设置为主键。

具体操作如下：

（1）在数据库窗口的对象栏中单击"表"按钮，选择表对象，双击"使用设计器创建表"，打开表设计视图窗口。输入第一个字段的字段名称"病历号"、选择数据类型为"文本"，在下面的"常规"标签中可以设置字段的大小为"10"，以及格式、默认值、有效性规则等。

（2）第一个字段建立好后，再依次建立其他字段。全部字段输入完成，表结构就建立好了。

（3）选择【文件】→【另存为】，在"另存为"对话框中输入表名，然后单击"确定"按钮。

（4）当计算机询问"是否建立主键"时，若回答"是"，计算机会自动为表添加自动编号主键；若要计算机自动添加主键单击"是"，而自行设计主键要单击"否"。

（5）关闭表设计窗口后，再在数据库窗口中双击表图标，打开表窗口，输入表内容。

输入表内容时，如果是文本、数字、货币型数据，可以直接在表窗口的网格中输入数据；对于"是/否"型数据，表窗口提供了一个复选框，选中为"是"；输入日期/时间型数据时，只需按最简洁的方式输入，计算机会自动转换为设计好的格式显示；输入超链接型数据时，应用【插入】→【超级链接】命令，在"插入超级链接"对话框中选择本数据库中的对象或者已经建立的文件，然后单击"确定"按钮。

表 7.4 "体检记录"表的内容

病历号	体检日期	姓名	性别	年龄	照片	家庭住址	邮政编码	联系电话
1002056	05-8-16	焦临晓	男	19		本市霞光路云影胡同29号	309213	13601234568
1003022	05-8-16	常应正	男	22		本市玲珑小区12号楼1单元1005号	301714	88921345
1003187	05-8-17	冷霞	女	21		本市胜利家园小区7号楼4单元1025号	300860	67835412
1003202	05-8-17	金颖	女	24		本市新华区刘家园路149号	300654	13065423459
1003890	05-9-2	金茗轩	男	28		本市明朗小区5区6号楼2单元1102号	302876	67235166

表 7.5 体检记录表的结构

字段名称	数据类型	字段属性		
		常规		
		字段大小	小数位数	索引
病历号	文本	10		有（无重复）
体检日期	日期			
姓名	文本	8		
性别	文本	2		
年龄	数字	整型	0	
照片	OLE对象			
家庭住址	文本	100		
邮政编码	文本	8		
联系电话	文本	20		

输入 OLE 对象型数据时，右键单击该网格，选【插入对象】命令，打开"插入对象"对话框。如果选择"新建"，则对话框中显示各种已经系统注册的对象类型，可以通过与这些对象相关联的程序创建新的对象，并插入到字段中。若选择"由文件创建"，则可通过浏览功能选择已经建立的对象（图片文件、声音文件等），并插入到字段中。

例如，在"体检记录"数据表中为"照片"字段添加数据，具体操作如下：

（1）双击"体检记录"表，打开表窗口，右击"照片"字段中要添加数据处，选【插入对象】命令，打开"插入对象"对话框。

（2）选择"新建"单选项，再选择"Microsoft Word 图片"，打开 Word 图片窗口。

（3）如果该病人的照片已经作为文件存在于磁盘中，单击【插入】→【图片】→【来自文件】菜单，选择需要的文件。

（4）关闭窗口，该字段中显示"Microsoft Word 图片"。

（5）输入完毕，保存并关闭表。

2．使用向导创建表　当需要在已有的数据表基础上再创建类似的表时，使用向导比较方便。具体操作如下：

（1）在数据库窗口的对象栏中单击"表"按钮，选择表对象，双击"使用向导创建表"，打开"表向导"对话框。

（2）先在示例表中选择合适的表，再在示例字段中选择需要的字段，然后单击"下一步"，输入表的名称，再单击"下一步"，按照提示逐步完成设计。

3．通过输入数据创建表　在 Access 中，也可以先输入表内容，再修改表结构。方法如下：

（1）在数据库窗口的对象栏中单击"表"按钮，选择表对象，双击"通过输入数据创建表"，打开表窗口，直接输入表内容。Access 还支持将 Word 或 Excel 文件中保存表格数据，直接使用"复制"/"粘贴"方法将数据复制到 Access 数据表中，很方便。

（2）双击列标题或右键单击列标题，可以重命名列名。

（3）保存并关闭表窗口后，还可以单击"设计"按钮，打开表设计窗口对其结构进行修改，例如修改字段名称、类型等。

4．导入表　Access 提供了数据的导入、导出操作，使不同的程序之间的数据实现了相互传递，从而达到数据交流的目的，数据的导入就是将另一个 Access 库对象导入到当前 Access 数据库中，或者将其他格式文件换成 Access 格式。例如导入 Excel 表，在数据窗口中单击"新建"按钮，在"新建"对话框中选"导入表"，单击"确定"按钮后，在"导入"对话框中，选"文件类型"为 Microsoft Excel(*.xls)，然后选定需要导入的 Excel 文件，单击"导入"，打开"导入数据表向导"对话框，按照要求操作即可。

7.2.2.3 修改表

Access 数据表建立之后，可以进行编辑修改，修改表结构和修改表内容要在不同的窗口进行。修改数据表的结构要在设计窗口中进行。如：添加和删除字段、修改字段名称和属性等。修改数据表的内容要在表窗口中完成。如：添加和删除记录、修改记录内容等。

1．修改表结构　如果需要修改字段属性，应该在设计视图窗口中进行。在数据库窗口中右键单击表名称，选择快捷菜单上的"设计视图"，打开设计视图，可以在其中修改字段名称、数据类型、字段大小、添加索引等。

2．数据表记录的修改　如果要对数据表的内容进行添加、删除、编辑等修改，应该在数据表窗口中进行。

要注意的是，Access 只能添加记录，不能插入记录。

修改或删除记录后，当关闭数据库时，系统会自动保存记录内容。如果需要随时保存记录，可以使用【记录】→【保存记录】命令。

3．重新设置主关键字　如果在新建表时没有设置主键或重新定义主键，可以再打开表设计器窗口，选定要设置为主键的一个或多个字段，然后单击工具栏上的"主键"按钮将该字段设置为主键。当一个字段被设置为主键的以后，它的索引属性自动定义为"有（无重复）"。

7.2.2.4 其他操作

在 Access 中，使用菜单和工具栏按钮还可以完成许多操作。

1. 数据表的隐藏 右击数据表，选择快捷菜单中的【属性】命令，在"属性"对话框中设置。

当一个表被设置为"隐藏"后，当前表窗口就不能看到它了。如果需要显示隐藏的对象，可以使用【工具】→【选项】命令，在"视图"标签中，选中"隐藏对象"复选框，然后单击"确定"按钮即可。

2. 调整表的外观 Access 表窗口的使用与 Windows 中的窗口一样，可以改变大小、移动位置、最大化和最小化等。在表窗口中，可以改变字段的顺序，改变行高和列宽，也可以排序和筛选，以及冻结列和隐藏列等。操作时可以使用鼠标拖动，也可以使用菜单或工具栏按钮。

使用【格式】→【字体】菜单可以改变 Access 数据表窗口的文本格式，如字体、字型、字号、颜色和下划线等。

使用【工具】→【选项】命令，可以改变数据表的默认设置，例如数据表的字体、背景颜色、打印页边距等。

3. 数据表数据的【另存为】/【导出】 Access 数据库文件可以方便地和其他应用程序交换数据。使用【文件】→【另存为】/【导出】命令，Access 数据表不但可以"另存为"到其他数据库中，还可以"导出"到其他格式的文件中，例如可以导出到 Excel 文件，还可以导出为静态网页。

单击工具栏上的"Office 链接"按钮右侧的下拉箭头，打开一个下拉菜单，可以将数据表导出到 Word 表格。

7.2.3 表之间的关系

Access 数据库是一个关系型数据库管理系统，它的数据保存在多个数据表中，再由这些数据表中相同的字段关联起来，实现信息的共享。建立表间关系之后，用户在创建查询、窗体、报表时可以从多个相关联的表中获取信息。

关系是通过两个表中匹配关键字段的数据来执行，关键字字段通常是两个表中具有相同名称的字段。

例如，在药房收费数据库中，"处方记录"和"处方"表之间，就需要通过共有的"处方号"字段来建立关系。其中，"处方记录"是主表，在"处方记录"表中"处方号"是主键；"处方"是子表，在"处方"表中，"处方号"字段的索引属性是"有（有重复）"，它们之间建立的关系则为"一对多"的关系；"药品"表中的"名称"字段索引属性设为有（无重复），在"处方"表中的"药品名"字段的索引属性设为"有（有重复）"，它们之间建立的关系也为"一对多"的关系。

7.2.3.1 建立表之间的关系

单击工具栏中的"关系"按钮 或选择【工具】→【关系】命令，可以打开"关系"窗口。在打开"关系"窗口时，如果数据库中存在任何关系，这些关系就会显示出来（如图 7.17），如果不存在任何关系，就会弹出"显示表"对话框。在"显示表"对话框中，选定表名后，单击"添加"按钮，就可以将表添加到"关系"窗口中。

在"关系"窗口中，拖动一个表中的字段，到另一个表中相应的字段上，系统弹出"编辑关系"对话框（见图 7.18）。在该对话框中单击"确定"按钮，即可以建立两个表之间的关系了。

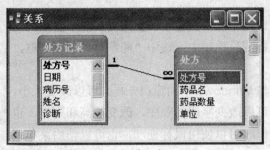

图 7.17 "关系"窗口

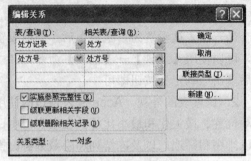

图 7.18 "编辑关系"对话框

如果需要修改两个表之间的关系，右键单击两表之间的连线，在快捷菜单中选择"编辑关系"即可弹出"编辑关系"对话框。

建立联系后，在主表的视图中可以看到相关表中的对应记录。例如，将"处方记录"表与"处方"表建立联系后，在"处方记录"表的视图中单击记录前的"＋"号，可以看到该记录的药品情况（见图 7.19）。

	处方号	日期	病历号	姓名	性别	年龄	诊断	备注	医师
+	0508150232	2005-8-15	2008023	赵枫林	男	56	高脂血症		赵
+	0508150304	2005-8-15	1005012	刘占修	男	45	头晕、失眠		林
-	0508151108	2005-8-15	1007009	章玲	女	33	上呼吸道感染		刘

	药品名	药品数量	单位
▶	复方甘草合剂	2	瓶
	维C银翘片	2	盒
	先锋Ⅳ号	1	盒
*		0	

	处方号	日期	病历号	姓名	性别	年龄	诊断	备注	医师
+	0508160023	2005-8-16	2006088	张枚	女	25	慢性肾炎		林
+	0508160217	2005-8-16	1003022	常应正	男	42	消化不良		刘

图 7.19 在主表中查看辅表的相关记录

7.2.3.2 实施参照完整性

在"编辑关系"对话框中，有"实施参照完整性"、"级联更新相关字段"和"级联删除相关记录"3 个复选框。只有先选择"实施参照完整性"，才能再选择"级联更新相关字段"和"级联删除相关记录"复选框。

参照完整性是在输入和删除记录时，主表和相关表要遵循的规则，用它可以确保有关系的表中的记录之间关系的完整有效性，并且不会随意地删除或更改相关数据。

实施参照完整性后，如果主表中没有相关记录，则不能将记录添加到相关表中。如果在子表中存在着与主表匹配的记录，则不能从主表中删除这个记录，同时也不能更改主表的主键值。例如在"药房"数据库中，"处方记录"表中没有的处方号，也不能出现在"处方"表中。另外，在"处方"表有的处方号，它所对应的"处方记录"表中的处方号不能修改，该记录也不能删除。如果需要修改和删除，可以选择下面两个复选框。

选择"级联更新相关字段"复选框，即设置在主表中更改主键值时，系统自动更新子表中所有相关记录中的外键值。如果将"处方记录"表中的第一条记录的处方号由"0508150232"改为"1234567890",则"处方"表中的相应数据也随之改变。

选择"级联删除相关记录"复选框,即设置删除主表中记录时,系统自动删除子表中所有相关的记录。如果将"处方记录"表中的处方号为"0508151108"的记录删除,则"处方"表中的相应的 3 条记录也被删除了。

7.3 数据查询

在数据库的对象中,查询是功能最强大的。查询基于表建立,它可以把一个或多个表中的数据,按照一定的条件进行数据的重新组合,使多个表中的数据在一个虚拟表中显示出来。查询可以选择记录、进行排序、统计计算,还对表进行操作。如果在查询窗口对数据进行修改,其结果会自动写入相关的表中。

另外,和表一样,查询还可以作为窗体、报表、数据访问页等对象的数据来源。

查询分为:选择查询、交叉表查询、参数查询、操作查询(包括追加查询、删除查询、更新查询、生成表查询四种)、SQL 查询等多种类型。

7.3.1 选择查询

选择查询是最常用的查询。它按照一定的规则从一个或多个表,或其他查询中获得数据,并按所需的排列次序显示。利用选择查询可以方便地查看一个或多个表中的部分数据。

创建简单的选择查询可以使用向导,在系统的引导下,一步步地建立查询,复杂一些的查询需要在查询的设计视图中进行设计。

1. 利用查询向导建立查询 例如,建立一个基于"体检记录"表和"心电图诊查记录"表的选择查询。要求显示"体检记录"表中的"病历号"、"体检日期"、"姓名"、"性别"、"年龄"以及"心电图诊查记录"中的"诊断"字段。

这是一个基于两个表的选择查询,在建立查询之前,必须为这两个表建立关系。如果没有建立表之间的关系,查询向导会提示要求建立表之间的关系。在关系建立好后,再使用查询向导的操作步骤如下:

(1)在"数据库"窗口中,选择"查询"为操作对象。双击"使用向导创建查询",打开的"简单查询向导"窗口(见图 7.20)。

(2)单击"表/查询"栏右边的向下的箭头,选择查询中所需要的表"体检记录",这时"体检记录"表中所有字段名都显示在"可用字段"栏中,使用 > 按钮选择查询中所需要的字段:病历号、体检日期、姓名、性别、年龄。

(3)单击"表/查询"栏右边的向下的箭头,选择"心电图诊查记录",使用 > 按钮选择所需要的"诊断"字段,然后单击"下一步"按钮。

(4)在"请为查询指定标题"栏中输入查询的标题"体检记录及心电图",然后单击"完成"按钮,显示查询结果。

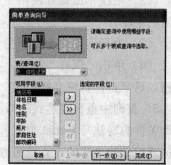

图 7.20 使用查询向导

2. 利用设计视图建立查询 查询设计视图是一个设计查询的窗口，包含了创建查询所需要的各个组件，可以灵活地建立各种查询。当希望在查询中添加一些条件，比如只显示女病人的记录，或要查询高血压病人的记录时，仅仅使用查询向导不能完成，就需要使用设计视图了。

首先在数据库窗口的对象栏中单击"查询"按钮，双击"在设计视图中创建查询"，打开查询的设计窗口。再在"显示表"对话框中选择所需要的表，然后单击"添加"按钮（见图 7.21）。添加完后单击"关闭"按钮。当多个表之间建立了关系之后，可以利用选择查询同时显示多个表中的字段。也可以在查询的设计视图中自定义两个表之间的关联关系。

图 7.21　向查询中添加表

在查询的设计视图的下半部分为"设计网格"，其中各行的作用见表 7.6。

表 7.6　查询设计网格中行的作用

行的名称	作用
字段	可以在此输入字段名称，或单击字段栏右边的向下箭头来选择所需的字段名，如果需要表中的全部字段，则选择"*"。
表	字段所在的表或查询的名称
排序	选择查询所采用的排序方式，可以升序或降序。
显示	利用复选框来确定是否在查询结果中显示该字段
条件	用于输入限定记录的条件表达式
或	用于输入条件表达式，与上一行是"或"的关系

例如，要在"体检记录"表的基础上建立一个查询，只显示女病人的记录，操作如下：

（1）打开查询的设计视图并向查询中添加"体检记录"表。

（2）依次单击设计网格中字段行上要放置字段的列，然后单击向下箭头按钮，选择所需的字段。

（3）为查询设置条件，在"性别"字段列的条件行中写上"女"（见图 7.22）。

（4）单击"保存"按钮，在"另存为"对话框中输入查询的名字，再单击"确定"按钮，这个查询就建立好了。

3. 查询中条件表达式的写法 在查询的设计视图中，查询的条件写在"条件"栏中。查询条件的写法与 Excel 类似，同行为"与"，异行为"或"。在表达式中，窗体、报表、字段或控件的名称的定界符为方括号（【】）；日期的定界符为#号；文本的定界符为双引号（"）。所有的运算符和各种符号都必须是以半角的形式输入。下面举例说明条件表达式书写格式。

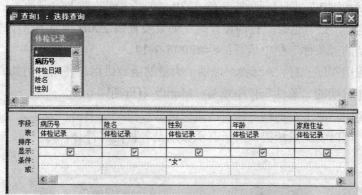

图 7.22 在设计视图中建立查询

例 1，要在"体检记录"表中查询
年龄在 20 岁以下或 50 岁以上的女病人
的记录，则在"性别"字段列的条件行
中写上"女"与"年龄"字段列的条件
行中"<=20"写在同一行上，然后再在
下一行上的"性别"字段列中写上"女"
与"年龄"字段列的条件"＞=50"（如
图 7.23 所示）。

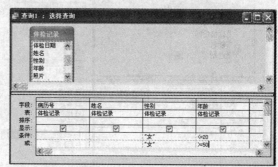

图 7.23 查询条件的写法

在条件栏中可以使用的条件表达式
由常量、字段名、字段值、属性和运算符组成。除了在 Excel 中使用过的关系运算符和逻
辑运算符以外，Access 还有一些特殊运算符（见表 7.7）。

表 7.7 特殊运算符及其含义

运算符	说明
In	用于指定一个字段值的列表，列表中的任意一个值都可与查询的字段相匹配。
Between	用于指定一个字段值的范围，指定的范围之间用 And 连接。
Like	用于指定查找文本型字段的字符模式，在所定义的字符模式中，用"？"表示其所在位置上的任意一个字符，用"*"表示其所在位置上的任意一串字符，用"#"表示其所在位置上的任意一个数字，用方括号描述一个字符范围。
Is Null	用于指定一个字段为空
Is Not Null	用于指定一个字段为非空

例 2，基于"处方记录"建立一个查询，显示高血压和高脂血症的病人的记录。应该
在"诊断"列的条件栏中写："高血压" Or "高脂血症"，还可以写成：In（"高血压","高脂
血症"）。

例 3，建立一个基于"体检记录"表的查询，在"姓名"字段的条件栏中写入 Like"李
"，表示查询姓李的病人的记录。在"联系电话"字段的条件栏中写入 Like"[8-9]"，表示查
询家庭电话是 8 或 9 打头的记录。

例 4，在基于"体检记录"表的查询设计器中，在"年龄"字段的条件栏中填写"20"，

则显示所有年龄为 20 的记录；填写 ">=20"，则显示所有年龄为 20 以上的记录；填写 "Between 20 And 40"，则显示所有年龄在 20~40 岁之间的病人的记录。

例 5，在建立"处方记录"查询设计时，如果要查询 2005 年 9 月 1 日以后的处方记录，应该在日期的"条件"栏中填写：>=#2005-9-1#。

与其他的应用程序一样，Access 提供了大量的函数供用户使用。例如要查询 8 月份的记录，可以在日期的"条件"栏中填写：Month（[日期]）=8。

在设计视图中，单击工具栏上的表达式生成器按钮 ，打开"表达式生成器"对话框（见图 7.24），可以看到系统提供的所有函数以及各种运算符号。可以通过表达式生成器来书写表达式。

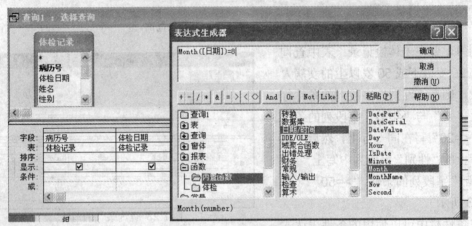

图 7.24 表达式生成器的使用

4．通过添加公式字段进行计算　在查询的设计中可以通过灵活运用表达式将表中的数据提取出来，并进行数学计算。

例 1，要建立一个基于"处方"和"药品价格表"的"药费明细"的金额计算查询，可以先在关系窗口中为这两个表之间建立关系，然后在设计视图中创建查询，添加"处方"和"药品"表，指定需要的处方号、姓名、药品、数量、单价等字段后，最后再添加一个新字段，名称为"金额：药品价格表![单价]*处方![药品数量]"。设计视图如图 7.25 所示，保存并为该查询起名为"药费明细表"，运行该查询时，自动计算每条记录的金额并显示。

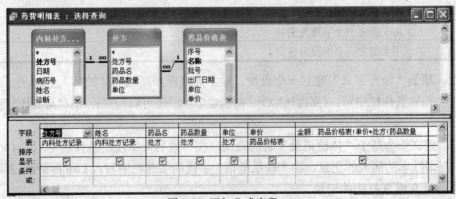

图 7.25 添加公式字段

例 2，假设有一"学生档案"表，其中只有"出生日期"字段，没有"年龄"字段，想建立一个显示年龄的查询，可以在字段栏中输入：年龄：Year（Date（））-Year（[出生日期]）。

5. 简单的列计算　在查询中，可以使用函数进行简单的列计算，包括：总和（Sum）、平均值（Avg）、最大值（Max）、最小值（Min）、计数（Count）、标准偏差值（StDev）和方差（Var）等。通常用于计算付款的合计、学生成绩的平均分、分别统计男女病人人数等。

例如：在"药费明细表"查询的基础上建立每个人的药费总金额的查询。操作如下：

（1）在创建查询的设计视图中的"显示表"对话框中单击"查询"标签，选择"药费明细表"后单击"添加"按钮。在关闭"显示表"对话框后，设置三个字段："处方号"、"姓名"和"金额"。

（2）单击工具栏中的"合计"按钮**Σ**，设计视图中插入了"总计"行，在"金额"字段的"总计"栏中选择Sum。如图 7.26 所示。

（3）保存并起名为"药品收费"，这个查询就建立好了。

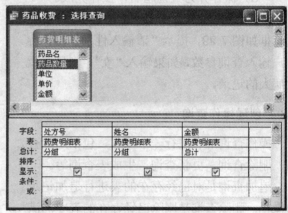

图 7.26 简单的列计算

7.3.2 创建交叉表查询

交叉表查询类似于 Excel 中的数据透视表，它可以对数据字段的内容进行计算，如汇总、求平均值、计数、求最大值、最小值等。计算的结果显示在行与列交叉的单元格中。

创建交叉表查询可以使用"交叉表查询向导"。

例如：在前面所建的"药费明细表"查询的基础上，建立一个交叉表查询。操作如下：

（1）单击"新建"按钮，打开"新建查询"对话框。选择"交叉表查询向导"，单击"确定"。

（2）在交叉表查询向导对话框（见图 7.27）中单击"查询"单选按钮，再选择"药费明细表"，单击"下一步"按钮。

（3）选择"病历号"和"姓名"作为行标题，选择"药品"作为列标题，选择"金额"作为计算字段，并选取函数为"求和"。

（4）为查询指定名称后，单击"完成"按钮即可。

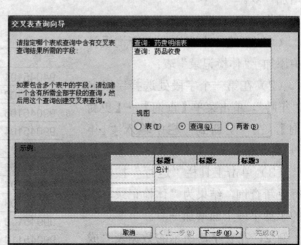

图 7.27 "交叉表查询向导"对话框

7.3.3 创建参数查询

参数查询在运行时弹出一个对话框，提示用户输入数据，并将该数据作为查询的条件。

创建参数查询需要使用设计视图。例如，建立一个在"体检记录"表中按性别检索记录的查询。操作如下：

（1）在新建查询的设计窗口中添加表为"体检记录"，

（2）在第一个字段的选择处选择字段名为"体检记录*"，在第二个字段的选择处选择字段名为"性别"，在性别字段的条件栏中输入"[请输入性别：]"，并将"显示"栏中的选定取消（见图7.28）。

（3）保存并为查询起名，操作完成。

运行参数查询时，系统弹出"输入参数值"对话框如图7.29，提示"请输入性别："，等待用户输入查询参数，如果输入"女"，则只显示女病人的记录。

7.3.4 创建操作查询

操作查询对表进行一个操作，包括追加查询、删除查询、更新查询、生成表查询等。

追加查询是对已经存在的表进行追加记录的操作；删除查询是删除已经存在的表中的满足指定条件的记录；更新查询是对已经存在的表中的数据进行更新；生成表查询是根据已经存在的表或查询中的数据建立一个新表。

下面以操作查询中的更新查询为例，说明操作查询的建立方法：

例1，在"体检记录"表中，将年龄字段都增加一岁。

操作如下：

（1）新建一个查询，在查询设计器中添加 "体检记录"表；

（2）在第一个字段处选择字段名为"年龄"，单击菜单【查询】→【更新查询】，在"更新到"栏中输入"[年龄]+1"；

（3）单击工具栏"运行"按钮，执行更新查询，结果为"体检记录"表中的年龄字段全部增加一岁。

例2，在表7.8所示的数据表"成绩单"中计算总评，公式为：总评=平时×0.2 + 操作×0.3 + 期末×0.5。

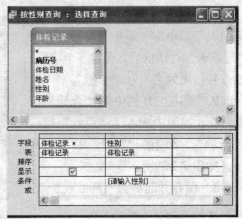

图7.28 参数查询的设计视图

图7.29 "输入参数值"对话框

表7.8 成绩单

学号	姓名	平时	操作	期末	总评
94045101	王洪江	90	100	66	
99045102	匡季秋	80	100	66	
99045103	吴逸园	95	90	78	
99045104	刘涛	100	90	65	
99045105	韦凌君	85	80	46	
99045106	邓琳耀	90	90	79	
99045107	贾会学	95	100	85	
99045108	李新平	75	90	90	
99045109	李林	80	80	96	
99045110	秦雪	95	100	81	
99045111	张键	100	90	75	

操作如下：

（1）在新建查询的设计窗口中添加表 "成绩单"；

（2）在第一个字段处选择字段名为"总评"，选择【查询】→【更新查询】菜单命令（见图 7.30），在第一个字段的"更新到"栏中输入"[平时]*0.2+[操作]*0.3+[期末]*0.5"。

（3）保存并起名为"计算总评"。

当运行这个查询时，系统会自动重新计算"成绩单"表中的"总评"字段值。当我们在更改了"成绩单"表中的数值或添加了记录后，不必自己计算总评，只要运行一次"计算总评"查询就可以了。

图 7.30　更新查询设计

7.3.5 SQL 查询

SQL（Structure Query Language）是一种结构化查询语言，是数据库操作的工业化标准语言。目前世界上所有关系数据库系统（如 DB2、ORACLE、SQL Server、INGRES、Informix 等）都采用 SQL 语言。SQL 有多种使用方式：联机交互使用方式、与应用程序连接使用方式、自含式使用方式等。例如用某些高级语言（如 COBOL、C 语言）作为主语言，SQL 依附于主语言（称为嵌入式语言）。

7.3.5.1 SQL 语句

SQL 语句按功能分为数据定义（CREATE、DROP、ALTER）、数据查询（SELECT）、数据操纵（INSERT、UPDATE、DELETE）、数据控制（GRANT、REVOTE）四类。其中数据查询语句 SELECT 是 Access 查询中应用最广的语句，将在 7.3.5.2 小节中详细介绍。

书写时，一条 SQL 语句可以分成若干行，以分号结束。

1. CREATE 语句

功能：创建基本表、索引或视图

建立表的语句格式为：

CREATE TABLE

（<字段名> < 数据类型> [字段约束条件]

[, <字段名> < 数据类型> [字段约束条件] ......)

[表约束条件] ；

例如：建立一个名为"学生"的表，包含学号、姓名、性别、出生年月、班级等字段，其中学号不能为空，并且其值是唯一的。语句为：

CREATE TABLE 学生

　　　　（学号 CHAR(8) NOT NULL UNIQUE,

```
        姓名    CHAR(8),
        性别  CHAR(2),
        出生年月 DATE ,
        班级  CHAR(20));
```

2．DROP 语句

功能：删除基本表、索引或视图

格式：DROP   TABLE<表名>；

　　　DROP   INDEX<索引名>；

　　　DROP   VIEW<视图名>；

例如：删除"学生"表的语句为：

```
    DROP    TABLE   学生;
```

3．ALTER 语句

功能：修改表结构

格式：ALTER   TABLE <表名>

　　　[ADD<新字段名> <数据类型> [约束条件]]

　　　[DROP <字段名> <约束条件>]

　　　[ALTER <字段名> <数据类型>   [约束条件]]

说明：ADD 子句为添加字段，DROP 子句为删除字段，ALTER 子句为修改字段。

例如将"学生"表中班级字段的长度改为 12 的语句为：

```
    ALTER   TABLE   学生   ALTER 班级 CHAR(12);
```

4．SELECT 语句

　　功能：在数据库中进行查询

　　格式：SELECT [ALL / DISTINCT] <字段表达式>[, <字段表达式>]……

　　　　　FROM <表名> [,<表名>] ……

　　　　　[WHERE   <条件表达式>]

　　　　　[GROUP BY   <字段 1> [HAVING <条件表达式>]]

　　　　　[ORDER BY   <字段 2> [ASC/DESC]

说明：根据 WHERE 子句的条件从 FROM 子句指定的基本表中找出满足条件的记录，再按字段表达式指定的字段形成查询结果的数据表。ALL 为默认值，表示所有满足条件的记录，DISTINCT 用于忽略重复数据的记录。

GROUP BY 子句将结果按指定的字段分组，字段值相同的为一组，每组取第一条记录。HAVING 后面的表达式给出分组条件。

ORDER BY 子句将结果以给定的字段排序显示。ASC 表示升序，DESC 表示降序。

例 1，在"体检记录"表中查询全体病人的病历号、姓名、性别和年龄的语句为：

```
    SELECT 病历号, 姓名, 性别, 年龄
    FROM 体检记录;
```

例 2，在"体检"记录表中查询女患者的语句为：

```
    SELECT 体检记录.*
    FROM 体检记录
```

WHERE (((体检记录.性别)="女"));

5. INSERT 语句

功能：插入一个记录或子查询结果

格式：INSERT　INTO <表名> [(<字段 1>[,<字段 2]……)]

VALUES　（〈常量 1〉[,〈常量 2〉……）];

例如：在"学生"表末尾增加一条记录的语句是：

INSERT INTO 学生

VALUES (201134, "李芳", "女", #7/7/1988#, "临床 07 级");

6. UPDATE 语句

功能：修改指定表中满足 WHERE 子句的记录。

格式：UPDATE　<表名>

SET <字段名 1> = <表达式 1> [, <字段名 2> = <表达式 2>]……

WHERE　<条件>;

例如：将"学生"表中的张林的性别改为"女"，语句是：

UPDATE 体检记录 SET 性别 = "女"

WHERE 姓名="张林";

7. GRANT 语句　GRANT 用于将指定操作对象的指定操作权限授予指定的用户。

8. REVOTE 语句　REVOTE 用于收回所授予的权限。

7.3.5.2 在 Access 中查看和使用 SQL 语句

任何类型的查询都可以在 SQL 视图中打开，通过修改查询的 SQL 语句，可以修改现有的查询，使之满足用户的要求。

在 Access 中查看和使用 SQL 语言的方法是，右击查询视图，选择"SQL 视图"。例如，在 7.3.3.3 中，我们创建了一个参数查询"按性别查询"，打开它的设计视图，右键单击设计视图的标题栏，选择"SQL 视图"，就可以看到它的 SQL 语句了。

SELECT 语句中还可以使用函数，例如前面所建的"药品收费"查询的 SQL 语句是：

SELECT 药费明细表.处方号, 药费明细表.姓名, Sum(药费明细表.金额) AS 药费

FROM 药费明细表

GROUP BY 药费明细表.处方号, 药费明细表.姓名;

SELECT 语句既可以完成简单的单表查询，也可以完成复杂的多表连接查询和嵌套查询。进行多表查询时，需要在 FROM 中使用 INNER JOIN 来说明表之间的关系，它的格式为：

INNER JOIN <表名> ON <表达式>;

例如，前面所建的"药品明细表"查询应用了三个表的连接，它的 SQL 语句是：

SELECT 处方记录.处方号, 处方记录.姓名, 处方.药品名, 处方.药品数量, 处方.单位, 药品价格表.

单价, 药品价格表!单价*处方!药品数量 AS 金额

FROM 药品价格表 INNER JOIN (处方记录 INNER JOIN 处方 ON 处方记录.处方号 = 处方.处

方号) ON 药品价格表.名称 = 处方.药品名;

在 Access 中使用向导或设计视图建立的查询经常不能完全符合我们的需要，这时就需要 SQL 语句了。

例如，基于"体检记录"表建立一个分别统计男女病人平均年龄的查询，操作如下：

在查询的设计视图中添加"体检记录"表,选择性别和年龄字段,单击工具栏上的"总计"按钮,在年龄字段下选择"Avg",保存后运行结果见图7.31a。查看它的SQL语句为:

SELECT 体检记录.性别, Avg(体检记录.年龄) AS 年龄之 Avg

FROM 体检记录

GROUP BY 体检记录.性别;

将"年龄之 Avg"改为"平均年龄"后运行结果如图7.31b。

又例如,基于"处方记录"表建立一个查询,显示与章玲同一个医生的病人。SQL语句如下:

SELECT 处方号, 姓名, 性别, 年龄, 医师

FROM 处方记录

WHERE 医师 IN (SELECT 医师 FROM 处方记录 WHERE 姓名='章玲');

 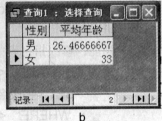

图 7.31 分别统计男女病人人数

7.4 窗体

窗体是基于表或查询建立,是数据库数据的一种显示方式。它可以分页显示表中的记录,通常每条记录占一页,并且可以直接显示备注型、OLE 型数据。用户可以通过窗体显示、编辑表中的数据,还可以通过窗体上的记录浏览器添加记录。

窗体可以与函数、过程等 VBA 模块结合,通过按钮完成一定的功能。

窗体的分类方法有多种:

从功能上分为:数据性窗体、控制性窗体和提示性窗体。数据性窗体用于数据的显示和编辑;控制性窗体中有菜单和按钮,以完成一些控制转换功能;提示性窗体相当于一个对话框。

从逻辑上分为:主窗体和子窗体。子窗体是作为主窗体的一个组成部分存在的,显示时可以把它嵌入到指定的位置处。

从布局方式上分为:纵栏式、表格式、数据表、图表和数据透视表等。

7.4.1 创建窗体

在数据库窗口的窗体对象栏中,单击"新建"按钮,打开"新建窗体"对话框(见图7.32),从中看到创建窗体的多种方法,可以根据自己的需要选择不同的方法。

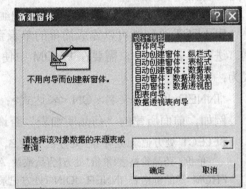

图 7.32 创建窗体对话框

1. 使用"自动窗体"功能 如果需要一个简单窗体,用它来显示所有记录和字段,就可以使用"自动窗体"。操作方法是:

(1)自动窗体有纵栏式、表格式和数据表3种,如在"新建窗体"对话框中选择"自动创建窗体:纵栏式";

（2）在"请选择该对象数据的来源表或查询"栏的下拉列表中选择所需要的数据表；

（3）单击"确定"按钮。

Access 可以分析数据表的结构，然后根据分析结果自动创建一个包含所有内容的窗体，图 7.33 所示是根据"体检记录"表生成纵栏式自动窗体。关闭窗口时，系统会弹出对话框，问是否保存该窗体，如果选择保存，则会弹出"另存为"对话框，输入窗体名称后，单击"确定"按钮。

2. 应用"窗体向导"　在使用"自动窗体"功能创建窗体时，由于使用了许多缺省设置参数，所以可以非常快的建立一个新的窗体，而且创建出的窗体在大多数情况下也可以满足用户的需要。但是如果需要选择字段或筛选记录时，使用"自动窗体"就无法满足了，这时可以使用"窗体向导"进行设置和规划。操作方法如下：

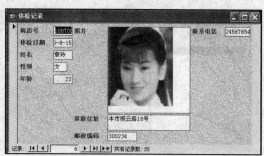

图 7.33 使用"自动窗体"创建的窗体

（1）在"新建窗体"对话框中，先选择所需的表，再选择"窗体向导"选项，然后单击"确定"按钮。显示"窗体向导"窗口，如图 7.34 所示。

（2）依次选择所需字段，单击两个列表框中间的右向箭头按钮，将其放入选定的字段栏中。

（3）单击"下一步"按钮，选择窗体的布局。再单击"下一步"按钮，选择窗体的样式。最后单击"下一步"按钮，设置标题；

（4）最后单击"完成"按钮。

如果两个表之间建立了关系，还可以使用向导建立主/子窗体，将它们的字段同时显示出来。

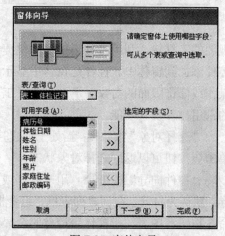

图 7.34 窗体向导

例如，从"药品价格"和"处方"表中提取数据，用主/子窗体显示药品被病人使用的情况。操作如下：

（1）双击"使用向导创建窗体"，打开"窗体向导"对话框。选择"药品价格表"并选择全部字段，然后选择"处方"表也选择全部字段。

（2）单击"下一步"按钮，显示如图 7.35，这里首先要求选择查看数据的方式，是"通过药品价格表"还是"处方"，这里我们选择"通过药品价格表"。然后在选择"带有子窗体的窗体"和"链接窗体"两个单选项中选择前者。

（3）单击"下一步"按钮，选择窗体的布局。再单击"下一步"按钮，选择窗体的样式。最后单击"下一步"按钮，为窗体指定标题后，单击"完成"即可。

（4）运行这个窗体，显示结果如图 7.36。

3. 使用"设计视图"创建窗体　除了使用向导创建窗体外，Access 还提供了"设计视图"，完全由使用者自行创建一个满足自己需要格式的窗体。

还以选择数据表"体检记录"表为例，在"新建窗体"对话框中，先选所需要的表"体检记录",再选择"设计视图",单击"确定"按钮,打开 "设计视图"窗口,如图 7.37 所示。在"设计视图"窗口中,有所选中的表的字段列表,还有控件工具箱。用鼠标左键直接从字段列表中的拖动字段到窗体上,即可创建一个简单的窗体对象。应用控件工具箱可以添加、删除控件。

进入"设计视图"时,控件工具箱会自动显示出来。如果没有显示,可以选择"视图"菜单中的"工具箱"命令,或者单击工具栏中的"工具箱"按钮 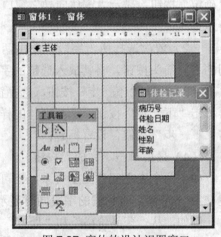,都可以显示窗体设计

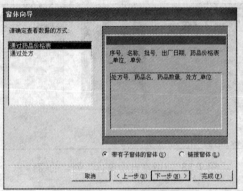

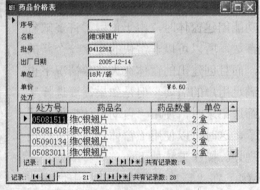

图 7.35 应用向导创建主/子窗体   图 7.36 主/子窗体的显示

视图的工具箱,利用工具箱提供的快捷按钮可以将控件添加到窗体中。控件是窗体中显示数据、执行操作或修饰版面的对象。下面列出了工具箱中提供的常用控件及其功能。

"选择对象"按钮 ：当处于创建控件状态时,单击该按钮可以返回选择对象状态。

"控件向导"按钮 ：用于打开或关闭控件向导。默认为打开,在创建列表框、组合框、选项组、命令按钮、图表、子窗体等控件时会显示"控件向导"对话框。

"标签"控件 Aa：用来显示说明性文本,例如窗体上的标题和指示文字,Access 会自动为某些控

图 7.37 窗体的设计视图窗口

件,例如选项按钮等,添加标签控件。

"文本框"控件 **ab**：用于显示、输入或编辑窗体的基础记录源数据,显示计算结果,或者接收输入的数据。

"选项组"控件 ：与复选框、选项按钮或切换按钮搭配使用,可显示一组可选值。

"切换按钮"控件 ：用来显示二值数据,按下为 1,抬起为 0,可以用作结合到"是/否"字段的控件。

"选项按钮"控件 ：建立一个单选按钮,每组只能选一个,也必须选一个。

"复选框"控件 ：建立一个复选按钮。

"组合框"控件 ：该控件组合了列表框和文本框的特性,既可以在文本框中输入数据,也可以从列表框中选择输入项,然后将取值添加到基础字段中。

"列表框"控件 ▦：显示可滚动的数值列表。可以从列表中选择合适的值输入到新记录中，或者更改现有记录。

"命令按钮"控件 ▭：用来启动各种操作，例如开始查找记录、排序数据库等。

"图像按钮"控件 ▧：用来在窗体中显示静态图片。由于静态图片不是 OLE 对象。因此一旦将图片插入到窗体中，便无法对其进行编辑。

"未绑定对象框"控件 ▧：用于在窗体中显示非结合的 OLE 对象，该对象不是来自数据库表的数据，而是来自其他文件，例如 Excel 表格等。

"绑定对象框"控件 ▧：用于在窗体中显示结合的 OLE 对象，该对象来自数据库表的数据。

"分页符"控件 ▤：用来定义多页窗体的分页位置。

"选项卡"控件 ▤：用于创建一个多页的选项卡对话框，可以在选项卡控件上复制或添加其他控件。

"子窗体/子报表"控件 ▦：在窗体中使用，用于显示来自多个表或查询中的数据信息。

"直线"控件 ╲：在窗体中绘制直线。

"矩形"控件 ▢：在窗体中绘制矩形方框。

"其他控件" ✕：用于向窗体中添加其他控件。

在窗体的设计视图中，可以使用菜单命令来设计调整布局（对齐、大小、间距）；使用按钮来设计字体和字号、背景等。

7.4.2 窗体的编辑操作

窗体创建好后，常常不能尽如人意，尤其是自动创建的窗体或使用向导创建的窗体。这时就需要对窗体进行修改和编辑，修改在窗体设计视图中完成。在窗体的设计视图中，可以进行格式设置，添加或删除控件等。使用【视图】→【页面页眉/页脚】菜单命令，还可以对窗体的页眉或页脚进行设计。下面介绍一些编辑窗体的方法。

1. 设置窗体属性　在窗体的"设计视图"中，单击工具栏上的"属性"按钮 ▧，打开"属性"对话框（见图 7.38）可以设置不同对象的属性。

在下拉列表框中可以看到当前窗体上的全部控件名称。选择"窗体"可以看到，窗体的属性包括格式、数据、事件、其他、全部等 5 个标签，每个标签中包含若干个属性。

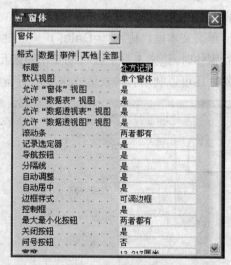

图 7.38 窗体属性

在格式标签中除了可以设置窗体的大小、对齐方式等，还有：

（1）"标题"：是整个窗体的标题。

（2）"默认视图"：表示打开窗体后的视图方式，可以选择"单一窗体"、"连续窗体"和"数据表"三种形式。

（3）"滚动条"：设置窗体是否有水平和垂直滚动条。

（4）"记录选定器"：设置窗体是否有记录选定器。

在数据标签中有：

① "记录源"：指出窗体的数据来源，可以是表或查询的名称。

② "排序依据"：可以指定某个字段作为排序的依据。例如，在"病历"窗体中选择"性别"作为排序的依据，在运行窗体时，先依次显示男病人的记录再依次显示女病人的记录。

③ "允许编辑"：用于设置在窗体的运行过程中是否允许用户修改数据。

在窗体上选定对象（控件或工作区部分），属性对话框中就显示控件或工作区部分的属性。我们通过对这些属性的设置来设计控件。

例如，文本框的属性对话框和窗体的属性对话框一样，也有格式、数据、事件、其他、全部等5个标签。在格式标签中，可以设置文本框的高度和宽度、字体和字号、边框样式、阴影效果、背景、是否可以调整宽度和高度等。在数据标签中，可以设置文本框的控件来源（即数据源）、是否锁定（即文本框内的数据是否允许修改）等。

2. 在窗体上添加文本框　应用文本框可以在窗体上按自己的需要显示和编辑文本。

例如，在已经建立好的"体检记录"窗体的页眉处建立一个文本框，用于显示当前日期。操作如下：

打开"体检记录"窗体的设计视图窗口，向下拖动"主体"行，为设置页眉留出空间，单击工具箱中的文本框按钮**abl**，在页眉处画一个框，弹出"文本框向导"对话框，如图7.39。

选择字体、字型、字号等，单击"下一步"按钮，对输入法模式进行设置，如果需要在文本框中输入汉字，可以选择"输入法开启"项。再单击"下一步"按钮，为文本框指定名称为："今天日期是："；单击"完成"按钮。其中文本框中显示"未绑定"，表示该文本框没有与任何字段联系。

单击文本框，输入"=Date( )"（见图7.40）。这是一个表达式，应用了当前日期函数，运行窗体时，该文本框中会自动显示系统日期。如果需要显示系统时间，可使用"=Time ( )"。当然，还可以利用各种表达式来显示所需的数据。

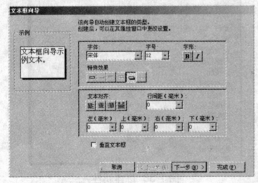

图 7.39　文本框向导

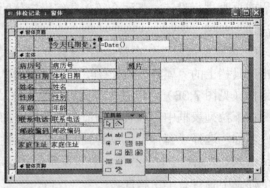

图 7.40　文本框设计

调整文本框及其标签的大小及位置，保存设计并关闭窗体的设计窗口。运行窗体时，文本框中显示出当天日期。

3. 在窗体上添加组合框和列表框　组合框或列表框可以让用户自己在列表中选择所需的项目，不但简化了操作，还避免了人工输入可能出现的错误。

例如，在"体检记录"窗体中建立一个组合框，可按姓名选择相应的记录。操作如下：

在"体检记录"窗体的设计视图中，单击工具箱中的组合框按钮![图标]，在窗体上画一个框，弹出"组合框向导"对话框，对话框提供了三个单选项："使用组合框查阅表或查询中的值"、"自行键入所需的值"和"在基于组合框中选定的值而创建的窗体上查找记录"。这里我们选择 "在基于组合框中选定的值而创建的窗体上查找记录"单选项。

单击"下一步"按钮，选择所需的表，这里选择"体检记录"表。

单击"下一步"按钮，选择所需的字段，这里选择"姓名"字段；再单击"下一步"按钮，设置组合框宽度；再单击"下一步"按钮，为组合框指定标签为："请选择姓名"；单击"完成"按钮。

运行该窗体时，单击组合框右边的向下箭头即可以显示表中所有病人的姓名（见图7.41），选中哪个病人的姓名，窗体中会显示该病人的记录。

列表框的创建方法和组合框相同，只是显示略有不同。

4. 在窗体上添加命令按钮　在窗体中，可以使用命令按钮来执行某个特定操作，例如可以创建一个命令按钮来打开、关闭或打印一个窗体。使用"命令按钮向导"可以创建 30 多种不同类型的命令按钮。在使用"命令按钮向导"时， Access 将为用户创建按钮和事件过程。

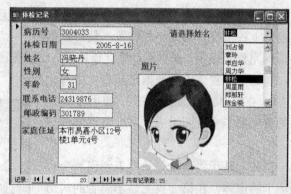

图 7.41 列表框

例如，在"体检记录"窗体中添加一个按钮，名为"退出"。单击它时将关闭窗口。操作如下：

在"体检记录"窗体的设计视图中，单击"工具箱"中的"命令按钮"，然后在窗体的右下角画一个按钮。Access 自动打开"命令按钮向导"对话框，如图 7.42 所示。

我们看到，在这里可以选择"记录浏览"、"记录操作"、"窗体操作"、"报表操作"、"应用程序"、"杂项"六类共 33 种按钮。

在"类别"中选择"窗体操作"，在"操作"中选择"关闭窗体"，然后单击"下一步"按钮。

选择"文本"单选项，并在栏中输入"关闭"。然后单击"下一步"按钮。

为按钮取名后，单击"完成"按钮，命令按钮就创建好了。

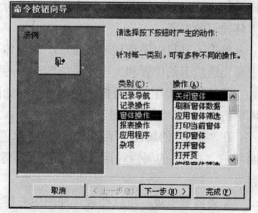

图 7.42 命令按钮向导

再例如，在"处方记录"中添加一个按钮，单击它可以打开"药品收费"查询。只需在图 7.42 中的"类别"中选择"杂项"，在"操作"中选择"运行查询"，然后单击"下一步"按钮，再选择所需的查询名称就可以了。

除了 Access 提供的各种功能外，我们还可以自己定义按钮，以执行宏操作或运行 VBA

程序，方法将在后面两节中介绍。

5. 在窗体上添加子窗体　在窗体的设计视图中，还可以添加子窗体，以显示其他表或查询中的数据。例如，在"处方记录"表的窗体上添加一个子窗体，显示"药费明细表"查询中的数据。操作如下：

先应用"窗体向导"建立一个基于"处方记录"的窗体，名为"处方记录窗体"，然后打开它的设计视图。在工具箱中单击"子窗体/子报表"控件，在窗体上画一个方框。这时显示"子窗体向导"对话框（见图 7.43），从中选择"使用现有的表和查询"单选项，并在下面的列表中选"药费明细表"。单击"下一步"按钮，按照向导的指引完成子窗体的设计。调整窗体上各个控件的大小和位置，使得数据能

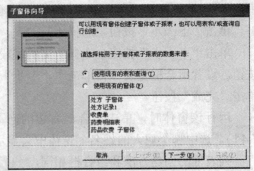

图 7.43 子窗体向导对话框

够正确完整的显示。保存后，运行该窗体，结果见图 7.44。和使用向导建立的主/子窗体不同，在这里子窗体中的数据是从查询中得来的。

6. 在窗体上添加选项卡　应用了选项卡的窗体由多个页面组成，可以节省屏幕空间。

例如，基于"体检记录"表创建一个有选项卡的窗体，在第一页上显示患者的病历号和姓名，在第二页上显示患者的其他信息。操作如下：

双击"在设计视图中创建窗体"，打开新建窗体的设计视图，单击工具栏上的属性按钮，在窗体属性对话框中选择数据源为"体检记录"表。

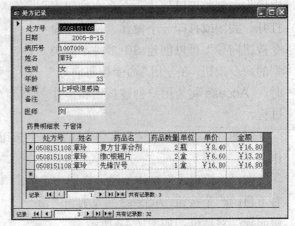

图 7.44 加入了子窗体的窗体

单击工具箱中的选项卡按钮，在窗体上画出选项卡的位置和大小，系统默认为两页。

将病历号和姓名字段拖到第一页上，如图 7.45。再单击"页 2"，设置要显示的字段。

在"页 1"的属性对话框中，设置"标题"为"封面"；在"页 2"的属性对话框中，设置"标题"为"内容"。

如果需要多页，可以在设计视图中右键单击选项卡，选择"插入页"。

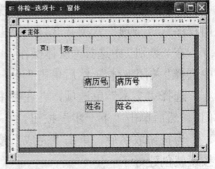

图 7.45 带有选项卡的窗体

7.4.3 特殊窗体

在 Access 中还可以创建各种各样的窗体，如图表窗体、数据透视表窗体、切换窗体和启动窗体等。除此之外，还可以在窗体上设置菜单栏和工具栏。下面逐一介绍。

1. 图表窗体 图表的窗体可以直观地显示数据以及数据之间的关系。

创建图表窗体，可以使用图表向导。在本书的 Excel 有关的章节中，有关图表的功能和建立方法的详细叙述，这里仅就一个例子进行说明。

例如，要建立一个基于"血常规"表的图表窗体。操作如下：

单击"新建"按钮，在"新建窗体"对话框中，先选择"图表向导"，再选择"血常规"表。打开"图表向导"对话框，在其中选择"姓名"、"白细胞计数"、"红细胞计数"、"淋巴细胞计数"作为用于图表的字段。

单击"下一步"按钮，选择图表类型。

再单击"下一步"按钮，指定数据在图表中的布局方式。将对话框右边的"红细胞计数"和"淋巴细胞计数"按钮依次拖到对话框左边的"白细胞计数"的下方（见图7.46）。

再单击"下一步"按钮，指定图表标题。

单击"完成"按钮，显示结果如图7.47。

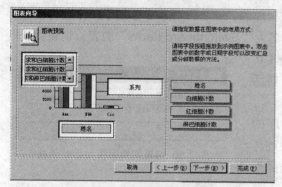

图 7.46 图表窗体的创建

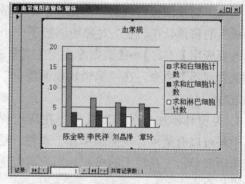

图 7.47 图表窗体的显示

保存图表并为它起名为"血常规图表窗体"。

如果对显示结果不满意，可以在该窗体的设计视图中进行修改。

2. 数据透视表窗体 "数据透视表"对象是一种能用所选格式和计算方法汇总大量数据的交互式表。

Access 的"数据透视表向导"使用 Microsoft Excel "数据透视表"对象创建 Microsoft Access 窗体。向导完成以后，将生成一张含有"数据透视表"对象的 Access 窗体。在该窗体中单击"编辑数据透视表对象"按钮即可打开 Microsoft Excel，对"数据透视表"对象进行编辑。

在本书的 Excel 的有关章节中，对于数据透视表的功能和建立方法有详细的叙述，这里就不再重复。

3. 切换窗体 前面创建的都是一个个独立的窗体，作为一个应用程序，需要将这些窗体集成在一个主窗体中，由用户选择和切换，这个主窗体就叫做切换窗体。

例如，建立一个主窗体，其中提供"体检记录"、"血常规检验记录"、"血脂化验记录"、"退出"四项供用户选择（见图7.48）。操作如下：

在"病历"数据库窗口中，应用【工具】→【数据

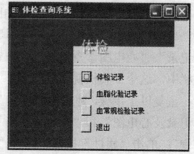

图 7.48 切换窗体

库实用工具】→【切换面板管理器】命令，弹出对话框提问"切换面板管理器在该数据库中找不到有效的切换面板。是否创建一个？"，选择"是"，弹出"切换面板管理器"对话框，单击"编辑"按钮，显示"编辑切换面板页"对话框如图 7.49。

图 7.49 切换面板的设计

设置切换面板名为"体检查询系统"，单击"新建"按钮。在"编辑切换面板项目"对话框的文本栏中填写"体检记录"，在命令栏中选择"在编辑模式下打开窗体"，在窗体栏中选择已经建立好的"体检记录"窗体（见图 7.50），单击"确定"按钮，第一项就建立好了。

用同样的方法建立"血常规检验记录"、"血脂化验记录"和"退出"项，注意在建立"退出"项时，在命令栏中选择"退出应用程序"即可。

关闭"切换面板管理器"对话框后，在数据库的"窗体"对象中添加了一个名为"切换面板"的窗体，在"表"对象中添加了一个名为"Switchboard Items"的表。切换面板的修改要应用【工具】→【数据库实用工具】→【切换面板管理器】命令，在"编辑切换面板页"对话框中进行。

图 7.50 编辑切换面板项目对话框

4. 为窗体添加菜单和工具栏　在应用程序的窗体中还可以有菜单、快捷菜单和工具栏。通过选择菜单项或单击工具栏上的按钮，用户可以选择相应的操作命令。

为窗体添加菜单或工具栏的操作分两步，先使用【视图】→【工具栏】→【自定义】命令创建菜单栏或工具栏。然后在窗体的属性窗口中，依次设计"菜单栏"、"工具栏"、"快捷菜单"和"快捷菜单栏"等项，将自己设计好的菜单栏或工具栏链接上即可。

下面举例说明。

创建一个名为"表"的工具栏、一个名为"查询"的菜单栏，一个名为"显示查询"快捷菜单栏，并将它们添加到"体检记录"窗体上。

创建工具栏的操作如下：

打开"体检"数据库，单击【视图】→【工具栏】→【自定义】菜单项，弹出"自定义"窗口，单击"工具栏"标签，再单击"新建"按钮，在"新建工具栏"对话框中为工具栏起名为"表"。

单击"确定"按钮后，显示如图 7.51。

单击"命令"标签，在"类别"栏中选择"所有表"，从"命令"栏中依次将"X 线检查记录"、"心电图诊查记录"、"血常规"和"血脂化验记录"拖动到自己定义的"表"工具栏中，这个工具栏就创建好了。

重复以上步骤，建立一个名为"显示查询"的工具栏，其中包含了"按姓名查询"、"体检记录及心电图"和"查询女患者"3 个命令。然后回到"工具栏"选项卡，选择"显示查询"，单击"属性"按钮，打开"工具栏属性"对话框如图 7.52，将其类型改为"弹出式"，名为"显示查询"的快捷菜单就建立好了。

创建菜单栏的操作如下：

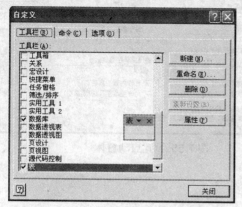

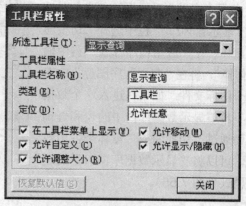

图 7.51 自定义工具栏　　　　　　　　图 7.52 工具栏属性对话框

　　在"自定义"窗口中新建一个工具栏，名为"显示"，在"工具栏属性"对话框中将其类型改为"菜单栏"。在"自定义"窗口的命令标签下"类别"中选择"新菜单"，从"命令"栏中拖动"新菜单"到自己定义的"显示"工具栏中。再在"类别"中选择"格式"，从"命令"栏中拖动"填充/背景色"到"新菜单"下，再拖动"字体/字体颜色"到"新菜单"下。再在"类别"中选择"内置菜单"，从"命令"栏中拖动 "文件"到 "新菜单"下，如图 7.53 所示。

　　最后将创建的工具栏和菜单栏添加到窗体上。打开"病历窗体"的设计窗口，选择"属性"命令，在打开的窗体属性对话框中单击"全部"标签，在"菜单栏"中选择"显示"，在"工具栏"项中选择"表"，在"快捷菜单"中选择"是"，在"快捷菜单栏"中选择"显示查询"。

　　保存后，再双击"病历窗体"就可以看到"新菜单"和"表"工具栏自动出现了。单击鼠标右键，出现快捷菜单（见图 7.54）。选择菜单项或单击工具栏上的按钮，可以完成相应的操作命令。

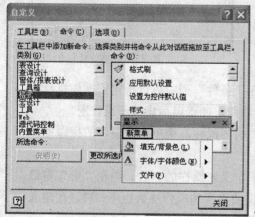
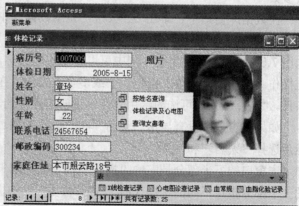

图 7.53 创建菜单栏　　　　　　图 7.54 带有工具栏、菜单栏和快捷菜单的窗体

　　5. 设置启动窗体　在数据库中，我们建立了若干个窗体，可以选择其中一个作为进入数据库的启动窗体，设置启动窗体要使用【工具】→【启动】命令。

　　例如，设置"切换面板"窗体作为启动窗体，操作如下：

在数据库窗口中单击【工具】→【启动】，打开"启动"对话框。在这个对话框的"显示窗体/页"栏中选择"切换面板"窗体，在"应用程序标题"栏中输入"体检"，再在"应用程序图标"中选择一个图标文件。如果在进入这个数据库时不希望显示数据库内中的表和查询等，而通过"切换面板"窗体来使用数据库，可以将"显示数据库窗口"的选项取消（见图7.55）。

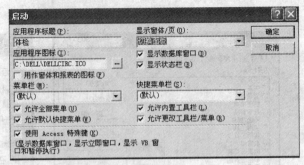

图7.55 设置启动窗体

7.5 宏

宏是一个能执行一个或一系列特定任务的Access对象。每个单独的任务叫做一个"操作"。使用数据库中的宏操作，来执行重复任务或一系列任务以节约时间、提高效率。Access允许在一个宏里可以执行多个不同的操作。例如，设计一个宏去自动打开数据库中经常使用的两个窗体。宏将做两次操作告诉Access打开命令中所列的两个窗体。宏也可以被用作其他功能，例如，创建自定义菜单栏，或是调用其他宏。

7.5.1 宏的设计窗口

要在Access中创建一个宏，首先必须在"数据库"窗口打开一个新的"宏"窗口。创建一个宏，包括三个步骤：

1. 打开宏窗口　在创建宏的过程中，首先需要打开一个宏窗口，然后在该窗口中添加宏操作和设置宏参数。

在数据库窗口中，单击"宏"按钮，显示数据库中的宏。单击"新建"按钮，这时出现一个新的宏窗口，如图7.56所示。在"宏名"列中可以显示宏的名称，

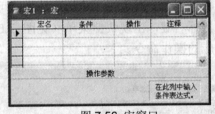

图7.56 宏窗口

在操作"列中"可以给宏指定一个或多个宏操作，在"条件"列中可以指定宏操作执行的条件。"注释"列是可选的，用来帮助说明宏操作的功能，便于以后修改和维护宏。

如果在窗口中没有显示"宏名"和"条件"列，请用鼠标右键单击宏窗口的标题栏，然后选择"宏名"和"条件"。

宏窗口的下半部分是宏的"操作参数"框，用于定义宏操作的参数。当在"宏"窗口的上半部分指定不同的宏操作时，"操作参数"框中需要设置的操作参数也不一样。在建立宏时，对于每个宏操作，应该设置其相应的宏操作参数。

2. 添加宏操作　可以在其中的"操作"列中，为宏增加一个或多个操作，下面两种方法都可以向宏中添加操作：

（1）从宏窗口的"操作"列表中选择操作。

（2） 从数据库窗口中拖动选定对象到宏窗口的"操作"列中。

在向宏窗口添加操作以后，还需要在窗口下部的"操作参数"框中指定操作参数，这样才能完成创建宏的工作。

3. 设置宏参数 在向宏添加了某个操作后，就可以在宏窗口下部的"操作参数"栏中设置操作参数。操作参数可以向 Access 提供操作的对象以及如何执行操作的附加信息。

在创建宏之后，单击工具栏中的"执行"快捷按钮就可以执行宏。

通过下面例题说明建立宏的步骤。

例如，在"体检"数据库的"血常规检验记录"窗体中添加一个"查看血脂化验记录"按钮，该按钮的功能是：关闭当前窗口并打开"血脂化验记录"窗体。具体操作如下：

（1）单击对象栏中"宏"对象按钮，切换到显示宏列表窗口。单击工具栏上"新建"按钮，这时出现一个新建宏窗口，在"宏"窗口的第一个空白行中，单击"操作"列，在单元格的右边将出现一个向下箭头标志，单击该箭头标志就会显示一个可以选择的操作列表，选择 Close 操作，在"操作参数"的"对象类型"行选择"窗体"，"对象名称"行选择"血常规检验记录"。

（2）在"宏"窗口的第二个空白行中，单击"操作"列，这时对应单元格的右边将出现一个向下箭头标志，单击该箭头标志就会显示一个可以选择的操作列表，选择的 OpenForm 操作，在"操作参数"的"窗体名称"行选择"血脂化验记录"，如图 7.57 所示。保存宏名为"查看血脂化验记录"。

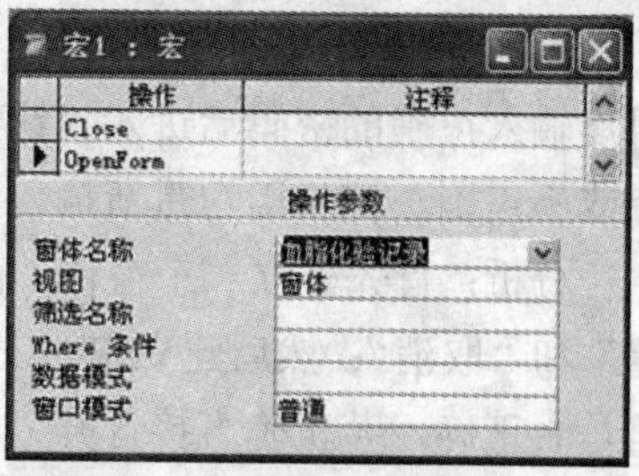

图 7.57 创建宏

（3）单击对象栏中"窗体"对象按钮，切换到显示数据库中的窗体，选中"血常规检验记录"窗体，打开窗体设计器，在"血常规检验记录"窗体上，使用工具箱上的控件向导，在窗体上添加命令按钮控件。

（4）在弹出的"命令按钮向导"对话框，选择"类别"为"杂项"，操作为"运行宏"，单击"下一步"按钮。

（5）在下一步中"请确定命令按钮运行的宏"对话框中，选择"查看血脂化验记录"。

（6）单击"下一步"，在下一步中为按钮命名为"确定"，单击"下一步"后，单击"完成"。

7.5.2 创建宏组

所谓宏组是指在同一个宏窗口中包含的一个或多个宏的集合。宏组中的每一个宏都可以单独运行，互不依赖，在很多情况下，使用宏组会给数据库的操作带来极大的方便。例如，假设在一个窗体中有若干命令按钮，每个按钮都用来打开另一个不同的窗体，我们无需对每一个按钮都分别建立一个宏，保存多个独立的宏。我们只需建立一个宏组，其中包含多个分别对应于各个按钮的宏。这样，在数据库窗口下的宏列表中就只需增加一个宏组名，从而大大减少了宏列表中的项数，也便于我们维护和修改宏操作。

宏组也是一个数据库对象，宏组的名字显示在"数据库"窗口下的宏列表中。在宏组中，每个宏也有自己的名字，但这些名字是用来区分宏组中各个宏的，它们并不显示在宏列表中。

例如，在"体检"数据库中，建立一个宏组，宏名为"查询"，包括三个宏，分别打开三个不同的查询。

（1）在数据库窗口中，单击"宏"按钮，然后单击"新建"按钮。此时 Access 将打开一个空白的宏窗口。如果宏窗口中没有显示"宏名"列，可以单击工具栏中的"宏名"按钮，在宏窗口中显示一个"宏名"列。

（2）在"宏名"栏内，键入宏组内第一个宏的名字，例如"姓名"，操作为 OpenQuery，在下面的查询名称中选择"按姓名查询"，重复以上步骤，向宏组内添加其他宏分别用来打开"按性别查询"和"查询女患者"，如图 7.58 所示。完成后单击工具栏上的"保存"钮来保存这个宏组。将它命名为"查询"。

（3）在创建宏组以后，用户可以运行其中的每一个宏。可以用"宏组名.宏名"的格式引用宏组中的宏。例如，"查询.姓名"将打开"按姓名查询"。

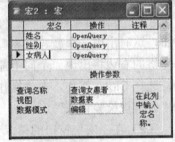

图 7.58 设置宏组

7.5.3 示例

例如：在"体检"数据库中，设置一个密码验证窗体，用户输入正确的密码后进入"切换面板"窗体，若密码为空或不正确，提示用户重新输入。

分析：首先建立一个窗体，窗体包括一个文本框，用于密码输入；两个命令按钮："确定"和"取消"；然后建立宏，宏包括两部分，单击"确定"按钮执行的操作：首先判断密码是否正确，若正确直接打开"切换面板"窗体，否则提示用户重新输入；单击"取消"按钮执行的操作：关闭密码验证窗体。操作步骤如下：

1．设置密码验证窗体

（1）在数据库窗口中，单击"窗体"对象按钮，显示数据库中的窗体。单击"新建"按钮，弹出一个"新建窗体"对话框，选择其中的"设计视图"。

（2）在窗体合适位置放置一个非结合文本框，在"创建文本框向导"的"请输入文本框"步骤中，输入文本框名字：管理员口令；将建立好的文本框标签改为"请输入密码："。

（3）在文本框中单击鼠标右键在弹出的快捷菜单中选择属性，在属性窗口中将"输入掩码"设置为"密码"类型，如图 7.59 所示。然后将窗体保存命名为"密码"。

2．建立宏（名称：密码）

（1）单击"宏"对象按钮，显示数据库中的宏。单击"新建"按钮，在"宏"窗口的第一个空白行中，用鼠标单击"宏名"列，输入"确定"；在"条件"列，输入：[管理员口令]="tijian"（管理员口令是文本框名称，tijian 是设定密码）；在"操作"列，这时对应单元格的右边将出现一个向下箭头标志，单击该箭头标志就会显示一个

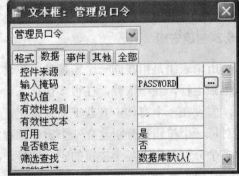

图 7.59 设置输入掩码

可以选择的操作列表，选择的 OpenForm 操作，在"操作参数"的"窗体名称"行输入"切换面板"。

（2）在"宏"窗口的第二个空白行中，在"条件"列，输入：...（注：省略号表示和第一行条件相同）；在"操作"列，这时对应单元格的右边将出现一个向下箭头标志，单击该箭头标志就会显示一个可以选择的操作列表，选择的 StopMacro 操作。

（3）在"宏"窗口的第三个空白行中，在"条件"列，输入：[管理员口令]<>" tijian " Or [管理员口令] Is Null；在"操作"列，这时对应单元格的右边将出现一个向下箭头标志，单击该箭头标志就会显示一个可以选择的操作列表，选择的 MsgBox 操作，在"操作参数"的"消息"行输入"密码不正确或者为空"。

（4）在"宏"窗口的第四个空白行中，在"条件"列，输入：...（注：省略号表示和第三行条件相同）；在"操作"列，这时对应单元格的右边将出现一个向下箭头标志，单击该箭头标志就会显示一个可以选择的操作列表，选择的 GoToControl 操作，在"操作参数"的"控件名称"行输入"管理员口令"。

（5）在"宏"窗口的第五个空白行中，用鼠标单击"宏名"列，输入"取消"；在"操作"列，这时对应单元格的右边将出现一个向下箭头标志，单击该箭头标志就会显示一个可以选择的操作列表，选择 Close 操作，在"操作参数"的"对象类型"行选择"窗体"，"对象名称"行选择"密码"，完成后如图 7.60 所示。将该宏命名为"密码"。

图 7.60 设置宏

3. 建立命令按钮和宏连接

（1）单击"窗体"对象按钮，显示数据库中的窗体，选择"密码"窗体，单击"设计视图"。

（2）在窗体上用"命令按钮"控件建立按钮"确定"，弹出"命令按钮向导"对话框，选择"类别"为"杂项"，操作为"运行宏"，在下一步中"请确定命令按钮运行的宏"选择"密码.确定"，如图 7.61 所示。

（3）在下一步中为按钮命名为"确定"，单击"下一步"后单击"完成"。

（4）"取消"按钮的做法和"确定"相同，不同的是连接"密码.取消"宏。完成后"密码"窗体如图 7.62 所示。

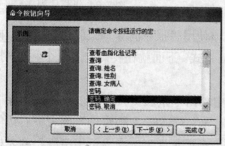

图 7.61 设置宏

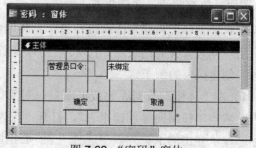

图 7.62 "密码"窗体

7.6 报表概述

报表是查看和打印数据库中信息的最强大、最灵活的方式。报表提供了一个位于基础表或查询中信息的自定义视图。虽然报表可以在屏幕上查看，但通常打印效果会更好。

使用报表来打印数据的主要优点有：可以很容易地控制字体的样式和尺寸；可以在基础数据上轻松地完成计算；可以格式化数据，使它们符合已设计和打印好的窗体格式，如购买订单，发货单和邮件标签；可以添加图案，如图片、图形和其他元素；可以组织和集中数据来形成一个更易读的报表。

7.6.1 使用"自动报表"功能创建报表

Access 提供了"自动报表"功能，帮助用户快速创建日常报表。在创建报表时，可以先用"自动报表"功能创建报表，然后切换到"设计"视图，对由向导生成的报表进行进一步地修改，使其符合需要。下面，我们将利用"自动报表"功能创建第一份报表。以"体检"数据库中的"体检记录"表为数据源建立表格式报表，操作步骤为：

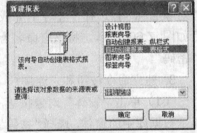

图 7.63 自动报表

（1）启动 Access，选择"体检"数据库，单击"确定"按钮，打开数据库窗口。在数据库窗口的对象栏中单击"报表"按钮，以显示数据库中的报表，再单击"新建"按钮，显示"新建报表"对话框，如图 7.63 所示。

（2）在"新建报表"对话框中，我们可以建立两种样式的自动报表："纵栏式"和"表格式"，前者按照纵栏表的形式排列报表上的内容，而后者则是使用表格形式排列。单击"自动报表：纵栏式"选项，再单击对话框下方列表框右边的箭头标志，从弹出的下拉列表中选择"体检记录"表，最后单击"确定"按钮。

图 7.64 纵栏式报表

（3）此时 Access 将自动为"体检记录"表创建报表，如图 7.64 所示。可看到在报表中包含了表的所有字段信息。

7.6.2 使用"报表向导"创建报表

为了对报表外观和显示内容进行设定，我们应该使用"报表向导"来创建新报表，向导提示用户输入有关的记录源、字段、版面以及所需格式。下面就让我们来看一个利用"报表向导"创建报表的例子。

（1）在"体检"数据库的数据库窗口对象栏中单击"报表"按钮，以显示数据库中的报表，双击"使用向导创建报表"，打开"报表向导"对话框"表/查询"列表框右边的箭头标志，从弹出的下拉列表中选择"表：心电图诊查记录"表，在"可用字段"列表框中显示了"订单"表包含的所有字段。选择需要加入到报表中的字段名称，单击右向单箭头按钮将其加入到"选定字段"列表框中，或者单击列表框中间的右向双箭头按钮，将表中的所有字段加入到"选定字段"列表框中，如图 7.65 所示，然后单击"下一步"按钮。

（2）如图 7.66 所示，在第二个"报表向导"对话框中，可以为选定的字段设定分组。如果要分组，选定用于分组的字段，然后单击右向单箭头按钮，或者直接双击选定的分组字段。可以从对话框的右边预览分组的样式。我们这里按"性别"分组，在"报表向导"中可以选定多个字段来设定多级分组。在多级分组时，可以使用屏幕上的"优先级"按钮↑或↓来改变分组级别。完成设置字段的分组级别后，单击"下一步"按钮进入下一个对话框。

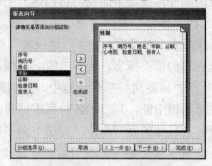

图 7.65 报表向导之一   图 7.66 报表向导之二

（3）在这个对话框中，可以为选定的字段设定排序顺序。最多可以根据四个选定字段对表中记录进行排序。如果在报表中不需要排序，可以直接单击"下一步"按钮跳过此项设置。假设我们需要按"病历号"对表中记录进行排序，单击"1"框右边的箭头，从下拉列表中选择"病历号"字段，然后按升序进行排序。单击"升序"按钮↑或"降序"按钮↓可以改变排序方法，如图 7.67 所示。设置完字段的排序顺序后，请单击"下一步"按钮，选择报表的布局和打印方向。

注意：分组与排序是两个不同的概念，分组是将符合某一准则的相关记录放在同一个组内，而排序则是指一个或多个字段对记录按指定顺序进行排列。

（4）在该对话框中，可以设定报表的布局和方向。我们这里使用默认设置，然后单击"下一步"按钮。

（5）在接下来的对话框中，我们可以选择报表的样式。报表样式包括报表中标题和记录的字体大小，及报表背景颜色等。在此选择"正式"样式，然后单击"下一步"按钮。

（6）在最后一个报表向导对话框中，我们将给报表加一个标题。在对话框上部的文本框中输入"心电图诊查记录"作为报表标题，单击"完成"按钮。

（7）此时 Access 就开始根据设置创建报表。当 Access 完成创建工作后，将在屏幕上显示报表的预览窗口。效果如图 7.68 所示。如果在创建过程中选择了不同的设置选项，此时看到的结果可能会有不同。

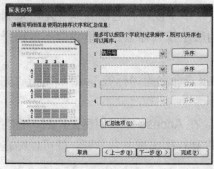

图 7.67 报表向导之三   图 7.68 完成的报表

7.6.3 使用"标签向导"创建报表

在日常工作中，我们总会遇上例如邮寄通知之类的任务。如果手工抄写每个邮件的信封，不但工作繁重，无法保证外观的整洁，还可能发生由于笔误而使信件无法投递的情况。这个时候，就应该使用"标签向导"创建标签报表。将该报表打印出来并裁剪开就成为一张张精美的邮件标签。下面我们将创建一个印着体检人地址的信封标签报表。

（1）在"体检"数据库窗口单击"报表"按钮，然后单击"新建"按钮，屏幕上将出现"新建报表"对话框。在"新建报表"对话框中，单击"标签向导"，再单击对话框下方列表框右边的箭头标志，从弹出的下拉列表中选择"体检记录"表，单击"确定"按钮。

（2）在"标签向导"对话框中，我们需要选择建立标准尺寸的标签还是自定义尺寸标签。在对话框中部，列出了各种标准标签的型号、尺寸和横标签号。选择度量单位中的选项改变标签尺寸的度量单位。在这个例子中我们将选择第一种标签型号：C2166，如图 7.69 所示。在选定了标签的型号后，单击"下一步"按钮，进入到下面的设定对话框。

如果 Access 提供的各种标签尺寸都无法满足你的需要，可以自己定义一个标签类型：单击对话框中的"自定义"按钮，将会出现更多的对话框，可以在其中定义新的标签类型，并在以后的工作中重新选择它。

（3）在第二个"标签向导"对话框中，确定标签文本将采用何种字体以及字体的大小、粗细和颜色。选择字体名称：宋体；字体大小：9 号；字体粗细：半粗；文本颜色：黑色。最后单击"下一步"按钮。

（4）在第三个"标签向导"对话框中，双击"邮政编码"字段，将其加入"原型标签"框中，按回车键另起一行。再双击"家庭住址"字段，也将它们添加到"原型标签"框中，按回车键键另起一行。最后双击"姓名"字段，将其加入到"原型标签"框中，并使用空格键调整各个字段在框内的位置，如图 7.70 所示。

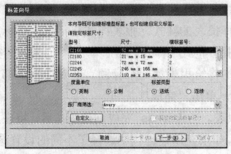

图 7.69 选择标签型号

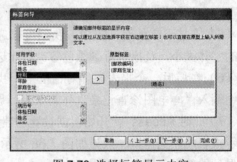

图 7.70 选择标签显示内容

（5）在下一个"标签向导"对话框中，双击某个字段，将它添加到"排序依据"框中，Access 在创建标签报表时将根据这个字段的顺序排列标签。这里我们不做选择，直接单击"下一步"按钮。

（6）在最后一个"标签向导"对话框中，将报表命名为"标签"，然后单击"完成"按钮。

（7）此时 Access 将开始创建"标签"报表。在 Access 完成创建工作后，将在屏幕上显示一个报表预览窗口，如图 7.71 所示。只要将其打印出来并裁剪开，就可以贴在信封上邮寄了。

7.6.4 使用设计视图

除了使用自动报表和使用向导的功能创建报表外，还可使用设计视图创建报表，同时，使用设计视图常常对一个已有的报表进行编辑。

在报表中，信息可被划分成以节的形式显示。在每一个节中，可以放置 Access 提供的各种控件来实现其特定目的，并依照一定的顺序打印出来。按照默认方式，报表窗口分为三个节：页面页眉、主体及页面页脚。在【视图】菜单中，单击【报表页眉／页脚】，可以显示报表页眉和报表页脚。

图 7.71 标签内容

1. 报表页眉　报表页眉只在报表首部显示。可以利用它来放置公司图案、报表标题或打印日期等项目，可以在报表页眉中放置介绍报表的信息。报表页眉打印在第一页的页眉之前。若要添加或删除报表页眉，单击【视图】→【报表页眉/页脚】。

2. 页面页眉　页面页眉显示在报表中每一页的最上方，可用来显示列标题、日期或页码。若要添加或删除页面页眉，单击菜单【视图】→【页面页眉／页脚】。

3. 报表主体　主体节包含了报表数据的主体。基表记录源中的每一条记录都放置在这里。在报表的主体节中，使用字段列表可以放置带有附加标签的文本框，使用工具箱可以放置各种控件。

4. 页面页脚　页面页脚显示在报表中每一页的最下方，可用显示页面摘要、日期或页码等信息。若要添加或删除页面页脚，应单击【视图】→【页面页眉／页脚】命令。

5. 报表页脚　报表页脚只显示在报表的末尾，可以利用它来显示报表汇总、总计或日期等信息，报表页脚是报表设计中的最后一个节，但是显示在最后一页的页脚之前。若要添加或删除报表页脚，应单击【视图】→【报表页眉／页脚】命令。

下面举例说明设计视图的使用方法：

1. 在设计视图中建立报表　下面我们使用设计视图的方法在"体检"数据库中对"血常规"表建立一个报表。具体步骤如下：

（1）在"体检"数据库窗口中单击"报表"按钮，在报表窗口中，双击"使用设计器创建报表"项，创建一个空白报表。

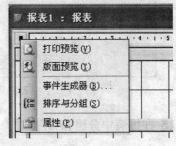

图 7.72 报表属性

（2）在使用设计视图时，必须指定报表的记录源，选择报表的"属性"，如图 7.72 所示，在报表属性的"数据"选项卡中的"记录源"行选择"血常规"。"血常规"的字段列表将显示出来，若关闭，选择工具栏上的"字段列表"工具按钮可使字段列表重新显示出来。

（3）为报表添加控件，把"视图"菜单的"工具箱"显示出来，报表控件的使用方法和窗体基本相同。像报表标题、线条、矩形和图像直接使用工具箱中的控件拖动到报表页面上，数据源则需要直接拖动字段列表中的字段到报表主体节中，本例中拖动标签控件到报表页眉中，拖动字段列表到主体中，字段名标签剪切后复制到页面页眉中，效果如图

7.73 所示。

（4）切换到"打印预览"浏览报表设计的
效果，若有问题，切换到设计视图进行相应修改。
完成后存盘。

2. 创建子报表　子报表就是插入到其他报
表中的报表，下面在一个已有"体检记录"的报
表中创建"血脂化验记录"子报表，步骤如下：

（1）在设计视图下打开"体检记录"报表，
使工具箱中的"控件向导"按钮处于按下状态，
单击工具箱中的"子窗体/子报表"按钮，将其添

图 7.73 报表设计

加到报表设计窗口的适当位置，系统会出现"子报表向导"对话框，如图 7.74 所示。

（2）子报表的数据源既可以是现有的表和查询，也可以是现有的报表或窗体，现在
选"使用现有的表和查询"，并单击下一步按钮，在接下来的窗口中，我们选择"血脂化验
记录"表，接着为子报表选择一个或多个字段，这里选择：病历号、甘油三酯、总胆固醇、
高密度脂蛋白、低密度脂蛋白、葡萄糖六个字段。若选"使用现有的报表和窗体"，指定一
个报表或窗体后，就会直接进入选择链接字段对话框。

（3）在对话框中选择用来链接子报表和主报表的字段，自动默认两个表共有字段病
历号作为链接字段，为子报表指定一个名称，单击"完成"按钮。报表的设计如图 7.75
所示。

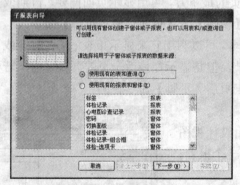

图 7.74 子报表向导

图 7.75 带子报表的报表

7.6.5 在报表中分组和排序

在报表中，可以按照某个字段或表达式对记录进行排序，便于用户查找和修改数据。
另外，Access 还允许将具有相同或类似特性的相关记录放在一个组中，并对这些记录进行
统计计算，或者简化报表形式，使报表更容易阅读。

1. 排序记录　在打印报表的时候，我们通常希望以特定顺序来组织数据记录。例如
在打印"体检记录"报表时，希望按照"病历号"字段来排序记录，此时就应该使用 Access
提供的分组与排序功能来为报表设置排列顺序。

（1）启动 Access，在打开数据库"体检"窗口中，单击对象栏中"报表"按钮，以
显示数据库中的报表，然后选择"体检记录"报表，单击"设计"按钮打开设计视图。

（2）单击工具栏中的"排序与分组"快捷按钮，屏幕上显示 "排列与分组"对话框。

（3）在"排列与分组"对话框中，单击"字段／表达式"列的第一行，这时单元格的右边将出现一个箭头标志。单击该箭头标志，从列表中选择用于排序记录的字段——"病历号"。如果需要也可在此处输入一个表达式。如图7.76所示。

图 7.76 排序

在 Access 中，可以根据多个字段或表达式对数据进行排序。 Access 将首先按列表中第一个字段或表达式排序记录，当排序结果有相同值时再按第二个字段或表达式排序，以此类推。在"分组与排序"对话框中，我们可以在"字段／表达式"列中选择多个字段来对记录进行多重排序。其中第一行中列出的字段优先级最高，第二行字段次之，以此类推。

在执行上述步骤以后，单击"视图"菜单中的"打印预览"命令，切换到"打印预览"视图，这时可以看到在该报表中，记录已经根据"病历号"字段进行排序。

2．分组记录　组是指由相关记录组成的一个集合。将报表中的信息分组以后，不仅相似的记录显示在一起，而且还可以为每个组显示概要和汇总信息。对报表使用分组可以提高报表的可读性。组可以分为组标头、组文本和组页脚等几个部分。例如在"药房"数据库中，对"药费明细查询"建立一个报表，按药品名称进行排序。

（1）在"药房"数据库窗口中单击"报表"按钮，使用向导方式对"药费明细表"查询建立一个报表，然后单击"设计"按钮，以设计视图形式打开报表。

（2）单击工具栏中的"排序与分组"快捷按钮，打开"排列与分组"对话框。

（3）在"排序与分组"对话框中，单击"字段表达式"列的第一行，选择要设置分组属性的"药品名"字段。然后在对话框下面的"组属性"区域中，设置"组标头"为"是"，保持其他预设值不变，如图7.77所示。我们看到在设置组属性后，报表的设计视图中就增加了组标头，其名称为"药品名页眉"。

（4）将主体中的"药品名"字段和页面页眉"药品名"标题的拖动到药品名页眉处。

（5）选择"视图"菜单，单击其中的"打印预览"命令，切换到"打印预览"视图，这时可以看到报表的打印预览窗口，如图7.78所示。

图 7.77 分组

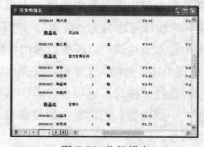

图 7.78 分组报表

3．删除分组与排序　在报表中，如果对排序／分组的显示效果不满意，不但可以移动、添加用于排序和分组的字段或表达式，还可以将它们从排序/分组字段列表中删除。例如我们把上面建立的报表中的分组字段删除，操作步骤如下：

（1）在数据库"药房"窗口中，单击对象栏中"报表"按钮，以显示数据库中的报表，然后选择"药费明细表"报表，然后单击"设计"按钮，以设计视图形式打开该报表。

（2）单击位于工具栏中的"排序与分组"快捷按钮，以打开"排列与分组"对话框窗口。

（3）在"排序与分组"对话框中，将组页眉选择"否"，此时将出现一个对话框，要求用户确认删除操作。单击"是"按钮，如图 7.79 所示。

（4）单击工具栏中的"视图"按钮，切换到"打印预览"视图。可以看到在该视图中，各个记录将不再根据"药品名"字段进行排序和分组显示。

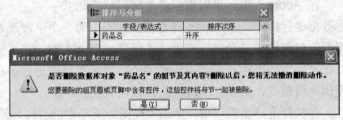

图 7.79 删除分组

7.6.6 在报表中应用计算

在报表中，除了需要列出记录的详细信息，有时需要给出细节信息，而有时只需要给出每种数据的汇总数据和报表总的汇总数据就行了。下面就分别介绍如何在每个记录内使用表达式计算报表中字段的统计数据，以及如何在每个组之间以及整个报表范围内进行统计计算。

1. 在记录内进行统计计算　在创建查询的时候，可以建立计算字段来计算表中的统计数据。创建计算字段有一个优点，既在用户需要了解表中没有的信息时，不需要从多个表中提取与计算有关的所有字段的数据，因而提高了数据库的执行速度。但是，它也有一个明显的缺点，即浪费大量的存储空间。对于存储资源比较紧张的情况，或者不是经常要使用统计数据，可以不用创建计算字段，而在创建报表时建立一个文本框，利用该文本框计算出需要的信息。例如在"药品明细表"报表中的"金额"字段是一个查询中建立的计算字段，现在创建一个文本框，用于显示每种药品的花费金额，而不使用查询中的计算字段。操作步骤如下：

（1）在数据库"药房"窗口中，单击对象栏中"报表"按钮，以显示数据库中的报表，然后选择"药费明细表"报表。

（2）单击工具栏中的"视图"按钮，将视图切换到"设计视图"窗口。首先删除掉原来的金额控件，单击工具箱中的"文本框"控件按钮，在"主体"节的最右部添加一个文本框，将其附加标签命名为"金额"，并将其剪切后粘贴在页面页眉处对应的位置。然后在该文本框中输入表达式：=[药品数量]*[单价]，如图 7.80 所示。

（3）右键单击"金额"文本框，在弹出的快捷菜单中选择"属性"，出现该控件的"属性"对话框。选择"格式"选项卡，单击其中的"格式"栏，从下拉列表中选择"货币"，然后再单击"小数位数"栏，将小数位数设置为 2。这样浏览时"金额"文本框内容显示时加上货币符号。

（4）再次单击工具栏中的"视图"按钮，将视图重新切换到"打印预览"，如图 7.81 所示。可以看到在每个记录的最右方，显示出该处方中药品的金额，其值等于药品的单价乘以数量。单击工具栏中的"保存"按钮，将报表保存。

2. 在组内进行统计计算　在报表中，Access 不但允许用户对记录内的数据进行统计

图 7.80 报表的计算

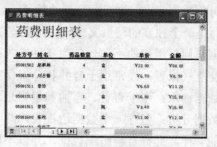

图 7.81 报表预览

计算，而且还可以在组内进行总计。假设我们在"药费明细表"报表中对"处方号"进行分组，并对每个处方的总药费统计，可以在组页脚中创建一个计算文本框，并在该文本框中输入统计计算表达式。操作步骤如下：

（1）在数据库"药房"窗口中，单击对象栏中"报表"按钮，以显示数据库中的报表，然后选择"药费明细表"报表。单击工具栏中的"视图"按钮，将视图切换到"设计视图"窗口。

（2）单击工具栏中的"排序与分组"按钮，打开"排列与分组"对话框。单击"字段/表达式"列的第一行，从下拉列表中选择"处方号"，然后在对话框下部的"组属性"栏中设置分组属性，将"组页眉"和"组页脚"都设为"是"。

（3）将"处方号"拖动到"处方号页眉"处，单击工具箱中的"文本框"控件按钮，在"处方号页脚"节中添加一个文本框，将其附加标签命名为"药费总和"，并在该文本框中输入表达式：=Sum（[药品数量]*[单价]）。右键单击"药费总和"文本框，在弹出的快捷菜单中选择"属性"，出现该控件的"属性"对话框。在其"属性"对话框中选择"格式"选项卡。单击其中的"格式"栏，从下拉列表中选择"货币"，然后再单击"小数位数"栏，将小数位数设置为 2，如图 7.82 所示。

（4）单击工具栏中的"视图"按钮，将视图切换到"打印预览"，我们可以看到在每个组的下方，将显示该组处方的药费总和，结果如图 7.83 所示。

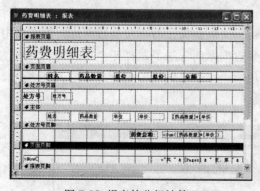

图 7.82 报表的分组计算

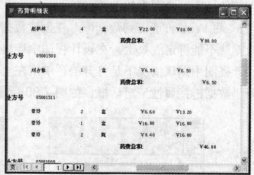

图 7.83 预览报表的分组计算结果

7.6.7 数据访问页

数据访问页是一种独立于 Access 数据库外的 HTML 文件，也就是说数据库访问页是一个网页。用户能够通过数据访问页显示、新建、删除和修改数据库中的数据记录，同时也能分析数据。数据访问页与其他的 Access 数据库对象不同，它不保存在 Access 数据库内，而是一个独立的网页文件，访问数据访问页可以直接双击打开通过 web 方式浏览。根据数据访问页用途的不同，分为三种方式：

交互式报表：经常用于合并和分组保存在数据库中的信息，然后发布数据。

数据输入：用于查看、添加和编辑记录。

数据分析：包含一个数据透视表，与 Access 的数据透视表窗体或 Excel 的数据透视表功能一样，允许重新组织数据，并以不同的方式分析数据。

1. 创建数据访问页 创建数据访问页的方法很多，可以通过自动创建数据访问页、数据访问页向导、编辑现有 Web 页和使用设计器创建数据访问页等。这些创建的方法和创建窗体、报表一样，下面通过向导方式在"药房"数据库中建立一个"处方"的数据访问页，结果如图 7.84 所示。

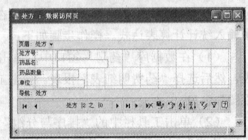

图 7.84 数据访问页

创建数据访问页后，需要对数据访问页进行修改，这些操作通常要在设计视图中进行。

例如，将"处方"的数据访问页应用主题，具体操作步骤如下：

在设计窗口中打开"处方"的数据访问页，选择【格式】→【主题】命令，弹出"主题"对话框，在主题列表中选择主题，然后在主题示范框查看样本数据访问页元素的显示情况，在主题对话框中，可以设置一些选项，如给文本和图形应用较亮的颜色，修改数据页背景等。

2. 插入超链接 在 Access 可以把 Office 文档、Web 页、当前数据库的数据访问页、新建页、电子邮件地址等，以超级链接的形式插入到数据访问页中。例如，在"处方"的数据访问页中插入一个超级链接，具体操作步骤如下：

在工具箱中的"超链接"控件拖至设计窗体的适当位置，在弹出的"插入超链接"对话框中输入链接地址，即可在当前数据库访问页中插入一个链接。也可以使用"图像超链接"控件插入一个图像超链接。

3. 将 Web 页连接到数据库 在创建数据访问页时如果没有链接到数据库，数据库中的数据就不能绑定到页上，在设计视图中连接到数据库的方法是，打开"字段列表"框，在设计视图中默认情况下是打开的，单击左上角的"页连接属性"图标，如图 7.85 所示，打开"数据链接属性"对话框，如图 7.86 所示。

图 7.85 字段列表

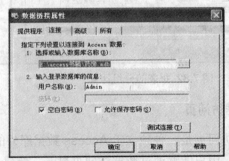

图 7.86 数据链接属性

要想数据访问页能够直接在网络上被访问，连接数据库要使用网络地址，而不能使用绝对地址。

7.7 VBA 模块

利用 Access 开发结构更复杂、功能更强大的数据库系统，需要用到"模块"对象来实现，而这些"模块"都是由一种叫做"VBA"的语言来实现的。VBA 是 Microsoft Office 系列软件的内置编程语言，VBA 的语法与独立运行的 Visual Basic 编程语言互相兼容。Visual Basic 是微软公司推出的可视化 BASIC 语言，用它来编程非常简单。因为它简单，而且功能强大，所以微软公司将它的一部分代码结合到 Office 中，形成我们今天所说的 VBA。它的很多语法继承了"VB"，所以我们可以像编写 VB 语言那样来编写 VBA 程序，将实现某个功能的程序保存在 Access 中的一个模块里，并通过类似在窗体中激发宏的操作那样来启动这个"模块"，从而实现相应的功能。

"VBA"的功能是非常强大的。如果要用 Access 来完成一个复杂的数据库系统，就应该掌握"VBA"，它可以帮你实现很多功能。但如果只是偶尔使用一下 Access 或者只是用 Access 来做一些简单的工作，那么简单了解它一下就可以了。

7.7.1 VBA 编程环境

首先看看"VBA"的开发环境，在 Office 中提供的 VBA 开发界面称为 VBE（Visual Basic Editor）。打开一个数据库，然后单击数据库窗口上的"模块"按钮，再用鼠标单击数据库窗口上的"新建"按钮，这时就会弹出一个窗口，这就是"VBA"的开发环境，如图 7.87 所示。

VBA 开发环境分为"代码窗口"、"工程资源管理器窗口"和"属性窗口"这几部分。"代码窗口"用来输入程序代码。"工程资源管理器窗口"用来显示这个数据库中所有的"模块"。当用鼠标单击这个窗口内的一个"模块"选项时，就会在模块代码窗口上显示出这个模块的"VBA"程序代码。而"属性窗口"就可以显示当前选定的"模块"所具有的各种属性。

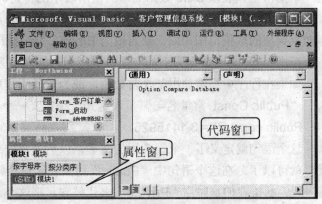

图 7.87 VBE 窗口

在 VBA 中，由于在编写代码的过程中会出现各种各样的问题，所以编写的代码很难一次通过，并正确地实现既定功能。这时就需要一个专用的调试工具，帮助快速找到程序中的问题，以便消除代码中的错误。"VBA"的开发环境中"本地窗口"、"立即窗口"和"监视窗口"就是专门用来调试"VBA"的，这些窗口都可以通过"视图"菜单中相应的命令打开和关闭。

7.7.2 数据类型

要掌握一种程序语言，必须了解该语言的数据类型有哪些以及该数据是如何声明的，以便得知该数据是使用哪种数据类型、该数据所能允许使用得最大和最小范围、以及该数据占用多少内存空间。这样程序执行时才不会发生数据溢出（Overflow）和浪费内存空间的现象。执行程序时，必须先将程序和数据加载到计算机的内存（RAM）中才能执行，若该数据会随着程序的执行而更改其值，我们称之为变量（Variable），而不发生变化的则是常量。常量被用来指定给变量当作变量值。程序运行时，语句中的每一个常量，都会分配到内存空间来存放其值。

1. 常量 所谓"常量"是指数据类型特定值的文字表示。常量被用来指定给变量当作变量值。常量的类型有整数常量、浮点常量、字符串常量、布尔常量、日期常量和 Variant 类型。

整数常量由数字、+（正）、-（负）所组成。如果未指定数据类型字符，则在 Integer 类型范围内的值会采用 Integer 整型；超出 Integer 范围大小的值则采用 Long 长整型。

浮点常量是整数常量后面跟着选择性的小数点和尾数，以及选择性的基底为 10 的指数。默认浮点常量是属于 Double 数据类型。如果指定 Single、Double 和 Decimal 数据类型字符，则常量就属于该数据类型。

字符串常量由一连串的字符组合而成，包括中文、英文字母、空格、数字、特殊符号。字符串常量可细分成：Char（字符）数据类型和 String（字符串）数据类型。

布尔常量只有两个值，一个为"True"、另一个为"False"，分别表示真与假、开与关、Yes 与 No 等两种状态。布尔数据类型常被使用在关系表达式及逻辑表达式条件式中，用来判断条件成立与否。

日期常量代表以 Date 数据类型的值所表示的特定时间。

Variant 字符串类型的存储空间为 22 字节加上字符串的长度，其取值范围与变长字符串数据类型的取值范围相同，缺省值为 Empty。Variant 数字型的存储空间为 16 字节，其取值范围与 Double 数据类型的取值范围相同，缺省值为 Empty。

如果在程序中经常使用某个常数值，或为了便于程序的阅读，可以用

"Public Const 常量名= 常量表达式"来定义一个常量，例如：

Public const PI = 3.1415926

这个语句就定义了一个很常用的常量，以后当我们想使用圆周率的时候只要用"PI"代替就可以了。在这个语句中"Public"用来表示这个常量的作用范围是整个数据库的所有过程。如果我们这时用"Private"来代替它，则这个常量只能在现在的这个模块中使用了。"Const"语句用来表示要申明的是个常量而非变量。

2. 变量 变量是内存中用于存储值的临时存储区域。变量的值在程序运行过程当中允许变化，表 7.9 列出了 VBA 程序中变量的主要数据类型，以及它们的存储空间和取值范围。

在计算机中，变量在使用之前都必须先定义，不然在程序当中就会被认为是非法的字符。在 VBA 中，通常我们用"Dim 变量 As 变量类型"语句来申明一个变量，例如：

Dim num As Integer

就是说现在我们申明了一个整数类型的变量"num"，以后在程序中"num"就表示一个变量，而不再是普通的字符组合了。变量在程序中可以被赋予新的值，"num=5"这个语句就是一个赋值语句。

当需要指定某个变量的值、将某个变量或某个表达式的结果指定给某个变量时，就必须使用赋值运算符来完成。赋值运算符是以符号（=）来表示。

3. 运算符 运算符用来指定数据做何种运算。VBA中的运算符包括算术运算符、比较运算符、逻辑运算符等。

表 7.9 VBA 数据类型表

数据类型	存储空间	数值范围
字节型 Byte	1 字节	0～255
布尔型 Booleam	2 字节	True 或者 False
整型 Integer	2 字节	-32768～32767
长整型 Long	4 字节	-2147483648～2147483647
单精度浮点型 Single	4 字节	负值范围:-3.402823E38～-1.401298E-45 正值范围:1.401298E-45～3.402823E38
双精度浮点型 Double	8 字节	负值范围:-1.79769313486232E308～-494065645841247E-324 正值范围:4.94065645841247E-324～1.79769313486232E308
货币型 Currency	8 字节	-922337203685477～922337203685477
小数型 Decimal	14 字节	不包括小数时:+/-79228162514264337593543950335 包括小数时:+/ -7.9228162514264337593543950335
日期型 Date	8 字节	1000 年 1 月 1 日～9999 年 12 月 31 日
对象型 Object	4 字节	任何引用对象
字符串 String	10 字节+1 字节/字符	变长: 0～约 20 亿　定长: 1～约 65400
变体型 Varient	数字: 16 字节 文本: 22 字节+1 字节/字符	0～约 20 亿 数据范围和变长字符串相同

算术运算符是用来执行一般的数学运算，如：加+、减－、乘*、除/和取余数 Mod 等运算。

关系表达式的功能是用来比较字符串或数值的大小。关系表达式经过运算后，其结果可以为真（True）或为假（False）。关系运算符有：相等= =、不相等<>、大于>、小于<、大于或等于>=、小于或等于<=、比较字符串 Like。

逻辑表达式用来测试比较复杂的条件，一般都用来连接多个关系表达式。如：若条件为：10<age≤30（年龄大于 10 岁且小于等于 30 岁），其逻辑表达式的写法如下：

（age>10）And (age<=30)

其中（age>10）和（age<=30）两者为关系表达式，两者间利用 And 逻辑运算符来连接。同样，逻辑表达式的运算结果只有真（True）或假（False）。逻辑表达式主要有两种类型的表达方式：

逻辑运算符有：与 And、或 Or、非 Not、异或 XOR

4．内置函数 VBA 提供了很多内置函数，函数是能完成特定任务的相关语句和表达式的集合。当函数执行完毕时，它会向调用它的语句返回一个值。表 7.10 列出一些常用内置函数。

在 VBA 中，经常使用用户交互函数显示信息和接收用户输入，下面介绍两个常用函数。

MsgBox 函数的功能是在对话框中显示用户定义的文本信息，格式为：

MsgBox（提示[，按钮][，标题]）

InputBox 函数可以接收用户在对话框中的输入，然后返回用户输入的文本，函数格式为：InputBox（提示[，标题][，默认] [，X 坐标位置] [，Y 坐标位置]）。

表 7.10 常用内置函数

类别	名 称	说 明
数学函数	Abs	语法：Abs(x) 功能：返回绝对值
	Int	语法：Int(number) 功能：返回参数的整数部分
	Sqr	语法：Sqr(number) 功能：返回一个 Double 型数据，指定参数的平方根
	Rnd	语法：Rnd（x）功能：返回 0-1 之间的单精度数据，x 为随机种子
字符串函数	Trim	语法：Trim(string) 功能：去掉 string 左右两端空白
	Ltrim/ Rtrim	语法：Ltrim(string) Rtrim(string)功能：分别去掉 string 左端和右端空白
	Len	语法：Len(string) 功能：计算 string 长度
	Left /Right	语法：Left(string,x) Right(string,x)功能：分别取 string 左、右段 x 个字符组成的字符串
	Mid	语法：Mid(string, start,x) 功能：取 string 从 start 位开始 x 个字符组成的字符串
	Ucase/ Lcase	语法：Ucase(string) 功能：转换为大写　　Lcase(string) 功能：转换为小写
	Space	语法：Space(x) 功能：返回 x 个空白的字符串
类型转换	CCur	语法：CCur(expression) 功能：转换为 Currency 型
	CDate	语法：CDate(expression) 功能：转换为 Date 型
	CInt	语法：CInt(expression) 功能：转换为 Integer 型
	CStr	语法：CStr(expression) 功能：转换为 String 型
日期时间函数	Now	语法：Now 功能：返回目前系统的日期与时间
	Year	语法：Year（datetime） 功能：返回年。范例：n=Year("2/12/1999")　n=1999
	Month	语法：Month（datetime）；功能：返回月份。范例 n=Month("5/12/1969")　n=5
	Day	语法：Day（datetime） 功能：返回日期。范例：n= Day("2/21/1969")　　n=21

7.7.3 Access 对象模型

Access 提供了一整套的数据库对象用于对数据库进行操作和管理，每个对象都有各自的属性、方法和事件，通过对这些对象的方法和属性就可以完成对数据库的操作。在 Access 中访问对象，必须从根对象开始，逐步取其子对象，直到需要访问的对象为止。表 7.11 列出了 6 个常用的 Access 的对象。

Access 中引用某个对象使用层次化

表 7.11 Access 的对象

对象名	说明
Application	Access 中的当前事例
DBEngine	数据库管理系统
Debug	立即窗口对象
Forms	所有处于打开状态的窗体所构成的对象
Reports	所有处于打开状态的报表所构成的对象
Screen	屏幕对象

的表示方法，这和磁盘目录结构系统非常相似。使用惊叹号"！"和句点"．"表示层次，它们也被称为对象运算符，比如：体检！[体检记录].RecordCount 表示"体检"数据库中的"体检记录"表对象的记录个数。

1．对象的属性和方法　属性就是用来描述和反映对象特征的参数，每个对象都有很多属性，例如一个文本框的名称、字体、是否可见等等。在设计视图中，通过属性窗口直接设置对象的属性，而在程序代码中，则通过赋值的方式来设置对象的属性，例如，将一个标签（Label1）的 Caption 属性赋值为"体检表"在程序代码中书写形式为：

　　　　Label1. Caption="体检表"

对象的方法是作用在对象或对象库上的特定函数，例如：统计当前打开窗体的数量。

Dim Num as Integer

Num = forms.count　　　　　' 使用 FORM 对象的 count 属性统计打开窗体的数量

Debug.Print Num　　　　　　' 把窗体的数量在调试窗口显示出来

2．对象的事件　当触发一个过程的事件发生时 VBA 才能执行过程，VBA 的主要工作就是为对象编写事件过程的程序代码，下面介绍一些 VBA 中的常用事件。

（1）Click 事件　Click 事件是命令按钮最常用的事件。例如，单击"显示"按钮后将在文本框中显示内容"欢迎使用 VBA 编程"。

新建一个窗体，在上面放置一个按钮 Command 并将按钮的标题设为"显示"和一个文本框 Text0。单击工具栏上的代码按钮或工具菜单中的"Visual Basic 编辑器"，进入 VBA 环境并输入以下代码：

```
' "显示"按钮的单击事件
Private Sub Command_Click()
' 调用 SetFocus 方法，使文本框具有焦点
Me.Text0.SetFocus
' 文本框显示文字
Me.Text0.Text="欢迎使用 VBA 编程"
End Sub
```

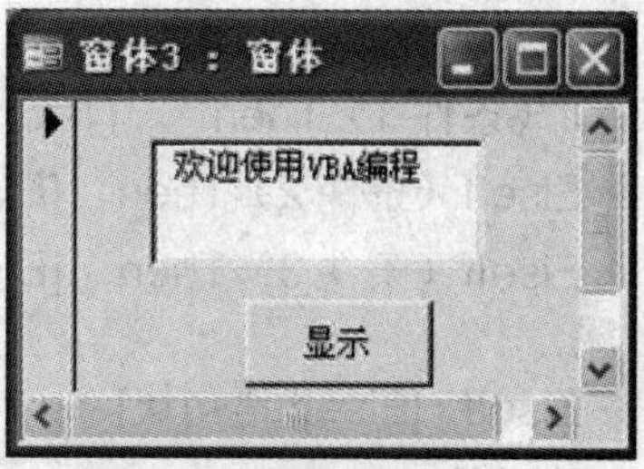

图 7.88 程序运行结果

通过 Alt+F11 快捷键切换到窗体设计视图，运行该窗体，见图 7.88 所示。

（2）Load 事件　Load 事件发生在窗体被装入到工作区时，通常用来对窗体的属性和变量的初始化设置。例如在 Load 事件程序中，设置窗体标题。

```
Private Sub Form_load()            '装入窗体事件
Me.Caption = "体检表"        '使窗体的标题设为"体检表"
End Sub
```

（3）Change 事件　在程序运行过程中，如果在文本框中输入新的内容，或者程序改变了文本框的 Text 属性值时，就会触发该事件的过程。

例如，在窗体设置一个文本框 Text1 使得在 Text1 文本框中输入的内容同时弹出信息框显示"你在输入数据"。

```
Private Sub Text1_Change()
    MsgBox "你在输入数据"
End Sub
```

7.7.4 程序语句

程序设计的控制结构都是由顺序结构、选择结构和循环结构三者组合而成。顺序结构的特点是语句由上而下逐行地执行。选择结构是当程序执行时，欲改变程序执行的顺序时使用。循环结构俗称重复，当程序中有某个语句块需要重复执行时使用。

1. If 语句 "选择结构"指当程序执行时，需要改变执行的流程时，则必须使用条件来做判断，若满足条件（即结果为 True）则执行某个语句段，若不满足条件（即结果为False）则执行另一个语句段。其语法形式如下所示：

If （条件）Then [Then 语句块]

Else [Else 语句块]

End If

例如：当鼠标放置在文本框中时，在文本框 Text 中显示标签 Label1 和 Label2 中的两个数的最大值。

```
Private Sub Text_GotFocus()
  If Val(Label1.Caption) >= Val(Label2.Caption) Then
        Text.Text = Label1.Caption
  Else
        Text.Text = Label2.Caption
End If
```

End Sub 设计程序时，若碰到"如果…那么…否则如果…那么…否则"，便需使用If…Then…Elseif…Then…Else…语句来完成。其语法如下所示：

If（条件 1）Then   [Then 语句块 1]

ElseIf（条件 2）Then   [ElseIf 语句块 2]

ElseIf（条件 3）Then   [ElseIf 语句块 3]

…

ElseIf [ElseIf 语句块]

End If

若条件 1 的结果为 True，则执行"Then 语句块 1"，接着继续执行 EndIf 后面的语句；若条件 1 的结果为 False，则检查条件 2 的结果，若为 True 则执行"ElseIf 语句块 2"，接着继续执行 EndIf 后面的语句。一直到所有结果的条件都不满足时，才执行 Else 后面的"Else 语句块"。

2. Select Case 选择语句 程序设计时若碰到多向选择时，太多的 If 会使得程序的复杂度提高，造成不易阅读且难维护；若改用下面的 Select Case 语句，程序不但看起来简洁而且易维护。其语法形式如下：

Select Case 表达式

Case value1

[value1 语句块]

…

Case value2

    [walue2 语句块]

End Select

若表达式的结果满足 value1，则执行"Value1 语句块"，再继续执行 End Select 后面的语句；若表达式的结果不满足 value1，满足 value2，，则执行"Value2 语句块"，以此类推；若都不满足所设置的 Case value 值，便执行 Case Else 语句块后，再继续执行 End Select 后的语句。

表达式可以为变量、数值或字符串表达式，但要注意 Case 子句中的 value 必须和表达式的数据类型一致。

例如：统计单击窗体的次数，单击一次窗体，消息框中将显示单击得次数。

```
Private Sub Form_Click( )
  Static s As Integer
  s = s +1
Select Case s
  Case 1
    MsgBox "单击 1 次"
  Case 2
    MsgBox "单击 2 次"
  Case 3
    MsgBox "单击 3 次"
  Case Else
    MsgBox "单击超过 3 次"
End Select
End sub
```

图 7.89 程序运行结果

程序运行结果见图 7.89 所示。

3. 循环语句　当程序执行时，需要将某个语句块执行多次时，便需要使用"循环结构"。按照循环执行次数确定是否分成 For…Next 语句（每次执行循环次数确定）和 Do…语句（次数由当时条件决定）两大类。

For…Next 语句的语法为：

```
For  循环变量 = 初值 To 终值 [Step 步长]
    语句块
[Exit For ]
    语句块
Next For
```

由初值开始，每执行指定的语句块一次，便将该数值增（减）1，若结果比终值还小（大），便继续执行该语句块，直到超过终值才离开该语句块。

例如：计算 1 到 100 的和。

```
Private Sub text1_GotFocus()
Dim i As Integer, s As Single
S=0
For i =1 To 100
    s= s + i
Next i
text1.Text=s
```

285

End Sub

Do While…Loop 语句的语法为：
```
Do While（条件）
…
[Exit Do]
…
Loop
```

当条件为 True 时才进入循环,执行循环内的语句块,直到碰到 Loop 再回到 Do While,检查是否满足条件,若满足条件继续执行循环内的语句块，直到不满足才跳离循环继续执行 Loop 后面的语句。因此，循环内必须有语句将条件变为 False，否则会变成无穷循环而无法跳出。若想中途离开循环可在要离开的地方插入 Exit Do 即可。

例如 将上例的 for 循环改为 Do While…Loop，结果如下：
```
Do while i<=100
    s = s + i
    i= i +1
Loop
```

7.7.5 创建模块

模块是将 VBA 代码的声明、语句和过程作为一个单元进行保存的集合，数据库的所有对象都可以在模块中进行引用。在 Access 中可以创建标准模块、类模块和过程，选择数据库窗口中的"模块"选项卡，单击数据库窗口工具栏上的"新建"按钮，系统会打开 Microsoft Visual Basic 窗口，选择"插入"菜单的【过程】、【模块】和【类模块】命令，即可添加相应的模块。

标准模块是由系统制定好的子过程和函数过程,以便在数据库的其他模块中进行调用。标准模块中通常只包含一些通用的过程和常用过程。类模块是一种包含对象的模块，创建一个新的事物即在程序中创建一个新的对象，在本章不做讨论。过程是指自定义 SUB 过程和自定义 Function 函数过程。它是包含 VBA 代码的基本单位，是由一系列可以完成某项指定的操作或计算的语句和方法组成。其中，Sub 过程是最通用的过程类型。

1. 程序的书写格式 通常，一个好的程序一般都有注释语句。这对程序的维护有很大的好处。即使是程序员自己，在一段时间以后，假如没有注释的话要读懂自己的程序，也并非一件容易的事。

在 VBA 程序中，注释可以通过以下两种方式实现：

（1）使用 Rem 语句

（2）用 "'" 号

例如，   Rem 声明两个变量

Dim MyStr1,MyStr2

MyStr1 = "Hello" :Rem 注释在语句之后要用冒号隔开。

MyStr2 = "Goodbye"   '这也是一条注释；无需使用冒号。

程序语句一般一句一行，但有时候可能需要在一行中写几句代码。这时需要用到"："

来分开不同意思的几个语句。例如：

Dim MyName As String

MyName="比尔盖茨"

可以写成下面一行：

Dim MyName As String ：MyName="比尔盖茨"

有时一句代码太长，书写起来不方便，看上去也不美观，希望将一句代码分开写成几行。此时要用到空白加下划线——" _"。

2. 创建新过程 Sub 过程可分为事件过程和通用过程，使用事件过程可以完成某个基于事件的任务，例如窗体的 Load 事件过程、命令按钮的 Click 事件过程等；通用过程可以完成各种应用程序的公用任务，也可指定特定于某个应用程序的任务。

可以用 Sub 语句声明一个新的子过程、接收的参数和子过程代码。定义格式为：

[Public | Private][Static]Sub 过程名[(参数列表)]

　　　　[<子过程语句>]

　　　　[Exit Sub]

　　　　[<子过程语句>

End Sub

使用 Public 关键字可以使该过程适用于所有模块中的所有其他过程；使用 Private 关键字可以使该子过程只适用于同一个模块中的其他过程。在过程前使用 Static 表明过程内的局部变量都是静态变量。

可用菜单【插入】→【过程】命令，显示添加过程对话框。也可以在代码窗口中，直接输入过程。

子过程的调用是一条独立的语句，形式有两种：

Call 子过程([<实参>])或子过程([<实参>])

例如：编写一个两个数按大小排列的子过程，程序如下：

```
Public Sub Swap（x    As Integer, y As Integer）
Dim z As Integer
If x<y Then z=x:x=y:y=z
End Sub
```

在窗体上添加两个文本框 TextA 和 TextB，任意输入两个整数后，单击排序按钮，排序结果从大到小显示在下面的文本框 TextSA 和 TextSB 中。

```
Private Sub Command0_Click( )
  Dim a As Integer, b As Integer
a = TextA.Value
b = TextB.Value
Swap a , b
TextSA.Value = a
TextSB.Value = b
End Sub
```

程序结果如图 7.90 所示。

可以使用 Function 语句定义一个新函数过程、

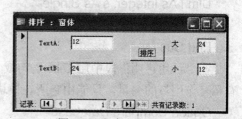

图 7.90 程序运行结果

接收参数、返回变量类型及运行函数过程的代码。其格式如下：

　　[Public | Private][Static]Function 函数过程名[<形参>][As 数据类型]

　　　　[<函数过程语句>]

　　　　[函数过程语句＝<表达式>]

　　　　[<函数过程语句>＝

　　　　[函数过程语句=<表达式>]

End Function

　　函数过程的调用格式只有一种：函数过程名(<实参>)

　　由于函数过程返回一个值，实际上，函数过程的上述调用形式主要有两种方法：一是将函数过程返回值作为赋值成分赋予某个变量，其格式为

变量＝函数过程名(<实参>)

　　二是将函数过程返回值作为某个过程的实参成分使用。

　　3．参数传递　在调用过程时，一般主调过程与被调过程之间有数据传递，即将主调过程的实参传递给被调过程的形参，完成实参与形参的结合，然后执行被调过程体。

　　在 VBA 中，实参与形参的结合有两种方法，即传址（ByRef）和传值（ByVal），其中传址又称为引用，是默认的方法。

　　过程定义时可以设置一个或多个形参(形式参数的简称)，多个形参之间用逗号分隔。其中，每个形参的完整定义格式：

　　[Optional][ByVal |ByRef][ParamArray]varname[()][As type][＝defaultvalue]

　　含参数的过程被调用时，主调过程中的调用式必须提供相应的实参(实际参数的简称)，并通过实参向形参传递的方式完成过程操作。

　　传值（ByVal）是把实参的值赋值给形参，那么对形参的修改，不会影响实参的值。

　　传址（ByRef） 以地址的方式传递参数，传递以后，形参和实参都是同一个对象，只是他们名字不同而已，对形参的修改将影响实参的值。

　　4．变量的作用域　一个应用程序是由多个模块组成，而模块又是由过程组成的，那么这些过程中定义的变量能否通用呢？这就涉及了变量的作用范围，变量可被访问的范围称为变量的作用域。根据变量作用域的大小，变量可以分为：局部变量、模块级变量和全局变量。

　　在过程内部用 Dim 语句声明的变量为局部变量，它只能在本过程中使用，其他过程不可访问。当退出声明它的过程时，该变量将不再存在。

Private Sub text1_GotFocus()

Dim i As Integer, s As Single

……

End Sub

　　在"通用声明"段中用 Dim 语句或 Private 语句声明的变量称为模块级变量。对于具有私有作用域的变量，只能由它所在模块内的过程访问，其他模块的过程不能访问它。

Option Compare Database

Private s As Single

Dim i As Integer

在模块开头的"通用声明"段中，使用 Public 关键字声明的变量为全局变量。全局变量可以由它所在项目内的所有过程和模块访问。

```
Option Compare Database
Public s As Single
```

7.7.6 使用 ADO

ADO（Active Data Objects）：Active 数据对象。ADO 实际是一种提供访问各种数据类型的连接机制。ADO 设计为一种极简单的格式，通过 ODBC 的方法同数据库接口。可以使用任何一种 ODBC 数据源，即不止适合于 SQL Server、Oracle、Access 等数据库应用程序，也适合于 Excel 表格、文本文件、图形文件和无格式的数据文件，是一个便于使用的应用程序层接口。ADO 是为 Microsoft 最新和最强大的数据访问范例 OLE DB 而设计的，OLE DB 为任何数据源提供了高性能的访问，这些数据源包括关系和非关系数据库、电子邮件和文件系统、文本和图形、自定义业务对象等等。

对 ADO 对象的主要操作，同 DAO、RDO 库的实现基本相同。主要包括 6 个方面：

1. 连接到数据源。通常涉及 ADO 的 Connection 对象，Connection 对象表示一个到数据源的会话。

2. 向数据源提交命令。通常涉及 ADO 的 Command 对象。在查询中可以与参数对象（Parameter）协同使用。

3. 执行命令，比如一个 SELECT 脚本。

4. 如果提交的命令有结果返回，可以通过 ADO 的 Recordset 对象对结果进行操作，数据存储在缓存中。

5. 如果合适，可将缓存中被修改的数据更新到物理的存储上。

6. 提供错误检测。通常涉及 ADO 的 Error 对象。

以程序员的视角来看，ADO、DAO 和 RDO 三者的对象名称不很相同。但使用 ADO 对象要比 DAO 和 RDO 简单得多。最主要的一点在于，程序员不用像在使用 DAO 和 RDO 那样要从对象模型的顶层开始一步一步地创建子对象。因此，ADO 提供了一种更灵活的编程方式。

要在自己的项目中使用 ADO，必须先创建对 ADO 库的引用，在模块编辑状态，选择【工具】→【引用】命令，在弹出的对话框中选择"Microsoft ActiveX Data Object 2.5 Library"，同时至少选择下列项目：

（1）Visual Basic for Applications

（2）Microsoft Access 10.0 Object Library

（3）Microsoft DAO3.6 Object Library

在使用 VBA 模块之前，必须进行引用步骤，否则调试过程会出现错误。

7.7.6.1 建立连接

要访问数据库中的数据，必须使用 ADO 的 Connection 对象建立与数据库的连接。打开一个到数据源的连接的 VBA 代码如下：

```
Dim MyADOcn As New ADODB.Connection   '创建 ADODB.Connection 对象变量
Dim strCN As String                    '声明存放连接串的字符串变量
```

strCN="Provider=Microsoft.Jet.OLEDB.4.0;"&_

"Data Source=D:\药房.mdb;"   '生成连接串

MyADO cn.Open strCN   '调用 Connection 对象的方法 Open 连接数据源

在程序中声明的 strCN 变量中，连接串属性 Provider 标识了 OLEDBProvider 为 OLEDBProviderforMicrosoftJet，因为我们访问的是 Microsoft Access 数据文件，使用 MicrosoftJetEngine 可以获得比 ODBC 更好的性能。在试验以上代码时有两个地方要注意。首先，要根据系统安装的 OLEDBProviderforMicrosoftJet 服务选择相应版本，可能是 3.51，也可能是 4.0。在本例中使用的是 4.0 版本。如果使用 3.51 版本，首先需要将 Provider 属性改为"Microsoft.Jet. OLED. 3.51"；其次，DataSource 属性标识了所要访问的数据文件的路径，要根据自己的安装情况做出适当的调整。

7.7.6.2 创建 Command 对象

Dim MyADOcmd As ADODB.Command

Set MyADOcmd=New Command   '实例化 Command 对象

7.7.6.3 执行查询

Dim rs As New ADODB.Recordset

Set rs = MyADOcn.Execute("SELECT * FROM 处方")   '生成 SQL 脚本并执行查询

上述的代码仅仅是一种查询途径，此外，Recordset 对象的 Open 方法也提供了查询能力。返回的结果可以被保存在一个 Recordset 记录集对象实例中以便后续的数据处理和操纵。要创建记录集，需使用 Recordset 对象的 Open 方法，其格式为：

对象.Open([Source],[ActiveConnection],[CursorType],[LockType],[Option])

其中，Source 指 SQL 语句或表名；ActiveConnection 是能够接受 Connection 对象的数据源；CursorType 是要使用的游标类型；LockType 是要使用的锁定模式，锁定模式确定了什么时候锁定数据，而且其他人不能使用它。例如：

Dim rs As New ADODB.Recordset

rs.Open MyADOcmd, MyADOcn,adOpenDymanic,adLockBatchOptimistic

另外在 SQL 脚本的生成方式上，通常可以借助 Parameters/Parameter 对象来完成。

7.7.6.4 显示和操纵数据

查询结果由 Recordset 对象封装。对数据的操纵可以通过 Recordset 对象提供的成员（属性和方法）来完成。

rs.MoveFirst

Do While Not rs.EOF   '判断 EOF 标记属性

Debug.Print rs! 处方号 & vbTab & rs! 药品名 &_

vbTab & rs! 药品数量 & vbTab & rs! 单位

rs.MoveNext   '将游标指针移到下一条记录

Loop

上述代码将 Recordset 中的各行记录打印在 VBE 的立即窗口中。为了看到打印的结果，可以在上述代码之后，增加一条 Stop 语句，以便进入 Debug 状态。

7.7.6.5 更新记录

下面是使用 Recordset 对象来完成 Update 操作。

rs.Open"处方", MyADOcn, adOpenDynamic, adLockOptimistic, adCmdTable

rs! 药品名="血脂康"　　　　'对相应字段赋予新值

rs.Update　　　　　　　　'在物理存储上生效

除了 Update 以外，写操作还包括 AddNew（添加一条新记录）和 Delete（删除一条新记录）。

7.7.6.6 收尾工作

在这个阶段应该显式的释放相应的资源，如果不做的话，通常 Visual Basic 会自动释放和回收资源。但对于一个有良好编程习惯的程序员来说，应该主动地做收尾工作，就像下面的代码一样。

rs.Close

MyADOcn.Close

7.7.7 调试

在编写完代码后，必须进行测试，检查它是否正确。调试就是查找和解决问题程序代码错误的过程，VBA 提供了若干种调试工具，下面举例说明：

1. 设置断点　所谓断点是在过程的某个特定语句上设置一个位置点以中断程序的执行。断点的设置和使用贯穿在程序调试运行的整个过程中。设置断点是为了观察程序运行时的状态。在程序中指定的、希望暂停的地方设置断点。在程序暂停后，可以在立即窗口中显示变量信息。

设置断点的方法如下：

（1）将光标定位在希望运行停止的命令行；

（2）打开菜单【调试】→【切换断点】或单击工具栏上的"断点"按钮。如图 7.91 所示。

在程序运行时，如果遇到设置断点的行，VBA 将暂停程序运行，等待输入命令。清除断点方法是将光标定位在包括断点的行上，单击菜单【调试】→【切换断点】或单击工具栏上的"断点"按钮。

图 7.91 设置断点

2. 调试工具的使用　在 VBE 环境中，右键单击菜单空白位置，弹出菜单，选中"调试"选项，弹出"调试"工具栏。调试工具一般与"断点"配合使用进行各种调试操作。

调试过程最常用的工具是立即窗口，立即窗口让调试者立即查看过程和函数的运行效果。使用立即窗口的方法是：

（1）在模块编辑状态，打开菜单【视图】→【立即窗口】，立即窗口出现在 VBA 编辑器工作区底部；

（2）在立即窗口内部单击，出现光标后，输入一个问号和一行代码，按回车键来执行该代码。

另一种使用立即窗口的方法是在程序代码中加入 Debug.Print 命令，其作用是在屏幕上显示变量的当前值。

使用 Debug.Print 对程序没有任何影响，而且所有对象都保持原状，所以 Debug.Print 在调试程序时非常有用。

3. 捕获错误　在代码中引入错误处理的特征，也能够处理运行期间的错误，捕获错误意味着截获错误，以防止进一步终止代码运行。对于在运行时捕获的错误，可以使用 On Error 语句进行处理。使用 On Error 语句可以建立错误处理程序，当发生运行错误时，执行就会跳转到 On Error 语句指定的标号处。On Error 语句的语法为：On Error GoTo line

例如：

```
Public Sub Swap（x  As Integer, y As Integer）
On Error GoTo error1
Dim z As Integer
If x<y Then z=x:x=y:y=z
Exit Sub
error1:
MsgBox "运行错误：不是两个整数"
End Sub
```

当程序第 3 行发生错误时，程序跳转到 error1 执行错误处理语句，注意标号 error1 的末尾必须包含一个冒号。

7.7.8 应用举例

以"药房"数据库为例，设置添加记录窗体，处方查询窗体等，说明如何使用 VBA 完成数据库的管理，为减少代码重复，我们把打开对数据库记录的操作放到一个通用函数中，为方便数据库的其他模块调用，把通用函数放到一个标准模块中，建立标准模块的方法是：选择数据库窗口中"模块"选项卡，单击数据库窗口工具栏上的"新建"按钮，系统打开 Microsoft Visual Basic 窗口，选择菜单【插入】→【模块】命令，添加相应的模块。

```
Public Function OpenRS(StrSQL As String, rs As ADODB.Recordset)
    Set rs = New ADODB.Recordset
    rs.Open  StrSQL,  CurrentProject.Connection,
adOpenKeyset, adLockOptimistic
End Function
```

该通用函数的功能是根据 StrSQL 中的 SQL 语句打开指定的 ADO 记录集。

1. 处方录入　数据录入是数据库系统最常用的一项功能，本例建立一个处方录入窗体，其设计视图见图 7.92 所示。

窗体页眉用于显示一个标题，其他控件的名称设置见表 7.12。

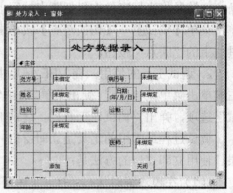

图 7.92 处方录入

由于要在多处调用 OpenRs 函数，应先在窗口的通用字段定义 ADO 记录类型的全局变量 rs，代码为：

```
Option Compare Database
Public rs As ADODB.Recordset
```

表 7.12 控件名称和属性

控件名称	类型	属性	控件名称	类型	属性
Text 处方号	文本框		Comb 性别	组合框	"行来源类型"设为"值列表"
Text 姓名	文本框		Text 诊断	文本框	滚动条设为垂直
Text 病历号	文本框		Text 医师	文本框	
Text 日期	文本框		Comm 关闭	按钮	
Text 年龄	文本框		Comm 添加	按钮	

进行预处理的窗体加载事件代码为：

```
Private Sub Form_Load()
Comb 性别.AddItem "男"
Comb 性别.AddItem "女"
End Sub
```

添加按钮的 click 事件的代码为：

```
Private Sub Comm 添加_Click()
OpenRS "SELECT * FROM 处方记录", rs
rs.AddNew
rs("处方号") = Text 处方号
rs("病历号") = Text 病历号
rs("姓名") = Text 姓名
rs("性别") = Comb 性别
rs("日期") = CDate(Text 日期)
rs("年龄") = CInt(Text 年龄)
rs("诊断") = Text 诊断
rs("医师") = Text 医师
' 记录更新后将所有的文本框置空。
rs.Update
Text 处方号  = ""
Text 病历号  = ""
Text 姓名  = ""
Comb 性别  = ""
Text 日期  = ""
Text 年龄  = ""
Text 诊断  = ""
Text 医师  = ""

Text 处方号.SetFocus
End Sub
```

2. 处方查询　利用处方查询窗体，可以根据用户需要，选择一种查询方式，查询结果在下面的文本框中显示出来。窗体控件属性如表 7.13 所示。"处方查询"窗体的设计界面如图 7.93 所示。

```
Private Sub Comm 确定_Click()
Dim strText As String
```

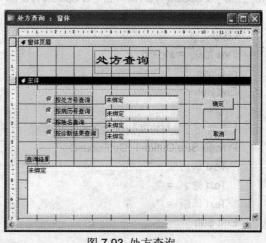

图 7.93 处方查询

表 7.13 控件名称和属性

控件名称	类型	属性	控件名称	类型	属性
Text 处方号	文本框		Frame10	选项组	四个标签分别为：按处方号查询、按病历号查询、按姓名查询、按诊断结果查询，选项值分别为 1，2，3，4
Text 姓名	文本框		Text 结果	文本框	滚动条设为垂直
Text 病历号	文本框		Comm 确定	按钮	
Text 诊断	文本框		Comm 取消	按钮	

```
Text 结果 = ""
Select Case Frame10.Value
Case 1
  Text 处方号.SetFocus
    OpenRS "Select * from 处方记录 where 处方号 ='" & Text 处方号 & "'", rs
Case 2
  Text 病历号.SetFocus
    OpenRS "Select * from 处方记录 where 病历号 ='" & Text 病历号 & "'", rs
Case 3
  Text 姓名.SetFocus
    OpenRS "Select * from 处方记录 where 姓名 ='" & Text 姓名 & "'", rs
Case 4
  Text 诊断.SetFocus
    OpenRS "Select * from 处方记录 where 诊断 ='" & Text 诊断 & "'", rs
Case Else
  MsgBox "没有输入或输入有误"
End Select
strText = "处方号" & Space(6) & "病历号" & Space(6) & "姓名" & Space(6) & "性别" & Space(6) & "
年龄" & Space(6) & "诊断" & Space(8) & "医师" & vbCrLf
    Do Until rs.EOF                        '依次显示符合条件的信息
    strText = strText & rs("处方号") & Space(4) & rs("病历号") & Space(4) & rs("姓名") & Space(4) &
rs("性别") & Space(4) & rs("年龄") & Space(4) & rs("诊断") & Space(4) & rs("医师") & vbCrLf
    rs.MoveNext
Loop
Text 结果 = strText
rs.Close
End Sub


' 若选处方号则将其他选项文本框置空
Private Sub Option1_GotFocus()
    Text 病历号 = ""
    Text 姓名 = ""
    Text 诊断 = ""
End Sub
```

' 若选病历号则将其他选项文本框置空

```
Private Sub Option2_GotFocus()
    Text 姓名 = ""
    Text 诊断 = ""
    Text 处方号 = ""
End Sub


Private Sub Option3_GotFocus()        ' 若选姓名则将其他选项文本框置空
    Text 病历号 = ""
    Text 诊断 = ""
    Text 处方号 = ""
End Sub


Private Sub Option4_GotFocus()        ' 若选诊断则将其他选项文本框置空
    Text 病历号 = ""
    Text 姓名 = ""
    Text 处方号 = ""
End Sub
```

习 题 七

7.1 单选题

1. 关系数据库的构成层次是（ ）
   A. 数据库管理系统→应用程序→表　　　　B. 数据表→数据→记录→字段
   C. 数据表→记录→数据项→数据　　　　　D. 数据库→数据表→记录→字段

2. 在数据库中，建立索引的主要作用是（ ）
   A. 节省存储空间　　　　　　　　　　　　B. 提高查询速度
   C. 便于管理　　　　　　　　　　　　　　D. 防止数据丢失

3. 在创建分组统计查询时，总计项应该选择（ ）
   A. Sum　　　　　B. Count　　　　　C. Group By　　　　D. Average

4. 在关系数据库中，唯一标识一条记录的一个或多个字段叫做（ ）
   A. 主键　　　　　B. 有效性规则　　　C. 控件　　　　　D. 关系

5. 修改表结构应在（ ）
   A. 表的设计视图窗口　　　　　　　　　　B. 查询的运行窗口
   C. 窗体的运行窗口　　　　　　　　　　　D. 报表的预览窗口

6. 查询对象中的数据存放在（ ）
   A. 表中　　　　　B. 查询中　　　　　C. 窗体中　　　　D. 报表中

7. 打开查询的宏操作是（ ）
   A. OpenForm　　B. OpenQuery　　C. OpenTable　　D. OpenModule

8. 定义变量语句是（ ）
   A. Dim 语句　　B. Database 语句　　C. Iif 语句　　D. For-Next 语句

9. 在 SQL SELECT 语句中用于实现关系的选择运算的短语是（ ）
   A. FOR　　　　　B. WHILE　　　　　C. IF　　　　　D. WHERE

10. 为窗体中的命令按钮设置单击鼠标时发生的动作，应选择设置其属性对话框的（ ）
    A. 格式选项卡　　B. 事件选项卡　　　C. 方法选项卡　　D. 数据选项

11. 宏组中利用（　　）指定宏

    A. 宏的名称　　　　　B. 宏　　　　　　　C. 宏操作　　　　　　D. 名称和操作

12. 程序模块可以连接到（　　）

    A. 窗体命令按钮　　　　B. 报表对象　　　　C. 查询对象　　　　D. 表对象

7.2 简答题

1. 什么是数据库？什么是数据库管理系统？

2. 什么是 E-R 图？它的功能是什么？

3. 为什么要建立表之间的关系？举例说明一对多和一对一的含义。

4. 什么是控件？Access 常用的控件有哪些？

5. 数据访问页有什么作用？

7.3 操作题

1. 建立一个名为"医疗.mdb"的数据库文件，并在其中建立以下三个表：

（1）名为"病历"的表，表结构如下：

字段 名称	数据 类型	字 段 属 性		
		常　规		
		字段大小	小数位数	索引
病历号	文本	7		有（无重复）
姓名	文本	8		
性别	文本	2		
年龄	数字	整型	0	
照片	OLE 对象			
就诊日期	日期			
病情	备注			
诊断	文本	20		
处方号	文本	8		
医师	文本	8		

"病历"表的数据如下：

病历号	姓名	性别	年龄	照片	就诊日期	病情	诊断	处方号	医师
9012001	冯黎明	女	60		2005-11-19		高血压	01234129	李
9012003	李洁	女	46		2005-11-19		上感	22187654	周
8031001	张明	男	56		2005-11-19		高血脂	21345288	李
9043210	周进祥	男	28		2005-12-16		上感	09876723	赵
9403002	李景林	男	30		2005-12-28		高血压	13245166	周
8302001	赵玲	女	24		2006-1-15		慢性胃炎	76356788	张
8208334	刘明理	男	20		2006-2-18		支气管炎	11234882	李
9034529	金霞	女	25		2006-1-30		上感	32147780	张
6789432	林影	女	33		2006-3-1		慢性咽炎	67893451	赵
8099334	张金明	男	51		2005-12-13		高血压	12356723	周

将"处方号"字段设置为主键，并为第一和第二条记录添加照片和不少于 30 字的病情。

（2）名为"处方"的表，表结构如下：

字段名称	数据类型	字段属性		
		常规		
		字段大小	小数位数	索引
处方号	文本	8		有（有重复）
姓名	文本	8		
诊断	文本	20		
药品名称	文本	20		
药品数量	数字	整型		
医师	文本	8		

"处方"表的数据如下：

处方号	姓名	诊断	药品名称	药品数量	医师
01234129	冯黎明	高血压	洛汀新	5	李
22187654	李洁	上感	先锋Ⅳ号	1	周
22187654	李洁	上感	维C银翘片	2	周
21345288	张明	高血脂	血脂康	5	李
09876723	周进祥	上感	维C银翘片	2	赵
76356788	赵玲	慢性胃炎	吗丁啉	1	周
11234882	刘明理	支气管炎	先锋Ⅳ号	2	李
11234882	刘明理	支气管炎	急支糖浆	2	李

（3）名为"药品"的表，表结构如下：

字段名称	数据类型	字段属性		
		常规		
		字段大小	小数位数	索引
药品编号	文本	8		
药品名称	文本	30		有（无重复）
药品批号	文本	20		
出厂日期	日期	8		
规格	文本	20		
医师单价	文本	8		

"药品"表的数据如下：

药品编号	药品名称	批号	出厂日期	规格	单价
1	先锋Ⅳ号	070704	2007-7-17	0.25g×14/盒	￥16.80
2	血脂康	20070417	2007-4-18	12粒/盒	￥22.00
3	舒乐安定	0701030	2007-1-23	1mg×20片/盒	￥6.50
4	维C银翘片	071226X	2007-12-14	18片/袋	￥6.60
5	洛汀新	070002	2007-2-1	5mg×14/盒	￥32.00
6	吗丁啉	080012	2008-3-2	10mg×30/盒	￥8.00
7	急支糖浆	08091z	2008-1-20	100ml/瓶	￥7.20

2．为"医疗.mdb"的数据库文件中的三个表之间建立关系：

在"病历"表和"处方"表之间根据"处方号"建立"一对多"的关系；在"药品"表和"处方"表之间根据"药品名称"建立"一对多"的关系。

3．在"医疗.mdb"的数据库文件中建立以下查询：

　　（1）选择查询 abc1，显示"病历"表中诊断为"高血压"或"高血脂"的病人的记录。

　　（2）选择查询 abc2，统计"病历"表中患"上感"的人数。

　　（3）参数查询 abc3，按"性别"查询"病历"表的记录。

　　（4）查询 abc4，基于"处方"表和"药品"表计算每人的药费。

　　（5）查询 abc5，基于 abc4 查询统计所有人药费的和。

4．基于"病历"表创建名为"内科门诊记录"的窗体，并完成以下操作：

　　（1）在窗体的页眉处添加一个文本框，标签中显示"日期"两个字，文本框中显示当前日期。

　　（2）添加一个子窗体，用"处方"表作为数据源。

　　（3）添加一个子窗体，用"abc4"查询作为数据源。

　　（4）添加一个组合框，通过病人姓名显示记录。

5．使用报表向导创建"门诊记录表"，使用"病历"表作为数据源。并按"性别"升序排序。

6．在 "内科门诊记录"窗体中添加一个"预览报表"按钮，单击按钮时，打开"门诊记录表" 报表。

7．将"医疗.mdb"数据库文件中的"病历"表导出为 Excel 文件，名为"内科门诊记录"。

8．设计一个切换窗体，用户可以通过它选择显示表内容或查询结果。

9．创建一个名叫"密码"的宏，它的功能是检查从窗体中输入的密码的正确性（假设密码是 ABC），如果不正确，弹出消息框，提示密码错误，并请重新输入；如果正确，打开切换窗体。

10．模块操作：设计一个窗体，上面有一个标签和两个单选按钮，这两个单选按钮可以为标签选择不同的字号。单击窗体时，窗体的背景变为绿色，双击窗体时，其背景变为红色。